AF597757

Günter Weickert
Modellierung von Polymerisationsreaktoren

Springer-Verlag Berlin Heidelberg GmbH

Günter Weickert

Modellierung von Polymerisationsreaktoren

PolyReac[e] - Eine PC-Einführung in die Reaktionstechnik der radikalischen Polymerisation

Mit 155 Abbildungen und 25 Tabellen

Springer

Prof. Dr. Günter Weickert
University of Twente
Faculty of Chemical Technology
P.O. Box 217
7500 AE Enschede
The Netherlands

Additional material to this book can be downloaded from http://extras.springer.com

Die Deutsche Bibliothek - CIP-Einheitsaufnahme
Weickert, Günter:
Modellierung von Polymerisationsreaktoren:PolyReac[c] - eine PC-Einführung in die Reaktionstechnik der radikalischen Polymerisation; mit 25 Tabellen / Günter Weickert
Berlin; Heidelberg, New York; Barcelona; Budapest; Hongkong; London; Mailand; Paris; Santa Clara; Singapur: Tokio: Springer, 1997

ISBN 978-3-642-64439-9 ISBN 978-3-642-60516-1 (eBook)
DOI 10.1007/978-3-642-60516-1

Softcover reprint of the hardcover 1st edition 1997

Herstellung:PRODUserv Springer Produktions-Gesellschaft, Berlin
Einband-Entwurf: de'blik, Berlin
Satz: Camera-ready-Vorlage vom Autor
SPIN: 10114966 2/3020 - Gedruckt auf säurefreiem Papier

Roel Westerterp

gewidmet.

Ahaus, Juni 1996

Vorwort

Das vorliegende Buch resultiert aus dem Versuch, Modellgrundlagen zur radikalischen Polymerisationskinetik, die unter Spezialisten weitgehend akzeptiert werden, in ein Programmsystem zu fassen, das es dem Nutzer erleichtert, schnell, präzis und sicher Grundlegendes zum Design und zur Betriebsweise von Polymerisationsreaktoren auszusagen.
PolyReac©, geschrieben für PC und Windows 3.x, wurde bisher vorwiegend von Studenten der Chemischen Technologie, Verfahrenstechnik und Technischen Chemie in Projektarbeiten, während der Diplomphase und bei der Absolvierung experimenteller Praktika sowie von Doktoranden der genannten Fachrichtungen verwendet und kritisch getestet, auch gab es einen Informationsrücklauf von einigen Industriepartnern. So wurde das Programm schrittweise den Bedürfnissen der Nutzer angepaßt - ein Prozeß, der bei einem solchen Vorhaben nicht zum Stillstand kommen darf. Eine Anzahl von Anregungen, wie z.B.

- die Umsetzung auf Windows '95,
- die Einbindung einer "echten" Datenbankstruktur, wie z.B. ACCESS, und
- die flexible Einbindung beliebiger kinetischer Modelle,

berührt jedoch nicht in gleicher Strenge die in diesem Buch verfolgte Zielstellung. Auch sind bei weitem noch nicht alle Anwender auf Windows'95 umgestiegen. Von einer diesbezüglichen Umprogrammierung wurde daher noch Abstand genommen, wenn die genannten Punkte zusammen mit der Nutzung der DLL's (Dynamic Link Library) die zukünftige Entwicklung von PolyReac auf programmiertechnischer Ebene dominieren werden.

Der je Zeiteinheit mit PolyReac erzielbare Zuwachs an Wissen auf einem Spezialgebiet der Polymerisationstechnik ist nach den bisher gemachten Erfahrungen einer Ausbildung ohne PC-Unterstützung deutlich überlegen. Nach der detaillierten Erörterung der Reaktormodelle sind die Resultate minutenschnell grafisch verfügbar und man kann sich ganz auf die eigentliche Quelle der Erkenntnis, die Diskussion und Interpretation der Ergebnisse, konzentrieren, die dann auch für alle Beteiligten zu einer Quelle der Freude am Lernen und Lehren werden kann.
Hinweise aller Art wird der Autor jederzeit mit Dank annehmen.

G. Weickert

Inhalt

1 Einführung

Die Reaktionstechnik der Polymerisationsprozesse hat sich infolge der kinetischen Besonderheiten der Polymerisationsreaktionen als eigenständige Disziplin des Chemical Reaction Engineering entwickelt. Auf diesem Weg nimmt das Interesse zu, die mathematische Modellierung als ein Hilfsmittel bei der Lösung von Forschungs- und Entwicklungsaufgaben einzusetzen. Insbesondere die Aufgabe, gesicherte quantitative Zusammenhänge zwischen den Betriebsvariablen (Temperatur, Druck, Komponentenkonzentrationen, Rührerdrehzahl ...), dem Reaktordesign und der Struktur und den Eigenschaften des erzeugten Polymeren so zu formulieren, daß eine maßstabsunabhängige Anwendbarkeit der Resultate erreicht wird („Scale up"), stellt weitaus höhere Ansprüche an die Kenntnis der ablaufenden Prozesse als eine qualitative Beschreibung experimenteller Resultate. Die Fülle der in der Fachliteratur angebotenen Informationen macht es dem in Forschung und Entwicklung tätigen Ingenieur oder Chemiker nicht leicht, seine Probleme mit vertretbarem Aufwand zu lösen. Modellvergleiche, das Herausfinden der für ein gegebenes Problem wirklich notwendigen Modellparameter und letztlich die Modellselektion unter dem Aspekt der Scale-up-Sicherheit erfordern mit herkömmlichen Arbeitsweisen meist einen sehr hohen Aufwand.

Die Leistungssteigerungen der Personalcomputer ermöglichen es, über Programmpakete wie das in diesem Buch vorgestellte PolyReac© [1], schnell und sicher auf konzentriertes „algorithmierbares Know-how" zuzugreifen, wobei in hohem Maß die Übersichtlichkeit gewahrt bleibt. Am Beispiel der in der Literatur relativ gut untersuchten radikalischen Homopolymerisation wird gezeigt, wie eine große Vielzahl von Aufgaben bewältigt werden kann, die von der Bestimmung der Modellparameter aus kinetischen Experimenten, über die Modellselektion im Hochumsatzbereich bis zu Simulationsstudien der klassischen Reaktortypen reicht. In den Simulationen können das Reaktorverhalten und Teilaspekte der Polymerstruktur bis hin zur Optimierung des Fahrregimes studiert werden. Aus zahlreichen Kontakten mit Partnern der chemischen Industrie erwächst uns die Gewißheit, daß solchen Programmsystemen und den damit verbundenen Arbeitsweisen die Zukunft gehört. Dabei besteht keineswegs der Anspruch, in Konkurrenz mit Programmsystemen, wie z.B. ASPEN, SPEEDUP oder CHEMCAD, zu treten - diese haben eine andere Wirkungsebene, indem sie die Berechnung von Kopplungen unterschiedlicher Apparate bis hin zu ganzen Verfahren quer durch alle Ebenen der betrieblichen Forschungs- und Entwicklungsabteilungen ermöglichen. Dagegen hat PolyReac© seine Stärken dort, wo es um die Modellauswahl und den Test des Modelles für den Einzelapparat

[1] PolyReac© ist eine speziell für das vorliegende Buch angefertigte Kurzversion des eingetragenen Warenzeichens Polyreac® [1] der Firmad Nesraad b.v., Weerselo, The Netherlands.

„Polymerisationsreaktor" geht. Fast immer erfordert der chemische Reaktor als Verfahrenselement, aufgrund der Komplexität der in ihm ablaufenden chemischen Reaktionen in Kopplung mit Transportprozessen (Stoff-, Energie- und Impuls), eine „Spezialbehandlung". Dies trifft umso mehr auf Polymerisationsreaktoren zu, in denen sich infolge der Umwandlung niedrigmolekularer, niedrigviskoser Monomerer in ein hochviskoses Gemisch hochmolekularer Polymerer besonders starke Wechselwirkungen zwischen den chemischen Reaktionen und den Transportprozessen ergeben. Den Polymerisationsreaktormodellen muß außerdem ein gewisses Minimum an Qualität bezüglich der Bildung bestimmter molekularer Strukturen des Polymeren wärend der Synthese abgefordert werden. Einmal, weil die Molmassenverteilung eine wichtige Kenngröße für die Polymerverarbeitung und die Eigenschaften der Endprodukte darstellt, zum anderen aber auch, weil sich intensive Rückwirkungen der Polymerkettenlänge auf die Polymerisationskinetik ergeben können, welche das Design und das Betreiben der Reaktoren beeinflussen.

Das Buch sollte von vorn nach hinten gelesen werden. Kapitel 2 sorgt mit einem Schnellstart des Programmpaketes für einen ersten Überblick über die Möglichkeiten und Grenzen von PolyReac©. In den Kapiteln 3 bis 5 werden die Grundlagen der Modelle und das systematische Vorgehen bei der Bestimmung der Modellparameter behandelt. Der Schwerpunkt liegt hier in der Methodik des Aufbaues und der Auswahl polymerisationskinetischer Modelle, die in den Schritten Anfangskinetik, Hochumsatzkinetik und Parameterbestimmung vermittelt wird. In Kapitel 6 wird auf PolyReac© in allen wichtigen Details eingegangen . Die Anwendung der Grundlagen und des Programmpaketes erfolgt schließlich im Kapitel 7 beispielhaft anhand ausgewählter radikalischer Polymerisationen.

Wir wollen dazu beitragen, über die mathematische Modellierung und die Arbeit mit PolyReac© , vieljährige empirische Erfahrung insbesondere für jüngere Chemiker und Ingenieure etwas entbehrlicher zu machen. Wir hoffen, sowohl Studenten der höheren Jahrgänge als auch „alten Füchsen" in der Industrie diese oder jene Anregung geben zu können. In zweijährigen Tests mit Studenten der Universität Twente, Niederlande, hat sich ein Vorteil von PolyReac© als besonders signifikant erwiesen: Lehrende und Studenten können sich ganz auf die Erfassung der Modellierungsgrundlagen, die exakte Definition der Aufgabenstellung und die Interpretation der graphisch und tabellarisch angebotenen Berechnungsergebnisse konzentrieren, während der Aufwand zur numerischen Lösung der gegebenen Probleme gegen Null geht.

Gegenüber der Vollversion wurde PolyReac© stark gekürzt. Dennoch dürfte es selbst dem fleißigsten Nutzer schwer fallen, die immer noch sehr große Zahl der Kombinationen von Reaktortypen, Rezepturen und Reaktionsmechanismen umfassend zu testen. Außerdem wird ein interessierter Leser schnell herausfinden, wie er PolyReac© erweitern und seinen Bedürfnissen anpassen kann. Für Empfehlungen und kritische Hinweise haben Autor und Verlag jederzeit ein offenes Ohr.

2 PolyReac^{e} - Schnellstart

PC-Ausstattung. Empfehlenswert für PolyReac^{e} ist folgende Ausrüstung:

- 486er PC oder besser
- 600 KB freier Arbeitsspeicher unter MS-DOS.
- WINDOWS 3.1 (nicht Windows '95 !)
- 3 MB Festplattenspeicher
- VGA-Bildschirm

Installation.

- Legen Sie die PolyReac^{e}-Diskette z.B. in Laufwerk A:
- Starten Sie WINDOWS
- Starten Sie im Programm-Manager A:\INSTALL.EXE

Nach erfolgreicher Installation ist das Einfügen einer Ikone in einer WINDOWS-Programmgruppe empfehlenswert, um PolyReac^{e} einfach mit einem Doppel-Klick starten zu können (s. WINDOWS-Handbuch). Natürlich können Sie PolyReac^{e} auch wie jedes andere ausführbare Programm innerhalb oder außerhalb von WINDOWS starten.

Ausführliches Beispiel. Anhand der Simulation eines Polymerisationsreaktors soll eine Einführung für alle diejenigen erfolgen, die zunächst nur eine halbe Stunde Zeit investieren wollen, um sich einen Überblick über wesentliche Elemente der Struktur und Bedienung von PolyReac^{e} zu verschaffen. Bitte folgen Sie zunächst strikt den Anweisungen. Durch ungünstige Kombinationen fehlerhafter kinetischer Parameter und Stoffdaten mit ungünstigen numerischen Steuergrößen ist schnell eine physikalisch nicht sinnvolle Aufgabe definiert - allerdings wird es Ihnen kaum gelingen, Ihren PC zum Totalabsturz zu bringen. Wenn Sie die Rechenprogramme an der Wurzel von PolyReac^{e} z.B. mit einer Division durch Null konfrontieren, dann werden Sie sich fast immer im Rahmenprogramm wiederfinden, von wo aus sofort der nächste Versuch gestartet werden kann.

Wichtig !

- Wir werden häufig von den Arbeitsblättern Gebrauch machen, die Sie in der Datei INPUT\SHEETS (s.a.Anhang 1) finden. Es ist empfehlenswert, sich diese WINWORD(6.a)-Datei ausdrucken zu lassen, um die algorithmierten

Anweisungen immer zur Hand zu haben. Wenn also auf „C2" Bezug genommen wird, so ist das Arbeitsblatt C2 gemeint.

- Alle Prozent-Angaben in diesem Buch beziehen sich auf den Massenanteil !

Beispiel
Der Verlauf des Monomerumsatzes, der Reaktionstemperatur, des Dampfdruckes und des massenmittleren Polymerisationsgrades als Funktion der Zeit sowie die Molmassenverteilung des polymeren Endproduktes sollen in einem diskontinuierlichen Rührreaktor für die mit AIBN (Azobisisobutyronitril) gestartete Massepolymerisation von Styren berechnet werden. Der Reaktor wurde zu Reaktionsbeginn mit Monomer gefüllt, auf 70°C aufgeheizt und durch eine Injektion auf eine Initiatorkonzentration von 0,5 % eingestellt. In diesem Moment fällt der Rührantrieb und die Reaktorkühlung aus. Der Reaktor geht adiabat „durch". Die maximale Gefährdung durch Druck- und Temperaturanstieg sind zu ermitteln.

Vorbereitung der Simulation. Selektionen aus den angebotenen Menüs kann man in gewohnter Weise

- mit Tastenkombinationen („ALT" und Buchstabe, wenn dieser im Menü unterstrichen ist, gefolgt von „ENTER")
  oder
- mit den Pfeiltasten und „ENTER"
  oder
- mit Hilfe der Maus und Einfach- oder Doppel-Klick

ausführen. Um ganz sicher zu gehen, laden wir im ersten Schritt die „richtigen" kinetischen Parameter nach F1, indem „ Setup Kinetics / Standard'95 / OK" selektiert wird.

C2 gibt Ihnen nun die Richtlinie zur Füllung des Simulations-Interfaces. Folgen Sie jetzt den Anweisungen des Arbeitsblattes, dessen einzelne Schritte jetzt kommentiert werden sollen.

Schritt 1
Nach den Selektionen „Run / Load Simulation" meldet sich das Programm mit den Menüs zur Auswahl der Rezeptur.

Schritt 2
Die Rezeptur besteht immer aus sechs Komponenten: Monomer, Lösemittel, zwei Initiatoren, Kettenlängenregler (CTA = Chain Transfer Agent) und Inhibitor. Am Ende der Selektion muß der folgende Text im Informationsfenster stehen:

Styrene
Poly(styrene)
NO solvent
AIBN
NO initiator2
NO CTA
NO inhibitor

Nach dem Drücken der ESC-Taste oder einem Maus-Klick außerhalb der Selektionsmenüs werden die Stoffdaten der ausgewählten Komponenten aus der Stoffdatenbank in das aktuelle Interface gelesen.

Schritte 3 und 4

Diese Daten können nun mit „Edit Standard Data" temporär editiert werden, d.h. , sie werden auf eine für die eigentlichen Rechenprogramme erreichbare Verteiler-Schnittstelle geschrieben, während die PolyReac©-Standarddaten unverändert bleiben. Beim erneuten Start des Interface-Ladeprogramms gehen diese temporären Daten allerdings verloren, da sie dann mit den neu aufgerufenen PolyReac© - Standard-Daten überschrieben werden.

Wählen Sie für eine kurze Demonstration der temporären Editierung „Edit Standard Data". Das nächste Selektionsmenü offeriert dann die ausgewählten Rezepturkomponenten, deren Stoffdaten editierbar sind. Zum Beispiel führt die Selektion von „Monomer" zu einem Menü der Stoffdaten des Styrens. Die Auswahl von „Density" führt danach zum Laden einer Grafik, welche die in der späteren Simulation verwendete Abhängigkeit der Dichte von der Reaktionstemperatur beschreibt (Abb. 2-1).

Density (ρ , g/l) as Function of Temperature (T, °C)

$$\rho = A + BT + CT^2$$

Abb. 2-1 Temporäres Editieren der Dichtekoeffizienten einer Rezepturkomponente

Die Koeffizienten A, B und C kann der Nutzer editieren, wenn „Edit" im Selektionsfenster gewählt wird - das sollten Sie nun probieren, um die Funktion des Zahleneditors kennenzulernen. Geben Sie anstelle des gezeigten A-Wertes, ohne den numerischen Wert zu ändern z.B. „924" ein, indem Sie sich der Tasten HOME (Pos1), BACKSPACE (Löschtaste) und der Leertaste bedienen. Der eingegebene Wert wird mit ENTER bestätigt. Drücken Sie auch bei den Koeffizienten B und C einfach ENTER, um die Standardwerte zu bestätigen. Sie können später an dieser Position wiederum Stoffdaten editieren, bis Sie die gewünschte Einstellung ihrer Daten erreicht haben. Jetzt geht es weiter mit „Next step", um danach mit „Accept Standard Data" in die Ebene der Mechanismus-Selektion zu gelangen.

Schritt 5

Angeboten werden nur Reaktionen, die mit Bezug auf die gewählten Komponenten sinnvoll sind. So wird ein „Initiator2 start" deshalb nicht offeriert, weil in der Rezepturebene kein zweiter Initiator ausgewählt wurde. Wie Sie sehen, weiß PolyReac©, daß Styren auch rein thermisch starten kann und bietet Ihnen zwei Polymerisationsstart-Mechanismen an. Manchmal kann es sinnvoll sein, beide Startmechanismen zu aktivieren. In unserem Fall ist der thermische Start undedingt zu berücksichtigen, da bei der adiabaten Polymerisationsteigerung des Styrens unter unseren Bedingungen Temperaturanstiege von etwa 4°C je Prozent Umsatz des

Monomeren zu erwarten sind. Es wird also jetzt „Initiator1 start“ und - nach Rückkehr in die Spalte „Start“ (mit Hilfe der Pfeiltaste oder durch Mausklick) - auch „Thermal start“ selektiert. Vom Nutzer verlangt PolyReac[c] nicht nur an dieser Stelle einige Sachkenntnis, zu deren Erlangung und Vertiefung die nachfolgenden Kapitel dieses Buches beitragen sollen.

An einigen Positionen wird PolyReac[c] auch versuchen, falsche Entscheidungen des Nutzers zu korrigieren. Beispielsweise, wenn ein Reaktionsmechanismus zusammengestellt wird, der die Wachstumsreaktion nicht enthält. Versuchen Sie es - Sie können in der „Exit“-Spalte jederzeit die getroffene Auswahl über „Reset“ rückgängig machen und Ihre Wahl wiederholen! Bei größeren Unsicherheiten bezüglich der Polymerisationskinetik wird ein Studium bewährter Fachbücher empfohlen, z.B. Mc Greavy [2], Biesenberger und Sebastian [3] oder Elias [4].

Stellen Sie sich nachfolgend „Ihren“ Reaktionsmechanismus zusammen, bis das Informationsfenster wie folgt aussieht:

Initiator1 start
Thermal start
Propagation
Depolymerization
Transfer to Monomer
Recombination
Disproportionation

Nach „Mechanism O.K.“ werden die anfangskinetischen Daten aus der PolyReac[c]-Datenbank auf das aktuelle Interface gelesen und einer grafisch unterstützten Editierung zugänglich gemacht.

Schritt 6 und 7

Hier können die anfangskinetischen Parameter temporär (innerhalb des Rahmeninterfaces) editiert werden.

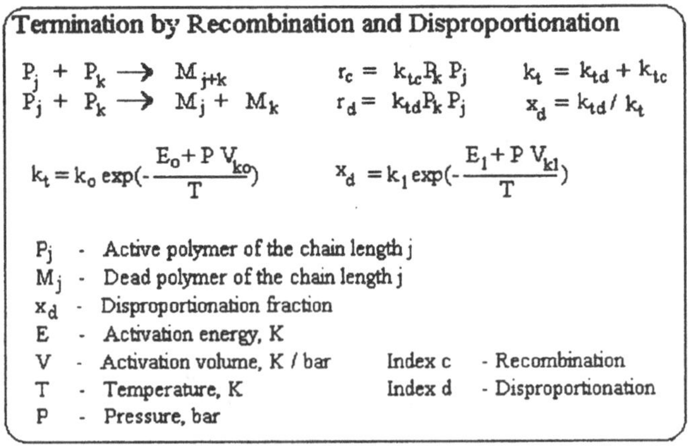

Termination by Recombination and Disproportionation

$P_j + P_k \longrightarrow M_{j+k}$ $\quad r_c = k_{tc} P_k P_j$ $\quad k_t = k_{td} + k_{tc}$

$P_j + P_k \longrightarrow M_j + M_k$ $\quad r_d = k_{td} P_k P_j$ $\quad x_d = k_{td} / k_t$

$$k_t = k_o \exp\left(-\frac{E_o + P\,V_{ko}}{T}\right) \qquad x_d = k_1 \exp\left(-\frac{E_1 + P\,V_{k1}}{T}\right)$$

P_j - Active polymer of the chain length j
M_j - Dead polymer of the chain length j
x_d - Disproportionation fraction
E - Activation energy, K
V - Activation volume, K / bar
T - Temperature, K
P - Pressure, bar

Index c - Recombination
Index d - Disproportionation

Abb. 2-2 Editierfenster für die kinetischen Konstanten der Rekombinations- und Disproportionierungsreaktion

Wenn z.B. „Edit" und „Recombination" ausgewählt werden, zeigt sich das in Abb. 2-2 dargestellte Schema für die Rekombinationsreaktion zweier Polymerradikale der Kettenlängen j und k sowie deren analoge Disproportionierung. Die kinetischen Konstanten beider Reaktionen werden zur Gesamtabbruchkonstante k_t addiert und ein Disproportionierungsanteil x_d eingeführt. Man kann der Abbildung auch entnehmen, daß für k_t und x_d die Druck- und Temperaturabhängigkeit vorprogrammiert ist. Die Konstanten dieser Funktionen können nun wiederum mit „Edit" temporär verändert werden. Wird beispielsweise k_1 Null gesetzt, dann ist die Rekombination als alleiniger Abbruchmechanismus wirksam. Selbstverständlich kann sich x_d nur zwischen 0 und 1 bewegen.
Mit „Next step" wird das Editieren beendet.

Schritt 8 und 9
Danach befindet man sich in der Ebene der Hochumsatzmodellierung. PolyReac© enthält zwei Hochumsatzmodelle: Ein als „Simple Model" deklariertes empirisches Modell mit wenigen zusätzlich zu bestimmenden Parametern [5] und ein analog zum Programm als „PolyReac" bezeichnetes Modell, das einen fortgeschrittenen Stand der Hochumsatzkinetik repräsentiert. Beide Modelle werden im Kapitel 3.5 genauer beschrieben.

Schritt 10
Nach der Wahl von „PolyReac" und „Edit" erhält man einen Eindruck von der Komplexität dieses Modells:

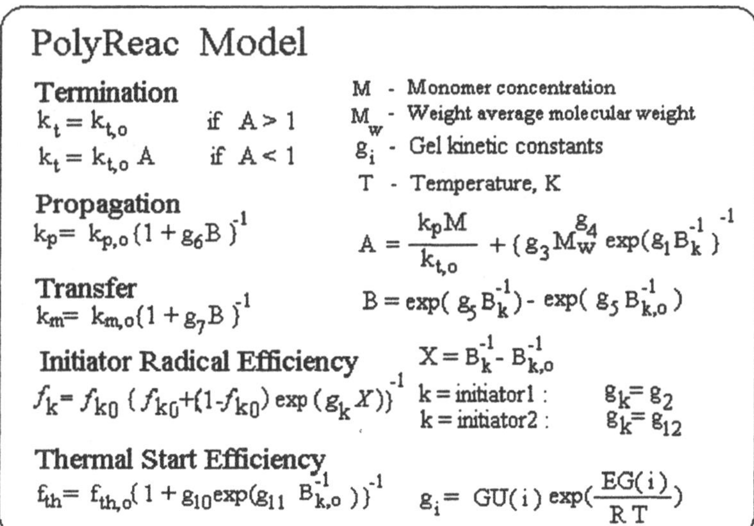

Abb. 2-3 Editierfenster für das Hochumsatzmodell „Polyreac"

Lassen Sie sich nicht abschrecken. Man sollte der gezeigten Struktur lediglich entnehmen, daß die kinetischen „Konstanten" des Abbruchs, der Initiierungsgeschwindigkeit, des Kettenwachstums und der Transferreaktionen keine wirklichen Konstanten sind, sondern sich im Verlauf der Polymerisation (zum Teil sehr stark) ändern können.

Nach erneuter Wahl von „Edit“ wird man feststellen, daß bei weitem nicht alle gezeigten Konstanten ermittelt werden müssen - vielmehr handelt es sich bei dem Hochumsatzmodell „PolyReac“ um eine Art flexibles „Dachmodell“. Die Parameterbestimmung auf der Basis experimenteller Daten und die darauf basierende Selektion der wirklich wesentlichen Grundprozesse können unter Umständen eine wesentliche Reduktion der Anzahl der benötigten Konstanten mit sich bringen. Die nachfolgenden Kapitel führen schrittweise an die damit verbundene Methodik heran.

Es ist in der Polymerisationskinetik nicht nur nicht sinnvoll, kinetische Parameter, die von unterschiedlichen Autoren angegeben werden, miteinander zu koppeln, sondern in der Regel sogar verheerend. Solche Konstanten, die oft mit ganz verschiedenen Meßmethoden, nicht selten sogar auf der Basis unterschiedlicher Modellannahmen [6,7,8] ermittelt wurden, sollten als erste Schätzwerte behandelt und - wenn irgend möglich - in einem zweiten Schritt anhand experimenteller Daten überprüft werden. PolyReac® unterstützt gerade diesen Prozeß über den Modul „Parameter Estimation“, den wir später kennenlernen werden.

Sie sollten jetzt die standardmäßig angebotenen Werte der Hochumsatzkonstanten nicht verändern, sondern mit ENTER bestätigen sowie mit „Next step“ das Interface-Ladeprogramm schließen.

Alle Daten des Rahmen-Interfaces werden im Interface ACTUAL\NewIF.BAS und in (kleineren) Interfaces für die Simulation und Parameterbestimmung gespeichert. Letztere stehen dort zur weiteren Editierung vor dem Start des eigentlichen Rechenprogrammes zur Verfügung. Sie können sich nun das für unser Beispiel erforderliche Interface in einem Zwischenschritt anschauen und nochmals editieren, indem Sie B1 folgen und zu Abb. 2-4 gelangen. Das Editieren auf dieser Ebene kann vorteilhaft sein, wenn Sie nicht jedesmal über C2 neu laden und editieren, sondern nur einzelne Werte in mehreren Simulationen variieren wollen.

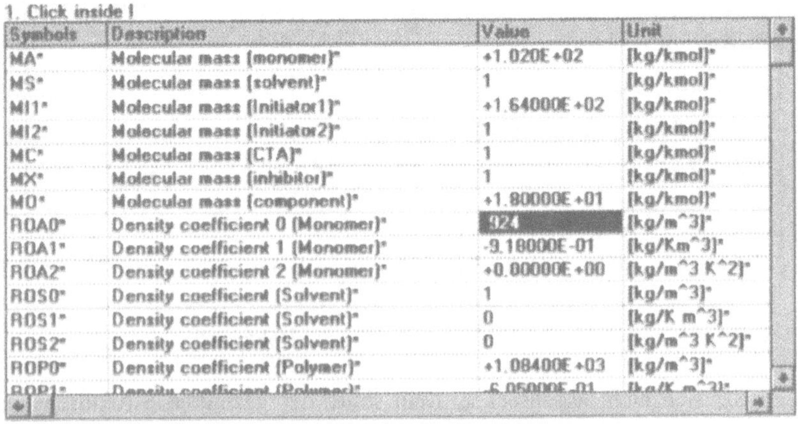

1. Click inside !

Symbols	Description	Value	Unit
MA*	Molecular mass (monomer)*	+1.020E+02	[kg/kmol]*
MS*	Molecular mass (solvent)*	1	[kg/kmol]*
MI1*	Molecular mass (Initiator1)*	+1.64000E+02	[kg/kmol]*
MI2*	Molecular mass (Initiator2)*	1	[kg/kmol]*
MC*	Molecular mass (CTA)*	1	[kg/kmol]*
MX*	Molecular mass (inhibitor)*	1	[kg/kmol]*
MO*	Molecular mass (component)*	+1.80000E+01	[kg/kmol]*
ROA0*	Density coefficient 0 (Monomer)*	924	[kg/m^3]*
ROA1*	Density coefficient 1 (Monomer)*	-9.18000E-01	[kg/Km^3]*
ROA2*	Density coefficient 2 (Monomer)*	+0.00000E+00	[kg/m^3 K^2]*
ROS0*	Density coefficient (Solvent)*	1	[kg/m^3]*
ROS1*	Density coefficient (Solvent)*	0	[kg/K m^3]*
ROS2*	Density coefficient (Solvent)*	0	[kg/m^3 K^2]*
ROP0*	Density coefficient (Polymer)*	+1.08400E+03	[kg/m^3]*
ROP1*	Density coefficient (Polymer)*	-6.05000E-01	[kg/K m^3]*

Abb. 2-4 Editierfenster für das Interface einer Reaktorsimulation

Die Daten in allen PolyReac® - Interfaces sind im ASCII-Code abgespeichert, und zwar so, wie sie in der Editierungs-Tabelle gezeigt werden - sie sind somit auch für jeden „normalen" Editor lesbar. Man kann (später) das Rahmenprogramm bis an diese Position nutzen und danach eigene Programme mit den Interface-Daten speisen. Die Standard-Datenbank von PolyReac® ist jedenfalls mit wenig Mühe um weitere Komponenten zu erweitern ...

Ausführung der Simulation. Um eine Simulation gemäß der oben definierten Aufgabe zu ermöglichen, benutzen Sie jetzt bitte C4-1 als Leitfaden.

Schritte 1 bis 3
Nach der Fixierung des Reaktortyps mit „Run / Simulation / Batch Reactor" und des Polymerisationstyps durch „Bulk/Solution" meldet sich das Simulationsprogramm mit einem Selektionsmenü für die Festlegung der Temperaturführung entsprechend Abb. 2-5.

Adiabatic
Isothermal
T - Optimization
Heat Exchange ('constant')

Abb. 2-5 Auswahl der Temperaturführung

Schritt 4
Danach wird die bisher definierte Aufgabenstellung zur Kontrolle präsentiert. Wir konstatieren und quittieren die korrekte Aufgabenstellung (Abb. 2-6)

Information
POLYMERIZATION
Solution polymerization
REACTOR
Well mixed batch reactor
Adiabatic
RECIPE
Styrene
Poly(styrene)
AIBN
GEL EFFECT MODEL
POLYREAC

Abb. 2-6 Kontrolle der Aufgabenstellung

Entsprechend der Bodenzeile geht es mit „Enter" weiter zu den Anfangsbedingungen im Reaktor.

Schritt 5
Editieren Sie nun die Anfangsbedingungen so, daß Abb. 2-7 erhalten wird

CONDITIONS at TIME = 0			
Temperature	[°C]	=	70
Polymer fraction	[Ma%]	=	0
Initiator1 fraction	[Ma%]	=	0.5

Abb. 2-7 Editierfenster „Anfangsbedingungen“

Die auf diese Weise eingestellten Zahlenwerte werden auf einer weiteren Schnittstelle deponiert. Wenn Sie später Serien von Programmstarts ausführen, um eine bestimmte Betriebsvariable (aufbauend auf unserem Beispiel vielleicht die Initiator- oder Polymerkonzentration zu Beginn oder die Anfangstemperatur) zu variieren, dann werden im jeweils nächsten Lauf die Einstellungen des vorangehenden präsentiert. Die Daten, die nicht verändert werden sollen, kann man einfach mit „Enter“ bestätigen. Mit „Next“ gelangen Sie in das Menü für die numerischen Bedingungen.

Schritt 6
Entfällt, weil beim adiabaten Prozeß keine Angaben zur Reaktorkühlung erforderlich sind.

Schritt 7
PolyReac© verwendet zur Lösung von Differentialgleichungssytemen 1.Ordnung ein Runge-Kutta-Verfahren mit konstanter Schrittweite, das sich für bestimmte Aufgabenstellungen in ein nach der Monomerkonzentration gesteuertes Verfahren umwandeln läßt. Das ist z.B. bei der adiabaten Reaktionsführung besonders vorteilhaft, da man auf diese Weise numerische Instabilitäten vermeiden kann, die ansonsten für die mit der Zeit exponentiell schneller werdende Reaktion zu befürchten sind. Geben Sie also jetzt eine „1“ ein, um die Schrittweitenregelung zu aktivieren.

Schritt 8
Die Einstellung der numerischen Kontrollvariablen auf die in Abbildung 2-8 gezeigten Werte bewirkt eine Integration der Differentialgleichungen des Batchreaktormodells (Kapitel 3 bis 5) mit je 50 Runge-Kutta-Schritten innerhalb eines noch zu definierenden Umsatzintervalles und die Fortführung der Berechnung, bis eine Reaktionszeit von einer halben Stunde erreicht oder überschritten wird.

NUMERICAL CONDITIONS			
Number of integration steps	[-]	=	50
Final reaction time	[h]	=	0.5

Abb. 2-8 Editierfenster „Numerische Bedingungen“

Das zu integrierende Differentialgleichungssystem besteht in unserem Fall aus den Massenbilanzen der Komponenten Monomer, Initiator1 (AIBN) und Polymer, aus zwei Differentialgleichungen zur Beschreibung des zahlenmittleren und massenmittleren Polymerisationsgrades und der Energiebilanz.

Die Eingabe der numerischen Steuergrößen muß sorgfältig abgewogen werden. In unserem Fall, beim thermischen Runaway des Styrens, erwarten wir Temperaturen von deutlich über 200°C. Dabei kann selbst die Integration einer Differentialgleichung erster Ordnung (Zerfallsreaktion des AIBN) zum numerischen Problem werden. Testen Sie deshalb in einem zweiten Lauf ihre Ergebnisse durch Erhöhung der Integrationsschrittzahl, wenn numerische Unregelmäßigkeiten auftreten. Sie sollten solche Probleme später einmal willkürlich provozieren, indem Sie in unserem Beispiel eine Integrationsschrittzahl von 1 eingeben. Eine große Integrationsschrittzahl und/oder eine kleine Umsatzschrittweite können von Anfang an diese Probleme vermeiden helfen. Insbesondere im Kapitel 7 sind hierzu einige besonders diffizile Beispiele im Zusammenhang mit der Hochdruckpolymerisation des Ethylens gegeben. Dennoch, mit der heutigen PC-Technik beträgt der zeitliche Mehraufwand in ungünstigen Fällen allenfalls einige Minuten.

Schritt 9

Wir möchten eine Regelung der Zeitschrittweite erreichten, die eine Veränderung des Massenanteils des Monomeren von etwa 0.5% zwischen zwei Ergebnisausgaben (auf Bildschirm und Protokolldatei) garantiert. Dazu geben wir jetzt „0.5“ ein. Haben Sie darauf geachtet, daß bei den Zahleneingaben nicht das Komma sondern der Dezimalpunkt erforderlich ist ?

Schritt 10

Entfällt, da die Optimierung der Polymerisationsgeschwindigkeit nicht Gegenstand unserer aktuellen Aufgabenstellung ist.

Schritt 11

Im Selektionsmenü der Zielgrößen können bis zu sechs Größen und zusätzlich die Molmassenverteilung ausgewählt werden. Diese Zielgrößen (ohne die Molmassenverteilung) werden während der nachfolgenden Rechnung als „First results“ auf den Bildschirm gebracht.

Wählen Sie, bis die in Abb. 2-9 dargestellten Informationen auf dem Bildschirm erscheinen. „Weight average“ gilt für den massenmittleren Polymerisationsgrad.

Information
SELECTED:
Reaction time
Temperature
Monomer conversion
Maximum vapour pressure
Weight average
Molecular mass distribution

Abb. 2-9 Informationsfenster „Zielgrößen“

Schritt 12

Zur Berechnung der Molmassenverteilung des im Reaktionsprozeß gebildeten Polymeren sind weitere Angaben erforderlich, die nun abgefragt werden. Maximal sind 32000 äquidistante Stützstellen möglich. Wenn jetzt „5000“ und für den nachfolgenden Wert der maximal möglichen Kettenlänge ein grober Schätzwert von 50000 eingegeben wird, dann heißt das : Die Molmassenverteilung wird in Klassen berechnet, die je 10 Kettenlängen zusammenfassen. Diese Klassenbreite liegt weit unter der im Normalfall experimentell zu erfassenden Differenz und gewährleistet eine ausreichende numerische Präzision. Die in den einzelnen Umsatzintervallen von je etwa 0,5% berechneten Molmassenverteilungen akkumulieren sich zur Gesamtverteilung, die später grafisch und numerisch zugänglich ist.

Unmittelbar danach startet das Programm, und die oben selektierten Zielgrößen werden angezeigt. Um auf den ersten Blick eine Vorstellung vom Rechenfortschritt zu geben, werden farbige Kreise, deren Durchmesser der erreichten Zeit proportional ist, auf den Bilschirm gebracht. Der Abstand zwischen den Ringen ist zeitschrittproportional.

Nach dieser Schnellinformation wird neben der letzten Ausgabe der Zielgrößen eine Information über die Berechnung und die erste Auswertung der Molmassenverteilung des Endproduktes gegeben. Darauf wollen wir später eingehen - jetzt drücken wir einfach zweimal hintereinander „Enter“ und kehren in das Rahmenprogramm zurück.

Simulationsprotokoll. Die Resultate können nun im Simulationsprotokoll gemäß D1 angesehen und bei Bedarf ausgedruckt werden. Sie müßten dabei ein Protokoll erhalten, das dem in Abb.2-2 dargestellten ähnlich ist. Die als ASCII-Datei gegebene Tabelle in der Protokolldatei kann auch mit Tabellenkalkulationsprogrammen weiterverarbeitet werden, z.B. mit Hilfe von EXCEL.

Grafische Darstellung der Resultate. Mit den Simulationsresultaten können Diagramme entsprechend D2 und D3 aufgebaut werden, die sich als PCX-Dateien speichern lassen und später z.B. mit PAINTBRUSH oder in WINWORD gelesen und weiterverarbeitet werden können.

Entsprechend D2 erhält man für unser Beispiel zuerst die Ordinaten, dann die Abszissen zur Auswahl angeboten. Selektieren Sie z.B. „Temperature, °C“als Ordinate und aus dem folgenden Abszissenmenü, das dem Ordinatenmenü genau gleicht, „Reaction time, h“, dann erhalten Sie Abb. 2-11. Der Knick in der Kurve bei etwa 170 °C weist darauf hin, daß an dieser Position der Initiator verbraucht ist und die Polymerisation entsprechend langsamer, nur noch thermisch gestartet, weiterläuft. Schauen Sie sich alle Zielgrößen in Ruhe an. Sie können jede Größe gegen jede andere auftragen. Sollten Ihnen die Achsenbezeichungen nicht zusagen, dann können Sie diese in der Datei INPUT \ IDENTNAM.BAS editieren, am besten nach B2, ohne PolyReac© zu verlassen. Diese Datei stellt ein Symbolverzeichnis des Programmsystems dar, auf das auch alle anderen Programme zugreifen. Zum Beispiel könnte man anstelle der Bezeichnung „Reaction time“ des Symbols XE „Reaktionszeit“ schreiben. Die Bezeichnungen sollten jedoch immer möglichst kurz gewählt werden, weil es ansonsten Schwierigkeiten mit ihrer Darstellung auf dem Bildschirm geben kann.

Warnung !
Verändern Sie keinesfalls die Symbole. Diese werden programmintern verglichen. Wenn ein Originalsymbol verändert wird, bricht das Programm an entsprechender Stelle ab. Auch die Maßeinheiten dürfen nicht verändert werden. Bei Zuwiderhandlung folgt zwar kein Abbruch, aber der Weg für zahlreiche Fehlinterpretationen ist dann offen.

```
Date = 12-17-1995   Time = 12:47:41

POLYREAC Minutes
================

POLYMERIZATION
--------------------------
Solution Polymerization

REACTOR
---------------
Well mixed batch reactor
Adiabatic

RECIPE
-----------
Styrene
Poly(styrene)
AIBN


 C O N D I T I O N S  at  T I M E = 0
---------------------------------------------
Temperature              = 70        øC
Polymer fraction         = 0          Ma%
Initiator1 fraction      = 0.5       Ma%

Symbols:

XE  - Reaction time          h
TC  - Temperature            øC
UA  - Monomer conversion     %
PR  - Maximum Vapor Pressure bar
PW  - Weight average         -

 XE          TC          UA          PR          PW
+0.000E+00 +7.000E+01 +0.000E+00 +1.000E+00 +1.182E+03
+3.114E-02 +7.300E+01 +5.725E-01 +1.000E+00 +1.117E+03
+5.477E-02 +7.596E+01 +1.143E+00 +1.000E+00 +1.059E+03
+7.287E-02 +7.888E+01 +1.710E+00 +1.000E+00 +1.005E+03
+8.685E-02 +8.177E+01 +2.276E+00 +1.000E+00 +9.567E+02
+9.772E-02 +8.463E+01 +2.839E+00 +1.000E+00 +9.120E+02
```

Abb. 2-10 Auszug aus dem Protokoll einer Simulationsrechnung

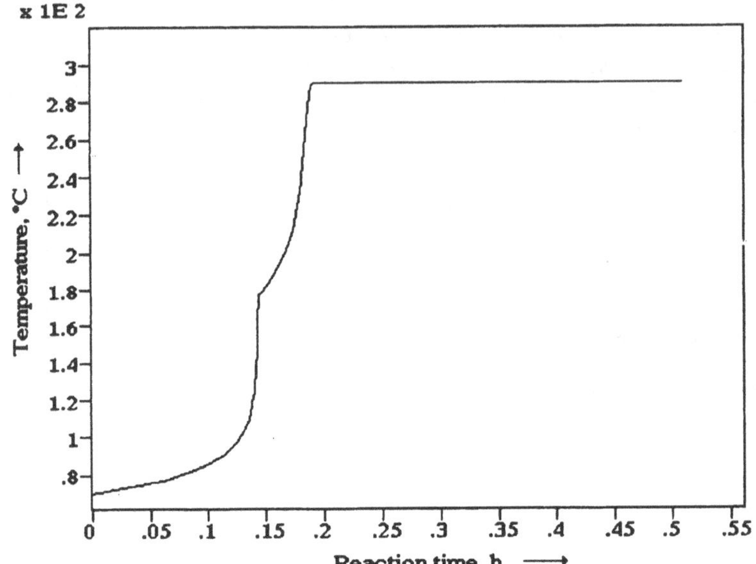

Abb. 2-11 Beispiel für die grafische Darstellung eines Simulationsergebnisses

Natürlich ist, wie immer unter WINDOWS, auch jederzeit eine Kopie dessen, was Sie auf dem Bildschirm sehen mit der Taste „Druck" („Print Screen") oder der Tastenkombination „Alt + Druck" („Alt + Print Screen") in die Zwischenablage (Clipboard) möglich, die danach in WINDOWS - Applikationen weiterverarbeitet werden kann.

Damit haben Sie einen ersten Einblick in PolyReac© erhalten und sicher die große Zahl von Aufgabenvarianten erkannt, die auf diese Weise schnell und zuverlässig gelöst werden können. Die dazugehörigen Modellgrundlagen werden in den nächsten Kapiteln unter ständiger Nutzung der Möglichkeiten des Programmes behandelt, so daß Sie simultan zum Studium der theoretischen Grundlagen mit Polyreac© schnell vertraut werden.

3 Einphasen-Momentankinetik

3.1 Einführung

Definition. Betrachten wir zu einem beliebigen Zeitpunkt die Polymerisation in einer homogenen Reaktionsmasse an einer gegebenen Position in einem beliebigen Reaktor. Die dort vorhandene Reaktionsmasse ist durch bestimmte Momentanwerte der Reaktionsvariablen - Temperatur, Druck, Komponentenkonzentrationen usw. - charakterisiert, die ihrerseits die Geschwindigkeiten der ablaufenden Reaktionen eindeutig definieren. Diese Geschwindigkeiten und die aus ihnen resultierende Struktur des Polymeren können mit dem sogenannten momentankinetischen Modell modelliert werden. Da diese Definition nur die Reaktionsvariablen als gegeben und konstant für den Zeitraum der Betrachtung festlegt, kann ein momentankinetisches Modell zum Beispiel zur Beschreibung einer homogenen Polymerisation

- im ideal mikrovermischten kontinuierlichen Rührreaktor im stationären Zustand

oder

- im konzentrations- und temperaturgradientenfreien diskontinuierlichen Reaktor innerhalb eines differentiellen Zeitintervalls

oder

- in einem gegebenen Volumeninkrement eines instationären Rohrreaktors für ein infinitesimal kleines Zeitintervall

verwendet werden. Vorraussetzung ist in jedem Fall, daß innerhalb des betrachteten Volumenelementes die kinetische Statistik gilt. Nehmen wir z.B. ein würfelförmiges Volumenelement mit einer Kantenlänge von 10 μm als Bilanzelement an, dann werden bei einer relativ kleinen Polymerisationsgeschwindigkeit von 1 mol Monomer pro Stunde und Liter ungefähr 167.000 Polymermoleküle pro Sekunde in diesem Würfel produziert, wenn man die mittlere Kettenlänge des momentan produzierten Polymeren mit 1000 ansetzt. Damit ist die Zahl der produzierten Polymeren hinreichend groß, um in einem Zeitintervall im Sekundenbereich von einer statistisch gesicherten momentanen Molmassenverteilung sprechen zu können. In den viel kleineren Mikroreaktoren der Emulsionspolymerisation (Kapitel 4) kann das anders sein.

3.2 Reaktionsmechanismus

Wir gehen von einer radikalisch polymerisierenden Reaktionsmasse aus, die folgende Komponenten enthält

Komponente	**Symbol, Index**
Monomer	M
Polymer	P
Lösemittel	S
Initiator 1	I_1
Initiator 2	I_2
Kettenlängenregler	C, CTA (Chain Transfer Agent)
Inhibitor	X

Falls Sie an bestimmten Stellen „Wasser" in der Rezepturangabe entdecken sollten, ist das nicht dramatisch und heißt auch nicht, daß PolyReac© Ihnen das Einspeisen von Wasser in die Reaktionsmischung empfiehlt. Während der Rechnungen wird die Rezeptur automatisch durch „Water" ergänzt, weil die Namen der Rezepturkomponenten die Grundlage für das Lesen der Stoffdaten aus einer internen Stoffdatenbank bilden und Wasser als Kühlmittel für die Reaktoren oder als Carrier bei der Suspensions- und Emulsionspolymerisation zur Anwendung gelangt.
Die Reaktionen des unten gezeigten Reaktionsmechanismus können für eine große Klasse radikalischer Polymerisationen akzeptiert werden, wenn es sich bei den Produkten um lineare Polymere handelt. Einer oft geübten Praxis folgend, entsprechen in den unten formulierten Gleichungen die Symbole den Konzentrationen der jeweiligen Komponenten. Für den Start durch die Initiatoren folgen wir dem Konzept der Radikalausbeute, um im Mechanismus nicht aufgeführte Nebenreaktionen und den Käfigeffekt zu berücksichtigen. Durch den thermischen Zerfall der Initiatoren I_1 und I_2 entstehen Primärradikale R_1 und R_2, die durch die Reaktion mit einem Monomer zur Bildung eines Polymerradikals P_1 der Kettenlänge 1 führen. In manchen Fällen wird beim Initiatorzerfall eine weitere Komponente gebildet, z.B. CO_2 beim Benzoylperoxid (BPO) oder N_2 beim Azobisisobutyronitril (AIBN), die hier wegen ihrer Bedeutungslosigkeit für den Polymerisationsprozeß nicht mit aufgeführt wird:

Start durch Initiator 1

$$I_1 \rightarrow 2\,R_1 \qquad r_1 = k_{i,1}\,I_1 \tag{3.2-1}$$

$$R_1 + M \rightarrow P_1 \qquad r_2 = 2\,f_{i,1}\,k_{i,1}\,I_1 \tag{3.2-2}$$

Start durch Initiator 2

$$I_2 \rightarrow 2\,R_2 \qquad r_3 = k_{i,2}\,I_2 \tag{3.2-3}$$

$$R_2 + M \rightarrow P_1 \qquad r_4 = 2\,f_{i,2}\,k_{i,2}\,I_2 \tag{3.2-4}$$

Der thermische Start durch das Monomere kommt durch einen komplexen Mechanismus zustande [14] und soll formal durch eine Reaktion n-ter Ordnung bezüglich der Monomerkonzentration ausgedrückt werden. Er spielt in PolyReac[c] nur beim Styren eine Rolle.

Thermischer Start

$$2\,M \rightarrow 2\,P_1 \qquad r_5 = f_{i,a}\,k_{i,a}\,M^n \qquad (3.2\text{-}5)$$

In der Wachstumsreaktion erhöht sich die Kettenlänge j eines aktiven Polymeren schrittweise:

Wachstum

$$P_j + M \rightarrow P_{j+1} \qquad r_6 = k_P\,M\,P_j \qquad (3.2\text{-}6)$$

Bei hohen Temperaturen kann die Umkehrreaktion des Wachstums, die Depolymerisationsreaktion, eine Rolle spielen:

Depolymerisation

$$P_{j+1} \rightarrow P_j + M \qquad r_{6-} = k_d\,P_{j+1} \qquad (3.2\text{-}7)$$

In den Transferreaktionen wird das aktive Zentrum auf den Reaktionspartner (Monomer, Lösemittel, Kettenlängenregler) übertragen, und es enstehen tote Polymere der Kettenlänge j:

Transfer zum Monomer

$$P_j + M \rightarrow M_j + P_1 \qquad r_7 = k_m\,M\,P_j \qquad (3.2\text{-}8)$$

Transfer zum Lösemittel

$$P_j + S \rightarrow M_j + S^* \qquad r_8 = k_s\,S\,P_j \qquad (3.2\text{-}9)$$

$$M + S^* \rightarrow P_1 \qquad r_9 = k_{sm}\,S^*\,M \qquad (3.2\text{-}10)$$

Transfer zum Kettenlängenregler

$$P_j + C \rightarrow M_j + C^* \qquad r_{10} = k_c\,C\,P_j \qquad (3.2\text{-}11)$$

$$M + C^* \rightarrow P_1 \qquad r_{11} = k_{cm}\,C^*\,M \qquad (3.2\text{-}12)$$

Die Abbruchreaktionen werden erfaßt durch:

Rekombination

$$P_j + P_k \rightarrow M_{j+k} \qquad r_{12} = k_{tc}\,P_j\,P_k \qquad (3.2\text{-}13)$$

und

Disproportionierung

$P_j + P_k \rightarrow M_j + M_k \qquad r_{13} = k_{td} P_j P_k$ (3.2-14)

Inhibitoren und Retarder (schwache Inhibitoren) führen zum Abbruch des radikalischen Kettenwachstums, indem wachstumsunfähige Spezies gebildet werden:

Inhibierung

$P_j + X \rightarrow M_j \qquad r_{14} = k_{tx} X P_j$ (3.2-15)

3.3 Kinetische Modellierung

3.3.1 Produktions- und Verbrauchsgeschwindigkeiten

Geschwindigkeitsansätze. Das kinetische Modell für N Reaktionen mit den Geschwindigkeiten r_i ist definiert durch die Stoffänderungsgeschwindigkeiten der an der Reaktion beteiligten Komponenten k = 1, 2 ... N :

$$R_k = \sum_{i=1}^{N} \nu_{i,k} r_i \qquad (3.3\text{-}1)$$

$\nu_{i,k}$ ist der stöchiometrische Koeffizient der k-ten Komponente in der i-ten Reaktion. In unserem Polymerisationssystem werden wir k mit den in der folgenden Tabelle aufgeführten Komponenten gleichsetzen:

Komponente	**Symbol für die Konzentration**
Monomer	M
Polymerradikal der Kettenlänge j	P_j
Lösemittel	S
Initiator 1	I_1
Initiator 2	I_2
Kettenlängenregler	C
Inhibitor	X
Totalkonzentration der Polymerradikale	P_t
Totes Polymer der Kettenlänge j	M_j
Totalkonzentration der toten Polymeren	M_t
Lösemittelradikal	S*
Reglerradikal	C*

Es soll nun ein Gleichungssystem für die Beschreibung der Quellterme in den Stoff-, und Energiebilanzen eines Polymerisationsreaktors abgeleitet werden.

Hierzu definieren wir zunächst die Totalkonzentration der aktiven Polymeren als

$$P_t = \sum_{i=1}^{\infty} P_i \tag{3.3-2}$$

und führen anstelle von k_{tc} und k_{td} die Gesamtabbruchkonstante

$$k_t = k_{tc} + k_{td} \tag{3.3-3}$$

sowie den Disproportionierungsanteil

$$x_{td} = \frac{k_{td}}{k_t} \tag{3.3-4}$$

ein. Somit erhalten wir das momentankinetische Modell auf der Grundlage des in Kapitel 3.2 gegebenen Reaktionsmechanismus in der Form

Initiator 1

$$R_{I_1} = -k_{i,1} I_1 \tag{3.3-5}$$

Initiator 2

$$R_{I2} = -k_{i,2} I_2 \tag{3.3-6}$$

Monomer

$$R_M = -r_g - k_p M P_t + k_d P_t - k_m M P_t - k_{sm} S^* M - k_{cm} C^* M \tag{3.3-7}$$

Lösemittel

$$R_S = -k_s S P_t \tag{3.3-8}$$

Kettenlängenregler

$$R_C = -k_c C P_t \tag{3.3-9}$$

Inhibitor

$$R_X = -k_{tx} X P_t \tag{3.3-10}$$

Lösemittelradikale

$$R_{S^\cdot} = k_s S P_t - k_{sm} S^* M \tag{3.3-11}$$

Reglerradikale

$$R_{C^\cdot} = k_c C P_t - k_{cm} C^* M \tag{3.3-12}$$

Polymerradikale der Kettenlänge 1

$$\begin{aligned} R_{P_1} = {} & r_g - k_p M P_1 + k_d P_2 + k_m M (P_t - P_1) - k_s S P_1 + k_{sm} M S^* + \\ & - k_c C P_1 + k_{cm} M C^* - 2 k_t P_1^2 - k_t P_1 (P_t - P_1) - k_{tx} X P_1 \end{aligned} \tag{3.3-13}$$

Polymerradikale der Kettenlänge >1

$$\begin{aligned} R_{P_j} = {} & -k_p M (P_j - P_{j-1}) + k_d P_{j+1} - k_m M P_j - k_s S P_j - k_c C P_j + \\ & -2 k_t P_j^2 - k_t P_j (P_t - P_j) - k_{tx} X P_j \end{aligned} \tag{3.3-14}$$

Tote Polymere der Kettenlänge j

$$R_{M_j} = [k_m M + k_s S + k_c C + k_{tx} X + k_{td} P_t] P_j + k_{td} P_j^2 + k_{tc} \sum_{k=1}^{j_m} P_{j-k} P_k \qquad (3.3\text{-}15)$$

In Gl.(3.3-15) ist

$$j_m = \frac{j}{2}$$

für geradzahliges j und

$$j_m = \frac{j-1}{2}$$

für ungeradzahliges j zu setzen. Die in den obigen Gleichungen enthaltene Initiierungsgeschwindigkeit durch Initiatorstart

$$r_{g,i} = 2 f_1 k_{i,1} I_1 + 2 f_2 k_{i,2} I_2 \qquad (3.3\text{-}16)$$

und die Geschwindigkeit der thermischen Initiierung

$$r_{g,t} = 2 f_{i,a} k_{i,a} M^n \qquad (3.3\text{-}17)$$

addieren sich zur Gesamtinitiierungsgeschwindigkeit

$$r_g = r_{g,i} + r_{g,t} \qquad (3.3\text{-}18)$$

Eine wechselseitige Beeinflussung der Primärradikale untereinander (Käfigeffekt) soll in den Radikalausbeuten erfaßt werden. Die Gesamtinitiierungsgeschwindigkeit kann weitere Beiträge enthalten, z.B. einen fotochemischen Anteil in der Form

$$r_{gfoto} = \sum_{\lambda} \phi_{\lambda} I_{abs,\lambda} \qquad (3.3\text{-}19)$$

worin ϕ_λ die Quantenausbeute und $I_{abs,\lambda}$ die absorbierte Lichtintensität der Wellenlänge λ darstellen.

Die Totalkonzentration der aktiven Polymeren wird gemäß Gl.(3.3-2) durch Addieren über alle Beiträge der Gln (3.3-13) und (3.3-14) erhalten:

$$R_{P_t} = r_g - k_s S P_t + k_{sm} M S^* - k_c C P_t + k_{cm} M C^* - k_t \sum_{j=1}^{\infty} P_j^2 - k_t P_t^2 - k_{tx} X P_t \qquad (3.3\text{-}20)$$

LCH und QSSA. Das oben beschriebene kinetische Modell kann entscheidend vereinfacht werden, und zwar durch die Lang-Ketten Hypothese (LCH) und die Bodenstein'sche Quasistationaritäts-Approximation („Quasi Steady-State Approximation", QSSA). Die Anwendung der QSSA, z.B. auf die Polymerradikale der Kettenlänge j, ist gleichbedeutend mit

$$R_{P_j} = 0 \qquad (3.3\text{-}21)$$

Sowohl die Verbrauchs- als auch die Bildungsgeschwindigkeiten dieser instabilen Zwischenprodukte sind relativ groß, während aus ihrer Differenz nur relativ kleine Änderungen resultieren. Die Konzentration solcher Zwischenprodukte ist entsprechend klein und stellt sich entsprechend schnell auf einen Wert ein, der sich z.B. für die Polymerradikale der Kettenlänge j aus der Gl. (3.3-21) ergibt. In vielen

Fällen ist dahere die Anwendung der QSSA bereits nach einer sehr kurzen Reaktionszeit gerechtfertigt, jedoch sollte bei großen Änderungen der Geschwindigkeiten der Radikalbildung und /oder des Radikalverbrauches, wie sie beispielsweise bei Reaktor-Runaways oder im Bereich der Selbstbeschleunigung infolge des Geleffektes zu erwarten sind, eine Prüfung dieser Annahme erfolgen. Wir kommen umgehend darauf zurück.

Durch Anwendung der QSSA auf die Lösemittel- und Reglerradikale, d.h. durch Nullsetzen der Gln (3.3-11) und (3.3-12), gelangt man zu den Beziehungen

$$S^{*} = \frac{k_s S P_t}{k_{sm} M} \tag{3.3-22}$$

und

$$C^{*} = \frac{k_c C P_t}{k_{cm} M} \tag{3.3-23}$$

so daß sich Gl. (3.3-20) zu

$$R_{P_t} = r_g - k_t \sum_{j=1}^{\infty} P_j^2 - k_t P_t^2 - k_{tx} X P_t \tag{3.3-24}$$

vereinfacht. Für große mittlere Kettenlängen (LCH) kann man die darin enthaltene Summe vernachlässigen, und man erhält

$$R_{P_t} = r_g - k_t P_t^2 - k_{tx} X P_t \tag{3.3-25}$$

oder

$$R_{P_t} = r_g - k_t P_t^2 \tag{3.3-26}$$

bei Abwesenheit von Inhibitoren und Retardern. Die Anwendung der QSSA auf die Totalkonzentration der Polymerradikale führt mit Gl.(3.3-25) zu

$$P_t = -\frac{k_{tx} X}{2k_t} + \sqrt{\left(\frac{k_{tx} X}{2k_t}\right)^2 + \frac{r_g}{k_t}} \tag{3.3-27}$$

oder mit Gl.(3.3-26) zu

$$P_t = \sqrt{\frac{r_g}{k_t}} \tag{3.3-28}$$

Beispiel

In PolyReac[e] wird Gl.(3.3-27) verwendet. Es soll der Verlauf der quasi-stationären Radikalkonzentration in Abhängigkeit von der Reaktionszeit für die thermisch gestartete und mit 0,03 % Tetrachlor-para-benzochinon inhibierte Massepolymerisation von Styren unter isothermen Bedingungen (140°C) im Batchreaktor berechnet werden. Wie sieht der zeitliche Verlauf der Radikalkonzentration aus, wenn kein Inhibitor anwesend ist ?

Zur Lösung kann man sich an C2 und C4-1 orientieren. Die folgende Tabelle gibt für die wesentlichsten Schritte die erforderlichen Einstellungen an, falls Sie die unten gezeigten Ergebnisse selbst nachrechnen wollen. Wenn es Ihnen noch nicht gelingt, diese Berechnungen auszuführen, dann übergehen Sie diesen Teil und schauen sich nur die unten gezeigten Abbildungen an. Der Umgang mit PolyReac[c] wird in Kapitel 6 ausführlich erläutert.

PolyReac[c] - Operationen

Blatt	Schritte	Selektionssequenzen
C2	2	Styrene / NO solvent / NO initiator1 / NO initiator2 / Tetrachloro-p-benzoquinone
	5	Thermal start / propagation / depolymerization / Transfer to Monomer / Recombination / Disproportionation / Inhibitor termination
	8	NO Gel Effect
C4-1	3	Isothermal
	5	140 / 0 / 0.03 und 140 / 0 / 0
	8	100 / 50 / 2
	11	Reaction time / Radical concentration

Achten Sie besonders auf die komplette Definition des Reaktionsmechanismus, der die Inhibierung einschließen muß. Als Hochumsatzmodell wird vereinfachend „No Gel Effect“ gewählt,d.h., es wird mit einem sogenannten anfangskinetischen Modell gerechnet.

Ergebnisse

Als Ergebnis erhält man die Abb. 3.3-1 dargestellten Verläufe der Radikalkonzentrationen. Die Inhibitorwirkung äußert sich in einer Unterdrückung der Polymerisation bis zu etwa einer Stunde, dann ist der Inhibitor verbraucht. Die Reaktion startet danach - zeitverzögert - wie ohne Inhibitor.

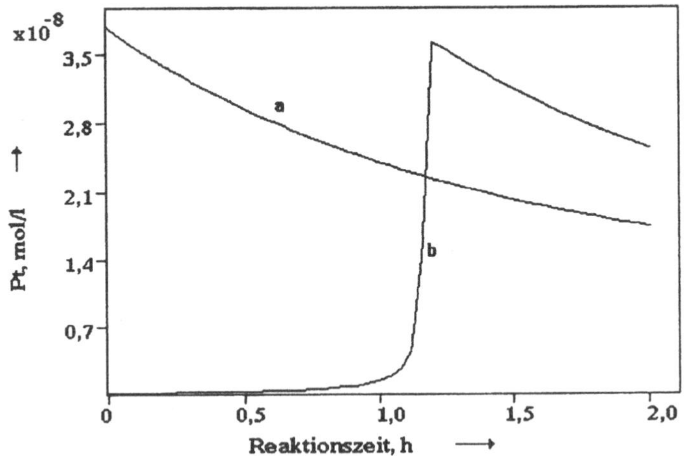

Abb. 3.3-1 Radikalkonzentration zu Beginn der Styrenpolymerisation bei 140°C im Batchreaktor, ***a*** ohne Inhibitor, ***b*** mit 0,03 % Tetrachlor-para-benzochinon

Infolge der Einbeziehung der Depolymerisation in den Reaktionsmechanismus ergibt sich bei Anwendung der QSSA auf die Polymerradikale aus den Gln (3.3-21) und (3.3-14) eine Gleichung, die P_{j-1} , P_j und P_{j+1} enthält:

$$0 = -aP_j + k_p MP_{j-1} + k_d P_{j+1} \tag{3.3-29}$$

mit

$$a = k_p M + k_d + k_t P_t + T^+ \tag{3.3-30}$$

Im Gesamttransferterm T^+ sind mit

$$T^+ = k_m M + k_s S + k_c C + k_{tx} X \tag{3.3-31}$$

die Anteile der Übertragungsreaktionen einschließlich der Bildung toter Polymerer durch Inhibierung oder Retardatierung erfaßt. Zur Lösung von Gl. (3.3-29) machen wir den folgenden Ansatz, der von einer linearen Extrapolation der Radikalkonzentration bei kleinen Differenzen der Kettenlänge ausgeht:

$$P_{j+1} = P_j - (P_{j-1} - P_j) \tag{3.3-32}$$

Setzt man nun Gl.(3.3-32) in Gl. (3.3-29) ein, dann kann

$$P_j = p P_{j-1} \tag{3.3-33}$$

mit der Wachstumswahrscheinlichkeit

$$p = \frac{k_p M - k_d}{(k_p M - k_d) + k_t P_t + T^+} \tag{3.3-34}$$

abgeleitet werden. Das heißt, die Wachstumswahrscheinlichkeit bei Berücksichtigung der Depolymerisation unterscheidet sich von derjenigen ohne Depolymerisation einfach dadurch, daß vom Produkt k_p M die Konstante k_d abzuziehen ist. Aus Gl.(3.3-33) gelangt man durch sukzessives Einsetzen zu

$$P_j = p^{j-1} P_1 \tag{3.3-35}$$

und nach wenigen Umformungen zur Näherung

$$P_j \approx p^{-1} \exp(-jq) P_1 \tag{3.3-36}$$

mit der Abbruchwahrscheinlichkeit

$$\begin{aligned} q &= 1 - p \\ &= \frac{T^+ + k_t P_t}{k_p M - k_d + T^+ + k_t P_t} \end{aligned} \tag{3.3-37}$$

Integration von Gl.(3.3-35) führt zu

$$P_t = \frac{P_1}{pq} \tag{3.3-38}$$

und durch Einsetzen von Gl.(3.3-38) in Gl.(3.3-36) zu der Gleichung

$$P_j \approx q \exp(-jq) P_t \tag{3.3-39}$$

Gleichung ((3.3-39) ist für die numerische Lösung des Modells günstiger als Gl.(3.3-36), da sie auf die leicht über Gl.(3.3-27) oder (3.3-28) zu bestimmende Totalkonzentration der Radikale zurückgreift.

Die Anfangsbedingung von Gl.(3.3-35) ist durch die Anwendung der QSSA auf die aktiven Radikale der Kettenlänge 1 gegeben. Das führt zu der für die Bildung langer Polymerketten gültigen Beziehung

$$P_1 = \frac{r_g + (k_m M + k_s S + k_c C)P_t}{k_p M - k_d P_2 + T^+ + k_t P_t} \tag{3.3-40}$$

In guter Näherung kann aber auch Gl.(3.3-39) mit $j = 1$ verwendet werden.
Besondere Bedeutung hat die LCH für den Monomerverbrauch. Im Fall der Bildung langer Polymerketten sind die Anteile der Übertragungsterme am Verbrauch des Monomeren zu vernachlässigen, so daß unmittelbar aus Gl.(3.3-7)

$$R_M = -P_t(k_p M - k_d) \tag{3.3-41}$$

folgt.

Zur Berechnung der toten Polymeren der Kettenlänge j gehen wir von Gl.(3.3-15) aus, vernachlässigen entsprechend der LCH P_t wieder gegen P_t und erhalten unter Einführung von Gl.(3.3-36)

$$R_{M_j} = [T^+ + k_{td}P_t]P_j + k_{tc}\sum_{k=1}^{j_m} P_{j-k}P_k \tag{3.3-42}$$

Die darin enthaltene Summe kann unter Anwendung von Gl. (3.3-39) in die Form

$$\sum_{k=1}^{j_m} P_{j-k}P_k = j_m P_t^2 q^2 \exp(-jq) \tag{3.3-43}$$

überführt werden. Man kommt so zu einer für numerische Berechnungen weitaus günstigeren Darstellung, wenn j_m entsprechend der LCH näherungsweise mit j/2 identifiziert und Gl. (3.3-39) eingesetzt wird, so daß sich

$$R_{M_j} = \left\{(T^+ + k_{td}P_t) + \frac{1}{2}k_{tc}jqP_t\right\}qP_t\exp(-jq) \tag{3.3-44}$$

ergibt. Durch Summierung über alle Kettenlängen j kann aus Gl.(3.3-44) oder direkt aus Gl.(3.3-42) unter Anwendung der Näherung

$$\sum_{j=1}^{\infty}\sum_{k=1}^{j_m} P_{j-k}P_k \approx \frac{1}{2}P_t^2 \tag{3.3-45}$$

für die Produktionsgeschwindigkeit aller toten Polymeren die Gleichung

$$R_{M_t} = [T^+ + k_{td}P_t]P_t + \frac{1}{2}k_{tc}P_t^2 \tag{3.3-46}$$

abgeleitet werden.

Damit ist das momentankinetische Modell, wie es in den nachfolgenden Kapiteln benötigt wird, komplett. Auf seiner Grundlage lassen sich mathematisch günstige Gleichungen für die Berechnung der Molmassenverteilung des momentan gebildeten Polymeren bzw. für die Polymerisationsgrade ableiten. Dies soll in den Kapiteln 3.3.2 und 3.3.3 gezeigt werden. Zuvor jedoch einige numerische Studien zur QSSA.

Beispiel 1 zur Gültigkeit der QSSA
Die Gleichungen (3.3-26) und (3.3-28) sollen herangezogen werden, um die momentankinetischen Bedingungen während der ersten Sekunden des Reaktionsstartes in einem diskontinuierlichen isothermen Reaktionssystem zu simulieren. Hierzu soll die Totalkonzentration der aktiven Polymeren P_t, die alle wichtigen kinetischen Größen beeinflußt, berechnet werden. Die Initiierungsgeschwindigkeit r_g kann in dem zu untersuchenden kleinen Zeitintervall als konstant angenommen werden. Die Rechnung soll für eine lösemittelfreie Polymerisation im diskontinuierlichen isothermen Rührkessel erfolgen. Die benötigten kinetischen Daten sind Tabelle 3.3-1 zu entnehmen.

Tabelle 3.3-1 Test der QSSA unter isothermen Bedingungen

Monomer	r_g mol l^{-1} s^{-1}	k_t l mol^{-1} s^{-1}	P_t * mol l^{-1}	K s
MMA	5,508 x10^{-7}	3,503 x10^{7}	1,254 x10^{-7}	0,23
ST	5,940 x10^{-7}	1,263 x10^{8}	6,858 x10^{-8}	0,12

* berechnet nach Gl. (3.3-28)

Die Integration der Differentialgleichung

$$\frac{dP_t}{dt} = r_g - k_t P_t^2$$

führt zu den in Abbildung 3.3-2 dargestellten Ergebnissen, die einmal mehr die Anwendbarkeit der QSSA unter diesen Bedingungen belegen. Die quasi-stationäre Radikalkonzentration kann bereits nach etwa 0,3 s bei beiden Monomeren als erreicht betrachtet werden. Ermittelt man die „Zeitkonstante" K des Prozesses, indem man die stationäre Konzentration durch die dazugehörige Geschwindigkeit dividiert (Tabelle 3.3-1), dann sieht man eine bekannte Regel für nichtoszillierende Ausgleichsprozesse bestätigt : Nach dem etwa 3- bis 5-fachen der charakteristischen Zeitkonstante ist der Ausgleich einer „Störung" abgeschlossen. In den letzten Kapiteln dieses Buches werden wir noch zeigen, daß es eine Reihe von Ausnahmen von dieser Regel gibt.

Wenn in einem Zeitintervall, das in der Größenordnung dieser Zeitkonstante liegt, nicht ständig neue Störungen des quasistationären Zustandes erfolgen, wie z.B. bei der Anwendung gepulster Laser [38], bei der Untersuchung der intermittierend mit Strahlung angeregten Polymerisation in den sogenannten SIP-Reaktoren [169, 162] oder bei der klassischen Versuchstechnik des rotierenden Sektors [160,161] , dann kann man unter isothermen Bedingungen eigentlich immer mit der QSSA rechnen und bei Inhibitorfreiheit Gl.(3.3-28) anwenden. Dies bedeutet gegenüber dem instationären Modell (3.3-26) einen erheblichen Vorteil. Die aus Gl. (3.3-26) resultierende Differentialgleichung ist in nahezu allen Fällen numerisch sehr „steif".

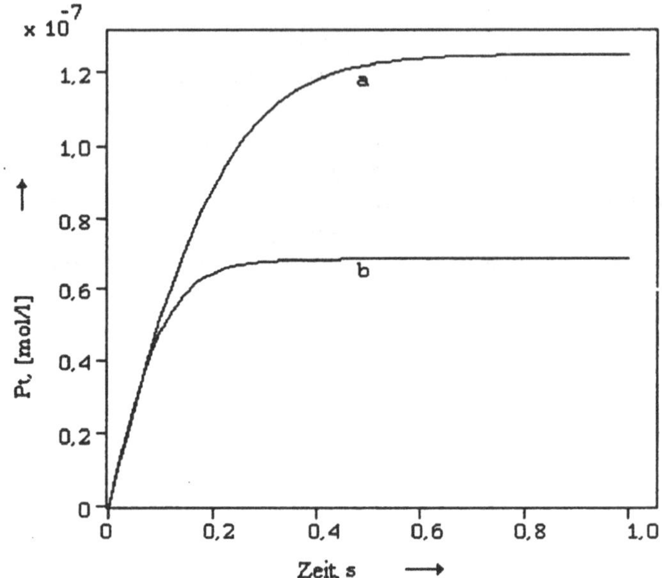

Abb. 3.3-2 Gültigkeit der Quasistationaritätsapproximation. Konzentrationsverlauf der aktiven Polymeren im anfangskinetischen Bereich, ***a*** Methylmethacrylat mit 0,3% AIBN bei 70°C, ***b*** Styren (thermisch gestartet) bei 140°C

Die Frage ist nun, ob dieses Ergebnis auch unter extremen Bedingungen gilt, z.B. im Fall eines adiabaten thermischen Durchgängers mit sehr schnell steigender Temperatur und bei starker Diffusionshemmung der Abbruchkonstante (Geleffekt). In beiden Fällen würde man mit relativ schnellen Änderungen der Initiierungs- oder Abbruchgeschwindigkeit zu rechnen haben. In einem zweiten Versuch soll daher untersucht werden, ob unter initialkinetischen Bedingungen bei schnellem Temperaturanstieg eine Verletzung der QSSA infolge der sehr unterschiedlichen Aktivierungsenergien der Initiierung im Vergleich zur Abbruchkonstante möglich ist.

Beispiel 2 zur Gültigkeit der QSSA

Der Verlauf der Radikalkonzentration im diskontinuierlichen Reaktor soll in vier Zeitabschnitten analysiert werden. Im ersten Abschnitt soll die Temperatur für die Dauer von einer Sekunde den Bedingungen des Beispiels 1 entsprechen, um zur Einstellung der quasistationären Werte zu gelangen. In einem zweiten Abschnitt von drei Sekunden Dauer wird eine extreme Temperaturanstiegsgeschwindigkeit von 20 Ks^{-1} angenommen, um die maximale Beschleunigung der Initiierung zu simulieren. Im dritten Abschnitt von ebenfalls drei Sekunden soll die Temperatur mit wiederum 20 Ks^{-1} sinken, um dann im letzten Abschnitt von einer Sekunde wieder konstant zu sein.

Die vorgegebene Änderunsrate der Temperatur sollte für viele - nicht für alle - technisch wichtigen Fälle ein Maximum darstellen. Wenn die QSSA für diesen Fall gültig ist, dann ist sie es bei kleineren Temperaturänderungsraten natürlich noch eher. Der Rechnung liegen die in Tabelle 3.3-2 aufgeführten Approximationen der experimentell gefundenen Verhältnisse zugrunde.

Tabelle 3.3-2 Kinetische Daten für den Test der QSSA unter extremen nichtisothermen Bedingungen

Monomer	r_g mol $l^{-1}s^{-1}$	k_t l $mol^{-1}s^{-1}$
MMA	$3{,}91 \times 10^{13} \exp(-15685/T)$	$8{,}9 \times 10^{7} \exp(-353/T)$
ST	$1{,}95 \times 10^{8} \exp(-13810/T)$	$5{,}3 \times 10^{9} \exp(-1544/T)$

Für beide Monomerarten liegen die Abweichungen zwischen instationärer und quasistationärer Rechnung unter 3%. In Abb. 3.3-3 ergeben sich daher nur Abweichungen zwischen beiden Modellen in der Größenordnung der Darstellungsgenauigkeit (man beachte die Anfangswerte !).

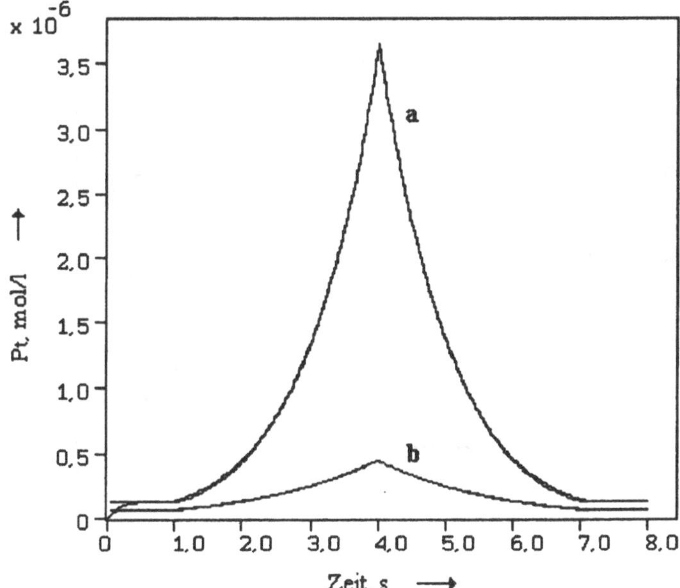

Abb. 3.3-3 Radikalkonzentration als Funktion der Reaktionszeit bei der radikalischen Massepolymerisation mit schnellen Temperaturänderungen unter anfangskinetischen Bedingungen, ***a*** Methylmethacrylat, 0,3 % AIBN, $T_0 = 70$ °C, ***b*** Styren, $T_0 = 140$ °C

Im "Normalfall" kann sich also unter anfangskinetischen Bedingungen allein aus einer adiabaten Temperatursteigerung kaum eine Ungültigkeit des Bodensteintheorems ergeben. Vor einer generellen Verallgemeinerung dieser Aussage muß trotzdem gewarnt werden. Als ein Beispiel sei die radikalische Polymerisation von Ethen bei hohen Temperaturen in einem kontinuierlichen Rührkessel erwähnt, wie sie von Smit [9] bei einem Versuch der Modellierung des nichtidealen Durchmischungsverhaltens beschrieben wird, ohne daß der Autor auf die hier diskutierte Problematik eingeht. Der Initiator ist in dem zulaufenden kalten Monomerstrom gelöst und führt bereits während der nichtisothermen Einmischung in die heiße Reaktionsmasse zu einem beträchtlichen Monomerumsatz. Hierbei können infolge der mischungsbedingten Temperatursteigerung viel höhere Raten als die eben beschriebenen erreicht werden.

Beispiel 3 zur Gültigkeit der QSSA
Kann durch einen starken Geleffekt, der zu einer beträchtlichen Verringerung von k_t *führt, die QSSA ungültig werden, wenn* ***gleichzeitig*** *ein adiabater Temperaturanstieg erfolgt. Der maximale* k_t *- Abfall soll* $4 \times 10^7\ l\ mol^{-1}\ s^{-2}$ *betragen.. Es wird also eine extreme* k_t *- Erniedrigung vom anfangskinetischen Wert auf nahezu Null innerhalb von ungefähr einer Sekunde simuliert. Diese Werte sollen formal für den Reaktionsstart bei der MMA-Polymerisation angenommen werden.*

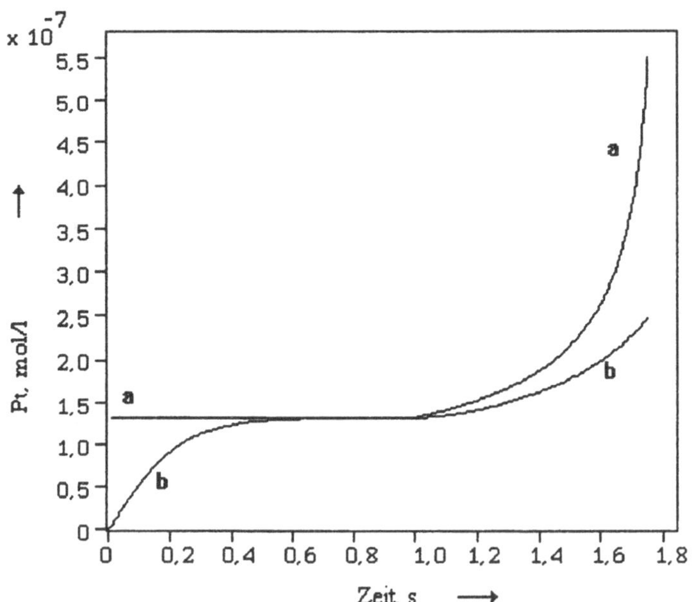

Abb. 3.3-4 Radikalkonzentration als Funktion der Reaktionszeit und Ungültigkeit der QSSA im Fall der Kopplung von extremer Temperatursteigerung und maximalem Geleffekt. ***a*** Gl.(3.3-28), ***b*** Gl.(3.3-26)

Die Rechnung erfolgte, indem wiederum in einem ersten Schritt die Einstellung der quasistationären Werte innerhalb einer Sekunde unter anfangskinetischen Bedingungen bei 70 °C abgewartet und bei Erreichen von 1s die maximale Änderungsgeschwindigkeit der Abbruchkonstante simuliert wurde.

In diesem Extremfall sind die bei Anwendung der QSSA gemäß Kurve ***a*** in Abb. 3.3-4 erhaltenen Radikalkonzentrationswerte beträchtlich größer als die "langsam" ansteigende instationäre Radikalkonzentration. Nach den Ergebnissen dieser Studie werden wir von der QSSA Gebrauch machen. Für ein erweitertes Studium der QSSA ist das Buch von Biesenberger und Sebastian [3] sehr zu empfehlen.

3.3.2 Molmassenverteilung

Die Molmassenverteilung des momentan entstehenden Polymeren ist definiert als Dichteverteilung der Polymermassen durch

$$y_j^d = \frac{R_{m_j}}{\sum_{j=1}^{\infty} R_{m_j}} \tag{3.3-47}$$

Beim Arbeiten mit dieser Gleichung ist zu beachten, daß der Massenbruch des Polymeren im Intervall [j - dj/2 ; j + dj/2] dem Produkt y_j^d dj entspricht. Die in Gl. (3.3-47) enthaltene Massenänderungsgeschwindigkeit des Polymeren mit der Kettenlänge j ergibt sich aus der Änderungsgeschwindigkeit der Konzentration der toten Polymeren der Kettenlänge j (Gl. 3.3-44) multipliziert mit der Molmasse des Polymeren

$$R_{m_j} = R_{M_j} j M_M \tag{3.3-48}$$

Somit gelangt man zu der Definition

$$y_j^d = \frac{j R_{M_j}}{\sum_{j=1}^{\infty} j R_{M_j}} \tag{3.3-49}$$

Der Nenner kann, wie leicht einzusehen ist, als Verbrauchsgeschwindigkeit des Monomeren über

$$\sum_{j=1}^{\infty} j R_{M_j} = -R_M \tag{3.3-50}$$

identifiziert werden. Wir setzen jedoch Gl.(3.3-44) in Gl.(3.3-47) ein. Das Ersetzen der Summen durch Integrale unter Verwendung der für kleine Abbruchwahrscheinlichkeiten und nicht zu großes n gut erfüllten Näherung

$$\int_{j=1}^{\infty} j^n \exp(-j\, q)\, dj = n!\, q^{-n-1} \tag{3.3-51}$$

führt mit Gl.(3.3-49) nach einigen Umformungen zu der einfach zu handhabenden Beziehung

$$y_j^d = (a_0 j + a_1 j^2)\exp(-jq) \tag{3.3-52}$$

mit den Koeffizienten

$$a_0 = \frac{(T^+ + k_{td}P_t)q^2}{T^+ + k_t P_t} \tag{3.3-53}$$

$$a_1 = \frac{k_{tc}P_t q^3}{2(T^+ + k_t P_t)} \tag{3.3-54}$$

In Anlehnung an Gl.(3.3-46) läßt sich ein Molanteil der durch Transfer- und Disproportionierungsreaktionen momentan gebildeten toten Polymeren in der folgenden Form ableiten :

$$X_{TD} = \frac{T^+ + k_{td}P_t}{T^+ + k_{td}P_t + \frac{1}{2}k_{tc}P_t} \tag{3.3-55}$$

Durch Einführung von Gl.(3.3-3) kann daraus

$$X_{TD} = \frac{1 - \dfrac{k_{tc}P_t}{T^+ + k_t P_t}}{1 - \dfrac{0.5\,k_{tc}P_t}{T^+ + k_t P_t}} \tag{3.3-56}$$

und mit Gl.(3.3-54)

$$X_{TD} = \frac{1 - \dfrac{2a_1}{q^3}}{1 - \dfrac{a_1}{q^3}} \tag{3.3-57}$$

abgeleitet werden. Mit der Definition des Kombinationsanteiles der toten Polymeren über

$$X_C = 1 - X_{TD} \tag{3.3-58}$$

und der im nächsten Kapitel bewiesenen Beziehung

$$a_0 = q^2 - \frac{2a_1}{q} \tag{3.3-59}$$

kann man jetzt die Koeffizienten der Molmassenverteilung (3.3-52) anschaulicher durch

$$a_0 = q^2 \frac{X_{TD}}{1 + X_C} \tag{3.3-60}$$

und

$$a_1 = q^3 \frac{X_C}{1+X_C} \tag{3.3-61}$$

ausdrücken. So gelangt man zu der sehr übersichtlichen und mathematisch einfach zu handhabenden Molmassenverteilungsdichte des momentan entstehenden Polymeren (Gl 3.3-62, Flory [168])

$$y_j^d = \frac{q^2}{1+X_C}(X_{TD}j + qX_C j^2)\exp(-jq) \tag{3.3-62}$$

Aus ihr lassen sich Berechnungsgleichungen für die folgenden Grenzfälle sehr einfach ableiten:

Nur Kombinationsabbruch ($X_{TD} = 0$; $X_C = 1$)

$$y_j^d = \frac{q^3}{2} j^2 \exp(-jq) \tag{3.3-63}$$

Nur Übertragung und Disproportionierung ($X_{TD} = 1$; $X_C = 0$)

$$y_j^d = q^2 j \exp(-jq) \tag{3.3-64}$$

Es ist bemerkenswert, daß die Molmassenverteilungen beider Extremfälle nur von einem einzigen Parameter, der Abbruchwahrscheinlichkeit, abhängen.

Wenn zwei Polymermassen m_1 und m_2 vorliegen, die durch die Molmassenverteilungen $y_{j,1}$ und $y_{j,2}$ charakterisiert sind, dann ergibt sich die Molmassenverteilung der Mischung aus

$$y_j = \frac{m_1 y_{j,1} + m_2 y_{j,2}}{m_1 + m_2} \tag{3.3-65}$$

Diese Gleichung bildet die Grundlage für die Addition der in einem Polymerisationsreaktor örtlich und/oder zeitlich momentan enstehenden Molmassenverteilung zur "raum-zeitlich integralen" Molmassenverteilung. Daneben gibt es die bezüglich der Kettenlänge integrale momentane Molmassenverteilung, die man durch Integration von Gl.(3.3-52) über

$$Y_j^d = a_0 \int_{k=0}^{j} k \exp(-k\, q)\, dk + a_1 \int_{k=0}^{j} k^2 \exp(-k\, q)\, dk \tag{3.3-66}$$

in der Form

$$Y_j^d = a_0 S_1 + a_1 S_2 \tag{3.3-67}$$

darstellen kann. Die darin enthaltenen Integrale (Summen) ergeben sich zu

$$S_2 = -\frac{j^2}{q}\exp(-jq) + \frac{2}{q} S_1$$

$$S_1 = -\frac{j}{q}\exp(-jq) + \frac{1}{q} S_0$$

$$S_0 = -\frac{1}{q}(1 - \exp(-jq))$$

Beispiel
Die Molmassenverteilung (MMV) des in einem kontinuierlichen gut durchmischten stationären Rührkesselreaktor erzeugten Polymeren enspricht der momentanen MMV. Für das in einem sogenannten Vorpolymerisationsreaktor bei 160°C rein thermisch erzeugte Polystyren soll die MMV mit Hilfe von PolyReac[e] berechnet werden, und zwar vergleichsweise mit den Annahmen

a) kein Disproportionierungsabbruch

und

b) kein Rekombinationsabbruch.

Für alle relevanten kinetischen Konstanten soll die Standard-PolyReac[e]-Kinetik gelten. Der Reaktorzulauf soll nur aus Styren bestehen und einer Reaktorbelastung von 0,3 kg s^{-1} m^{-3} entsprechen. Die Reaktorbelastung ist als Massenstrom des Zulaufes je Kubikmeter Reaktionsvolumen definiert.

Falls Sie Wert darauf legen, die Ergebnisse nachzurechnen, können Sie das mit C2 und C4-3 sowie den jetzt folgenden Anweisungen tun, ansonsten übergehen Sie diesen Teil.

PolyReac[e] - Operationen

Blatt	Schritte	Selektionssequenzen
C2	2	Styrene / NO solvent / NO initiator1 / NO initiator2 / NO CTA / NO inhibitor
	5	Thermal start / Propagation / Depolymerization / Transfer to Monomer / Recombination / Disproportionation
	8	NO Gel Effect
C4-3	2-3	Bulk/Solution / Isothermal
	5	160 / 0
	7	beliebig / 0.3 / 0
	8	20 / 50 / 4
	9	Reaction time / Molecular mass distribution / Polymer fraction
	10	1000 / 10000

Zwischen der Abarbeitung von C2 und C4-3 muß die Simulations-Schnittstelle nach B1 editiert werden. Wenn als Reaktion zwischen zwei Polymerradikalen nur der Kombinationsabbruch in Frage kommen soll, dann ist die Schnittstellen-Variable XDU = 0 zu setzen, wenn dagegen nur der Disproportionierungsanteil gelten soll, dann ist XDU = 1. Mit der Eingabe nach C4-3, Schritt 10, wird eine Berechnung der MMV nach Ablauf der angegebenen Reaktionszeit entsprechend Gl.(3.3-62) an 1000 Stützstellen, mit äquidistanter Teilung zu je 10 Kettenlängen bis zu einer Maximalkettenlänge von 10.000, entsprechend einer Molmasse des Polymeren von 1.040.000 g/mol, erreicht. Vier Stunden Reaktionszeit reichen aus, um bei störungsfreiem Betrieb unter den angegebenen Bedingungen den Reaktor in den stationären Zustand zu bringen. Dies kann leicht an dem konstanten Wert des Polymergehaltes von knapp 37 % erkannt werden kann. Das Ergebnis der Molmassenverteilungsberechnung ist in den Abbildungen 3.3-5 und 3.3-6 gezeigt.

Wenn der Abbruch ausschließlich durch Rekombination erfolgt, sollte die mittlere Kettenlänge unter sonst gleichen Bedingungen natürlich größer sein, so daß die MMV breiter erscheint. In unserem Beispiel erhalten wir für den

Kombinationsabbruch ein Massenmittel von 1751 und ein Zahlenmittel von 886, während diese beiden Werte für den Disproportionierungsabbruch bei 1583 und 791 liegen. Mithin ergibt sich im ersten Fall ein Dispersionsindex von 1,976 und im zweiten - wie nicht anders zu erwarten - exakt 2,0. Die durch Kombination erzeugte Molmassenverteilung weist einen kleineren Dispersionsindex als die durch Disproportionierung und Übertragungsreaktionen erzeugte Molmassenverteilung aus, d.h. sie ist in diesem Sinne „enger", während visuell gerade der entgegengesetzte Eindruck entsteht. Visuell deutlicher erkennbar wäre das, wenn man Molmassenverteilungen mit genau gleichem Massenmittel des Polymerisationsgrades vergleichen würde. Dann wäre die durch Transfer- und Disproportionierung dominierte Molmassenverteilung auch optisch breiter. In unserem Beispiel sind die Unterschiede zwischen beiden Verteilungen kaum erwähnenswert.

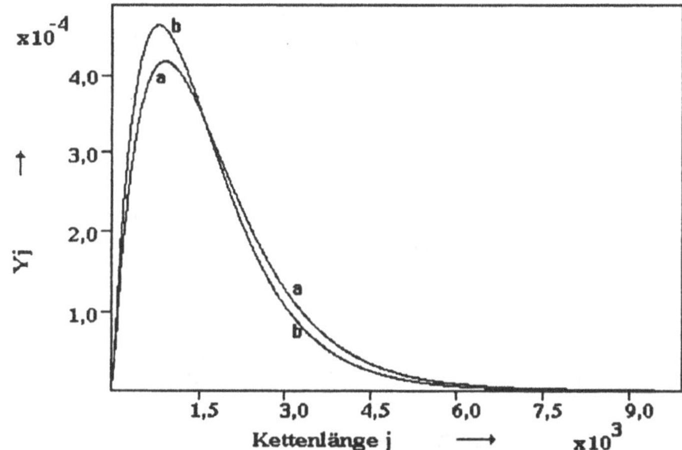

Abb. 3.3-5 Molmassenverteilung im stationären kontinuierlichen Rührreaktor bei 160°C, ***a*** Keine Disproportionierung, ***b*** Keine Kombination

Diese Unterschiede verwischen sich noch mehr, wenn man die in der Gelpermeationschromatographie (GPC) übliche Auftragung des Produktes aus der Molmasse des Polymeren der Kettenlänge j, das ist M(j) = j M_M, und der eigentlichen Dichtefunktion

$$Y = j\, M_M\, Y_j^d \qquad (3.3\text{-}68)$$

gegen den Logarithmus von M(j)

$$X = \log (j\, M_M) \qquad (3.3\text{-}69)$$

aufträgt. Abbildung 3.3-6 zeigt die gleichen Verteilungen wie Abb. 3.3-5, aber in einer zu den Gln. (3.3-68) und (3.3-69) analogen Darstellung, wie sie mit E6 ohne großen Aufwand aus PolyReac© - Simulationsergebnissen aufgebaut werden kann. Der Unterschied zwischen beiden Verteilungen liegt im Reprozierbarkeitsbereich der GPC-Messungen. Die Ursache dafür liegt in dem bei 160°C für die

Styrenpolymerisation dominierend hohen Wert des Übertragungstermes T^+ nach Gl.(3.3-31). Die Anteile der durch Disproportionierung und Rekombination von Makroradikalen gebildeten Polymeren beeinflussen die MMV unter diesen Bedingungen insgesamt nur wenig. Das erklärt auch die oft auftretenden Schwierigkeiten, genaue Angaben zum Disproportionierungs- bzw. Rekombinationsanteil der Abbruchreaktion zwischen zwei Polymerradikalen experimentell zu ermitteln. Bei kleinen Anteilen der Übertragungsreaktionen, wie etwa bei der MMA-Polymerisation, und Messungen außerhalb des Geleffekt-Bereiches ist dies etwas einfacher.

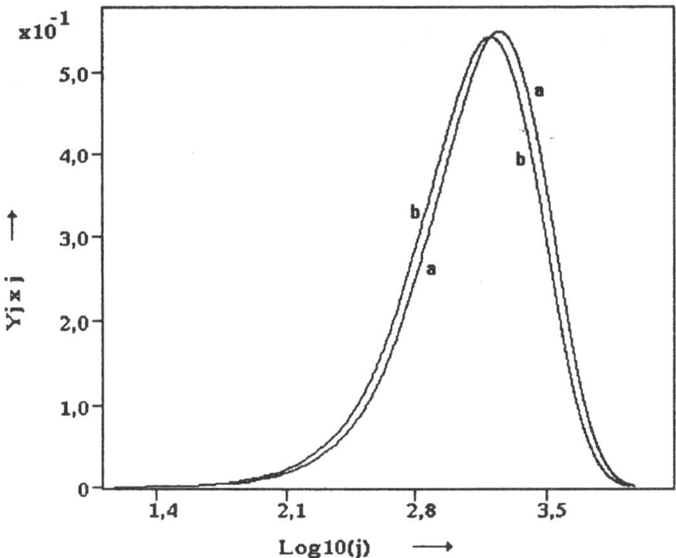

Abb. 3.3-6 Molmassenverteilung im stationären kontinuierlichen Rührreaktor bei 160°C in GPC-Standard-Darstellung, ***a*** Keine Disproportionierung, ***b*** Keine Kombination

Bei niedrigen Temperaturen ergeben sich größere Differenzen zwischen den beiden „Grenzfällen" (Abb. 3.3-7), weil die Aktivierungsenergie der Übertragungsreaktion zum Monomeren hoch ist, die dadurch bei niedrigen Temperaturen an Wirkung verliert.. Bei Wiederholung der obigen Rechnungen mit Eingabe einer Reaktionstemperatur von 80°C und bei Anwendung von 0,5 Ma% AIBN als Initiator im Reaktorzulauf und zu Reaktionsbeginn, erhält man die in Abb. 3.3-7 dargestellten Molmassenverteilungen.

Hinweis

Bei der Erzeugung von PolyReac© - Diagrammen auf der Basis von Ergebnissen aus Simulationsrechnungen, muß man nach jeder Simulation einer Molmassenverteilung die Ergebnisdateien umbenennen, weil der Name der Ergebnisdatei sonst immer der gleiche ist und die Dateien von mal zu mal überschrieben werden. So erhält man in der ersten Simulation die Dateien ACTUAL\XJ.BAS und ACTUAL\YJ.BAS in der die Abszissen- und Ordinatenwerte der MMV gespeichert werden.

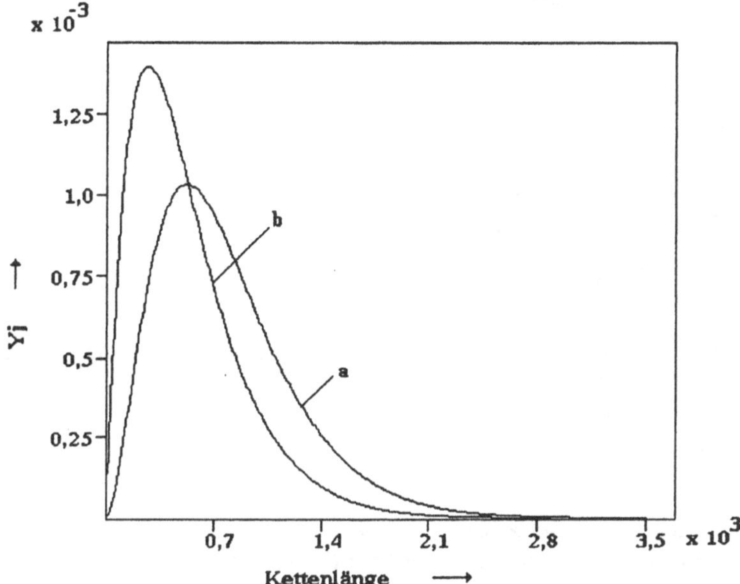

Abb. 3.3-7: Molmassenverteilung der mit AIBN gestarteten Polymerisation von Styren in einem stationären kontinuierlichen Rührreaktor bei 80°C,
a Kombination, ***b*** Disproportionierung

Diese sollte man vor der zweiten Simulation z.B. in ACTUAL\XJ1.BAS und ACTUAL\YJ1.BAS umbenennen, um ihr Überschreiben beim Start der zweiten Simulation mit den neuen Ergebnissen zu vermeiden. Eine Code-Tabelle zur Identifikation der Simulations-Ergebnisdateien finden Sie im Arbeitsblatt D3, das Ihnen auch die Anleitung für die grafische Darstellung mehrerer Simulationsergebnisse gibt.

3.3.3 Momente und Polymerisationsgrade

Momente. Die Momente der durch die Gl.(3.3-52) oder Gl.(3.3-62) definierten Molmassenverteilung sind durch

$$m_n^d = \sum_{j=1}^{\infty} j^n y_j^d \tag{3.3-70}$$

definiert. Ersetzt man die hieraus resultierenden Summen wieder durch Integrale und verwendet Gl.(3.3-51) zu deren Lösung, dann ergibt sich

$$m_n^d = \frac{(n+1)!}{q^n} [1 + \frac{nX_c}{1+X_c}] \tag{3.3-71}$$

und für die unteren Momente

$$m_{-1}^d = q[1 - \frac{X_c}{1+X_c}] \tag{3.3-72}$$

$$m_0^d = \frac{a_0}{q^2} + \frac{2a_1}{q^3} = 1 \tag{3.3-73}$$

$$m_1^d = \frac{2}{q}[1 + \frac{X_c}{1+X_c}] \tag{3.3-74}$$

$$m_2^d = \frac{6}{q^2}[1 + \frac{2X_c}{1+X_c}] \tag{3.3-75}$$

Aus Gl.(3.3-73 folgt die Beziehung zwischen den Koeffizienten der Verteilungen (3.3-52) und (3.3-62) in der Form

$$a_0 = q^2 - \frac{2a_1}{q} \tag{3.3-76}$$

Polymerisationsgrade. Der zahlenmittlere Polymerisationsgrad ist definitionsgemäß als erstes Moment der „Zahlenverteilung" der Kettenlänge nach

$$P_n^d = \sum_{j=1}^{\infty} j\, x_j^d \tag{3.3-77}$$

zu berechnen, während der massenmittlere Polymerisationsgrad („Gewichtsmittel") in gleicher Weise als erstes Moment der oben ausführlich behandelten Molmassenverteilung mit

$$P_w^d = \sum_{j=1}^{\infty} j\, y_j^d \tag{3.3-78}$$

definiert ist. Die sogenannte *Zahlenverteilung* ist identisch mit dem Molenbruch des toten Polymeren der Kettenlänge j. Mit der Molzahl des toten Polymeren der Kettenlänge j , die sich aus seiner Masse dividiert durch seine Molmasse zu

$$n_j = \frac{m_j}{j\, M_M} \tag{3.3-79}$$

ergibt, kann anstelle von Gl.(3.3-77) und unter Verwendung der Massenverteilung auch

$$P_n^d = \frac{1}{\sum_{j=1}^{\infty} \frac{y_j^d}{j}} \tag{3.3-80}$$

geschrieben werden. Nun kann man die Summen in den Gln (3.3-78) und (3.3-80) wiederum durch Integrale ersetzen und mit Hilfe von Gl.(3.3-51) integrieren, um zu gut handhabbaren Gleichungen zu gelangen. Es ist jedoch einfacher, über die Definitionen der Polymerisationsgrade aus den Momenten der Molmassenverteilung zu gehen, die für das

Zahlenmittel

$$P_n^d = \frac{m_0^d}{m_{-1}^d} \tag{3.3-81}$$

Massenmittel

$$P_w^d = \frac{m_1^d}{m_0^d} \tag{3.3-82}$$

und Zentrifugenmittel

$$P_z^d = \frac{m_2^d}{m_1^d} \tag{3.3-83}$$

in Form systematischer Beziehungen zwischen diesen Momenten gegeben sind. Natürlich sind weitere Mittelwerte denkbar, aber sie sind in der Praxis weniger gebräuchlich, wohingegen der Dispersionsindex

$$D^d = \frac{P_w^d}{P_n^d} \tag{3.3-84}$$

zur Charakterisierung der Breite der Molmassenverteilung sehr häufig verwendet wird. Durch Einsetzen der oben definierten Momente gelangt man zu

$$P_n^d = \frac{1+X_c}{q} \tag{3.3-85}$$

$$P_w^d = \frac{2}{q}\left(1+\frac{X_c}{1+X_c}\right) \tag{3.3-86}$$

$$P_z^d = \frac{3}{q}\left(\frac{1+3X_c}{1+2X_c}\right) \tag{3.3-87}$$

$$D^d = \frac{2}{1+X_c}\left(1+\frac{X_c}{1+X_c}\right) \tag{3.3-88}$$

Den Dispersionsindex erhält man für die Polymerisation ohne Rekombination mit $X_c = 0$ zu $D^d = 2$, während sich bei den durch Übertragung und Disproportionierung dominierten Polymerisationen mit $X_c = 1$ der Wert $D^d = 1{,}5$ ergibt.

Wenn in einem gegebenen Volumenelement einer polymerisierenden Reaktionsmasse die Konzentrationen des Monomeren, der Initiatoren, des Molmassenreglers, Lösungsmittels und Inhibitors und die kinetischen Konstanten bekannt sind, dann kann die Berechnung des momentankinetischen Modells - als Voraussetzung für die Lösung der Stoff-, Energie- und Impulsbilanzen der Polymerisationsreaktoren in den auch in PolyReac© realisierten folgenden Berechnungsschritten vorgenommen werden:

Algorithmus zum momentankinetischen Modell

- Initiierungsgeschwindigkeiten nach den Gln. (3.3-16) bis (3.3-18)
- Totalkonzentration der aktiven Polymeren nach Gl.(3.3-27)
- Stoffänderungsgeschwindigkeiten
  - des Monomeren nach Gl. (3.3-41)
  - der Initiatoren nach den Gln.(3.3-5) und (3.3-6)
  - des Kettenlängenreglers nach Gl.(3.3-9)
  - des Inhibitors nach Gl.(3.3-10)
- Berechnung des Gesamttransfer-Termes nach Gl.(3.3-31)
- Berechnung der Abbruchwahrscheinlichkeit nach Gl.(3.3-37)
- Berechnung des Disproportionierungs - und Kombinationsanteiles nach den Gln (3.3-55) und (3.3-58)
- Berechnung der Momente der Molmassenverteilung nach Gl.(3.3-71) bzw. der Polymerisationsgrade nach den Gln(3.3-85) bis (3.3-87)
- Berechnung der Molmassenverteilung nach Gl.(3.3-62)

Numerisches Beispiel
Es sollen der zahlenmittlere und massenmittlere Polymerisationsgrad sowie der Dispersionindex des in einem stationären kontinuierlichen Rührreaktor erzeugten Polystyrens berechnet werden. Die Bedingungen seien die gleichen wie im ersten numerischen Beispiel des Kapitels 3.3.2.

Im Vergleich zu Kapitel 3.3.2 ändern sich nur die Zielgrößen: Geben Sie „Reaction time“ , „Weigth average“ , „Number average“ und „Polymer fraction“ ein.
Man erhält nach vier Stunden „Anfahren“ P_n = 791,5 sowie P_w = 1583 und daraus D= 2. Diese Werte entsprechen genau denen des momentankinetischen Modells, weil im stationären kontinuierlichen und ideal durchmischten Rührreaktor exakt die Bedingungen für die Momentankinetik erfüllt sind, die im Kapitel 3.1 formuliert wurden.
Haben Sie auch festgestellt, daß die Polymerisationsgrade nicht so schnell stationär werden wie der Polymermassenbruch ?

3.4 Anfangskinetik

3.4.1 Definition

Unter „Anfangskinetik“ wird die Polymerisationskinetik bei niedrigen Polymerkonzentrationen verstanden. Ein anfangskinetisches Modell beschreibt die Geschwindigkeiten der wesentlichen Reaktionen - und alle daraus ableitbaren Größen - beim Umsatz „Null“ mit genügender Genauigkeit, ohne daß für die kinetischen Konstanten die Diffusionshemmung explizit berücksichtigt werden muß. Das heißt nicht, daß z.B. die Abbruchkonstante nicht von Anfang an diffusionskontrolliert sein könnte. Ein solches Modell ist unter isotherm/isobaren

Bedingungen mit konstanten Werten der kinetischen Parameter bis zu einem gewissen Umsatz gültig, oberhalb dessen die unterschiedlich starke Diffusionskontrolle der Reaktionen des Polymerisationsmechanismus zu Abweichungen führt, die im Rahmen der geforderten Genauigkeiten nicht mehr toleriert werden können.

Diese Definition ist etwas vage, läßt sich aus verschiedenen Gründen jedoch kaum präziser fassen. Eine Definition als „nicht-diffusionskontrollierter“ Bereich wäre falsch, weil für die meisten radikalischen Polymerisationen angenommen werden muß, daß der Kettenabbruch durch Reaktion zweier Makroradikale bereits bei sehr kleinen Umsätzen diffusionskontrolliert abläuft. Eine Definition nur an einer Zielgröße, z.B. am Monomerumsatz oder der Polymerisationsgeschwindigkeit, zu orientieren, wäre möglich, würde aber zu unterschiedlichen Aussagen führen. Die Polymerisationsgrade können empfindlicher auf die Diffusionshemmung der kinetischen Parameter reagieren - das gilt aber wiederum nicht bei übertragungsbestimmten Polymerisationen, z.B. bei der VC-Polymerisation. Außerdem führt die unterschiedliche Präzision der verwendeten Meßmethoden zu Differenzen - so wird man mit Messungen der Polymerisationsgeschwindigkeit zur engeren Begrenzung des anfangskinetischen Bereiches kommen als bei Verwendung von Umsatzmessungen. Also bleiben wir bei der obigen Definition.

Am Anfang des Aufbaus eines kinetischen Modells für radikalische Polymerisationen sollte man mit einer Auswahl von anfangskinetischen Konstanten aus der Fachliteratur beginnen. Dies wird in Kapitel 3.4.2 beispielhaft für einige wichtige Komponenten gezeigt. Eine solche Auswahl gibt beim gegenwärtigen Stand der Erkenntnis nur wenig Sicherheit bezüglich der erforderlichen Modelladäquatheit. Anhand der Linearisierung des Modells im anfangskinetischen Bereich (Kapitel 3.4.3) lassen sich die Schätzwerte der kinetischen Konstanten so weit verbessern, daß die Beschreibung der Anfangskinetik in einem weiten Bereich der Reaktionsvariablen möglich ist. Die nachfolgende Parameteridentifikation (Kapitel 3.4.4) und die Prüfung der Modelladäquatheit (Kapitel 3.4.5) anhand von experimentellen Daten sollen dies zeigen.

3.4.2 Sammlung und Auswahl kinetischer Konstanten

Mit PolyReac© ist es einfach, kinetische Konstanten aus der Fachliteratur einer schnellen und einfachen sowie übersichtlichen Kontrolle zu unterziehen. Wie das für die benötigten *anfangskinetischen* Daten vor sich geht, wird nachfolgend anhand der Auswahl solcher Parameter für die PolyReac© - Standarddaten beschrieben.

Moderne Methoden zur Parameterbestimmung im anfangskinetischen Bereich wurden durch eine IUPAC-Gruppe unter Leitung von Gilbert [7,8,9] eingesetzt. Dennoch sind zuverlässigen kinetischen Daten nur für wenige Monomerarten verfügbar. Am besten untersucht sind das Styren und das Methylmethacrylat (MMA), aber auch hier kann man noch nicht wirklich davon sprechen, daß konsistente Werte über einen großen Bereich der Temperaturen und Komponentenkonzentrationen verfügbar wären.

Im Rahmen von PolyReac© werden anfangskinetische Parameter und Stoffdaten für die radikalische Polymerisation des Styrens, des MMA und des Ethylens zur Verfügung gestellt. Besonders die Daten der ersten beiden genannten Monomeren wurden an einer großen Zahl unterschiedlicher Polymerisationen, für die lösemittelfreie und Lösungspolymerisation sowie für die Polymerisation in Suspension und Emulsion erprobt und sollten für viele Anwendungsfällen zumindest eine gute erste Näherung auf dem Weg zum optimalen Datensatz eines polymerisationstechnischen Problems darstellen.

Alle kinetischen Konstanten des im Kapitel 3.2 gezeigten Reaktionsmechanismus werden in ihrer Abhängigkeit von der Reaktionstemperatur T und vom Druck P in der Form

$$k_0 = k_u \exp\left(-\frac{E_k + P\,V_k}{T}\right) \tag{3.4-1}$$

beschrieben. Der Index „0“ weist auf den anfangskinetischen Wert hin.

Initiierungskinetik bei Initiatorstart. In PolyReac© wurde die Zahl der durch kinetische und Stoffdaten erfaßten Komponenten gegenüber der Vollversion stark gekürzt. Die folgenden Initiatoren wurden einbezogen:

Kürzel	Initiator
AIBN	Azo-bis-isobutyronitril
BPO	Benzoylperoxid
DTBP	Di-t-Butylperoxid
KPS	Kaliumpersulfat

AIBN und BPO werden bei Masse-, Lösungs- und Suspensionspolymerisationen eingesetzt, DTBP kommt insbesondere bei der radikalischen Polymerisation von Ethylen nach dem Hochdruckverfahren zum Einsatz, während KPS als wasserlöslicher Initiator bei Emulsionspolymerisationen verwendet wird. Die in den folgenden Tabellen angegebenen Werte der Aktivierungsenergie und des Aktivierungsvolumens für die kinetischen Konstanten wurden vereinfachend durch die Gaskonstante dividiert und tragen deshalb die Maßeinheiten K bzw. K bar^{-1}. Tabelle 3.4-1 enthält eine Auswahl von Werten für den AIBN-Zerfall.

Tabelle 3.4-1: Zerfallskonstanten des AIBN

Häufigkeitsfaktor s^{-1}	Aktivierungsenergie K	Aktivierungsvolumen K bar^{-1}	Quelle
$1{,}880 \times 10^{15}$	15458	---	[21]
$1{,}580 \times 10^{15}$	15500	---	[22]
1.053×10^{15}	15460	---	[23]
5.880×10^{15}	15990	---	[24]
2.670×10^{15}	15660	---	[25]
2.800×10^{15}	15685	---	[13]
		0,045695	[1]

Die Bildung der Radikale erfolgt hierbei nach dem Schema:

$$CH_3-\underset{CN}{\overset{CH_3}{C}}-N=N-\underset{CN}{\overset{CH_3}{C}}-CH \longrightarrow 2\ CH_3-\underset{CN}{\overset{CH_3}{C^*}} + N_2$$

Bei der Rekombination zweier so entstandener Primärradikale ensteht kein zur erneuten Radikalbildung befähigtes Produkt. Dies ist die Hauptursache für die Einführung einer Radikalausbeute, die aus dem Verhältnis der Bildungsgeschwindigkeit der Polymerketten zur Geschwindigkeit der Bildung von Primärradikalen definiert werden kann. Die numerischen Werte der anfangskinetischen Radikalausbeuten werden in den folgenden Tabellen nicht angegeben, weil sie abhängig vom Initiatortyp sowie der Art des Monomeren und des verwendeten Lösemittels sind. Außerdem sind sie gegebenenfalls eine Funktion der Temperatur und des Druckes. Im PolyReac®-Standard wurden die Radikalausbeuten als unabhängig vom Druck und der Reaktionstemperatur vorgegeben, d.h., ihre Aktivierungsenergien und -volumina wurden Null gesetzt. Sie können jedoch bei Bedarf als Temperatur- und Druckfunktionen berücksichtigt werden, indem die betreffenden Konstanten der Gleichungen des Typs (3.4-1) editiert werden.

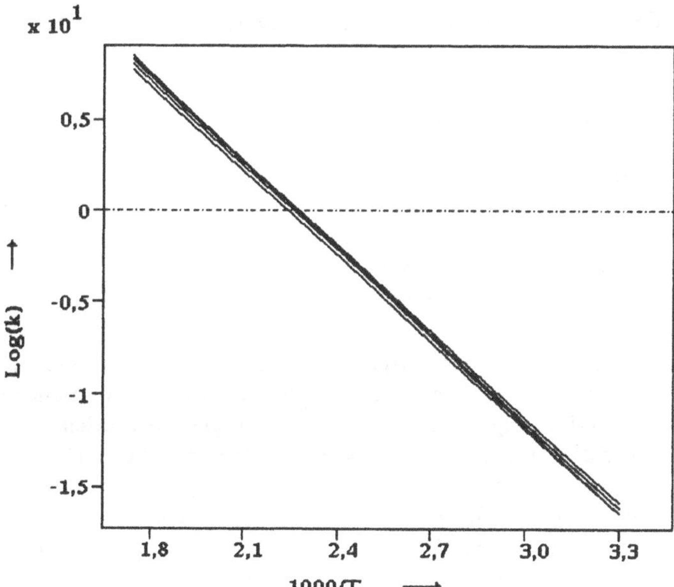

Abb. 3.4-1 Arrheniusdiagramm der Zerfallskonstante des AIBN, Werte nach Tabelle 3.4-1

AIBN ist bekannt dafür, daß seine Zerfallskonstante weitgehend unabhängig von der Art des Lösemittels ist - nach Brandrup [6] ist nur für stark polare Lösemittel (Tetrachlorkohlenstoff) eine deutliche Abweichung der Zerfallskinetik spürbar. Dieses Verhalten wird auch durch Abb. 3.4-1 belegt - es gibt kaum nennenswerte Differenzen zwischen den der Literatur entnommenen Daten, und zwar im gesamten dargestellten Temperaturbereich zwischen 30°C und 300°C, obwohl die Grundlage für die in Tabelle 3.4-1 aufgeführten Korrelationen Experimente unter zum Teil stark unterschiedlichen Reaktionsbedingungen sind. Wie bereits von de Schrijver und Smets [26] nachgewiesen, hat auch die Viskosität des Reaktionsmediums keinen Einfluß auf die Zerfallskonstante des AIBN, obwohl nach den genannten Autoren die Reaktionsordnung mit der Viskosität variieren kann. Verglichen mit anderen Initiatoren, erweist sich das AIBN damit als ein nahezu idealer Initiator für die Modellierung radikalischer Polymerisationen, dessen PolyReac©-Standard mit

$$k_i = 2{,}8\mathrm{x}10^{15}\exp\left(-\frac{15685 + 0{,}045695\,P}{T}\right) \tag{3.4-2}$$

beschrieben wird. Darin sind der Druck P in bar und die Temperatur T in K anzugeben, um die Zerfallskonstante in s^{-1} zu erhalten. In der Literatur gibt es jedoch auch Angaben, denen zufolge Rezepturänderungen zu Abweichungen führen können, die unter Umständen nicht akzeptabel sind. So gibt Elias [4] die Tabelle 3.4-2 der Halbwertszeiten des AIBN in Benzen und Styren bei verschiedenen Temperaturen an, der man die Größenordnung der zu erwartenden Differenzen entnehmen kann.

Tabelle 3.4-2: Halbwertszeiten des AIBN-Zerfalls nach Elias [4] in h

Lösemittel	40°C	70°C	110°C
Benzen	354	6,1	0,076
Styren	414	5,7	0,054

Wenn kinetische Konstanten mit ihren Arrheniusparametern gegeben sind, dann können diese mit Hilfe von PolyReac© ohne großen Aufwand in einem Arrhenius-Diagramm der in Abb. 3.4-1 gezeigten Form miteinander verglichen werden. Folgen Sie dazu der in C1 beschriebenen Anleitung und bauen Sie im ersten Schritt eine Arrhenius-Tabelle mit zwei oder drei der in Tabelle 3.4-1 aufgeführten Datensätze auf. Im zweiten Schritt können Sie die eben erzeugte Tabelle mit Hilfe von Arbeitsblatt E1 editieren und weitere Datensätze berücksichtigen. Man kann aber auch gleich nach E1 die Arrhenius-Tabelle aus INPUT\ KIAIBN.ARR laden, die im PolyReac©-Lieferumfang enthalten ist, bereits alle obigen Daten enthält und direkt zu Abb. 3.4-1 führt.

Die Radikalbildung bei Verwendung von BPO erfolgt unter Abspaltung von Kohlendioxid nach dem Reaktionsschema

$$C_6H_5COO\text{-}OOCC_6H_5 \longrightarrow 2C_6H_5COO^* \downarrow 2C_6H_5^* + 2CO_2$$

und kann ebenfalls als Reaktion 1.Ordnung beschrieben werden (Tabelle 3.4-3).

Tabelle 3.4-3: Zerfallskonstanten des BPO

Häufigkeitsfaktor s^{-1}	Aktivierungsenergie K	Aktivierungsvolumen K bar^{-1}	Quelle
$1{,}000 \times 10^{14}$	14804	---	[21]
$2{,}122 \times 10^{16}$	16774	---	[23]
1.443×10^{13}	14700	---	[24]
6.380×10^{13}	14955	---	[27]
8.283×10^{13}	15115	---	[13]
		0,035 *	

* Schätzung, experimentell nicht bestätigt

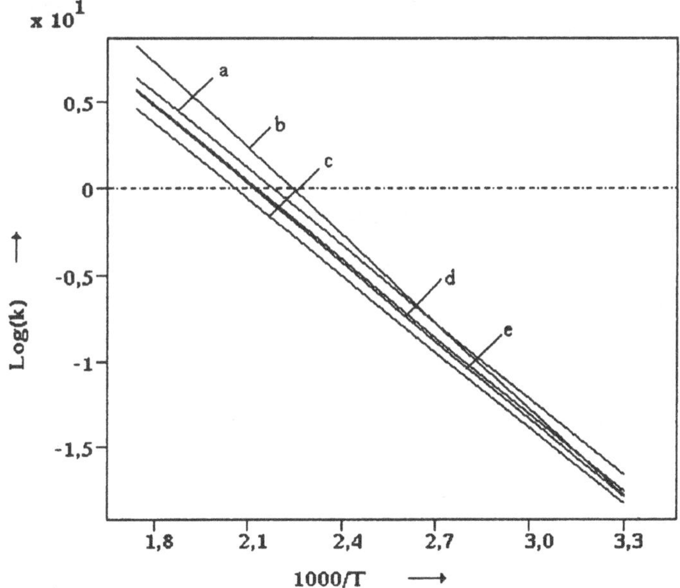

Abb. 3.4-2 : Arrheniusdiagramm der Zerfallskonstante des BPO, Tabelle 3.4-3, ***a*** Malkin [21], ***b*** Marten [23], ***c*** Stickler [24], ***d*** Odian [27], ***e*** Weickert [5]

Die Druckabhängigkeit ist für das BPO technisch weniger interessant; über eine Verwendung bei Hochdruck-Polymerisationsverfahren wurden in der Literatur keine Informationen gefunden. Der in der letzten Zeile der Tabelle 3.4-3 angegebene Wert wurde angenommen, weil auch die Aktivierungsvolumina anderer Initiatoren in dieser Größenordnung liegen. Von Marten und Hamielec [23] wurden nur Einzelwerte der Zerfallskonstanten angegeben, und zwar für 50°C ($6{,}067 \times 10^{-7}$ s^{-1}) und für 70°C ($1{,}25 \times 10^{-5}$ s^{-1}). Mit PolyReac© lassen sich solche Angaben leicht verarbeiten - bedienen Sie sich dazu des Arbeitsblattes E2 und geben Sie die eben genannten Daten ein. Danach kann man mit Arbeitsblatt C1 und der in der Datei INPUT\KIBPO.ARR gegebenen Tabelle 3.4-3 zu Abb. 3.4-2 gelangen.

Die Streuung der Werte im Arrheniusdiagramm ist für das BPO deutlich größer als im Fall des AIBN. Scheinbar liefert die von Stickler [24] angegebene Korrelation die niedrigsten Werte im gesamten Temperaturbereich. Dabei ist achtzugeben, welche Radikalausbeutefaktoren die einzelnen Autoren in ihren Modellen anwenden. Stickler [24] setzte formal eine Radikalausbeute von 1 an, das heißt, de facto ist die Radikalausbeute, deren Wert zwischen 0,4 und 0,45 angenommen werden kann, im Häufigkeitsfaktor der von ihm verwendeten Arrheniusbeziehung bereits enthalten. Der „wahre" Häufigkeitsfaktor ist mithin mehr als doppelt so groß, wenn man einmal die Temperaturabhängigkeit der Radikalausbeute außer acht läßt. Damit würden dann Werte erhalten, die das Maximum in Abb. 3.4-2 darstellen.

Die Angaben von Odian [27] und die von Weickert [5] selektierten Werte liegen sehr eng zusammen und stellen einen guten Mittelwert im gesamten Temperaturbereich dar. Der PolyReac©-Standard wurde aufgrund dieser Resultaten mit

$$k_i = 8{,}28 \times 10^{13} \exp\left(-\frac{15115 + 0{,}035\,P}{T}\right) \tag{3.4-3}$$

festgelegt (P in bar, T in K, k_i in s^{-1}). In ähnlicher Weise ergab sich aus den Daten für DTBP (Tabelle 3.4-4) ein PolyReac©-Standardwert mit

$$k_i = 1{,}6 \times 10^{16} \exp\left(-\frac{19335 + 0{,}03\,P}{T}\right) \tag{3.4-4}$$

Tabelle 3.4-4: Zerfallskonstanten des DTBP

Stoßfaktor s^{-1}	Aktivierungsenergie K	Aktivierungsvolumen K bar^{-1}	Quelle
$4{,}300 \times 10^{15}$	18630	---	[28]
$1{,}6 \times 10^{16}$	19335	---	[19]
$2{,}39 \times 10^{16}$	18781	0,03	[12]
		0,06...0,15	[1]

Abb. 3.4-3 macht deutlich, daß die Korrelation von Offenbach [28] ebensogut hätte verwendet werden können.

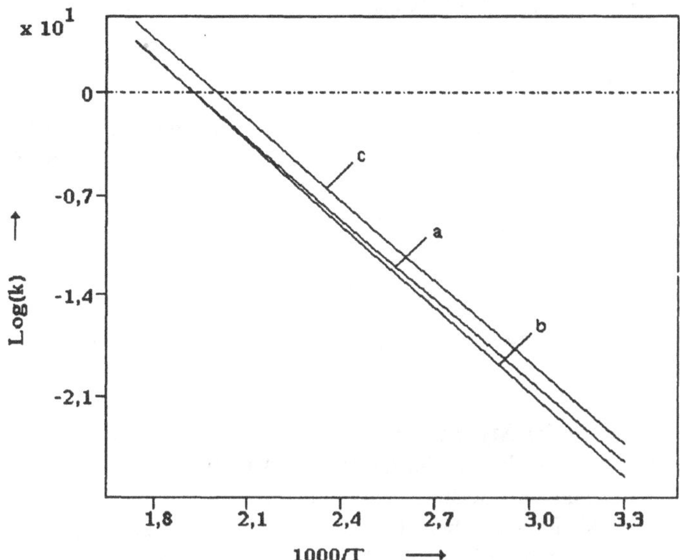

Abb. 3.4-3 : Arrheniusdiagramm der Zerfallskonstante des DTPO, Werte nach Tabelle 3.4-4, *a* Offenbach [28], *b* Chen [19], *c* Goto [12]

Für das Kaliumpersulfat ist bekannt, daß die Zerfallskonstante vom pH-Wert mitbestimmt wird. Diese Abhängigkeit wird in PolyReac© vernachlässigt. Im Anwendungsfall sind die Initiierungsdaten entsprechend zu editieren. Es wird

$$k_i = 7{,}253 \times 10^{17} \exp\left(-\frac{17819 + 0{,}035\,P}{T}\right) \qquad (3.4\text{-}4)$$

verwendet.

Die Druckabhängigkeit der Initiierungskinetik ist nicht allzu stark ausgeprägt. Sie muß im allgemeinen nur bei hohen Drücken, wie z.B. bei der Modellierung des LDPE-Prozesses [12, 15], der im Druckbereich zwischen 1000 bar und 3000 bar abläuft, berücksichtigt werden. Die Radikalausbeuten können darüberhinaus abhängig von der Monomerart und dem Lösemittel sein.

Initiierungskinetik bei thermischem Start. Im Gegensatz zum MMA und Ethylen kann Styren auch ohne Zuhilfenahme von Initiatoren, rein thermisch, polymerisiert werden. Der thermische Start des Styrens wurde bisher am eingehendsten von Hui und Hamielec [13] im Bereich zwischen 100°C und 200°C kinetisch untersucht. Die für uns relevanten Meßgrößen Monomerumsatz, Polymerisationsgrade und Molmassenverteilung lassen sich sowohl mit einer Startreaktion zweiter als auch dritter Ordnung beschreiben, wobei - in Übereinstimmung mit den genannten Autoren - auch die PolyReac-Tests einen leichten Vorteil für die Reaktion dritter Ordnung bezüglich der Monomerkonzentration ausgewiesen haben. In PolyReac© beziehen sich die Standardwerte auf die Reaktion 3.Ordnung, prinzipiell ist n jedoch frei wählbar. Für den Geschwindigkeitsansatz (3.2-5) mit n = 3, der entsprechend der Reaktionsgleichung

$2M \quad \rightarrow \quad 2P_1 \qquad r_{ia} = f_{i,a}\, k_{i,a}\, M^n$

abläuft, können nach Hui und Hamielec [13] die folgenden anfangskinetischen Parameter unter Vernachlässigung der Abhängigkeit vom Druck empfohlen werden:

$$k_{ia} = 2{,}802 x 10^5 \exp(-\frac{13780}{T}) \tag{3.4-5}$$

Die Radikalausbeuten des thermischen Startes werden als Konstanten mit dem Anfangswert 1 betrachtet. Ihre formale Einführung in die kinetischen Gleichungen erleichtert die Modellierung der Umsatzabhängigkeit der thermischen Initiierung (Kapitel 3.5).

Wachstumskonstante des Styrens. Die PolyReac©-Standardwerte wurden aus den Daten der Tabelle 3.4-5 selektiert. Ein Aspekt der Auswahl zuverlässiger kinetischer Konstanten soll im folgenden Beispiel deutlich gemacht werden.

Buback, Gilbert et al. [7 - 9] beziehen sich in ihren Ausführungen oft auf eine Arbeit von Mahabadi und O'Driscoll [18], in der die Wachstumskonstante des Polystyrens bei niedrigen Temperaturen aus instationären Messungen mit

$$k_{p0} = 1{,}09 \text{ x } 10^7 \exp(-\frac{3550}{T}) \tag{3.4-6}$$

ermittelt wurde. Praktisch die gleichen Werte wurden mit

$$k_{p0} = 1{,}051 \text{ x } 10^7 \exp(-\frac{3557}{T}) \tag{3.4-7}$$

aber bereits von Duerksen, Hamielec und Hodgins [20] zehn Jahre früher mit dem globalen Hinweis auf Arbeiten von Matheson [30], Tobolsky [33] und Imoto [34] in einer Simulationsstudie verwendet. Von Malkin [21] und Valsamis [29] wird Matheson [30] dagegen mit

$$k_{p0} = 2{,}16 \text{ x } 10^7 \exp(-\frac{3907}{T}) \tag{3.4-8}$$

zitiert, eine Korrelation, die auch von Biesenberger [3] in einigen Rechenbeispielen verwendet wird, während sich der gleiche Autor (S.170) auf die mit den Gln (3.4-6) und (3.4-7) übereinstimmende Beziehung

$$k_{p0} = 1{,}06 \text{ x } 10^7 \exp(-\frac{3560}{T}) \tag{3.4-9}$$

unter Hinweis auf Matheson [30] beruft. Bei Matheson [30] selbst findet man schließlich

$$k_{p0} = 2{,}17 \text{ x } 10^7 \exp(-\frac{3907{,}4}{T}) \tag{3.4-10}$$

also Übereinstimmung mit Gl. (3.4-8).

PolyReac© unterstützt eine Selektion der „richtigen“ Konstanten wiederum über die Arbeitsblätter C1 und E2 , für deren Abarbeitung die in Tabelle 3.4-5 erfaßten Werte oder direkt die Datei INPUT\KP.ARR verwendet werden können.

Tabelle 3.4-5: Kettenwachstumskonstanten der Styrenpolymerisation

Häufigkeitsfaktor $l\ mol^{-1}\ s^{-1}$	Aktivierungsenergie K	Aktivierungsvolumen K bar^{-1}	Quelle
$1{,}06 \times 10^7$	3557	---	[18,20]
$1{,}6220 \times 10^7$	4341	---	[31]
$4{,}2658 \times 10^7$	3903,3	---	[9]
$2{,}17 \times 10^7$	3907,4	---	[30]
		- 0.21645	[1]

Mit den in Abb. 3.4-4 dargestellten Resultaten wurde die PolyReac© -Korrelation zunächst (Standard A) mit

$$k_{p0} = 4{,}2658 \text{ x } 10^7 \exp(-\frac{3903{,}3 - 0{,}21654\ P}{T}) \qquad (3.4\text{-}11)$$

fixiert.

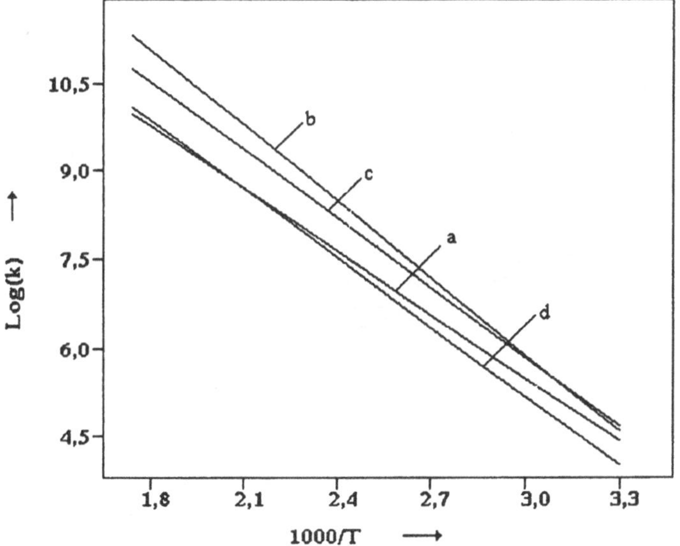

Abb. 3.4-4 Arrheniusdiagramm der Wachstumskonstante des Styrens, *a* Duerksen [20], *b* Yamada [31], *c* Buback [9], *d* Matheson [30]

Wachstumskonstante des Methylmethacrylates. Die Selektion erfolgte mit den Korrelationen der Tabelle 3.4-6 und den Ergebnissen des Abb. 3.4-5 unter Zuhilfenahme von C1 und E2.

Tabelle 3.4-6: Kettenwachstumskonstanten der MMA-Polymerisation

Häufigkeitsfaktor $l\ mol^{-1}\ s^{-1}$	Aktivierungsenergie K	Aktivierungsvolumen $K\ bar^{-1}$	Quelle
$4{,}9200 \times 10^5$	2192	---	[18]
$4{,}7680 \times 10^7$	3760	---	[24]
$6{,}7110 \times 10^4$	1535,7	---	[35]
$9{,}0000 \times 10^5$	2365	---	[3]
$7{,}3500 \times 10^5$	2417	---	[36]
		- 0,2285	[1]

Die von Shen [35] aus ESR-Messungen der Radikalkonzentration bei 60°C, 70°C und 80°C mit einem ausgewiesenen Fehler von etwa 5% ermittelten Konstanten mit den Werten 670, 760 und 870 $l\ mol^{-1}\ s^{-1}$ wurden mit Hilfe von E2 ausgewertet und in dieser Form in Tabelle 3.4-6 berücksichtigt. Die Korrelationen von Stickler [24] und Shen [35] weichen am weitesten voneinander ab.

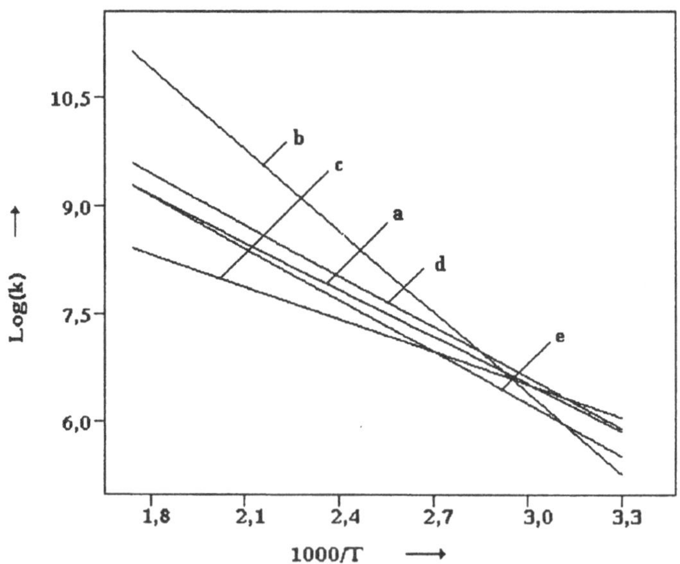

Abb. 3.4-5 Arrheniusdiagramm der Wachstumskonstante von MMA, *a* Mahabadi [18], *b* Stickler [24], *c* Shen [35], *d* Biesenberger [3], *e* Schulz [36]

Bei der Einschätzung sollte man jedoch den für die MMA-Polymerisation mit einer Ceiling-Temperatur von etwa 220°C sehr breiten Temperaturbereich der grafischen Darstellung berücksichtigen (30°C bis 300°C). Im von den Autoren untersuchten unteren Temperaturbereich stimmen die Resultate besser überein.

In Auswertung dieser Resultate wurde als Standard für MMA

$$k_{p0} = 4{,}92 \times 10^5 \exp\left(-\frac{2192 - 0{,}2285\,P}{T}\right) \tag{3.4-12}$$

festgelegt.

Wachstumskonstante des Ethens. Die der Literatur entnommenen Korrelationen sind Tabelle 3.4-7 zu entnehmen.

Tabelle 3.4-7: Kettenwachstumskonstanten der Ethenpolymerisation

Häufigkeitsfaktor $l\,mol^{-1}\,s^{-1}$	Aktivierungsenergie K	Aktivierungsvolumen $K\,bar^{-1}$	Quelle
$4{,}8000 \times 10^7$	3632	- 0,196	[37]
$1{,}8800 \times 10^7$	4124,6	- 0,3247	[38]
$1{,}2500 \times 10^8$	3927,5	- 0,2518	[11]
$2{,}9500 \times 10^7$	3570,5	---	[19]

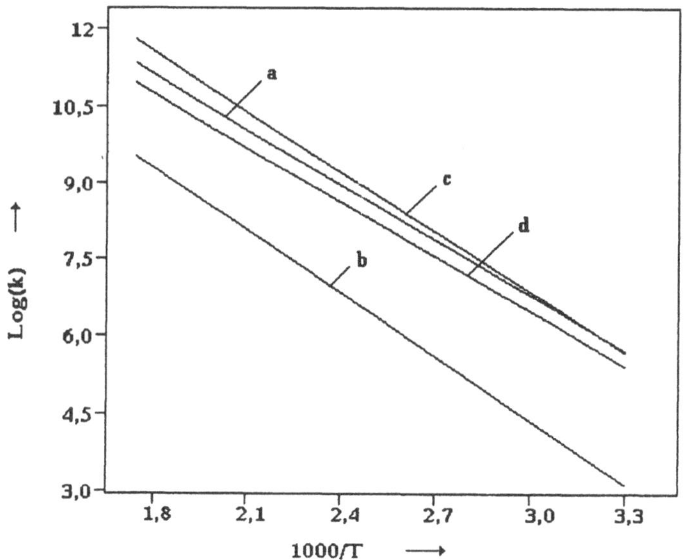

Abb. 3.4-6 Arrheniusdiagramm der Wachstumskonstante von Ethen, *a* Lorenzini [37], *b* Schweer [38], *c* Agarwal [11], *d* Chen [19]

Sie führen mit Arbeitsblatt C1 und Datei INPUT\KPETH.ARR zu Abb. 3.4-6 und zur Festlegung des PolyReac[e]-Stamdards in der Form

$$k_{p0} = 4{,}8 \times 10^7 \exp\left(-\frac{3632 - 0{,}25\,P}{T}\right) \quad (3.4\text{-}13)$$

Abbruchkonstante des Styrens. Tabelle 3.4-8 enthält aus der Literatur ausgewählte Arrheniusbeziehungen für den Radikalkettenabbruch des Styrens.

Tabelle 3.4-8: Abbruchkonstanten der Styrenpolymerisation

Häufigkeitsfaktor $l\,mol^{-1}\,s^{-1}$	Aktivierungsenergie K	Quelle
$1{,}7030 \times 10^9$	1142	[18]
$1{,}2550 \times 10^9$	844	[20]
$1{,}2900 \times 10^9$	1193,4	[30]
$1{,}2600 \times 10^9$	846	[3]
$5{,}3000 \times 10^9$	1544	[13]

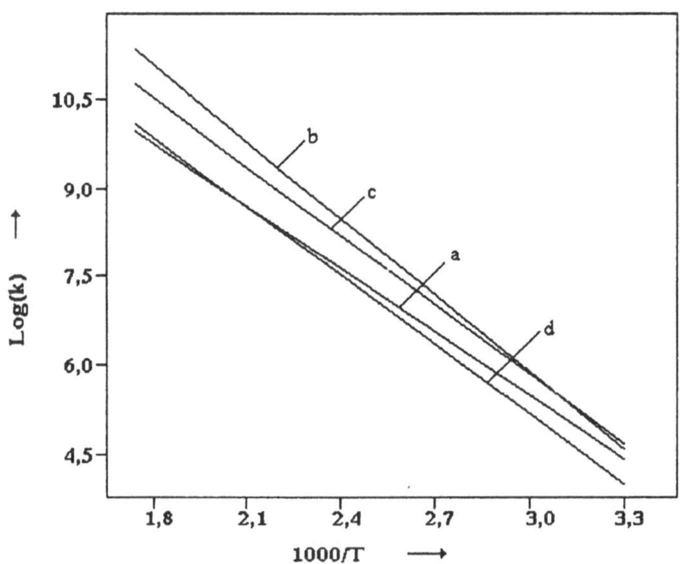

Abb. 3.4-7 Arrheniusdiagramm der Abbruchkonstante der Styrenpolymerisation, ***a*** Mahabadi [18], ***b*** Duerksen [20] Biesenberger [3] Matheson [30], ***c*** Valsamis [29], ***d*** Weickert [5]

Ausgehend davon, gelangt man mit Arbeitsblatt C1 und der Datei INPUT \ KTST.ARR zu Abb. 3.4-7 und zur Festlegung des Standards in der Form

$$k_{t0} = 1,7 \times 10^9 \exp(-\frac{1142}{T}) \tag{3.4-14}$$

Abbruchkonstante des Methylmethacrylates. Der folgenden Tabelle ist eine Auswahl von Arrheniusbeziehungen für den Radikalkettenabbruch des MMA zu entnehmen. Wie schon beim Styren gibt es zum Aktivierungsvolumen der Abbruchreaktion keine zuverlässigen Angaben.

Tabelle 3.4-9: Abbruchkonstanten der MMA-Polymerisation

Häufigkeitsfaktor $l\,mol^{-1}\,s^{-1}$	Aktivierungsenergie K	Quelle
$9{,}8000 \times 10^7$	353	[18]
$1{,}1000 \times 10^8$	604	[3]
$1{,}8000 \times 10^8$	655	[36]

Der PolyReac©-Standard A wurde danach mit C1, Datei INPUT \ KTMMA.ARR und Abb. 3.4-8 in der Form

$$k_{t0} = 9,8 \times 10^7 \exp(-\frac{353}{T}) \tag{3.4-15}$$

festgelegt.

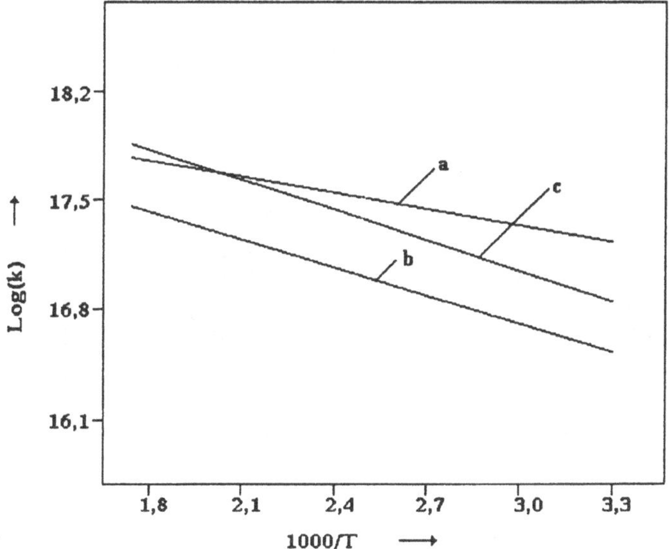

Abb. 3.4-8 Arrheniusdiagramm der Abbruchkonstante der MMA-Polymerisation, *a* Mahabadi [18], *b* Biesenberger [3], *c* Schulz [26]

Abbruchkonstante des Ethens. In Tabelle 3.4-10 sind ausgewählte anfangskinetische Parameter der Ethylen-Abbruchkonstante aufgelistet.

Tabelle 3.4-10: Abbruchkonstanten der Ethenpolymerisation

Häufigkeitsfaktor $l\ mol^{-1}\ s^{-1}$	Aktivierungsenergie K	Aktivierungsvolumen $K\ bar^{-1}$	Quelle
$2,06 \times 10^{9}$	774,4	0,1515	[37]
$8,11 \times 10^{8}$	553,2	0,19	[38]
$2,20 \times 10^{10}$	503,5	0,1229	[11]
$1,60 \times 10^{9}$	1208,5	---	[19]

Abb. 3.4-9, das wieder mit C1, der Datei INPUT \ KTEth.ARR aus PolyReac[c] erzeugt werden kann, führt uns zur Auswahl der Korrelation von Lorenzini [37]

$$k_{t0} = 2,06 \times 10^{9} \exp\left(-\frac{774,4 + 0.1515\ P}{T}\right) \qquad (3.4\text{-}16)$$

für den Standard-Datensatz.

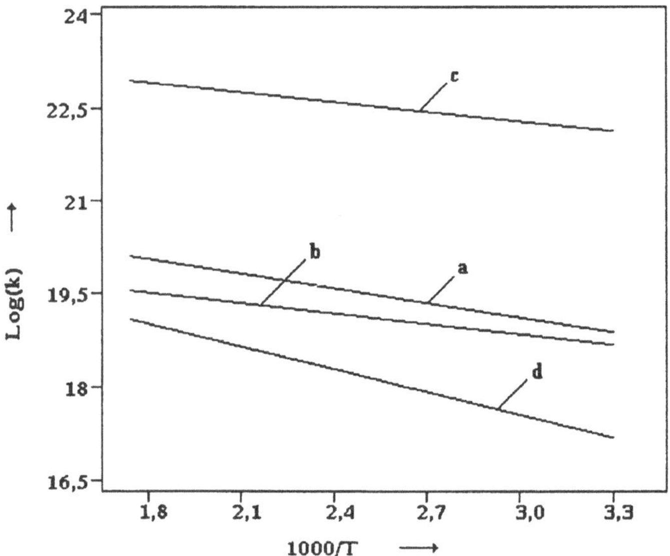

Abb. 3.4-9 Arrheniusdiagramm der Abbruchkonstante der Ethen-Polymerisation, ***a*** Lorenzini [37], ***b*** Schweer [38], ***c*** Agrawal [11], ***d*** Chen [19]

Monomerübertragungskonstanten: Styren. Eine Auswahl der in der Literatur verwendeten Arrheniusparameter ist in Tabelle 3.4-11 angegeben.

Tabelle 3.4-11: Monomerübertragungskonstante der Styrenpolymerisation

Häufigkeitsfaktor $l\,mol^{-1}\,s^{-1}$	Aktivierungsenergie K	Quelle
$1{,}500 \times 10^{7}$	7150	[110]
$4{,}830 \times 10^{6}$	6480	[111]
$5{,}930 \times 10^{7}$	5712	[112]
$3{,}865 \times 10^{6}$	5433	[113]
$2{,}310 \times 10^{6}$	6377	[33]
$2{,}350 \times 10^{7}$	6774	[114]

Aus den in Abb. 3.4-11 dargestellten Resultaten wurde die Korrelation von Weickert [114] als Standard für PolyReac[e] mit dem Aktivierungsvolumen ergänzt und mit

$$k_{m0} = 2{,}35 \times 10^{7} \exp\left(-\frac{6774 - 0{,}21654\,P}{T}\right) \qquad (3.4\text{-}17)$$

fixiert.

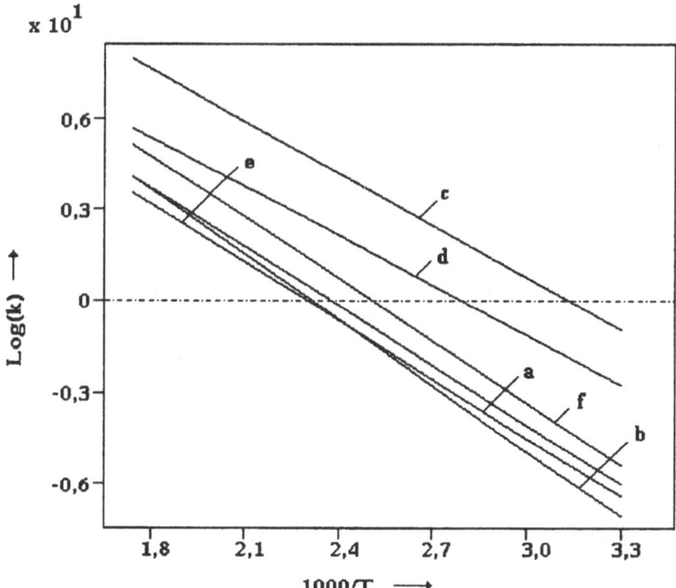

Abb. 3.4-11 Arrheniusdiagramm der Monomerübertragungskonstante des Styrens, *a* Bamford [110], *b* Tefera [111], *c* Nguyen [112], *d* Yoon [113], *e* Tobolsky [33], *f* Weickert [114]

In Ermangelung anderer Daten wurde für das Aktivierungsvolumen der Wert des Kettenwachstum-Aktivierungsvolumens angenommen. Das dürfte aufgrund der Ähnlichkeit der zugrunde liegenden Reaktions-Diffusionsprozesse nicht ganz falsch sein.

Andere Übertragungskonstanten. Als Schätzwerte des Standards A wurden frühere Parameterselektionen [114] übernommen und zum Teil mit den Aktivierungsvolumina wie oben beschrieben ergänzt. Damit werden folgende Daten zugrundegelegt:

- Monomerübertragungskonstante des MMA

$$k_{m0} = 1{,}931 \times 10^{11} \exp\left(-\frac{9932 - 0{,}2285\, P}{T}\right) \tag{3.4-18}$$

- Monomerübertragungskonstante des Ethens

$$k_{m0} = 900 \exp\left(-\frac{4529 - 0{,}25\, P}{T}\right) \tag{3.4-19}$$

- Übertragungskonstante zum Ethylbenzen (Styrenpolymerisation)

$$k_{m0} = 6.675 \times 10^{8} \exp\left(-\frac{8752}{T}\right) \tag{3.4-20}$$

- Übertragungskonstante zum Toluen (Styrenpolymerisation)

$$k_{m0} = 1.217 \times 10^{9} \exp\left(-\frac{9022}{T}\right) \tag{3.4-21}$$

- Übertragungskonstante zum Ethylacetat (MMA-Polymerisation)

$$k_{m0} = 4{,}673 \times 10^{8} \exp\left(-\frac{7902}{T}\right) \tag{3.4-22}$$

Alle anderen anfangskinetischen Parameter wurden nicht ermittelt, da sie im Rahmen dieses Buches auch nicht benötigt werden. Sie können aber auf der Grundlage entsprechender Experimente - wie in den nächsten Kapiteln gezeigt - mit Hilfe von PolyReac© bestimmt werden.

3.4.3 Linearisierungsmethode

Es ist es dringend geboten, die im vorigen Kapitel vorgenommene Konstantenauswahl einer systematischen Prüfung anhand von experimentellen Daten zu unterziehen. Mit Hilfe von Polyreac© läßt sich das leicht realisieren und gleichzeitig der Gültigkeitsbereich eines anfangskinetischen Modelles auf der Grundlage von Messungen des Monomerumsatzes abschätzen. Hierzu wird eine

Linearisierung der bei isothermen diskontinuierlichen Experimenten gewonnenen Meßwerte unter Annahme konstanter kinetischer Parameter als besonders geeignet angesehen. Zur Illustration der Methode beschränken wir uns auf Polymerisationen in Batch-Systemen, wie z.B. in Ampullen, in diskontinuierlichen Rührreaktoren und in allen Arten von Kalorimetern einschließlich der (isothermen) DSC, weil die überwiegende Mehrzahl der kinetischen Untersuchungen unter isotherm-isobaren Bedingungen auf diese Art erfolgt. Zweckmäßigerweise sollten zuerst solche Experimente ausgewählt werden, bei denen nur *ein* Initiierungsmechanismus dominiert, d.h., bei denen entweder nur der thermische Start oder der Start mit einem Initiator im Modell berücksichtigt werden muß.

Zur Auswertung solcher Experimente kann man sich auf die Kopplung des momentankinetischen Modells mit der Stoffbilanz des Batch-Reaktors beschränken. Die Molzahländerung einer Komponente k ist im Batch-Reaktor gegeben durch

$$\frac{dn_k}{dt} = R_k V_R \tag{3.4-23}$$

Um den Polymermassenbruch als Funktion der Reaktionszeit zu beschreiben, setzen wir für k nacheinander M und I_1 ein und erhalten

$$\frac{dn_M}{dt} = R_M V_R \tag{3.4-24}$$

$$\frac{dn_{I1}}{dt} = R_{I1} V_R \tag{3.4-25}$$

Eine einfache analytische Lösung des Gleichungssystems kann erreicht werden, wenn man von einer volumenbeständigen Reaktion ausgeht, eine Annahme die durch die Extrapolation auf Anfangsbedinungen gerechtfertigt ist. Durch Einsetzen der momentankinetischen Ansätze für beide Komponenten entsprechend den Ableitungen in Kapitel 3.3.1 gelangt man unter Vernachlässigung der bei niedrigen Temperaturen meist unbedeutenden Depolymerisation ($k_d = 0$) zu den Beziehungen

$$\frac{dM}{dt} = -k_{p0} M \sqrt{\frac{2k_{i1} f_{i0} I_1}{k_{t0}}} \tag{3.4-26}$$

$$\frac{dI_1}{dt} = -k_i I_1 \tag{3.4-27}$$

für den Initiatorstart und

$$\frac{dM}{dt} = -k_{p0} M \sqrt{\frac{2k_{ia} f_{ia0} M^n}{k_{t0}}} \tag{3.4-28}$$

für den thermischen Start.

Integration von Gl.(3.4-27) , Einsetzen des Ergebnisses in Gl.(3.4-26) und Integration der so erhaltenen Differentialgleichung führt für die initiatorgestartete Polymerisation zu der Lösung

$$\ln(\frac{M_0}{M}) = k_B \frac{2}{k_i} I_0^{0,5} (1 - \exp(-\frac{k_i}{2} t) \qquad (3.4\text{-}29)$$

mit der bruttokinetischen Konstanten

$$k_B = k_{p0} \sqrt{\frac{2 k_i f_{i0}}{k_{t0}}} \qquad (3.4\text{-}30)$$

während für die thermische Polymerisation nach Integration der Gl. (3.4-28)

$$\frac{2}{n}(M^{-\frac{n}{2}} - M_0^{-\frac{n}{2}}) = k_B t \qquad (3.4\text{-}31)$$

mit der bruttokinetischen Konstanten

$$k_B = k_{p0} \sqrt{\frac{2 k_{ia} f_{ia0}}{k_{t0}}} \qquad (3.4\text{-}32)$$

erhalten wird. Bei Start der Polymerisation mit einem Initiator müßte nach Gleichung (3.4-29) die Auftragung von

$$\tilde{Y} = \ln(\frac{M_0}{M}) \qquad (3.4\text{-}33)$$

gegen

$$\tilde{X} = \frac{2}{k_i} I_0^{0,5} (1 - \exp(-\frac{k_i}{2} t) \qquad (3.4\text{-}34)$$

zu einer Geraden führen, deren Anstieg durch die bruttokinetische Konstante nach Gl. (3.4-30) gegeben ist. Im Fall des rein thermischen Startes ergibt sich bei Gültigkeit der Modellvoraussetzungen eine Gerade dann, wenn man

$$\tilde{Y} = \frac{2}{n}(M^{-\frac{n}{2}} - M_0^{-\frac{n}{2}}) \qquad (3.4\text{-}35)$$

gegen die Zeit

$$\tilde{X} = t \qquad (3.4\text{-}36)$$

aufträgt. Der Anstieg der Geraden entspricht dann der bruttokinetischen Konstante nach Gl.(3.4-32). Die für beide Fälle erforderlichen Monomerkonzentrationen kann man wie folgt berechnen:

- Berechnung des Massenanteils des Monomeren zu Reaktionsbeginn

$$Y_{M0} = 1 - Y_{S0} \qquad (3.4\text{-}37)$$

- Berechnung der Anfangsmonomerkonzentration

$$M_0 = Y_{M0} \frac{\rho}{M_M} \qquad (3.4\text{-}38)$$

- Berechnung des Massenanteils des Monomeren zu einer gegebenen Zeit

$$Y_{M0} = Y_{M0} - Y_p \tag{3.4-39}$$

- Berechnung der Monomerkonzentration zu einer gegebenen Zeit

$$M = M_0 \frac{Y_M}{Y_{M0}} \tag{3.4-40}$$

Die Mayo-Gleichung. Auch die Gleichung für den momentanen (differentiellen) zahlenmittleren Polymerisationsgrad läßt sich im anfangskinetischen Bereich linearisieren. Der zahlenmittleren Polymerisationsgrad ist als Anzahl der Monomermoleküle, die in einem differentiellen Bilanzelement verbraucht werden, bezogen auf die Anzahl der in diesem Bilanzelement erzeugten Polymermoleküle definiert:

$$P^d_{n,0} = \frac{-R_{M0}}{R_{M_t 0}} \tag{3.4-41}$$

Hier kann man direkt die Gln.(3.3-41) und (3.3-46) einsetzen. Bei Abwesenheit von Inhibitoren und Vernachlässigung der Depolymerisationsreaktion kann dieses Verhältnis in

$$\frac{1}{P^d_{n0}} = \kappa_m + \kappa_s \frac{S_0}{M_0} + \kappa_c \frac{C_0}{M_0} + (k_{td} + \frac{1}{2} k_{tc}) P_t \tag{3.4-42}$$

umgeformt werden. Darin sind die κ-Werte als Verhältnis der Konstanten der Übertragung zum Monomer, zum Lösemittel und zum Regler und der Wachstumskonstante erklärt. Polymerisiert man in Abwesenheit von Lösemitteln ($S_0 = 0$) und Kettenlängen-Reglern ($C_0 = 0$), dann ergibt sich hieraus eine Beziehung für die Anfangspolymerisationsgrade der Massepolymerisation zu

$$\frac{1}{P^{d0}_{n0}} = \kappa_m + (k_{td} + \frac{1}{2} k_{tc}) P_t \tag{3.4-43}$$

Einsetzen von Gl. (3.4-43) in Gl. (3.4-42) führt zu der aus der Fachliteratur bekannten Mayo-Gleichung in der Form

$$\frac{1}{P^d_{n0}} = \frac{1}{P^{d0}_{n0}} + \kappa_s \frac{S_0}{M_0} + \kappa_c \frac{C_0}{M_0} \tag{3.4-44}$$

mit den relativen Übertragungskonstanten zum

Lösemittel

$$\kappa_s = \frac{k_{s0}}{k_{p0}} \tag{3.4-45}$$

und Regler

$$\kappa_c = \frac{k_{c0}}{k_{p0}} \tag{3.4-46}$$

Aus Gl. (3.4-44) kann man durch systematische Variation des Verhältnisses der Anfangskonzentrationen von Lösemittel und Monomer oder Regler und Monomer die relativen Übertragungskonstanten bestimmen, indem man die auf den Reaktionsbeginn extrapolierten Zahlenmittel des Polymerisationsgrades gegen das jeweilig variierte Konzentrationsverhältnis aufträgt.

Erweiterung der Mayo-Gleichung. Die zahlenmittleren Polymerisationsgrade lassen sich oft nicht so genau bestimmen wie die Massenmittel. Es wäre also zweckmäßig, wenn es eine Gleichung der Art (3.4-44) auch für die massenmittleren anfangskinetischen Polymerisationsgrade gäbe. Dazu gehen wir von

$$\overline{P}_w^d = \frac{2}{q}\left(1 + \frac{X_c}{1 + X_c}\right) \tag{3.4-47}$$

aus(s. Gl.(3.3-86)). Der darin enthaltenen Term für die Abbruchwahrscheinlichkeit kann mit Gl.(3.3-37) bei Vernachlässigung der Depolymerisationsreaktion und bei Gültigkeit der LCH in der Form

$$q = \frac{T^+ + k_t P_t}{k_p M + T^+ + k_t P_t} \approx \frac{T^+ + k_t P_t}{k_p M} \tag{3.4-48}$$

vereinfacht werden. Für den Kombinationsanteil folgt aus den Gln. (3.3-58) und (3.3-55)

$$X_c = \frac{0{,}5\, k_{tc} P_t}{T^+ + k_{td} P_t + 0{,}5 k_{tc} P_t} \tag{3.4-49}$$

und daraus wiederum

$$1 + X_c = \frac{T^+ + k_t P_t}{T^+ + k_{td} P_t + 0{,}5 k_{tc} P_t} \tag{3.4-50}$$

bzw.

$$\frac{X_c}{1 + X_c} = \frac{0{,}5\, k_{tc} P_t}{T^+ + k_t P_t} \tag{3.4-50}$$

Einsetzen der Gln. (3.4-50) und (3.4-48) in Gl.(3.4-47) ergibt dann

$$\frac{2}{P_{w,0}^d} = \kappa_m + \kappa_s \frac{S_0}{M_0} + \kappa_c \frac{C_0}{M_0} + \frac{1}{k_p M}(k_t + \frac{1}{2} k_{tc}) P_t \tag{3.4-51}$$

und für die Anfangspolymerisationsgrade der Massepolymerisation

$$\frac{2}{P_{w,0}^d} = \kappa_m + + \frac{1}{k_p M}(k_t + \frac{1}{2} k_{tc}) P_t \tag{3.4-52}$$

Führt man jetzt Gl. (3.4-52) in Gl. (3.4-51) ein, dann erhält man eine der Mayo-Gleichung ähnliche Beziehung für die massenmittleren Polymerisationsgrade in der Form

$$\frac{1}{P^{d}_{w,0}} = \frac{1}{P^{d,0}_{w,0}} + \frac{1}{2}\left(\kappa_s \frac{S_0}{M_0} + \kappa_c \frac{C_0}{M_0}\right) \tag{3.4-53}$$

Auch beim Auftragen des reziproken anfangskinetischen massenmittleren Polymerisationsgrades gegen das Verhältnis aus Lösemittelkonzentration und Monomerkonzentration bzw. aus Reglerkonzentration und Monomerkonzentration sollten sich lineare Darstellungen ergeben, aus deren Anstiegen sich die entsprechenden relativen Übertragungskonstanten errechnen lassen. Im Vergleich zur Mayo-Gleichung (3.4-44) sollten die Anstiege dabei nur halb so groß sein.

Dead End - Polymerisation. Es kann vorkommen, daß die Geschwindigkeit der Polymerisation infolge des Verbrauches an Initiator gegen Null geht, bevor das Monomere verbraucht ist. Läßt man in Gl. ((3.4-29) die Zeit gegen sehr große Werte gehen, dann erhält man einen analytischen Ausdruck für die kleinste bei isothermer Polymerisation erreichbare Monomerkonzentration wenn der rein thermische Start ausgeschlossen werden kann.

$$\ln\left(\frac{M_0}{M_{min}}\right) = k_B \frac{2}{k_i} I_0^{0,5} \tag{3.4-54}$$

die dem maximal erreichbaren Polymermassenbruch

$$Y_{p\infty} = 1 - \exp\left(-k_B \frac{2}{k_i} I_0^{0,5}\right) \tag{3.4-55}$$

entspricht. Diese Gleichungen können natürlich nur außerhalb des Geleffekt-Bereiches (Kapitel 3.5) gelten, d.h. nur dann, wenn alle kinetischen Parameter im Polymerisationsverlauf auch tatsächlich konstant bleiben. Die deshalb eingeschränkte Gültigkeit der Dead-End-Beziehungen wird oft nicht beachtet.

3.4.4 Experimentelle Parameterverifikation

Mit dem im vorigen Kapitel beschriebenen ersten Schritt der Auswahl kinetischer Modellparameter können nur mehr oder weniger grobe Schätzwerte ermittelt werden, deren Auswahl noch dazu relativ willkürlich erfolgt. Falls jedoch die anfangskinetischen Parameter den Polymerisationsverlauf nicht richtig beschreiben, kann man nicht erwarten, daß bei der Modellierung des Hochumsatzbereiches oder stark nichtisothermer Polymerisationen keine Probleme von Seiten des kinetischen Modells auftreten. Deshalb besteht der nächste Schritt im Vergleich des anfangskinetischen Modells mit experimentellen Daten und - wenn nötig - in einer darauf aufbauenden systematischen Korrektur, die sich an den Zielgrößen des Modells, dem Monomerumsatz, den Polymerisationsgraden und der Molmassenverteilung, orientieren muß. Es ist sinnvoll, mit Umsatz-Zeit-Verläufen, die unter isothermen diskontinuierlichen Bedingungen gemessen wurden, zu beginnen, d.h., Rührkessel -, Ampullen- oder kalorimetrische Versuche auszuwerten. Ausgewählte Daten für die lösemittelfreie mit AIBN gestartete MMA-Polymerisation [39] und die rein thermisch [14] und mit BPO [41] gestartete

Polymerisation von Styren stehen für diesen ersten Schritt der Modellselektion in Polyreac© zur Verfügung.

In PolyReac© stehen mehrere kinetische Datensätze zur Verfügung, die entsprechend F1 ausgetauscht werden können. Um auf die im vorigen Kapitel ausgewählten Daten umzuschalten, wird „Setup , Kinetics , Standard A“ selektiert. Dieser Datensatz ist unsere erste Schätzung. Er soll im folgenden schrittweise und systematisch verbessert werden.

Thermische Styrenpolymerisation. Wir beginnen mit der rein thermischen Polymerisation, weil hier die wenigsten Parameter bestimmt werden müssen und indem versuchsweise Daten im Temperaturbereich zwischen 90°C und 120°C ausgewählt werden. Dazu selektieren wir nach A2 mit den Schritten „Isothermal Experiments / Solution Pm , Styrene , No solvent , No CTA , No initiator“ die Experimente mit den Code-Nummern 0006 (Thiele, 90°C), 0007 (Thiele, 100°C), 0009 (Hui&Hamielec, 100°C), 0008 (Thiele, 110°C), 0010(Hui&Hamielec, 120°C), deren Umsatz-Zeit-Daten im Verzeichnis ACTUAL\ in den Dateien Xee1.bas, Xee2.bas ..., Ype1.bas, Ype2.bas ... usw. automatisch zwischengespeichert werden. Die Namensgebung erfolgt standardmäßig in Anlehnung an die in D3 gezeigte Tabelle, indem an die jeweiligen Variablenbezeichnungen ein "e“ zur Kennzeichnung einer Datei mit experimentellen Daten angehängt wird. Der Input der flexiblen Grafik (s. D3) ist nach der Ausführung von A2 bereits vorstrukturiert. Sie können das sehr einfach testen, indem nach „Results , Graph'94“ immer nur „Enter“ gedrückt wird, bis der Ausstieg mit „Exit“ möglich ist. Die jetzt im Verzeichnis ACTUAL verfügbaren experimentellen Daten beziehen sich auf die diskontinuierliche isotherme thermische Massepolymerisation des Styrens, und der gewünschte Vergleich mit dem Modell kann nun erfolgen, indem entsprechende Simulationen ausgeführt werden. Hierzu kann man sich der Arbeitsblätter C2 und C4-1 mit folgenden Optionen bedienen:

PolyReac© - Operationen

Blatt	Schritte	Selektionssequenzen
C2	2	Styrene / NO solvent / NO initiator1 / NO initiator2 / NO CTA / NO inhibitor
	5	Thermal start / Propagation / Depolymerization / Transfer to Monomer / Recombination / Disproportionation
	8	NO Gel Effect
C4-1	2-3	Bulk/Solution / Isothermal
	5	variabel / 0
	7	0
	8	20 / 50 / variabel
	11	Reaction time / Polymer fraction

Auf diese Weise können nun vier anfangskinetische Simulationen mit C4-1 bei 90°C, 100°C, 110°C und 120°C durchgeführt werden. Zwischen den einzelnen Simulationen sind die benötigten Ergebnisdateien im Verzeichnis ACTUAL\ diesmal nicht umzubenennen, weil ihre Namen die Temperatur beinhalten, z.B. Xe90.bas als Zeit-Datei und Yp90.bas als Polymermassenbruch-Datei der Simulation bei 90°C. Es ist zweckmäßig, sich nach jeder Simulation den Vergleich zwischen Modell und

Experiment anzuschauen. Dazu hält man sich an D3 und gibt dort die Anzahl der Modellkurven und zusätzlich zu den bereits erkannten Namen der Experiment-Dateien diejenigen der Modellrechnungen an, also z.B. ACTUAL \ Xe90.bas, ACTUAL \ Yp90.bas usw. Am Ende erhält man das in Abb. 3.4-12 dargestellte Ergebnis, das - wie erwartet - durch die Anpassungsqualität im gesamten Umsatzbereich durchaus nicht besticht, aber den Normalfall der erreichten Approximationsgüte darstellt, wenn kinetische Konstanten aus der Fachliteratur zwar nach bestem Wissen, aber ohne experimentelle Prüfung ausgesucht werden.

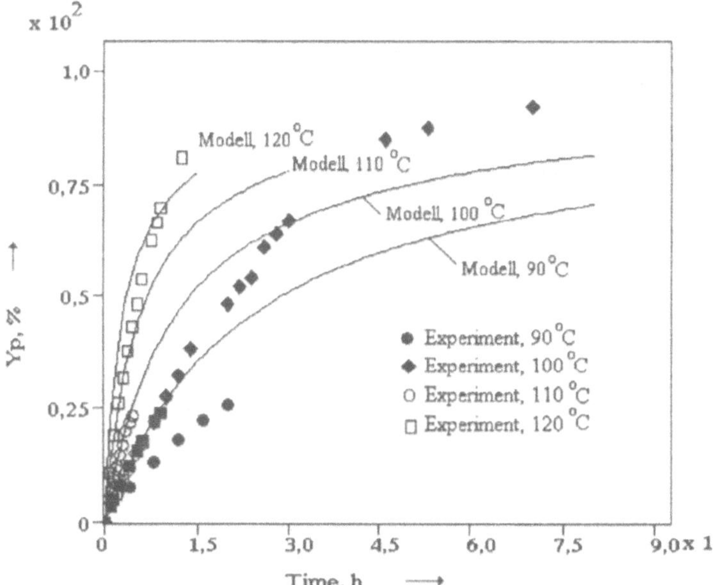

Abb. 3.4-12 Vergleich von experimentell gemessenen Umsatz-Zeit-Verläufen der thermischen Polymerisation des Styrens, anfangskinetisches Modell, kinetische Parameter nach Kapitel 3.4.2 (Standard A)

In unserem Fall liegen die Modellrechnungen mit einer durchgängig etwa doppelt so hohen Anfangsgeschwindigkeit deutlich und systematisch über den experimentellen Verläufen. Die Reproduzierbarkeit der experimentellen Daten ist dagegen gut. So fügen sich z.B. die ausschließlich bei niedrigen Umsätzen gemessenen Daten von Thiele [40] gut in das Gesamtbild der Daten von Hui und Hamielec [14] ein. Im Fall der bei 100°C ausgeführten Experimente kommt es sogar zu einer Kongruenz, die einen Teil der Daten in Abb. 3.4-12 verdeckt. Auch für die anderen experimentellen Daten, die unter PolyReac© im Temperaturbereich bis zu 200°C verfügbar sind, zeigen sich erhebliche Abweichungen in der gleichen Richtung.

Unter Einbeziehung weiterer Experimente bei anderen Temperaturen sollte man zuerst prüfen, ob es sich um eine temperaturabhängige Abweichung handelt, oder ob die ausgewählten Aktivierungsenergien „richtig“ sind. Dazu kann man sich auf Kapitel 3.4.2 besinnen und darauf, daß mit PolyReac[c] der anfangskinetische Bereich und die anfangskinetische Bruttopolymerisationskonstante aus thermisch oder mit einem Initiator gestarteten isothermen homogenen diskontinuierlichen Experimenten (mit oder ohne Lösemittel) bestimmt werden können. An der Auswertung eines Experimentes sei die Vorgehensweise etwas ausführlicher demonstriert. Hierzu sind folgende Schritte erforderlich:

- Der erste Schritt besteht in der Auswahl eines gewünschten Experimentes nach A2 Für unser Beispiel ist nacheinander „View, Isothermal Experiments / Solution Pm, Styrene, No solvent, No CTA, No initiator“ zu wählen, um die Tabelle

1.Click a code number! 2.Click EXIT ! Selected: 0001

Code Number	Measurements	Authors	TC
0001	XE/YP/[illegible]	Hui/Hamielec 1"	140"
0002	XE/YP/PN/PW"	Hui/Hamielec 2"	170"
0003	XE/YP/PN/PW"	Hui/Hamielec 3"	200"
0004	XE/YP"	Taherzadeh 4"	160"
0005	XE/YP/PN/PW"	Taherzadeh 5"	180"
0006	XE/YP"	Thiele 1"	90"
0007	XE/YP"	Thiele 2"	100"
0008	XE/YP"	Thiele 3"	110"
0009	XE/YP/PN/PW"	Hui/Hamielec 9"	100"
0010	XE/YP/PN/PW"	Hui/Hamielec 10"	120"
0011	XE/YP/PN/PW"	Esther01"	140"
0012	XE/YP/PN/PW"	Esther 2"	140"
			TC -

XE - Time [s]
YP - Polymer mass fraction
PN - Number average polymerization degree
PW - Weight average polymerization degree
RM - Polymerization rate

TC - Temperature [°C]

auf den Bildschirm zu bekommen. Hier klickt man z.B. die Code-Nummer 0007 an und verläßt durch Klicken von Exit das Menü der Experimente und danach mit zweimaligem „Enter“ das View-Menü. Natürlich kann man sich, wie nach dem ersten „Enter“ im Dialog angeboten, die so ausgewählten Daten auch grafisch präsentieren lassen.

- Der zweite Schritt besteht in der Linearisierung und Auswertung der Daten nach C5. Das führt bei dem gewählten Experiment unter Verbindung des 1. und 9. experimentellen Punktes zu der in Abb. 3.4-13 gegebenen Darstellung. Die Lineariät ist für alle Meßpunkte gegeben. Es besteht also kein Anlaß, auf die vom Programmdialog gestellte Frage nach der Anzahl der im Hochumsatzbereich zu löschenden Daten einzugehen.

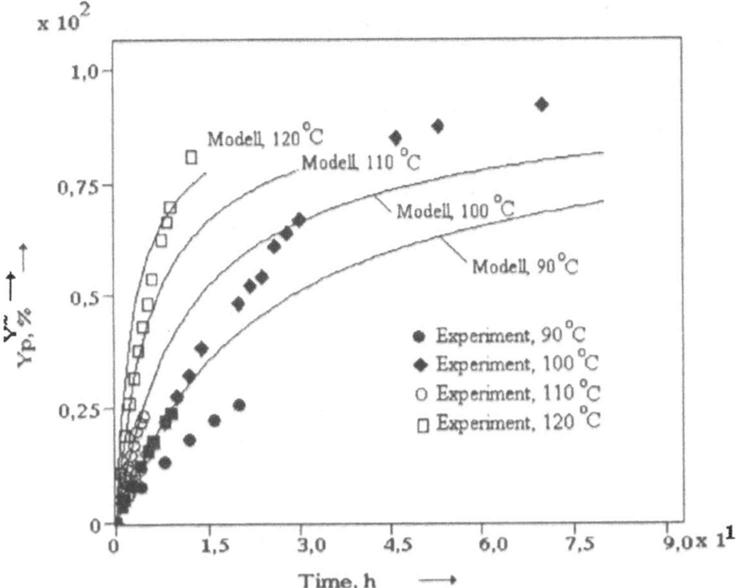

Abb. 3.4-13 Anfangskinetische Linearisierung des Umsatz-Zeit-Verlaufes im unteren Bereich des Monomerumsatzes der thermischen Polymerisation des Styrens. Experimentelle Daten von Thiele [40]

Für das in Abb. 3.4-13 gezeigte Experiment erhält man abschließend die Information

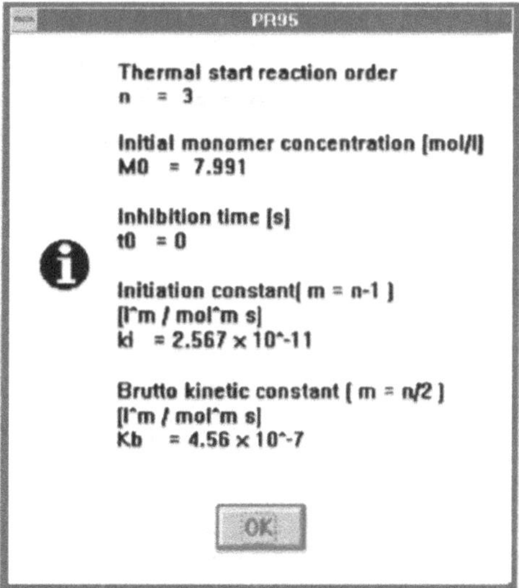

der man insbesondere die aus dem Anstieg der Geraden ermittelte bruttokinetische Konstante und die aus dem Schnittpunkt der Modellgeraden mit der X-Achse bestimmte Induktionszeit („Inhibierungszeit") entnehmen kann. Nach der

Auswertung aller signifikanten Experimente gelangt man zu den in Tabelle 3.4-12 aufgeführten Werten.

Tabelle 3.4-12: Anfangskinetik. Bruttokinetische Konstanten der thermischen Styrenpolymerisation

Experiment PolyReac©-Code	Temperatur °C	K_b Gl.(3.4-32), $l^{3/2}$ $mol^{-3/2}$ s^{-1}
0006	90	$2{,}3330 \times 10^{-7}$
0007	100	$4{,}5600 \times 10^{-7}$
0009	100	$4{,}5700 \times 10^{-7}$
0008	110	$8{,}9600 \times 10^{-7}$
0010	120	$2{,}1580 \times 10^{-6}$
0001	140	$7{,}2220 \times 10^{-6}$
0011	140	$8{,}1300 \times 10^{-6}$
0004	160	$2{,}0510 \times 10^{-5}$
0002	170	$3{,}0560 \times 10^{-5}$
0005	180	$4{,}7940 \times 10^{-5}$
0003	200	$1{,}1170 \times 10^{-4}$

Über E2 kann man die Tabelle 3.4-12 weiter verarbeiten, wozu man sich am besten gleich der Datei INPUT \ IKLSTI0.ARR bedient.

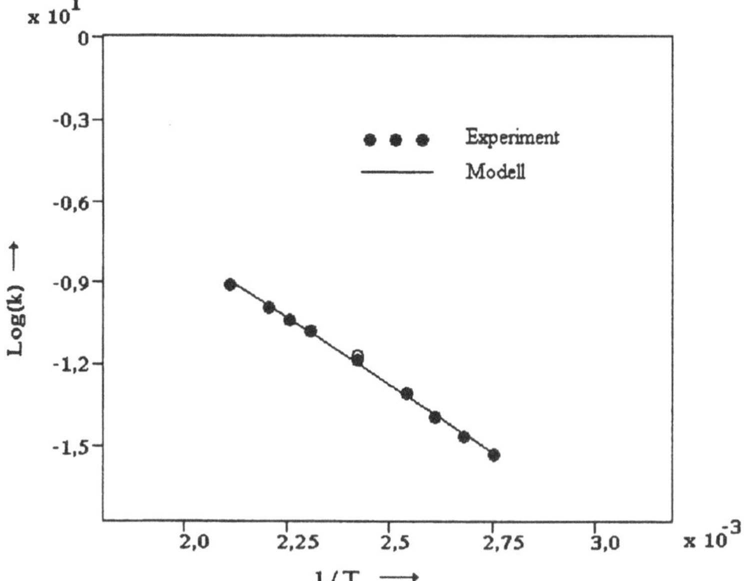

Abb. 3.4-14 Arrheniusdiagramm der Bruttokonstante der thermischen Styren-Polymerisation. Meßwerte nach Tabelle 3.4-12, aber in $l^{3/2}$ $mol^{-3/2}$ h^{-1}

Das Resultat wird in Form des in Abb. 3.4-14 gezeigten Arhheniusdiagramms erhalten, das eine sehr gute Gültigkeit des Arrheniusansatzes für die Beschreibung der thermischen Polymerisation von Styren nachweist. Die Absolvierung von E2 liefert den linearen Ausgleich der Daten als Gl.(3.4-56).

$$k_b = 1{,}344 \times 10^5 \exp(-\frac{9822{,}4}{T}) \quad (3.4\text{-}56)$$

Damit ist auch klar, weshalb sich unter Verwendung des in Kapitel 3.4.2 selektierten Modellparametersatzes eine schlechte Übereinstimmung von Modell- und Meßwerten im Abb. 3.4-12 gezeigt hat. Setzt man die dort ausgewählten Konstanten (Gln. 3.4-5, 3.4-10 und 3.4-14) in die Gleichung für die bruttokinetische Konstante des thermischen Startes (Gl. 3.4-32) ein, wobei die Radikalausbeute des thermischen Startes den Wert 1 hat, dann gelangt man zu

$$k_b = 4{,}745 \times 10^5 \exp(-\frac{10222}{T}) \quad (3.4\text{-}57)$$

Die Übereinstimmung der Aktivierungsenergien beider Korrelationen ist bereits recht gut, aber mit Gl. 3.4-57 werden für technisch interessante Temperaturen etwa doppelt so große Werte berechnet. Zur Erklärung dieser Abweichungen gibt es nur drei Möglichkeiten bezüglich der in Kapitel 3.4.2 ausgewählten anfangskinetischen Modellparameter, und zwar

- die Wachstumskonstante ist zu groß
- die Abbruchkonstante ist zu klein
- die Konstante der thermischen Initiierung ist zu groß

Die nun zu treffenden Entscheidungen sind nicht eindeutig logisch determiniert. Sicher ist aber, daß eine falsche Entscheidung an dieser Position, in Abhängigkeit vom Ziel der Modellierung, zu Modellen führen kann, die sich stark in ihrer Qualität unterscheiden. Ein möglicher Weg besteht im folgenden:

- Die vorn ausgewählte Wachstumskonstante [9] wurde mit modernsten Methoden und hohem Aufwand von einem internationalen Team selektiert - wir wollen sie daher übernehmen.
- Die ausgewählte Abbruchkonstante wird bezüglich ihrer Gültigkeit in einem großen Temperaturbereich angezweifelt, da sie nur bei niedrigen Temperaturen gemessen wurde. Die Verwendung der Korrelation von Duerksen und Hamielec [20] verspricht sowohl eine weitere Verringerung der Differenz der Aktivierungsenergien zwischen den Gln. (3.4-56) und (3.4-57) als auch - entsprechend Abb. 3.4-7 - eine Annäherung der Absolutwerte der Bruttokonstante. Es wird daher im folgenden

  $$k_{t0} = 1{,}255 \times 10^9 \exp(-\frac{844}{T}) \quad (3.4\text{-}58)$$

  verwendet.
- Am unsichersten ist die Konstante der thermischen Aktivierung, die neu an Gl. (3.4-56) angepaßt werden soll, weil Gl.(3.4-5) ebenfalls eine Anpassung [5] an

Meßdaten darstellt, bei der die anderen Konstanten nicht durch die selben Konstanten wie in Kapitel 3.4.2 vorgegeben wurden.

Der damit letztendlich erreichte „optimale" Modellparametersatz für die thermische Polymerisation ist durch Tabelle 3.4-13 gegeben.

Tabelle 3.4-13: Optimale anfangskinetische Parameter der thermischen Polymerisation von Styren

Kinetische Konstante	Häufigkeitsfaktor l, mol, s	Aktivierungsenergie K
Wachstumskonstante k_{p0}	$4{,}2658 \times 10^7$	3903,3
Abbruchkonstante k_{t0}	$1{,}2550 \times 10^9$	844
Initiierungskonstante k_{ia}	$6{,}229 \times 10^3$	12682
Radikalausbeute f_{ia0}	1,0	0

Um eine Simulation mit diesem neuen Parametersatz „B" auszuführen, muß er aktiviert werde. Dies geschieht einfach durch Anklicken von „Setup, Kinetics, Standard B". Danach wird ebenso verfahren wie bei der Erzeugung der Abbildung 3.4-12 beschrieben (Start mit C2 !), um die Originalmeßwerte mit dem Modell zu vergleichen. Die Ergebnisse sind in den Abbildungen 3.4-15 und 3.4-16 dargestellt.

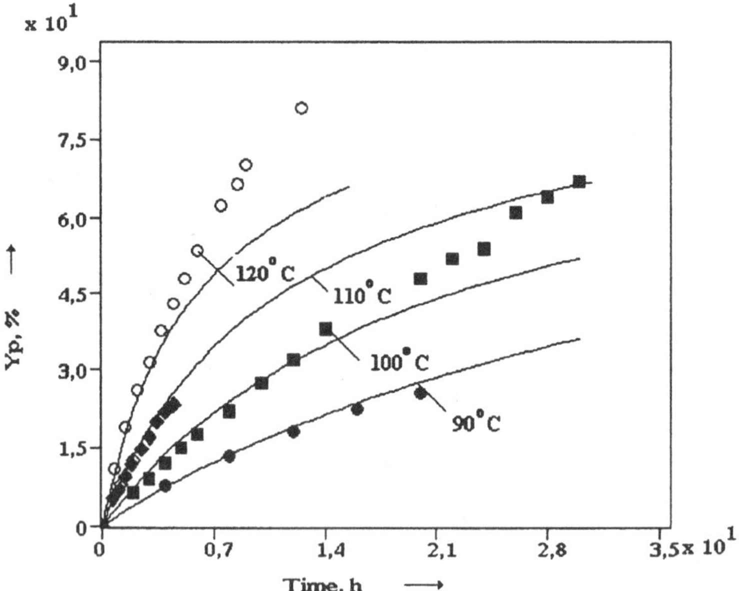

Abb. 3.4-15 Vergleich von Umsatz-Zeit-Verläufen der thermischen Polymerisation von Styren mit dem anfangskinetischen Modell (Parametersatz B) bei Temperaturen zwischen 90°C und 120°C

Sie zeigen die gute bis sehr gute Anpassung des Polymerisationsverlaufes zu Reaktionsbeginn im gesamten Temperaturbereich. Natürlich kann an dieser Stelle die Übereinstimmung von Modell und Experiment bei hohen Umsätzen noch nicht beansprucht werden.

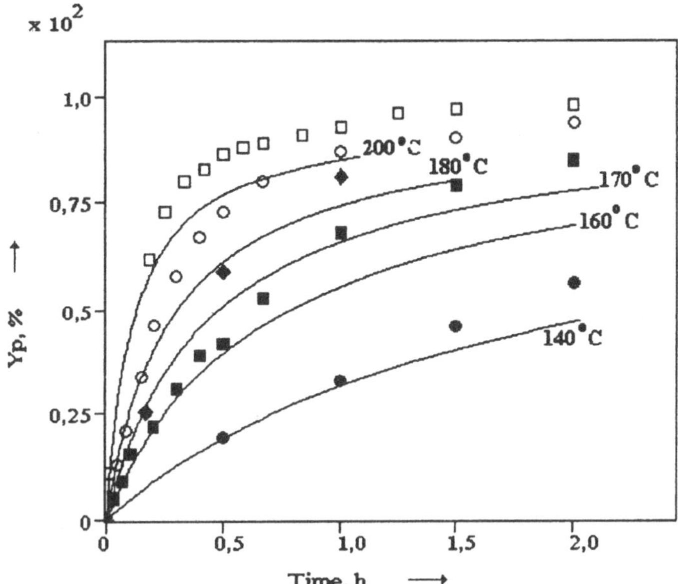

Abb. 3.4-16 Vergleich von Umsatz-Zeit-Verläufen der thermischen Polymerisation von Styren mit dem anfangskinetischen Modell (Parametersatz B) bei Temperaturen zwischen 140°C und 200°C

Abweichungen von der Linearität. Wie bereits festgestellt, weichen die Meßpunkte im Umsatz-Zeit-Diagramm gegenüber dem anfangskinetischen Modell bei höheren Umsätzen nach oben ab. Die Ursachen und die Anpassung des Modells im Hochumsatzbereich werden im Kapitel 3.5 behandelt. Im Anfangsbereich lassen sich von Zeit zu Zeit dagegen auch negative Abweichungen feststellen, deren Ursache sehr unterschiedlich sein kann. Bei einer zu langen Aufwärmphase, wie man sie beispielsweise im hohen Temperaturbereich bei diskontinuierlichen Experimenten nicht immer vermeiden kann, oder bei anfänglicher Inhibierung oder Retardierung, wie sie in Gegenwart von Radikalfängern auftritt, erkennt man mit der oben praktizierten Linearisierung sehr deutlich Abweichungen von der „Idealkinetik", die man bei einer integralen Auswertung großer Meßdatenmengen mit modernen Methoden der nichtlinearen Approximation leicht übersehen kann. In beschriebenen Fällen weichen die experimentellen Punkte von der Geraden nach unten ab. Man kann auf diese Weise sowohl eine korrekte Auswertung bezüglich der Inhibierungs- und Retardierungskinetik vornehmen als auch nicht geglückte Experimente aussortieren. Dabei können aber leicht Fehler unterlaufen, die insbesondere typisch für die Auswertung von Experimenten bei hohen Temperaturen sind. Zum einen ist das nichtisotherme Zeitintervall zum Aufheizen der Reaktionsmischung im Vergleich zur Reaktionszeit innerhalb des anfangskinetischen Bereiches nicht immer klein genug, zum anderen gelingt es den Experimentatoren nicht immer, genügend viele Meßpunkte im anfangskinetischen Bereich zu realisieren. Auch kann die Wärmeabführung bei steigenden Polymerisationsgeschwindigkeiten zunehmend zum Problem werden.

Als Beispiel sei das bei 200 °C durchgeführte Experiment mit der Code-Nr. 0009 detaillierter betrachtet. Ohne das Löschen der im Hochumsatzbereich gemessenen Punkte würde Abb. 3.4-17 erhalten werden, in der die eingezeichnete Gerade bei oberflächlicher Betrachtung scheinbar den anfangskinetischen Bereich repräsentiert.

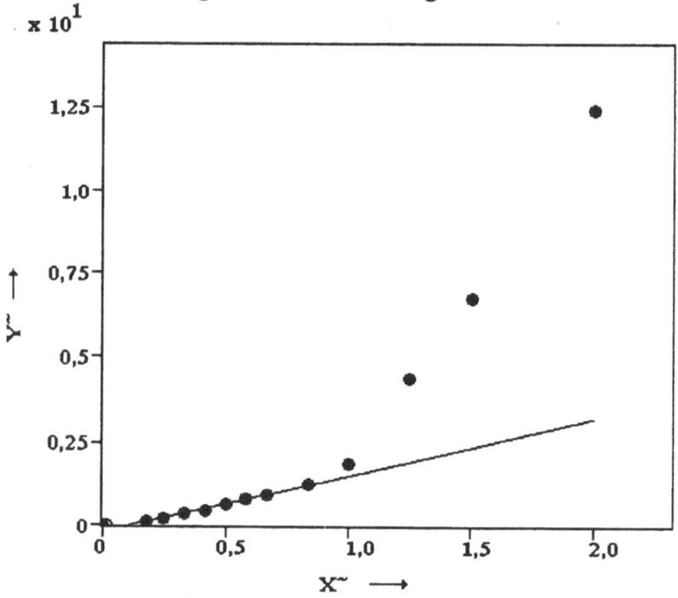

Abb. 3.4-17 Anfangskinetische Linearisierung des bei 200°C im gesamten Umsatzbereich ermittelten Umsatz-Zeit-Verlaufes der thermischen Polymerisation des Styrens. Experimentelle Daten von Hui und Hamielec [40]

Durch Löschen der Hochumsatzdaten läßt sich eine höhere Präzision der grafischen Darstellung und damit eine verbesserte Genauigkeit der anfangskinetischen Auswertung erreichen. Im gegebenen Fall sollten zumindest die letzten vier Meßpunkte gelöscht werden. Dies ist während der Linearisierung im Dialog möglich und führt zu Abb. 3.4-18, in der wiederum die experimentellen Punkte 3 und 9 linear verbunden sind. Sowohl die ausgewiesene und als „Aufwärmzeit“ interpretierbare Induktionszeit von mehr als 400 s als auch die ermittelte Bruttokonstante, die etwa viermal so groß wie die nach Gl.(3.4-56) berechnete ist, sind nicht akzeptabel.

Die Ursache ist mit einem Blick auf die Originaldaten zu klären: Der dritte Meßpunkt entspricht bereits einem Monomerumsatz von über 60% - für die angestrebte anfangskinetische Auswertung ist lediglich die lineare Verbindung des ersten und zweiten Meßpunktes tauglich, woraus eine wesentlich kleinere Bruttokonstante resultiert.

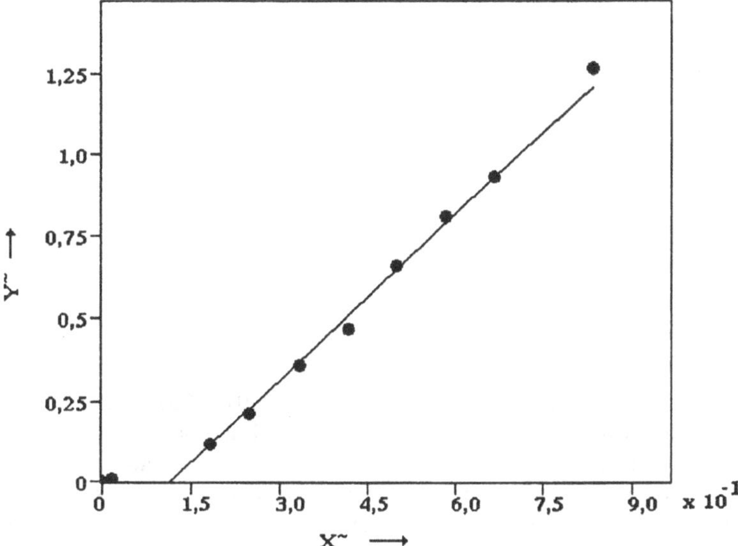

Abb. 3.4-18 Anfangskinetische Linearisierung des bei 200°C gemessenen [40] Umsatz-Zeit-Verlaufes der thermischen Polymerisation des Styrens ohne Berücksichtigung der letzten vier Meßpunkte.

Initiatorgestartete Styrenpolymerisation. Die Konsistenz der kinetischen Parameter muß auch für den Temperaturbereich unterhalb von 100°C nachgewiesen werden. Die meisten in der Literatur publizierten Daten beziehen sich auf die mit einem Initiator gestartete Styrenpolymerisation zwischen 30°C und 90°C. Dieser Temperaturbereich und der Einsatz von Initiatoren sind z.B. für sogenannte Vorpolymerisationsreaktoren in Masse- und Lösungspolymerisationsverfahren interessant, in denen häufig nur kleine Umsätze erreicht werden. Infolge der meist viel größeren Startgeschwindigkeit des Initiators kann der Anteil des thermischen Starts oft vernachlässigt werden.

Im ersten Schritt soll getestet werden, wie gut das bisherige Modell den Umsatz-Zeit-Verlauf der mit BPO gestarteten Massepolymerisation von Styren beschreibt. Die dafür in PolyReac® vorhandenen Daten wurden einer Arbeit von Reinhardt [41] zur Suspensionspolymerisation mit Berufung auf die kinetische Analogie der Masse- und Suspensionspolymerisation entnommen. Der Vorteil des Arbeitens in Suspension besteht vor allem darin, daß hohe Monomerumsätze erreicht werden können, ohne daß wesentliche Wärmetransport- und Durchmischungsprobleme auftreten - jedenfalls sind sie nicht vergleichbar mit denen, die bei einer

Massepolymerisation oder bei einer Lösungspolymerisation mit geringen Lösemittelanteilen wegen der hohen Viskositäten der Reaktionsmasse auftreten.

Zunächst werden experimentelle Daten nach A2 ausgewählt, und zwar mit den Selektionen „Isothermal Experiments / Suspension Pm, Styrene, No solvent, No CTA, BPO“ , was uns zu der Tabelle

1.Click a code number! 2.Click EXIT ! Selected: 0003

Code Number	Measurements	Authors	TC	YI1
0001	XE/YP/PW*	Reinhardt 1*	70*	0.008566*
0002	XE/YP/PW*	Reinhardt 2*	75*	0.002664*
0003	XE/YP/PW*	Reinhardt 3*	80*	0.004285*
0004	XE/YP/PW*	Reinhardt 4*	85*	0.001336*
0005	XE/YP/PW*	Reinhardt 5*	85*	0.00267*
0006	XE/YP/PW*	Reinhardt 6*	85*	0.004*
0007	XE/YP/PW*	Reinhardt 7*	90*	0.00341*
				TC -

führt, aus der die Experimente mit den Codierungen 0001, 0003 und 0007 für einen Vergleich mit dem Modell ausgewählt werden. Danach ist das Simulationsinterface mit Hilfe von C2 entsprechend der gewählten Rezeptur neu zu laden. Dazu werden die bereits benannten Komponenten der Rezeptur angegeben, alle angebotenen Reaktionen - einschließlich des thermischen Startes - einbezogen und als Hochumsatzmodell „NO Gel effect“ ausgewählt. Danach wird mit C4-1 die Batch-Reaktor-Simulation über „Run, Simulation, Batch Reactor, Bulk/Solution, Isothermal“ gestartet, und zwar entsprechend den ausgewählten Experimenten drei mal, nämlich für die Reaktionstemperaturen 70°C, 80°C und 90°C unter Eingabe der Initiator-Massenanteile von 0,8566Ma%, 0,4285 Ma% und 0,341 Ma%. Für die numerischen Bedinungen kann z.B. „ 10, 10, 15, 1“, gefolgt von 1% für die Schrittweite der Monomerfraction, angegeben werden, was zur Lösung des Differentialgleichungssystems mit 10 Runge-Kutta-Schritten für ein Intervall von 1% Monomerumsatz führt. Als Ziegrößen sind „Reaction time, und Polymer fraction“ auszuwählen. Die Reaktionstemperatur von Simulation zu Simulation ist unterschiedlich, was sich auf den Namen der Datei auswirkt, in der die Resultate gespeichert werden. Die Ergebnisdateien findet man demnach unter XE70.BAS, YP70.BAS, XE80.BAS ... usw. In D3 sind die Anzahl der Modellkurven, hier „3“, und die genannten Modelldatei-Namen zwecks grafischer Darstellung der Ergebnisse anzugeben. Man erhält Abb. 3.4-18. Die anfangskinetische Anpassung ist relativ gut, wenn man bedenkt, daß in diesem Schritt mit einer willkürlich zu 0,4 geschätzten Radikalausbeute gerechnet wurde. Auch hier ist natürlich eine Verifikation möglich und notwendig, die sich bei dem bisher erreichten Stand des Modells auf die Anpassung des Radikalausbeutefaktors und eine vielleicht geringe Korrektur der Initiatorzerfallskonstante beschränken könnte. Abb. 3.4-18a läßt bereits eine temperaturunabhängige Ausbeute vermuten, die größer als der geschätzte Wert von 0,4 sein muß.

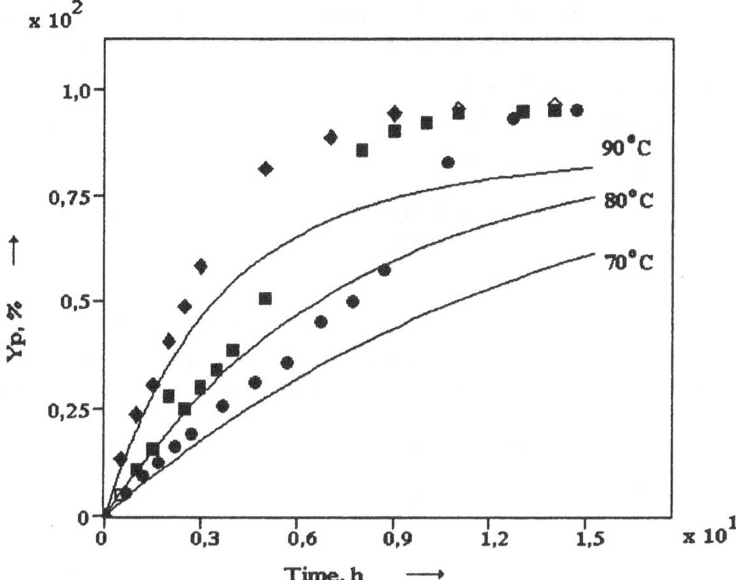

Abb. 3.4-18a Vergleich von Modell und Experiment bei der mit BPO gestarteten Suspensionspolymerisation von Styren ohne Anpassung der Initiierungsparameter.

Im nächsten Schritt wird geprüft, ob die Aktivierungsenergien der zugrundeliegenden Konstanten mit den gezeigten experimentellen Resultaten übereinstimmen.

Tabelle 3.4-14: Anfangskinetik. Bruttokinetische Konstanten der mit BPO gestarteten Styrenpolymerisation

Experiment PolyReac^e-Code	Initiatorkonzentration %	Temperatur °C	K_b $l^{1/2}$ $mol^{-1/2}$ s^{-1}
0001	0,8566	70	1,300 x 10^{-4}
0002	0,2664	75	1,885 x 10^{-4}
0003	0,4285	80	2,744 x 10^{-4}
0004	0,1336	85	4,177 x 10^{-4}
0005	0,2670	85	4,349 x 10^{-4}
0006	0,4000	85	4,462 x 10^{-4}
0007	0,3410	90	6,786 x 10^{-4}

Wie schon bei der thermischen Polymerisation bedienen wir uns dazu der Linearisierung und bestimmen die Bruttokonstanten in folgenden Schritten:

- Auswahl *eines* gewünschten Experimentes nach A2 nach Anklicken von „View, Isothermal Experiments / Solution Pm, Styrene, No solvent, No CTA, BPO".
- Linearisierung und Auswertung der Daten nach C5 führt zu Tabelle 3.4-14.

Der Ausgleich mit E2 ergibt die Arrheniusgleichung

$$k_{b0} = 1{,}218 \times 10^9 \exp(-\frac{10264}{T}) \qquad (3.4\text{-}59)$$

Wenn Sie sich der Datei INPUT\IKLSTBPO.ARR bedienen, die alle Daten der Tabelle 3.4-14 enthält, können Sie diesen Schritt nachvollziehen. Abb. 3.4-19 zeigt die gute Linearität der so ermittelten Bruttokonstanten im Arrheniusdiagramm.

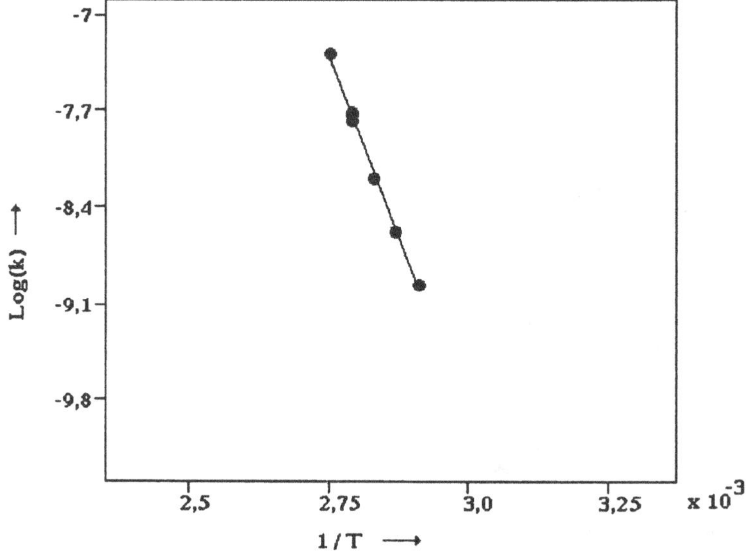

Abb. 3.4-19 Arrheniusdiagramm der Bruttokonstante der mit BPO gestarteten Polymerisation von Styren.

Zur Auswertung dieser Gleichung kann man von der Definition der Bruttokonstanten (Gl. 3.4-30) ausgehen, die in Tabelle 3.4-13 festgelegten Beziehungen für die Wachstums- und Abbruchkonstante einsetzen und sich auf eine von der Temperatur unabhängige Radikalausbeute von 0,61 [42] festlegen, um danach für die angepaßte Initiatorzerfallskonstante die Beziehung

$$k_i = 8{,}387 \times 10^{11} \exp(-\frac{13565{,}4}{T}) \qquad (3.4\text{-}60)$$

zu erhalten.

Die Aktivierungsenergie dieser Gleichung unterscheidet sich deutlich von denen in Tabelle 3.4-3, stimmt aber sehr gut mit der einer neueren Arbeit von Villalobos, Hamielec und Wood [42] entnommenen von 13705 K überein, die in Tabelle 3.4-3 noch nicht berücksichtigt wurde. Die genannten Werte können nun aktiviert werden, indem in PolyReac© „Setup, Kinetics, Standard C“ angeklickt wird. Damit kann das bisher entwickelte anfangskinetische Modell auf die mit BPO gestartete lösemittelfreie Polymerisation von Styren ausgedehnt werden, und zwar mit recht gutem Erfolg, wie Abb. 3.4-20 zu entnehmen ist.

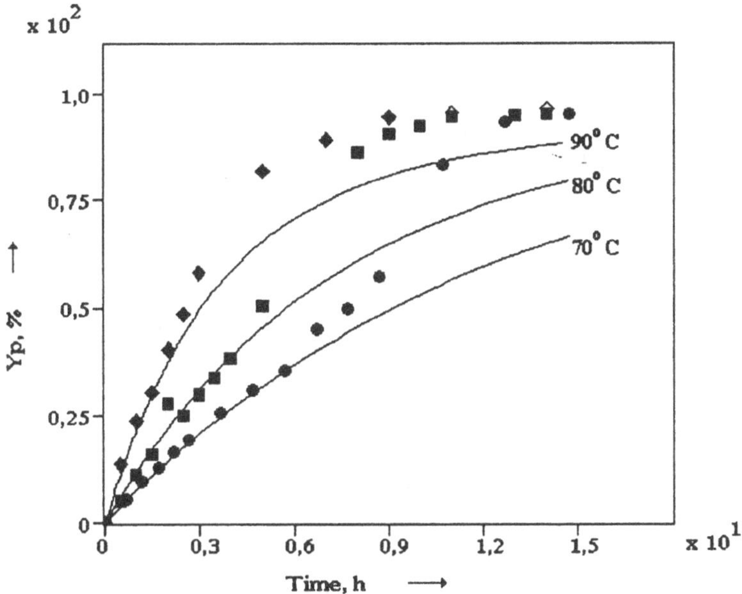

Abb. 3.4-20 Vergleich von Umsatz-Zeit-Verläufen der mit BPO gestarteten Polymerisation von Styren mit dem anfangskinetischen Modell (Parametersatz C).

Initiatorgestartete Polymerisation von MMA. Auf gleiche Weise wie vorn für Styren beschrieben, werden die in Polyreac© vorhandenen experimentellen Daten der initiatorgestarteten Massepolymerisation von MMA ausgewertet - die rein thermische Polymerisation besitzt nur geringes akademisches Interesse, da ihre Geschwindigkeit vernachlässigbar klein ist [44]. Die anfangskinetische Auswertung soll am Beispiel der Daten von Balke und Hamielec [39] vollzogen werden, bei denen AIBN als Initiator verwendet wurde.

Die Auswahl der experimentellen Daten erfolgt nach Arbeitsblatt A2 mit den Selektionen „Isothermal Experiments / Solution Pm, MMA, No solvent, No CTA, AIBN“. Aus der dann offerierten Tabelle

Code Number	Measurements	Authors	TC	YI1
0001	XE/YP*	Balke/Hamielec1*	50*	0.003*
0002	XE/YP*	Balke/Hamielec2*	50*	0.00391*
0003	XE/YP*	Balke/Hamielec3*	50*	0.005*
0004	XE/YP/PN/PW*	Balke/Hamielec4*	70*	0.003*
0005	XE/YP/PN/PW*	Balke/Hamielec5*	70*	0.005*
0006	XE/YP/PN/PW*	Balke/Hamielec6*	90*	0.003*
0007	XE/YP/PN/PW*	Balke/Hamielec7*	90*	0.005*
0008	XE/YP*	Roehm400101*	40*	0.001*
0009	XE/YP*	Roehm400102*	40*	0.001*
0010	XE/YP*	Roehm400201*	40*	0.002*
0011	XE/YP*	Roehm400202*	40*	0.002*
0012	XE/YP*	Roehm400501*	40*	0.005*
0013	XE/YP*	Roehm401001*	40*	0.01*
0014	XE/YP*	Roehm600101*	60*	0.001*

wird das auszuwertende Experiment ausgewählt und nach C5 linearisiert. Damit erhält man die in Tabelle 3.4-15 dargestellten Ergebnisse.

Tabelle 3.4-15: Anfangskinetik. Bruttokinetische Konstanten der mit AIBN gestarteten Polymerisation von MMA

Experiment PolyReac®-Code	Initiatorkonzentration %	Temperatur °C	K_b $l^{1/2}\ mol^{-1/2}\ s^{-1}$
0001	0,3	50	$1,403 \times 10^{-4}$
0002	0,391	50	$1,400 \times 10^{-4}$
0003	0,5	50	$1,360 \times 10^{-4}$
0004	0,3	70	$8,091 \times 10^{-4}$
0005	0,5	70	$8,114 \times 10^{-4}$
0006	0,3	90	$4,006 \times 10^{-3}$
0007	0,5	90	$3,930 \times 10^{-3}$

Der lineare Ausgleich nach E2 mit Datei INPUT \ IKLMMAI1.ARR, in der die Daten der Tabelle 3.4-15 enthalten sind, ergibt

$$k_b = 2,275 \times 10^9 \exp\left(-\frac{9833}{T}\right) \tag{3.4-61}$$

und die in Abb. 3.4-21 dargestellte ausgezeichnete Linearität der Arrheniusgleichung. Die Reproduzierbarkeit der Resultate ist so gut, daß sich die Bruttokonstanten der Experimente mit unterschiedlichen Initiatorkonzentrationen in der Grafik nicht unterscheiden.

Jetzt kann man in die Definition der Bruttokonstante (3.4-30) die gefundene Beziehung (3.4-61) und die Einzelkonstanten nach (3.4-2) und (3.4-10) einsetzen. Bevor andere Wege gegangen werden sollte versucht werden, das Modell einfach zu gestalten, indem eine Anpassung mit einer von der Reaktionstemperatur unabhängigen Radikalausbeute versucht wird.

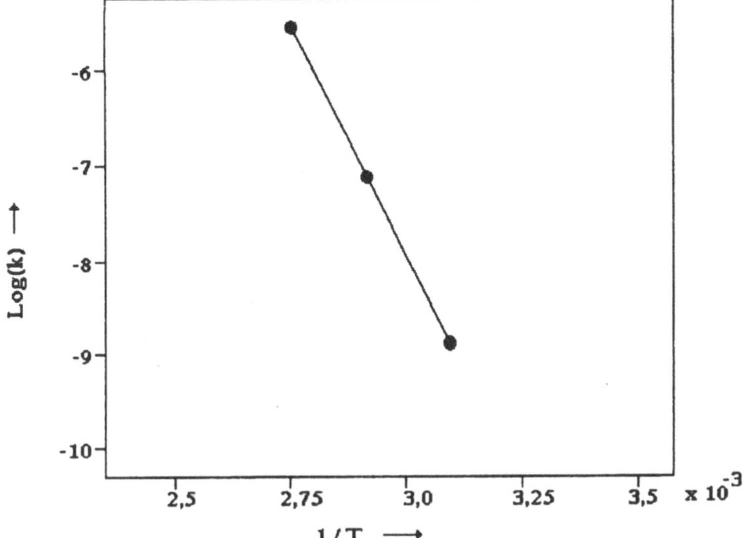

Abb. 3.4-21: Arrheniusdiagramm der Bruttokonstante der mit AIBN gestarteten Polymerisation von MMA (Tabelle 3.4-15).

Die Verwendung einer konstanten Radikalausbeute von 0,43 führt in unserem Fall nach entsprechender Umstellung zu der neuen Abbruchkonstante

$$k_{t0} = 1{,}126 \times 10^{8} \exp\left(-\frac{403}{T}\right) \qquad (3.4\text{-}62)$$

Sie stimmt ausgezeichnet mit der in Kapitel 3.4.2 ausgewählten Gl.(3.4-15) von Mahabadi [18] überein, und zwar im gesamten dargestellten Temperaturbereich zwischen 30°C und 300°C (Abb. 3.4-22). Hier ist (zufällig ?) der Fall eingetreten, daß eine Auswahl von Einzelkonstanten aus der Fachliteratur zu einer korrekten Beschreibung der (Anfangs-) Kinetik einer radikalischen Polymerisation führt. Die Korrelation (3.4-62) ist Bestandteil des Datensatzes „B".

Zur Nachrechnung der Experimente der mit 0,5 % AIBN gestarteten MMA-Polymerisation mit den Code-Nummern 0003, 0005 und 0007 der oben gezeigten Tabelle sind folgende Schritte zu gehen:

- Auswahl der experimentellen Daten nach A2.
- Aktivierung des kinetischen Datensatzes „B" nach F1
- Laden des Simulationsinterfaces nach C2
- Ausführung der Simulationen nach C4-1.

Falls Sie mit dieser Kurzanleitung nicht erfolgreich sind, dann übergehen Sie diesen Teil einfach, oder schlagen Sie noch einmal weiter oben nach. Nach dem Studium des Kapitels 5 wird Ihnen der Erfolg nicht länger verwehrt bleiben.

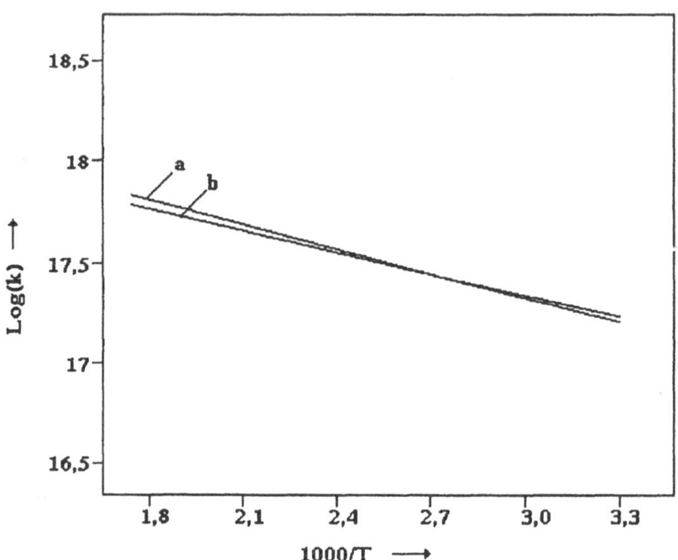

Abb. 3.4-22: Arrheniusdiagramm der Abbruchkonstante der mit AIBN gestarteten Polymerisation von MMA, *a* Gl. 3.4-62, *b* Gl. 3.4-15

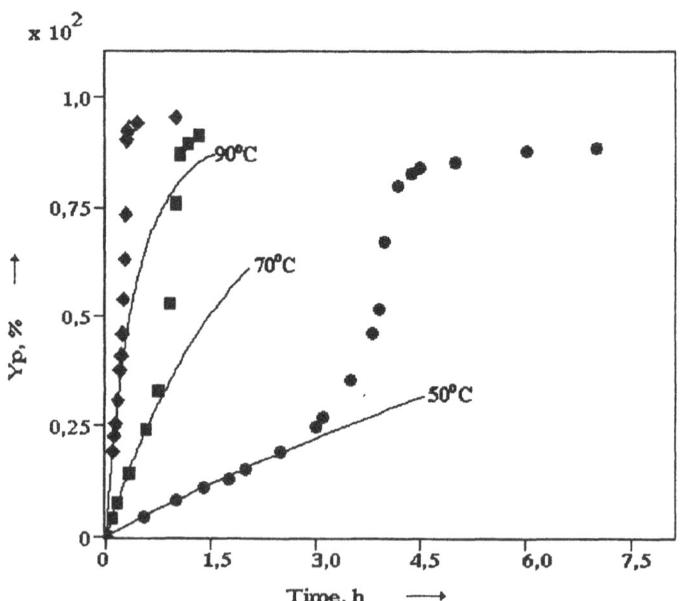

Abb. 3.4-23: Vergleich von Modell- und Meßwerten bei der MMA-Polymerisation mit 0,5 % AIBN.

In Abb. 3.4-23 sind die Ergebnisse dargestellt, welche die obigen Anmerkungen zur Präzision des Modells im Bereich der Anfangskinetik bestätigen. Die Nachrechnung einer größeren Zahl von Experimenten zur MMA-Polymerisation in einem speziellen Densitometer [43] zeigt die Unabhängigkeit der Bruttokonstante von der Initiatoranfangskonzentration. In Abb. 3.4-24 wurde der Nachweis dafür anhand der bei 40°C durchgeführten Experimente im Bereich zwischen 0,1 % und 0,5 % AIBN erbracht.

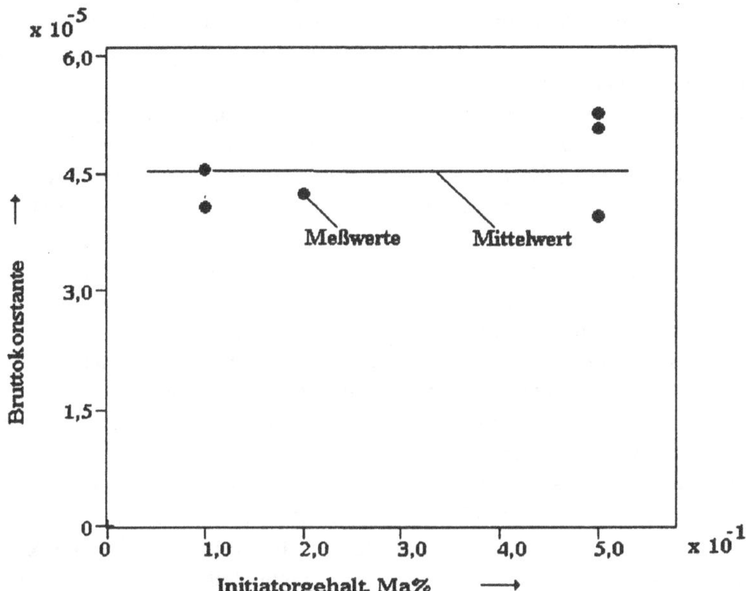

Abb. 3.4-24: Bruttokonstante der mit AIBN gestarteten Polymerisation von MMA bei 40°C in Abhängigkeit von der Initiatoranfangskonzentration.

Initiatorgestartete Ethenpolymerisation. Infolge der komplizierten Untersuchungsbedingungen im technisch interessanten Druckbereich zwischen 1000 bar und 3500 bar gibt es nur wenige zuverlässige kinetische Messungen [38], die eine systematische Verifikation der kinetischen Parameter wie beim Styren und MMA noch nicht rechtfertigen. Damit werden die in Kapitel 3.4.2 aus der Literatur selektierten Werte für alle weiteren Untersuchungen als gültig angesehen.

Wenn Sie sich damit nicht zufrieden geben wollen, sei Ihnen als Lektüre vor allem Luft et al. [161, 163 - 165], Lorenzini, Pons und Villermaux [37] , Ehrlich et al. [19] und Goto [12] sowie Kiparissides et al. [15, 74, 75, 147 - 150] wärmstens empfohlen.

3.5 Hochumsatzkinetik

3.5.1 Einführung: Reaktion, Diffusion und Reaktionsdiffusion

Eigentlich sollte der Gel- oder Trommsdorff-Effekt besser Norrish-Smith-Effekt heißen, nach den Autoren [45], die 1942 mit zwingender Logik die tatsächliche Ursache für die stark ansteigenden Werte der Polymerisationsgeschwindigkeit und Molmasse oberhalb von 10% bis 20 % Monomerumsatz bei der isothermen Polymerisation des Methylmethacrylates erkannten und in derselben Arbeit andeuteten, daß ein ähnlicher Effekt beim Styren und Vinylacetat feststellbar ist, wenn auch wesentlich schwächer.

Vorausgegangen waren experimentelle Untersuchungen durch Norrish und Brookman [46] im Jahre 1939 in denen die Reaktionsordnung bezüglich der Initiatorkonzentration (BPO) mit 0,5 ermittelt und besagter Anstieg der Reaktionsgeschwindigkeit, begleitet von einem schnellen Temperaturanstieg, gefunden wurde. Die Autoren hatten argumentiert, daß die im Verlauf der Reaktion ansteigende Viskosität als Ursache für eine Wärmetransporthemmung anzusehen ist und die folglich ansteigende Temperatur zu einer Beschleunigung des Reaktionsablaufes beiträgt. Schulz und Blaschke [46] publizierten daraufhin 1941 über sorgfältig isotherm gehaltene Experimente, bei denen wiederum - trotz konstanter Temperatur - ein markanter Anstieg der Polymerisationsgeschwindigkeit auftrat. Sie erkannten die wahre Ursache der „isothermen Explosion" jedoch nicht und gaben eine ansteigende Initiierungsgeschwindigkeit infolge einer beschleunigten Zersetzung des Initiators als mögliche Ursache für dieses Phänomen an. Norrish und Smith [45] wiesen dann 1942 als erste darauf hin, daß bei - aus welchen Gründen auch immer - steigender Initiierungsgeschwindigkeit die Polymerisationsgrade fallen müßten. Das Gegenteil war der Fall - die Polymerisationsgrade stiegen genau dann, wenn die Polymerisationsgeschwindigkeit größer wurde, was eigentlich auch bereits aus den Daten von Schulz und Blaschke [46] zu ersehen ist. Mit Bezugnahme auf die von Schulz und Husemann [47] bereits 1938 für die Styrenpolymerisation in ähnlicher Form vorgeschlagenen Gln. (3.4-26) und (3.4-43) schlußfolgerten Norrish und Smith, daß nur die Verringerung der Abbruchkonstante als Ursache für den Anstieg der Polymerisationsgeschwindigkeit *und* der Polymerisationsgrade in Frage kommt. Das Eintreten der Selbstbeschleunigung wurde bei ansteigenden Temperaturen oder ansteigender Anfangskonzentration des Initiators außerdem zu höheren Monomerumsätzen verschoben - beides Belege für den Einfluß der Viskosität auf die Abbruchkonstante. Erst viel später, nämlich 1947, hat Trommsdorff [48] einen Beitrag zu diesem in älterer (vorwiegend deutschsprachiger) Literatur als „Trommsdorff-Effekt" bezeichneten Phänomen geliefert.

Abb. 3.5-1 zeigt einen Vergleich zwischen einem anfangskinetischen Modell und den experimentell gemessenen Verläufen des Monomerumsatzes sowie des relativen massenmittleren Polymerisationsgrades, letzterer auf den erreichten

Maximalwert bezogen. In dieser Darstellung ist deutlich der synchrone Verlauf von Monomerumsatz und Molmasse des Polymeren erkennbar.

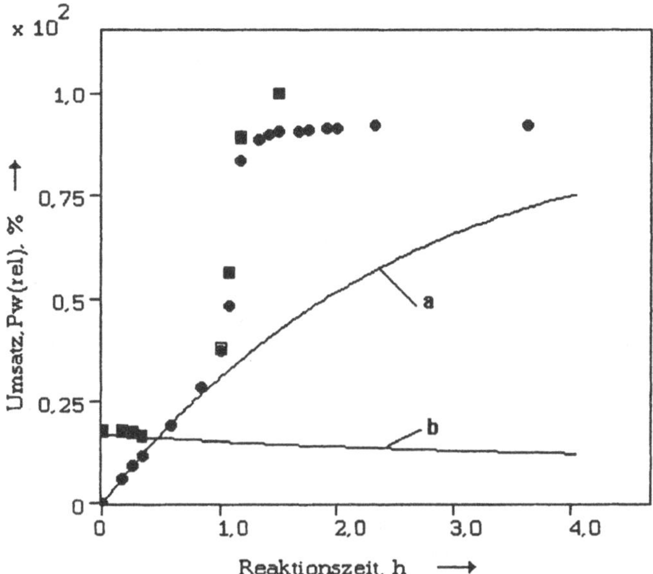

Abb. 3.5-1 Monomerumsatz und relativer massenmittlerer Polymerisationsgrad bei der mit AIBN gestarteten Massepolymerisation von Methylmethacrylat, anfangskinetisches Modell: ***a*** Umsatz, ***b*** Massenmittel

Neben diesem Bereich der Selbstbeschleunigung infolge der Diffusionshemmung der Abbruchkonstante bei mittleren Monomerumsätzen ist das Erreichen eines Grenzumsatzes typisch, der unterhalb der Glastemperatur der Reaktionsmischung deutlich kleiner als 100% ist. In diesem Bereich gehen die Geschwindigkeiten aller Reaktionen, deren Ablauf von einer Diffusion der Reaktionspartner abhängt, gegen den Wert Null.

Die Entdeckung, Erklärung und Modellierung dieser Effekte ist von großer technischer Bedeutung und führte zu einer großen Zahl von experimentellen und theoretischen Untersuchungen zur Hochumsatzkinetik. Sowohl die Produktivität der Reaktoren als auch die Polymerqualität und die Reaktorsicherheit werden dadurch stark beeinflußt. Die Abweichungen von der „idealen" Anfangskinetik sind vielfältig und werden im folgenden in Kurzform behandelt, um die Grundlagen für das in den nächsten Kapiteln abgeleitete Hochumsatzmodell zu legen. Für eine Einführung in diese komplexe Materie kann das ergänzende Studium der fast schon klassischen Bücher von Allen und Patrick[49] und Gladyshev und Popov[50] empfohlen werden. Überblicke werden auch durch Hamielec[70], O'Driscoll [71] und Weickert [72] gegeben.

Käfigeffekt. Das Wechselspiel zwischen Reaktion und Diffusion beginnt bereits bei der Entstehung der Primärradikale, beim thermischen Zerfall von Initiatoren. Wenn z.B. Primärradikale unter Abspaltung von Gasen ($G = N_2$, CO_2) entsprechend

$$I \rightarrow 2\,R^* + G\uparrow \qquad r_1 = k_i\, I \qquad (3.5\text{-}1)$$

entstanden sind, können sie miteinander zu einem Nebenprodukt W reagieren, das nicht mehr zur Initiierung fähig ist, wie im Fall des AIBN und des BPO:

$$R^* + R^* \rightarrow W \qquad r_2 = k_2\, R^*R^* \qquad (3.5\text{-}2)$$

Die Wahrscheinlichkeit, daß eine solche Reaktion stattfindet geht gegen Null, wenn es den Primärradikalen erst einmal gelungen ist, über eine kritischen Distanz hinaus - aus dem „Käfig" ihres Enstehungsortes heraus - zu diffundieren:

$$R^* \rightarrow R \qquad r_3 = k_3\, R^* \qquad (3.5\text{-}3)$$

Ihre Konzentration ist außerhalb des Käfigs sehr gering und ihre Affinität zum Monomeren hoch, so daß es danach mit sehr hoher Wahrscheinlichkeit zum eigentlichen Reaktionsstart über

$$R + M \rightarrow P_1 \qquad r_4 = k_4\, RM \qquad (3.5\text{-}4)$$

kommt. Für die Primärradikale bildet der „Käfig" einen von der Rezeptur und den Reaktionsbedingungen abhängigen Diffusionswiderstand, der bereits unter anfangskinetischen Bedingungen zu einer Radikalausbeute deutlich unterhalb von 100% führen kann - im Kapitel 3.4 wurden 43% für AIBN und 80% für BPO angenommen. Die Radikalausbeuten lassen sich experimentell nachweisen, indem man z.B. ^{13}C-markierte Initiatoren verwendet und den Gehalt an Initiatorbruchstücken im Polymeren in Relation zur zerfallenen Initiatormenge setzt. Die in älteren Arbeiten häufiger angewendeten Radikalfänger zur Bestimmung der Initiierungsgeschwindigkeit und Radikalausbeuten können keine zuverlässigen Resultate liefern, weil ihre Konzentration und ihre Reaktivität gegenüber den Primärradikalen das Ergebnis beeinflußt, wie bereits von Noyes[51] ausgeführt. Dieses Verhalten der Radikalfänger bestätigt das oben dargestellte physikalische Bild der Radikalausbeute, weil die Reaktivität der Käfigumgebung über die Geschwindigkeit r_4 einen entsprechenden Einfluß auf die Radikalausbeute haben muß. Mit speziell für die Polymerisationskinetik präparierten ESR-Geräten[35] kann die Konzentration der Radikale direkt und genügend genau gemessen werden. Man erhält damit qualitativ neue Erkenntnisse zu den Elementarvorgängen bei radikalischen Polymerisationen, insbesondere auch zum Diffusions-Reaktionsverhalten der Primärradikale und zur Radikalausbeute.

Mit steigendem Polymergehalt erhöht sich die Viskosität der Reaktionsmasse, gleichzeitig sinkt die Monomerkonzentration. Dadurch erhöht sich der Diffusionswiderstand des „Käfigs", während die Wahrscheinlichkeit der Reaktion von Primärradikalen mit dem Monomeren an der Käfigwand abnimmt. Dadurch ist eine Abnahme der Radikalausbeute mit steigendem Polymergehalt (Umsatz) zu erklären, die von den meisten Autoren als stark nichtlinear hinsichtlich des Monomerumsatzes beschrieben wird, während Sack, Schulz und Meyerhoff[53] einen linearen Zusammenhang für die fotochemisch mit AIBN gestartete MMA-

Polymerisation bei 0°C finden. Aus den grafischen Darstellungen der von Shen et al.[35] gemessenen Radikalausbeuten wurden Mittelwerte für die fotochemisch mit Dimethylazoisobutyrat initiierte Massepolymerisation von MMA entnommen und in Abb. 3.5-2 dargestellt. Der Abfall der Radikalausbeute um vier Zehnerpotenzen belegt die Fehlerhaftigkeit früher publizierter Hochumsatzmodelle, in denen von der Unabhängigkeit der Radikalausbeute vom Monomerumsatz ausgegangen wurde. Aufgrund der Ähnlichkeit der physikalischen Prozesse ist auch bei Einsatz anderer Initiatoren mit ähnlichen Auswirkungen auf die Radikalausbeute zu rechnen. Ihre Modellierung muß ein wesentlicher Bestandteil eines jeden Hochumsatzmodelles sein.

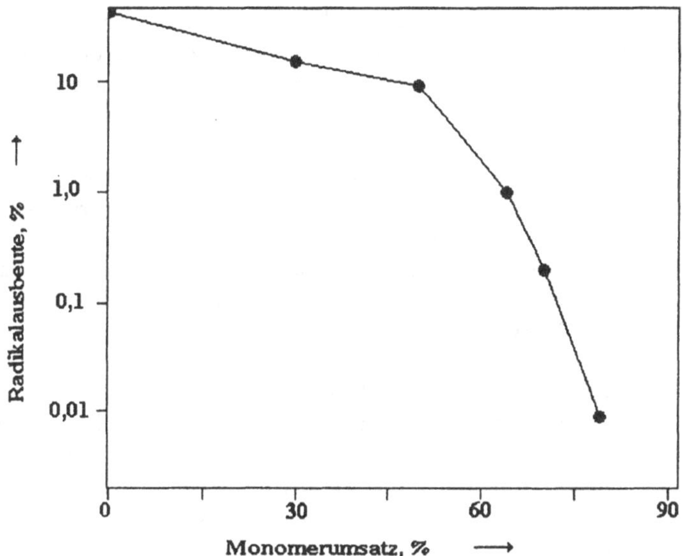

Abb. 3.5-2 Radikalausbeute in Abhängigkeit vom Monomerumsatz bei der mit Dimethylazoisobutyrat fotochemisch gestarteten Polymerisation von MMA. Meßwerte nach Shen et al.[35]

Translations- und Segmentdiffusion. Die eigentliche Reaktion zwischen zwei Polymerradikalen ist als spontane Reaktion mit sehr kleiner Aktivierungsenergie anzusehen. Bevor es jedoch zur Abbruchreaktion kommt, müssen sich zwei Polymerradikale als mehr oder weniger aufgelockerte Knäuel zunächst einmal durch Translationsdiffusion räumlich nähern. Danach kommt es zur gegenseitigen Annäherung der radikalischen Kettenenden, wobei die Beweglichkeit der letzten drei bis sieben angelagerten Monomereinheiten (Segmente) die wesentliche Rolle spielt, während bei langkettigen Radikalen das restliche Molekül infolge seiner Selbstdurchdringung relativ starr ist. Ist ein gutes Lösemittel in relativ großer Konzentration vorhanden, sind die Polymerknäuel aufgelockert und die

Segmentdiffusion wenig behindert. Mit abnehmender Lösekraft, bis hin zu Fällmitteln, nimmt die Hemmung der Segmentdiffusion zu, weil bei gleicher Kettenlänge der Knäuelradius abnimmt und dadurch die Mikroviskosität (innerhalb des Polymerknäuels) ansteigt. So kann die Segmentdiffusion bereits bei sehr kleinen Monomerumsätzen zum geschwindigkeitsbestimmenden Schritt werden, was seit längerer Zeit [54] als allgemein gültig angenommen wird. Mit sinkender Abbruchwahrscheinlichkeit kommt es im mittleren Umsatzbereich bei noch wenig beeinflußter Radikalbildungsgeschwindigkeit zum Anstieg der Radikalkonzentration und zur Verlängerung der Radikalkettenlebenszeit. Da die Wachstumsreaktion bei diesen relativ niedrigen Viskositäten nicht beeinflußt wird, weil die kleinen Monomermoleküle nur sehr wenig in ihrer Diffusionsgeschwindigkeit zu den aktiven Zentren behindert werden, steigt dadurch sowohl die Polymerisationsgeschwindigkeit als auch die Kettenlänge des produzierten Polymeren. Diese Effekte lassen sich bereits bei kleinen Monomerumsätzen durch Einsatz von Löse - und Fällmitteln oder ihrer Gemische studieren, wie es bereits in der klassischen Arbeit von Norrish und Smith [45] eindrucksvoll praktiziert wurde. Mahabadi [58] faßte die damit verbundenen Effekte zusammen, indem die Abbruchkonstante als eine Funktion der Lösungsviskosität und des Knäuelradius gesehen wurde, wobei der Knäuelradius seinerseits von der Polymerkonzentration und der Molmasse des Polymeren abhängt.

Lösemittel mit unterschiedlicher Lösekraft für das Polymere können damit in beträchtlichem Umfang die Polymerisationskinetik beeinflussen, und zwar weit über den einfachen Verdünnungseffekt hinaus.

Anstieg der Abbruchkonstante bei sehr kleinen Umsätzen. Nach den bisherigen Ausführungen scheint eine mit dem Umsatz wachsende Abbruchkonstante nicht möglich, sie wurde aber von einigen Autoren bei sehr niedrigen Monomerumsätzen gefunden [55,56]. Dieser geringfügige Anstieg, der für reaktionstechnische Modelle kaum Bedeutung hat, ist umso größer, je höher die Molmasse des Polymeren und je besser das Lösemittel ist. Man kann ihn auf die Kompression der Makroradikalknäuel mit steigendem Umsatz und die dadurch verringerten Volumina zurückführen, die den radikalischen Zentren zur Verfügung stehen, und mit der damit verbundenen höheren Abbruchwahrscheinlichkeit erklären [57].

Abhängigkeit der Abbruchkonstante von der Kettenlänge. Burnett und Duncan [52] äußerten den Gedanken, daß die Makroradikale mit wachsender Kettenlänge und bei hohen Polymerkonzentrationen so stark an Mobilität verlieren, daß sie nicht mehr untereinander, sondern nur noch mit Primärradikalen abbrechen können. Messungen von Ito [58] zur Molmassenverteilung bei hohen Monomerumsätzen relativierten diese Aussage. Bei kleinen Initiierungsgeschwindigkeiten enstand eine monomodale Molmassenverteilung, die der Rekombination zweier Makroradikale entsprechen soll. Bei hohen Initiierungsgeschwindigkeiten, d.h. mit ansteigender Konzentration der Primärradikale, wurde eine bimodale Verteilung erhalten, deren niedermolekulares Maximum dem Primärradikalabbruch zugeordenet wurde, während das Maximum im hochmolekularen Bereich dem Rekombinationsabbruch entsprechen sollte. Auch Balke und Hamielec [39] berichten von einer bimodalen Molmassenverteilung im Hochumsatzbereich.

Nach dem bisher entwickelten physikalischen Bild des Abbruchprozesses ist es logisch, von einer Kettenlängenabhängigkeit der Abbruchkonstant auszugehen. So wäre es angebracht, sowohl die Molmasse der toten Polymeren als auch die Molmasse der Makroradikale in die Modellierung einzubeziehen. Ein Ansatz der Art

$$k_t = k_{t,0} (n\, m)^{-a} \qquad (3.5\text{-}5)$$

faßt nach Mahabadi [59] die vorher zum gleichen Problem publizierten Arbeiten [60-64] vereinfachend zusammen. Darin sind n und m die Kettenlängen der miteinander reagierenden Makroradikale, a ist eine Konstante. Moderne ESR-Messungen von Shen, Tian et al. [35] bestätigen die Vermutung, daß es abbruchaktive und abbruchpassive Polymerradikale gibt, wobei letztere, durch Selbstisolation („wrapping") langkettiger Radikale in ihrer eigenen Substanz entstehen sollen.

Zum Abbruch der Makroradikale mit Primärradikalen kann man aber auch eine völlig andere Position einnehmen: Wenn es stimmt, daß im Hochumsatzbereich die Radikalausbeute um Größenordnungen sinkt (Abb. 3.5-2), dann muß die Primärradikalkonzentration außerhalb des Käfigs sehr klein sein, viel zu klein, um einen meßbaren Anteil zum Abbruch der Makroradikale beizutragen.

Diffusionshemmung der Abbruchkonstante. Abb. 3.5-3 zeigt die Veränderung der von Shen [35] gemessenen Abbruchkonstante mit steigendem Monomerumsatz für die Massepolymerisation von MMA.

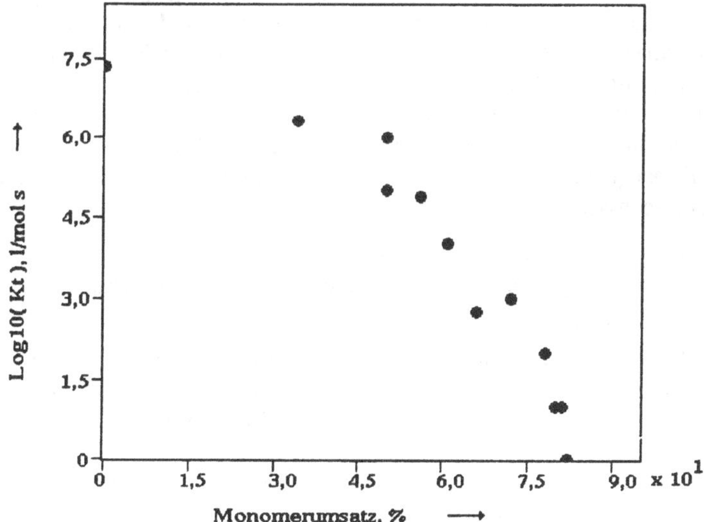

Abb. 3.5-3 Abbruchkonstante als Funktion vom Monomerumsatz bei der MMA-Massepolymerisation , Meßwerte nach Shen et al. [35]

Da die Temperaturabhängigkeit der Abbruchkonstante klein gegen ihre Abhängigkeit vom Umsatz ist, wurden in Abb. 3.5-3 Mittelwerte der von Shen [35] für unterschiedliche Initiatoren und bei verschiedenen Temperaturen und Initiatorkonzentrationen angegebenen Daten dargestellt.

Die Abbruchkonstante als kinetischer Parameter des Diffusions-Reaktions-Prozesses von zwei im Mittel sehr großen Molekülen verändert ihren Wert über acht Zehnerpotenzen und ist damit die mit Abstand am stärksten durch die ansteigende Viskosität beeinflußte kinetische „Konstante".

Kettenverschlaufung („Entanglement"). Das Bewegungsverhalten von Polymeren in Lösung weist eine Unstetigkeitsstelle an einem kritischen Punkt auf, bei dessen Erreichen sich die Makromoleküle untereinander verhaken. Die Folge ist eine oberhalb dieses Punktes mit dem Polymergehalt viel schneller ansteigende makroskopische Viskosität. Dieses Verhalten hat sowohl für die Polymerisations- als auch für die Polymerverarbeitungstechnik eine erhebliche Bedeutung, wenn an die Wirkung der Viskosität auf Stoff- und Wärmetransportvorgänge gedacht wird. Grundlagen des hier diskutierten kinetischen Konzepts sind bei Bueche [65,66] und Graessley [67] nachlesbar. Nach Cardenas und O'Driscoll [68] kann der kritische Verhakungspunkt durch eine nur wenig von der Temperatur abhängige Konstante K_c als Funktion des zahlenmittleren Polymerisationsgrades P und des Volumenbruches des Polymeren ϕ_P in der Form

$$K_c = P^a \phi_P \tag{3.5-6}$$

dargestellt werden. Der Exponent a soll nach unterschiedlichen Theorien, die jeweils mit vielen Meßwerten untersetzt wurden, Werte zwischen 0,5 und 1 annehmen. K_c ist abhängig von der Art des Polymeren und von der „thermodynamischen Qualität" der Reaktionsmasse. Die Aussage der Gl.(3.5-6) ist einfach: Bei niedrigen Polymerkonzentrationen kommt es zur Polymerverhakung nur, wenn die Makromoleküle eine entsprechend hohe Molmasse aufweisen, bei hohen Polymerkonzentrationen sind auch relativ kurzkettige Moleküle verhakt. In der kinetischen Konsequenz läuft das bei der Homopolymerisation auf mindestens drei Abbruchprozesse zwischen

- zwei nichtverhakten kurzkettigen Radikalen,
- einem verhakten langkettigen und einem nichtverhakten kurzkettigen Radikal,
- zwei verhakten langkettigen Radikalen

hinaus, die durch unterschiedliche Abbruchkonstanten repräsentiert werden. Die darauf aufbauenden Modelle weisen allerdings regelrechte Knickpunkte bei Erreichen des durch Gl.(3.5-6) definierten kritischen Punktes aus.

Reaktionsdiffusion. Die Segmentdiffusion wird - besonders im Bereich sehr hoher Umsätze feststellbar - durch die sogenannte Reaktionsdiffusion unterstützt. Auch bei räumlich völlig fixiertem Polymerradikal besteht die Möglichkeit der „Diffusion" zweier radikalischer Kettenenden zueinander, indem sie durch Monomeranlagerung aufeinanderzuwachsen, d.h., so lange die Wachstumsreaktion stattfindet „diffundieren" auch die Kettenenden, wenn auch mit entsprechend kleiner

Geschwindigkeit. Das erklärt die Proportionalität der Geschwindigkeit der Reaktionsdiffusion zur Wachstumsgeschwindigkeit in dem Ansatz

$$R_D = C k_p M \tag{3.5-7}$$

Der Beitrag der Reaktionsdiffusion zum Bewegungsverhalten der aktiven Zentren kann im Bereich sehr hoher Polymerkonzentrationen nicht mehr vernachlässigt werden, weil die Beiträge der Translation und „normalen“ Segmentdiffusion gegen Null gehen.

Glaseffekt und Grenzumsatz. Der sogenannte Glaspunkt ist gekennzeichnet durch das glasartige Erstarren der Reaktionsmasse bei hohen Polymerkonzentrationen. Alle Diffusionsprozesse kommen praktisch zum Erliegen. Die Radikalausbeute ist Null, weil der Initiator zwar thermisch weiter zerfällt, aber keine Primärradikale den festen Polymerkäfig verlassen können. Das Wachstum der Polymerketten kommt zum Stillstand, weil die restlichen Monomermoleküle „eingefroren“ sind. Diesen Zustand erkennt man aus Abb. 3.5-1 am Erreichen eines Grenzumsatzes, der deutlich unter 100% liegt sowie aus den Abbildungen 3.5-2 und 3.5-3 anhand der bei hohen Polymerkonzentrationen gegen Null strebenden Werte der Abbruchkonstante und des Radikalausbeutefaktors. Auch die Wachstumskonstante zeigt ein entsprechendes Verhalten, wie durch Abb. 3.5-4 anhand der wiederum als gemittelte Werte aus grafischen Darstellungen von Shen et al. [35] entnommenen Meßdaten gezeigt werden kann.

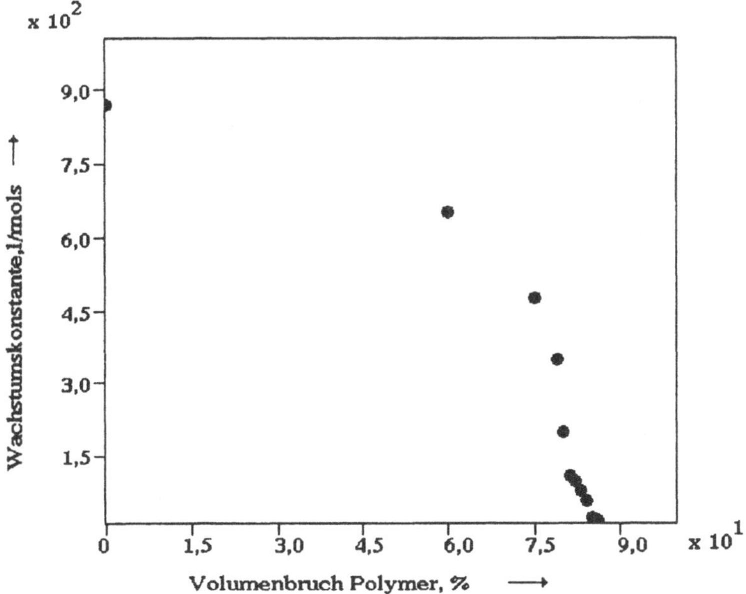

Abb. 3.5-4 Wachstumskonstante als Funktion vom Monomerumsatz bei der Massepolymerisation von MMA. Meßwerte nach Shen et al. [35]

Die Übertragungskonstanten sollten sich ähnlich verhalten wie die Wachstumskonstanten. Auch bei ihnen handelt es sich im ersten Schritt um die Reaktion eines kleinen Moleküls mit einem Makroradikal. Bei der Übertragung zum Monomeren ist der entstehende Stoßkomplex sogar der gleiche wie bei der Wachstumsreaktion, so daß die vorausgegangenen Diffusionsschritte genau die gleichen sind. Hierzu gibt es jedoch kaum Untersuchungen in der Fachliteratur.

Nach Horie, Mita und Kambe [69] kann man eine Beziehung zwischen der Reaktionstemperatur und dem Glaspunkt-Grenzumsatz aus der Produktsumme der Komponentenvolumenanteile v_k und der freien Volumina der einzelnen Komponenten, ableiten, die für eine Reaktionsmischung mit den Komponenten Monomer (M), Polymer (P) und Lösemittel (S) die Form

$$V_f = V_{f,M} v_M + V_{f,P} v_P + V_{f,S} v_S \tag{3.5-8}$$

annimmt. Darin sind die freien Volumina der genannten Komponenten aus

$$V_{f,k} = V_{f,cr} + \Delta\varepsilon_k (T - T_{g,k}) \tag{3.5-9}$$

mit k = M, P, S aus den Differenzen der Volumenexpansionskoeffizienten vor und nach dem Glaspunkt und der Glastemperatur der einzelnen Komponenten $T_{g,k}$ berechenbar. Über den Wert des minimalen (kritischen) freie Volumens $V_{f,cr}$ gibt es in der Literatur sehr unterschiedliche Auffassungen. Am häufigsten wird in Anlehnung an Horie [69] $V_{f,cr}$ = 0,025 verwendet. Diese Unsicherheiten bleiben jedoch ohne Wirkung auf die Berechnung des Grenzumsatzes, zu dessen Ableitung man in Gl.(3.5-8) $V_f = V_{f,cr}$ einsetzt und nach dem Volumenanteil des Polymeren umstellt. Zur Illustration anhand eines Beispieles setzen wir in die Gln (3.5-8) und (3.5-9) die in Tabelle 3.5-1 gegebenen Daten für Styren (ST) und MMA ein

Tabelle 3.5-1: Daten zur Berechnung des Grenzumsatzes bei der radikalischen Polymerisation von Styren (ST) und Methylmethacrylat (MMA) als Funktion der Temperatur

	$\Delta\varepsilon$ 1/K	$T_{g,M}$ °C	$T_{g,P,\infty}$ °C	K_g g K mol^{-1}	ρ_0 g l^{-1}	ρ_1 g l^{-1}K^{-1}
MMA	1,0 10^{-3}	-106	---	---	968	-1,15
ST	1,0 10^{-3}	-30,6	---	---	924	-0,918
PMMA	4,8 10^{-4}	---	114	22040	1212	-0,845
PS	4,8 10^{-4}	---	102	13809	1084	-0,605

und berechnen den Grenzumsatz einer lösemittelfreien Reaktionsmasse über

$$U_{fin} = \frac{\rho_P v_P}{\rho_P v_P + \rho_M v_M} \tag{3.5-10}$$

worin die Dichten (an dieser Stelle) als lineare Funktionen der Temperatur (°C) über

$$\rho_k = \rho_{k,0} + \rho_{k,1} T \tag{3.5-11}$$

zugänglich sind. Die Glastemperatur des Polymeren ist infolge des Erstarrungs- bzw. Erweichungsverhaltens des durch eine Molmassenverteilung charakterisierten Polymeren eigentlich ein Temperaturbereich und bedarf einer gesonderten Definition, die häufig in Form von Gl.(3.5-12) gegeben wird.

$$T_{g,P} = T_{g,P,\infty} - \frac{K_g}{M_n} \tag{3.5-12}$$

Abb. 3.5-5 zeigt die Ergebnisse für je zwei extrem unterschiedliche Polymere, die durch eine zahlenmittlere Molmasse von 10^3 g mol^{-1} bzw. 10^6 g mol^{-1} charakterisiert sind. Dementsprechend wird man für viele Anwendungsfälle die Abhängigkeit des Grenzumsatzes von der Molmasse vernachlässigen können und anstelle von Gl.(3.5-12) eine "angepaßte" konstante Glastemperatur des Polymeren verwenden. Dies um so mehr, als Gl.(3.5-12) ohnehin nur für enge Molmassenverteilungen gültig sein kann. Für eine "Wide-Range-" Modellierung mit großen Temperaturänderungen im Prozeßverlauf, wie im Fall thermischer Runaway's, ist diese Aussage zu überprüfen.

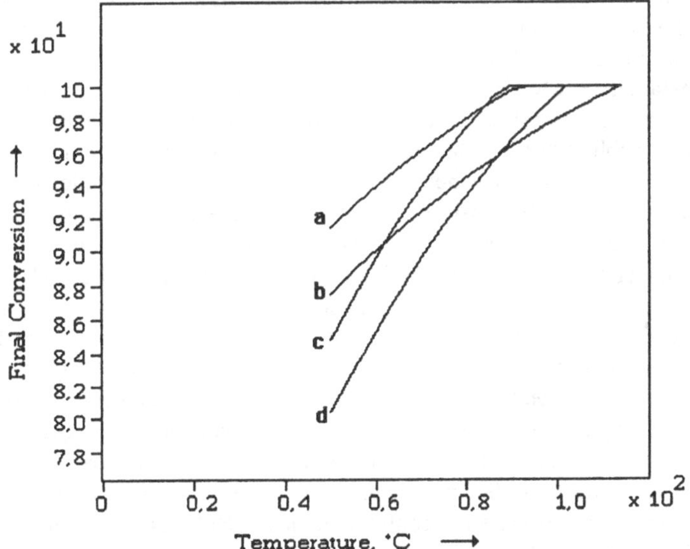

Abb. 3.5-5 Grenzumsatz in Abhängigkeit von Reaktionstemperatur und Molmasse, ***a*** MMA/PMMA, Mn = 10^6 g mol^{-1}, ***b*** MMA/PMMA, Mn = 10^3 g mol^{-1}, ***c*** ST/PS, Mn = 10^6 g mol^{-1}, ***d*** ST/PS, Mn = 10^3 g mol^{-1}

Der Glaspunkt-Grenzumsatz ist deutlich zu unterscheiden von anderen Grenzumsätzen, die erreicht werden, wenn aus anderen Gründen die effektive Polymerisationsgeschwindigkeit gegen Null geht. Das kann der Fall sein, bei einer

- initiatorgestarteten Polymerisation, wenn der Initiator vollständig verbraucht ist („Dead End-Polymerisation“, Kapitel 3.4.4),

- binären Copolymerisation unter Beteiligung eines bei den gegebenen Reaktionsbedingungen nicht homopolymerisierbaren Monomeren A, wenn das Monomere B verbraucht ist,
- Polymerisation nahe der Ceiling-Temperatur, bei der ein Polymerisations-Depolymerisations-Gleichgewicht erreicht wird.

Schlußfolgerungen für die reaktionstechnische Hochumsatzmodellierung. Das in den ersten Kapiteln dieses Buches entwickelte anfangskinetische Modell muß auf den Hochumsatzbereich ausgedehnt werden, indem die Veränderlichkeit der Modellparameter

- Abbruchkonstante
- Radikalausbeutefaktor
- Wachstumskonstante
- Übertragungskonstanten

mit steigender Polymerkonzentration berücksichtigt wird.

Beim heutigen Stand der Erkenntnis liegt eine große Vielfalt von Detailkenntnissen zu den Einzelprozessen vor, die den Verlauf radikalischer Polymerisationen im mittleren und hohen Umsatzbereich von der „idealen" Anfangskinetik abweichen lassen. Ein kompliziertes Modell zu entwickeln, das mit vielen zusätzlichen Anpassungsparametern Meßdaten in einem relativ engen Bereich der Temperatur und Komponentenkonzentrationen beschreibt, ist nicht schwierig. Die ständig weiter steigende Zahl publizierter Hochumsatzmodellen macht die Auswahl schwierig, aufwendig und vor allem unsicher. Die Parameter dieser Modelle zeigen oft außerordentlich große Vertrauensintervalle, d.h. sie verlieren beim Anpassen an die experimentellen Daten infolge ihrer Auto- oder Kreuzkorrelation einen nicht unbeträchtlichen Teil ihrer physikalische Bedeutung. Solche Modelle sind - obwohl manchmal mit großem Aufwand an physikalischen Grundlagen versehen - keine große Hilfe bei reaktionstechnischen Aufgabenstellungen. Es kommt viel mehr darauf an, die wirklich wesentlichen Details herauszufinden und mit möglichst wenig zusätzlich zu bestimmenden Modellkonstanten zu modellieren. Der alte Ingenieurgrundsatz „ So einfach wie möglich und so genau wie nötig" gilt auch hier. Ein gutes reaktionstechnisches Modell muß sich auf andere Reaktortypen mit unterschiedlichen Mischungsbedingungen, z.B. vom Batch-Reaktor auf den stationären und instationären kontinuierlichen Rührreaktor, auf andere Temperaturführungen, z.B. vom isothermen Regime in engen Bereichen der Temperatur auf die nichtisotherme Betriebsführung bis hin zum adiabaten Runaway und zum Polymerisations-Depolymerisationsgleichgewicht und natürlich auf größere Reaktoren (Scale-up) übertragen lassen. Das dazugehörige kinetische Modell muß solchen Ansprüchen gerecht werden und sollte neben der ausreichend genauen Beschreibung der Polymerisationsgeschwindigkeit und des Umsatzes auch entsprechende Aussagen zur produzierten Polymerqualität (Polymerisationsgrade und Molmassenverteilung) ermöglichen.

Die in den folgenden Kapiteln gemachten Vorschläge gehen in diese Richtung. Es handelt sich um eine Auswahl von Modellgrundlagen zur Hochumsatzmodellierung, die sich an den oben genannten Ansprüchen orientiert. So wird bewußt auf interessante Arbeiten, wie die von Kiparissides [74,75] und Soh und Sundberg [76], deren Kenntnis unbedingt empfohlen wird, nur in geringem Maß eingegangen.

3.5.2 Allgemeine Modellansätze

Auf der Basis von Literaturstudien lassen sich folgende Gruppen von Hochumsatzmodellen unterscheiden, bei denen die kinetischen Parameter in Abhängigkeit

- von der Viskosität der Reaktionsmasse [14, 54, 55, 78 - 83]
- vom Polymergehalt [13, 41, 84-95]
- vom Polymergehalt und dem mittleren Polymerisationsgrad des Polymeren [96]
- vom freien Volumen [23, 39, 73-75, 100, 101]

oder nach dem Verhakungskonzept (Entanglement) [68, 96-98] modelliert werden. Einige Modelle lassen sich nicht exakt einer solchen Gruppe zuordnen, weil sie Elemente aus verschiedenen Gruppen kombinieren.

Nach den Ausführungen des vorigen Kapitels kann die Korrelation von kinetischen Parametern mit der Viskosität der Reaktionsmasse nicht als physikalisch sinnvoll angesehen werden. Zwischen der meßbaren makroskopischen Viskosität und der mikroskopischen Viskosität am Reaktionsort (im Polymerknäuel) besteht kein einfacher linearer Zusammenhang. Zur Zeit befinden sich Methoden in der Entwicklung, die möglicherweise zukünftig eine Messung der Viskosität innerhalb der Polymerknäuel mit sogenannten Fluoreszenz-Sensoren gestatten werden [102]. Dann könnte diese Modellgruppe wieder an Bedeutung gewinnen.

Die Korrelation der kinetischen Konstanten nur mit dem Polymergehalt führt zu einfachen Modellen, die aber meistens nur in einem engen Bereich der Reaktionsvariablen gelten, weil der Einfluß der Kettenlänge des Polymeren auf die oben besprochenen Prozesse doch oft unbestreitbar groß ist. Eine Ausnahme sind Polymerisationen, bei denen die Reaktionstemperatur eindeutig den Polymerisationsgrad determiniert - dann wird die Polymerisationsgradabhängigkeit in der Temperaturabhängigkeit der Gelparameter mit erfaßt, wie etwa bei der thermischen Polymerisation des Styrens. Beträchtliche Abweichungen ergeben sich in einem solchen Fall erst, wenn man mit dem gleichen Modell die initiatorgestartete Polymerisation für sehr unterschiedliche Initiatorkonzentrationen beschreiben will. Dann ist der Polymerisationsgrad auch von der Initiatorkonzentration abhängig und man erkennt aus isothermen Experimenten, daß die Gelparameter mit der Initiatorkonzentration variieren. Die empirische Korrelation der Gelparameter mit der Initiatoranfangskonzentration verbietet sich aber von selbst, obwohl sie hier und da praktiziert wird, wie man schnell feststellen wird, wenn man einen Prozeß mit Zwischeneinspeisung des Initiators oder einen instationären kontinuierlichen Rührreaktor mit solchen Modellen beschreiben möchte.

Zum Verhakungskonzept wurde bereits oben festgestellt, daß die Modellrechnungen abrupte Änderungen im Verlauf der Umsätze und

Polymerisationsgrade ausweisen, die experimentell keine Entsprechung finden. Besonders unrealistisch werden die Polymerisationsgrade beschrieben.

Nach den mit Polyreac^R [1] gemachten Erfahrungen, ist die Einbeziehung des freien Volumens und der Molmasse des Polymeren in der Art des Marten-Hamielec Modells [23] ein wirklich bedeutsamer Schritt in der Geschichte der Hochumsatzmodellierung. Die Weiterentwicklung dieses Modells unter Mitwirkung von Stickler und Panke [103] durch Einbeziehung der Reaktionsdiffusion stellt einen weiteren Fortschritt dar, allerdings wurde die Veränderlichkeit der Radikalausbeute nicht berücksichtigt.

Aus der Ableitung des anfangskinetischen Modells unter Annahme der QSSA ergeben sich in den kinetischen Gleichungen Abhängigkeiten von Parameterkombinationen, die das Ergebnis dominieren. Es ist also nicht verwunderlich, daß unter Umständen die Kombination sehr unterschiedlicher Werte von Einzelkonstanten zu einem ähnlichen Berechnungsergebnis führen kann, wenn die Parameterkombinationen aus diesen Einzelkonstanten annähernd gleiche Werte aufweisen. Wie wir beispielsweise anhand der thermischen Polymerisation des Styrens gesehen haben, ist die Polymerisationsgeschwindigkeit nur abhängig von der Parameterkombination

$$k_p \left(\frac{f_{i,a} k_{i,a}}{k_t} \right)^{\frac{1}{2}} \tag{3.5-13}$$

Es kann insbesondere für Anwendungen, die nicht die wissenschaftliche Aufklärung der Einzeleffekte beanspruchen, von erheblichem Vorteil sein, solche Parameterkombinationen als Ganzes zu modellieren, um mit einer geringen Anzahl zusätzlicher Parameter zu praktikablen Hochumsatzmodellen zu gelangen. Es ist prinzipiell auch richtig, daß die Modellierung der sich mit wachsendem Umsatz ändernden Einzelkonstanten zu einem gleichen funktionellen Verlauf wie im Fall der (meist empirischen [91-94, 101, 5]) Korrelation der ganzen Parameterkombination führen kann. Mithin können mit solchen (halb-empirischen) Modellen in speziellen Fällen auch gleich gute Resultate erreicht werden wie mit Modellen, die den derzeitigen Stand der wissenschaftlichen Erkenntnis zu den Einzelprozessen integrieren. Mit der schrittweisen Aufklärung der Hochumsatzprozesse ist aber zu erwarten, daß die Modelle, die eine bessere physikalische Begründung beinhalten, ihre Vorteile für die Maßstabsübertragung und den Betrieb der Reaktoren unter sich verändernden Bedingungen zunehmend zeigen werden.

Im folgenden wird ein Modell „PolyReac“ entwickelt, das den oben definierten numerischen Anforderungen gerecht wird. Es ist in einigen Ansätzen eine Weiterentwicklung, stellt aber auch einen Extrakt der Modell-Elemente dar, die sich aus bisherigen Modellselektionen als sinnvoll und notwendig im Sinne des Aufbaues reaktionstechnischer Modelle erwiesen haben. Zu seiner Ableitung wird von Variablen Gebrauch gemacht, die wir als *initialkinetische Variable* bezeichnen wollen. Diese „Null-Umsatz“-Variablen sind nicht mit den Variablen z.B. zu Beginn eines diskontinuierlichen Prozesses zu verwechseln, sie können aber im Sonderfall deren Werte annehmen. Der Wert der initialkinetischen Variablen wird für eine gegebene Reaktionsmasse ermittelt, indem das Polymere formal dem Monomeren zugerechnet wird. Wir werden insbesondere von folgenden initialkinetischen Variablen Gebrauch machen, die für eine Reaktionsmischung aus Monomer (M), Polymer (P) und Lösemittel (S) definiert sind:

Initialkinetischer Monomermassenbruch

$$Y_M^{\#} = Y_M + Y_P \tag{3.5-14}$$

Initialkinetischer Monomervolumenbruch

$$\Phi_M^{\#} = \frac{\dfrac{Y_M^{\#}}{\rho_M}}{\dfrac{Y_M^{\#}}{\rho_M} + \dfrac{Y_S}{\rho_S}} \tag{3.5-15}$$

Initialkinetisches freies Volumen

$$V_f^{\#} = V_{f,M}\Phi_M^{\#} + V_{f,S}\Phi_S \tag{3.5-16}$$

Initialkinetische mittlere Dichte

$$\bar{\rho}^{\#} = \frac{1}{\dfrac{Y_M^{\#}}{\rho_M} + \dfrac{Y_S}{\rho_S}} \tag{3.5-17}$$

Initialkinetische Konzentration der Komponente K

$$c_K^{\#} = \frac{Y_K \bar{\rho}^{\#}}{M_K} \tag{3.5-18}$$

Für das Monomere (K = M) ist in Gl.(3.5-18) anstelle des tatsächlichen Massenanteiles der initialkinetische Wert nach Gl.(3.5-14) einzusetzen.

Unter diskontinuierlichen Bedingungen entsprechen diese Variablen den Anfangswerten, wenn zu Beginn kein Polymeres vorhanden ist und die Temperatur konstant ist. Wenn dagegen ein kontinuierlicher Rührreaktor im nichtstationären Bereich betrachtet wird, in dem zum gegebenen Zeitpunkt t eine bestimmte Temperatur T, eine Polymerkonzentration Y_p und eine mittlere Molmasse M_w vorliegt, dann wäre z.B. der initialkinetische Wert des Diffusionskoeffizienten des Polymeren als Diffusionskoeffizient des Polymeren mit der gleichen mittleren Molmasse M_w bei der gleichen Temperatur T für den nach Gl.(3.5-14) zu berechnenden Monomeranteil, d.h. extrapoliert auf die Polymerkonzentration Null, anzusehen.

Wir gehen von der Veränderlichkeit der Abbruchkonstante, der Radikalausbeute, der Wachstumskonstante und der Übertragungskonstanten aus, indem die folgenden Gelfunktionen für

- den Kombinationsabbruch

$$g_t = \frac{k_t}{k_{t0}} \tag{3.5-19}$$

- die Radikalausbeute bei Initiatorstart

$$g_f = \frac{f_i}{f_{i0}} \tag{3.5-20}$$

mit den Indizes 1 und 2 für den ersten und zweiten Initiator im Fall einer Initiatormischung,

- die Radikalausbeute bei thermischem Start

$$g_{th} = \frac{f_{ia}}{f_{ia0}} \tag{3.5-21}$$

die zur Berücksichtigung der Umsatzabhängigkeit des thermischen Startes formal eingeführt wird,

- die Wachstumskonstante

$$g_p = \frac{k_p}{k_{p0}} \tag{3.5-22}$$

- die Übertragungskonstante zum Monomeren

$$g_m = \frac{k_m}{k_{m0}} \tag{3.5-23}$$

- die Übertragungskonstante zum Lösemittel

$$g_s = \frac{k_s}{k_{s0}} \tag{3.5-24}$$

- die Übertragungskonstante zum Regler

$$g_c = \frac{k_c}{k_{c0}} \tag{3.5-25}$$

eingeführt werden. Sie bilden das Verhältnis aus einer diffusionsbeeinflußten kinetischen Konstante unter gegebenen Bedingungen und ihrem anfangskinetischen Wert.

Als Basisgleichung für die Beschreibung der effektiven kinetischen Konstanten, die sich aus dem Zusammenwirken von Reaktion und Diffusion ergeben, wird ein Ansatz nach Smoluchowski [104 gewählt, nach dem sich die Widerstände der Reaktion und der Diffusion zum Gesamtwiderstand addieren:

$$\frac{1}{k} = \frac{1}{R} + \frac{1}{D} \tag{3.5-26}$$

Dieser Ansatz wird für die einzelnen Prozesse noch zu modifizieren sein.

3.5.3 Modellierung der Abbruchkonstante

Nach den Erörterungen des vorigen Kapitels ist sicher, daß sich während der Polymerisation von allen kinetischen Konstanten des Reaktionsmechanismus die

Abbruchkonstante besonders stark mit fortschreitendem Umsatz verringern wird. Ausgehend von dem entwickelten physikalischen Bild der Diffusionshemmung, müßten prinzipiell folgende Einflüsse in einem k_t-Modell erfaßt werden:

- der Polymergehalt (Monomerumsatz, freies Volumen)
- die Reaktionstemperatur
- die Kettenlänge des toten Polymeren
- die Kettenlänge des aktiven Polymeren

„Simple Model“. Im einfachsten Fall kann man sich auf die beiden markantesten Einflüsse beschränken, nämlich auf die Polymerkonzentration und auf die Reaktionstemperatur. Polyreac® enthält ein solches Modell unter dem Namen „Simple Model“, das die Abbruchkonstante in der Form

$$k_t = k_{t,0}\left(1+g_1 Y_p^{1,5}\right)^2 \exp\left(-2g_1 Y_p^{1,5}\right) \tag{3.5-27}$$

beschreibt. Im Original [5] repräsentiert Gl (3.5-1) das Verhältnis aus der Abbruchkonstante und dem Quadrat der Wachstumskonstante, außerdem wurden die Exponenten anders gewählt. Wenn man bei Gültigkeit der QSSA aber Gl.(3.5-27) nur für die Abbruchkonstante ansetzt und gleichzeitig die Wachstumskonstante als wirkliche Konstante

$$k_p = k_{p0} \tag{3.5-28}$$

behandelt, dann ergibt sich numerisch der gleiche Effekt, weil in Gl.(3.5-27) der Einfluß auf die Wachstumskonstante mit erfaßt wird, wenn die Gelkonstanten an Meßdaten angepaßt werden.

Modell „PolyReac“. Der Smoluchowski-Ansatz (3.5-26) nimmt für die Abbruchkonstante unter Berücksichtigung der Konstanten der chemischen Reaktion R, der Diffusion D und des Beitrages der Reaktionsdiffusion R_D die Form

$$k_t = \frac{1}{\frac{1}{R}+\frac{1}{D}} + R_D \tag{3.5-29}$$

an. Wie vorn erörtert, kann die Translationsdiffusion gegenüber der Segmentdiffusion vernachlässigt werden, so daß D letztendlich die Segmentdiffusion präsentiert. Sie kann als abhängig vom freien Volumen und der Molmasse des Polymeren angesehen werden. Um ein Mehrbereichsmodell zu vermeiden und ein stetiges Modell im gesamten Umsatzbereich zu erhalten, nehmen wir die Gültigkeit von Gl (3.5-29) auch im anfangskinetischen Bereich an. Für eine Reaktionsmischung mit der massenmittleren Molmasse des Polymeren M_w, deren Polymergehalt gegen Null geht, ist der initialkinetischen Wert der Abbruchkonstante über

$$k_t^{\#} = \frac{1}{\frac{1}{R}+\frac{1}{D^{\#}}} + R_D^{\#} \tag{3.5-30}$$

berechenbar. Die chemischen Reaktion wird damit als unabhängig von der Polymerkonzentration und der Molmasse des Polymeren angesehen. Ihr Anteil ist unter den gegebenen physikalischen Bedingungen, d.h. in Gl.(3.5-29), gleich dem unter initialkinetischen Bedingungen. Die Segmentdiffusion und die Reaktionsdiffusion sind dagegen in den Gln. (3.5-29) und (3.5-30) nicht mit den gleichen Anteilen vertreten, weil der Polymergehalt und die Monomerkonzentration unterschiedlich sind. Nun muß man es jedoch als eine experimentelle Erfahrung akzeptieren, daß bei einem gegen Null gehenden Polymergehalt die mittlere Molmasse des toten Polymeren praktisch keinen Einfluß auf die Abbruchkonstante hat. Man kann versuchen, den initialkinetischen Wert der Abbruchkonstante dem anfangskinetischen Wert gleichzusetzen, der nur von der Reaktionstemperatur (und gegebenenfalls von der Art und Konzentration des Lösemittels) abhängt:

$$k_t^{\#} = k_{t0} \tag{3.5-31}$$

Damit läßt sich der unbekannte Anteil der chemischen Reaktion durch Umstellen von Gl. (3.5-30) nach R aus Gl.(3.5-29) entfernen, und man erhält

$$k_t = \frac{1}{\dfrac{1}{k_{t0} - R_D^{\#}} + \dfrac{1}{S} - \dfrac{1}{S^{\#}}} + R_D \tag{3.5-32}$$

Mit dem aus der Theorie des freien Volumens [105-108] abgeleiteten Diffusionsansatz setzen wir

$$\frac{1}{D} = g_3^{'} \exp\left(\frac{g_1}{V_f}\right) \overline{M}_w^{g_4} \tag{3.5-33}$$

und

$$\frac{1}{D^{\#}} = g_3^{'} \exp\left(\frac{g_1}{V_f^{\#}}\right) \overline{M}_w^{g_4} \tag{3.5-34}$$

Entsprechend der Definition der initialkinetischen Variablen, ist in Gl.(3.5-34) nicht die mittlere Molmasse zu Reaktionsbeginn einzusetzen, sondern die zum gegebenen Zeitpunkt aktuelle. Würde man es trotzdem tun, dann käme man zu dem absurden Ergebnis, daß gemäß Gl.(3.5-32) der Wert der Konstante k_t von der Molmasse des Polymeren zu Beginn des Prozesses abhängt - das ist z.B. für einen kontinuierlichen Rührreaktor und / oder nichtisothermen Betrieb des Reaktors ebenso falsch wie die Korrelation von kinetischen Konstanten mit anderen *Anfangs*werten, z.B. mit der Initiatoranfangskonzentration, wie beim CCS-Modell [73]. Im Fall des kontinuierlichen Rührreaktors wäre der Geleffekt auf alle Zeit von der Molmasse des Polymeren abhängig, die beim Anfahren einmal im Reaktor vorgelegen hat, die aber mit dem Ist-Zustand im Reaktor üblicherweise nach dem drei- bis fünffachen der mittleren Verweilzeit in keinerlei Zusammenhang steht. Oder man denke sich das folgende nichtisotherme Experiment: Zunächst wird Styren thermisch eine Minute bei 20°C polymerisiert, was zu sehr wenig, aber sehr hochmolekularem Polymeren führt. Danach soll die Temperatur sehr schnell, sagen wir vereinfachend spontan, auf z.B. 180°C steigen, wodurch die hohe Molmasse innerhalb von Bruchteilen einer Sekunde auf sehr kleine Werte fallen würde. Dann wäre, bei Annahme der eben zitierten falschen Definition des Anfangswertes, der Geleffekt im gesamten Umsatzbereich von dem sehr hohen Molekulargewicht zu Beginn abhängig. Bereits Sekunden nach dem Polymerisationsstart hat jedoch die bei 20 °C erzeugte sehr kleine Polymermasse mit dem eigentlichen Geleffekt nichts mehr zu tun. Auch das freie Volumen $Vf^{\#}$ in Gl.(3.5-34) ist nicht mit dem freien Volumen zu Reaktionsbeginn zu definieren, sondern es ergibt sich aus Gl.(3.5-16). So einfach und einleuchtend dies klingt - es wird nicht immer beachtet.

Setzt man jetzt die Gln(3.5-33) und (3.5-34) in Gl.(3.5-32) ein und formuliert den Anteil der Reaktionsdiffusion über

$$R_D = C' k_p c_M \qquad (3.5\text{-}35)$$

und

$$R_D^{\#} = C' k_{p,0} c_M^{\#} \qquad (3.5\text{-}36)$$

so gelangt man zu

$$g_t = \frac{1}{\dfrac{1}{1 - C\, k_{p,0} c_M^{\#}} + g_3 M_w^{g_4} \left(\exp\left(\dfrac{g_1}{V_f}\right) - \exp\left(\dfrac{g_1}{V_f^{\#}}\right)\right)} + C\, k_p c_M \qquad (3.5\text{-}37)$$

In diesem Modell sind keine Werte für das kritische freie Volumen und die kritische Molmasse [23] zu bestimmen, da es sich nicht um ein Mehrbereichsmodell handelt. Das Verhältnis aus der Konstanten C' und der anfangskinetischen Abbruchkonstante, d.h. die charakteristische Zeit C in Gl. (3.5-37), kann entsprechend den damit gemachten numerischen Erfahrungen zu 1 s angenommen werden. Obwohl mit dieser Gleichung schon recht gute Ergebnisse erreicht wurden und andere Autoren ähnliche Beziehungen abgeleitet und verwendet haben [103,109,115], muß man folgende Nachteile konstatieren:

- Die Abhängigkeit der Diffusion vom freien Volumen ist in der verwendeten Form der Gl.(3.5-33) nur für relativ hohe Polymerkonzentrationen gültig. Die „Normierung“ der Abbruchkonstanten auf ihren anfangskinetischen Wert für gegen Null gehende Polymerkonzentration ist deshalb nicht korrekt.
- Thermodynamisch bedingt, s. Kapitel 3.5.1, gibt es einen Grenzumsatz für Polymerisationen, die unterhalb des Glaspunktes der Reaktionsmasse bis zu freien Volumina geführt werden, die an das kritische freie Volumen, das in PolyReac© mit 0,025 fixiert ist, heranreichen. Nach Gl.(3.5-33) kommen alle Diffusionsprozesse und die dazugehörenden Reaktionen jedoch erst zum Stillstand, wenn das freie Volumen gegen Null geht. Bisher ist dieses Grenzumsatzverhalten zwar häufig beschrieben, aber nicht mit der Polymerisationskinetik gekoppelt worden.

Ein besseres Modell. Entsprechend Kapitel 3.5.1 kann das freie Volumen der Reaktionsmasse als Summe der Produkte aus dem freien Volumen und den Volumenanteilen der Komponenten in der Form

$$V_f = \sum_k V_{f,k} v_k \tag{3.5-38}$$

beschrieben werden. Mit den freien Volumina der Komponenten

$$V_{f,k} = V_{f,cr} + \Delta\varepsilon_k (T - T_{g,k}) \tag{3.5-39}$$

folgt daraus

$$V_f = V_{f,cr} + \sum_k v_k \Delta\varepsilon_k (T - T_{g,k}) \tag{3.5-40}$$

Bei Reaktionstemperaturen unterhalb des Glaspunktes des Polymeren liefert das Polymere im Summenterm einen negativen Beitrag, und bei Erreichen des kritischen Volumens kommt es zum Erlöschen aller Reaktionen, die einen Diffusionsprozeß der Partner voraussetzen. Die Differenz zwischen dem aktuellen freien Volumen und dem kritischen freien Volumen könnte man mithin als eine Art von kinetisch verfügbarem Freiraum definieren. Wir wollen diesen Freiraum als *kinetische Beweglichkeit* bezeichnen und dabei einen Unterschied zwischen dem thermodynamisch definierten kritischen freien Volumen und dem kinetischen kritischen freien Volumen zulassen. Es hat sich nämlich aus numerischen Studien ergeben, daß bei einem kritischen kinetischen Volumen, das halb so groß wie das thermodynamische ist, eine gute Approximation des Grenzumsatzverhaltens bei den radikalischen Polymerisationen möglich ist. Anzumerken ist aber: Der numerische Wert des kritischen freien Volumens ist in der Fachliteratur sehr umstritten. Man findet Werte zwischen 0,01 und 0,09. Wie auch immer, in Anlehnung an Gl.(3.5-40) soll die *kinetische Beweglichkeit* für den gewählten Wert des kritischen freien Volumens (0,025) durch

$$B_k = \frac{1}{2} V_{f,cr} + \sum_k v_k \Delta\varepsilon_k (T - T_{g,k}) \tag{3.5-41}$$

berechnet werden. Von ihr - nicht vom freien Volumen - sollen die Reaktionen, die diffusionskontrolliert ablaufen, abhängig sein. Es wird also angenommen, daß, wenn die so definierte kinetische Beweglichkeit gegen den Wert Null geht, alle Reaktionen praktisch zum Stillstand kommen, obwohl noch ein kleines freies Volumen zur Verfügung steht. Für die kinetische Modellierung im Hochumsatzbereich gilt anstelle von Gl. (3.5-33) nunmehr

$$\frac{1}{D} = g_3' \exp\left(\frac{g_1}{B_k}\right) \overline{M}_w^{g_4} \tag{3.5-42}$$

Hieraus erkennt man am deutlichsten den kinetischen Grenzumsatzeffekt. Nähert sich die kinetische Beweglichkeit dem Wert Null, was mit den ausgewählten Werten bereits für ein freies Volumen von 0,0125 erreicht wird, dann geht der Diffusionsterm exponentiell gegen Null und alle damit verbundenen Reaktionen kommen zum Erlöschen. Der damit modellierte kinetische Grenzwert ergibt sich auch dann, wenn man die Reaktionszeit gegen sehr große Werte streben läßt.

Der zweite Schritt der Modellverbesserung soll in der Akzeptation der Ungültigkeit der Gl.(3.5-42) für den anfangskinetischen Bereich bestehen.

Ausgehend vom Ansatz (3.5-29) vernachlässigt man außerhalb des anfangskinetischen Bereiches den nach

$$\frac{1}{D} \gg \frac{1}{R} \tag{3.5-43}$$

kleinen Widerstand der schnellen radikalischen Reaktion gegenüber der relativ langsamenSegmentdiffusion. Das führt uns mit den Gln. (3.5-42) und (3.5-35) auf eine ähnliche Art wie bei der Ableitung von Gl.(3.5-37) zu

$$g_t = \frac{1}{g_3 M_w^{g_4} \exp(\frac{g_1}{B_k})} + C k_p c_M \tag{3.5-44}$$

In allen PolyReac©-Modellen wurde $g_4 = 0{,}667$ und $C = 1$ s fixiert. Damit sind nur zwei zusätzliche Gelparameter, g_1 und g_3 , aus experimentellen Daten zu bestimmen. Dennoch ist g_4 im Hochumsatzmodell PolyReac weiterhin verfügbar, so daß man durchaus nach „besseren" Werten für diesen Parameter suchen kann.

Numerisch wird von Gl.(3.5-44) erst Gebrauch gemacht, wenn g_t den Wert 1 unterschreitet, bis dahin wird $g_t = 1$ gesetzt, so daß $k_t = k_{t0}$ gilt. An welcher Stelle dieser Grenzwert erreicht wird, der letztlich aussagt, ab wann eine Diffusionshemmung für den Abbruch zwischen zwei Makroradikalen erreicht wird, ist durch die numerischen Werte der Gelkonstanten, der Molmasse des toten Polymeren und der kinetischen Beweglichkeit definiert. Falls sich nach der Anpassung der Gelkonstanten an Umsatz- und Polymerisationsgradmessungen für g_t bereits am Anfang ein Wert < 1 ergibt, bleibt anzunehmen, daß die Diffusionshemmung für diese Reaktion bereits zu Beginn einsetzt.

3.5.4 Modellierung der Radikalausbeute

In Kapitel 3.5.1 wurde die Ursache dafür, daß die momentankinetische Radikalausbeute

$$f = \frac{\text{Geschwindigkeit der Makroradikalbildung}}{\text{Geschwindigkeit der Initiatorradikalbildung}} \tag{3.5-45}$$

unter 100% liegt, bereits mit dem Käfigeffekt erklärt. Es geht nun darum, einen Modellansatz abzuleiten, der die Verringerung der Radikalausbeute mit steigendem Polymergehalt der Reaktionsmasse erfaßt.

Eine Möglichkeit der Modellierung, die sich numerisch bewährt hat, ist die folgende: Wir betrachten dazu das in Abb. 3.5-6 dargestellte Volumenelement , in dem gerade zwei Primärradikale R^* infolge des Zerfalls eines Initiatormoleküles I entstanden sind.

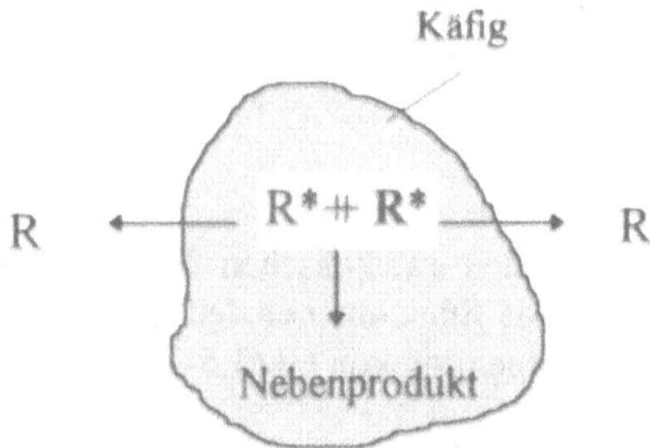

Abb. 3.5-6: Reaktion und Diffusion als Ursache für Radikalausbeuten unter 100%

Die beiden Primärradikale R^* haben die Möglichkeit, den „Käfig" durch Diffusion zu verlassen und als aktive Radikale R in einer monomerreichen Umgebung mit nahezu 100%iger Wahrscheinlichkeit einen Polymerisationsstart auszulösen, oder sie rekombinieren innerhalb des Käfigs zu einem nicht mehr reaktionsfähigen Nebenprodukt. Bei Vernachlässigung anderer Nebenreaktionen der Primärradikale sind also drei Prozesse und deren Geschwindigkeiten zu betrachten:

- Die Radikalbildung im Käfig

$$I \rightarrow 2\,R^* + G\uparrow \qquad r_1 = k_i\, I \tag{3.5-46}$$

- Die Bildung des Nebenproduktes W

$$R^* + R^* \rightarrow W \qquad r_2 = k_2\, R^* \tag{3.5-47}$$

- Die Diffusion der Radikale aus dem „Käfig"

$$R^* \rightarrow R \qquad r_3 = k_3\, R^* \tag{3.5-48}$$

Gl.(3.5-45) kann damit in der Form

$$f = \frac{k_3\, R^*}{2\, k_1\, I} \tag{3.5-49}$$

geschrieben werden. Orientiert an der Stöchiometrie, sollte man in Gl.(3.5-47) eigentlich eine Reaktion 2. Ordnung bezüglich der Radikalkonzentration erwarten. Das würde allerdings dazu führen, daß mit steigender Initiierungsgeschwindigkeit, d.h. mit steigender Primärradikalkonzentration, die Bildungsgeschwindigkeit r_2 des Nebenproduktes W im Verhältnis zur Bildungsgeschwindigkeit r_3 der Makroradikale mit wachsender Konzentration der Primärradikale ansteigen müßte, weil der Diffusionsprozeß nur von 1.Ordnung ist. Mit steigender Initiatorkonzentration sollte dann aber auch eine fallende Radikalausbeute beobachtet werden. Experimentell wird die Radikalausbeute jedoch häufig in relativ weiten Bereichen der Initiatorkonzentration als näherungsweise konstant gefunden - dem wird nun formal mit der Formulierung der Nebenproduktbildung als Reaktion 1.Ordnung Rechnung getragen. Setzt man das Bodensteinsche Theorem für die Käfig-Radikale an, dann ergibt sich deren Konzentration zu

$$R^{*} = \frac{2\,k_1\,I}{k_2 + k_3} \tag{3.5-50}$$

Einsetzen von Gl.(3.5-50) in Gl.(3.5-49) führt zu dem Ansatz

$$f = \frac{1}{K + 1} \tag{3.5-51}$$

worin

$$K = \frac{k_2}{k_3} \tag{3.5-52}$$

ist. Dieses Verhältnis kann man mit Bezugnahme auf die Abhängigkeit der Diffusionskonstante k_3 von der kinetischen Bewglichkeit, z.B. in Analogie zur Gl. (3.5-42) durch

$$K = x_1 \exp(\frac{g_2}{B_k}) \tag{3.5-53}$$

modellieren. Die Konstanten x_1 und g_2 sind als temperaturabhängige Konstanten zu betrachten. Damit wird aus Gl.(3.5-51)

$$f = \frac{1}{x_1 \exp(\frac{g_2}{B_k}) + 1} \tag{3.5-54}$$

Die Radikalausbeute des Initiatorstartes nimmt demzufolge mit steigendem Polymergehalt der Reaktionsmischung (kleiner werdende kinetische Beweglichkeit) ab. Die anfangskinetische Radikalausbeute erhält man durch Einsetzen des initialkinetischen freien Volumens in Gl.(3.5-54) zu

$$f_0 = \frac{1}{x_1 \exp(\frac{g_2}{B_k^{\#}}) + 1} \tag{3.5-55}$$

Jetzt kann man x_1 aus Gl (3.5-54) eliminieren, indem man Gl (3.5-55) nach diesem Wert umstellt und in Gl (3.5-54) einsetzt. Das liefert

$$g_f = \frac{1}{f_0 + (1 - f_0)\exp(g_2 X_k)} \tag{3.5-56}$$

mit

$$X_k = \frac{1}{B_k} - \frac{1}{B_k^{\#}} \tag{3.5-57}$$

Gleichung (3.5-56) bildet in PolyReac® die Grundlage für das Hochumsatzmodell „PolyReac". Anstelle der Gelkonstante g_2 wird im Fall des zweiten Initiators g_{12} verwendet.

Die Radikalausbeute des thermischen Startes wurde formal eingeführt, um eine eventuelle Veränderlichkeit der thermischen Initiierungsgeschwindigkeit im Hochumsatzbereich berücksichtigen zu können, obwohl für den thermischen Start eine Radikalausbeute im Sinne des oben beschriebenen Käfigeffektes nicht existiert. Eine Möglichkeit ist die in PolyReac® verwendete, die vom Smoluchowski-Ansatz

$$\frac{1}{f_{ia}} = \frac{1}{R} - \frac{1}{D} \tag{3.5-58}$$

ausgeht. Wie bei der Abbruchkonstante ist unter Vernachlässigung des Reaktionswiderstandes und mit

$$\frac{1}{D} = g_{10}' \exp\left(\frac{g_{11}}{B_k}\right) \tag{3.5-59}$$

die Gelfunktion

$$g_{th} = \left[g_{10} \exp\left(\frac{g_{11}}{B_k}\right)\right]^{-1} \tag{3.5-60}$$

ableitbar. Beim Umsatz Null wird die Radikalausbeute des thermischen Startes auf den Wert 1 gesetzt, bis mit steigendem Umsatz die nach Gleichung (3.5-60) berechnete Gelfunktion den Wert 1 unterschreitet. Danach ergibt sie sich durch Einsetzen von (3.5-60) in Gl.(3.5-21).

In dem gleichfalls in PolyReac® vorhandenen empirischen „Simple Model" wird die Radikalausbeute für den Initiatorstart über die Beziehung

$$g_f = \left\{1 - \left[\frac{Y_p}{Y_{gr}}\right]^2\right\}^{g_2} \tag{3.5-61}$$

berechnet. Bei Einsatz von zwei Initiatoren wird für den ersten g_2 und für den zweiten g_8 als Gelparameter verwendet. Formal-analog wird der thermische Start mit

$$g_{th} = \left\{1 - \left[\frac{Y_p}{Y_{gr}}\right]^2\right\}^{g_8} \tag{3.5-62}$$

modelliert. Der Grenzumsatz wurde direkt aus isothermen Experimenten entnommen und durch die Gleichung

$$Y_{p,gr} = \frac{1}{A + \frac{B}{T - T_g}} \tag{3.53-63}$$

approximiert, worin A und B Konstanten sind und T_g die Glastemperatur der Reaktionsmasse darstellt. Sollte sich nach dieser Gleichung ein Grenzumsatz größer als 1 ergeben, so ist der Grenzumsatz 1 zu setzen.

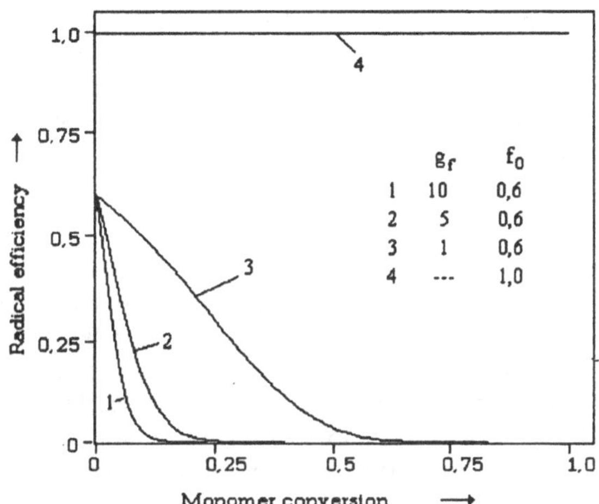

Abb. 3.5-7: Radikalausbeute nach Gl. (3.5-56) berechnet für die Massepolymerisation von MMA mit 0,5 % AIBN bei 70 °C im Batch-Reaktor

Die Radikalausbeute und alle anderen umsatzabhängigen Parameter können mit Hilfe von PolyReac© einfach wie alle anderen Zielgrößen berechnet werden, indem sie - wie andere Zielgrößen auch - bei einer Reaktorsimulation (Arbeitsblätter C4) selektiert werden. Abb. 3.5-7 vermittelt einen Eindruck von der Art der durch Gl.(3.5-56) modellierten Abhängigkeit der Radikalausbeute des Initiators AIBN bei der MMA-Polymerisation vom Monomerumsatz für unterschiedliche Parameter f_0 und g_f, wobei g_f hier anstelle von g_2 *oder* g_{12} steht und nicht zu verwechseln mit der Gelfunktion ist. Bei hohen initialkinetischen Radikalausbeuten f_0 verringert sich demzufolge der Einfluß der Konstante g_2 auf die Radikalausbeute, bis bei $f_0 = 1$ immer $f = f_0$ ist, und zwar unabhängig von g_2.

3.5.5 Modellierung der Wachstumskonstante

Die Diffusionsgeschwindigkeit des Monomeren ist auch dann noch groß, wenn die Beweglichkeit der Makromoleküle praktisch gegen Null geht. Außerdem ist die Affinität zwischen einem Makroradikal und einem Monomer bei weitem nicht so groß wie bei der Abbruchreaktion zwischen zwei Makroradikalen. Infolgedessen ist eine Erniedrigung der Wachstumskonstante durch Diffusionshemmung erst bei großen Polymerkonzentrationen zu erwarten. Eine strenge Begrenzung dieses Bereiches ist nicht möglich. Wenn beispielsweise bei relativ hohen Temperaturen sehr kurzkettige Polymere (Oligomere) produziert werden, dann kann die Diffusionsgeschwindigkeit des Monomeren infolge der relativ niedrigen Viskosität auch bei hohen Polymerkonzentrationen noch wesentlich größer sein als die Geschwindigkeit des Monomerverbrauches durch Reaktion - in diesem Fall kann die Wachstumskonstante als tatsächlich konstant angesehen werden.

Ist die QSSA anwendbar, dann ist bereits aus den Gleichungen der Anfangskinetik verständlich, daß nicht die Einzelkonstanten für das Kettenwachstum und den Kettenabbruch maßgebend für die Polymerisationsgeschwindigkeit und die Molmassenverteilung sind, sondern ihr Verhältnis in der Form

$$\delta_a = \frac{\sqrt{k_t}}{k_p} \tag{3.5-64}$$

Entscheidet man sich dann auch noch für ein empirisches Hochumsatzmodell, dann ist es besser, gleich dieses Verhältnis anstelle der Einzelkonstanten zu modellieren, wie es z.B. von Hui und Hamielec [14] gezeigt wurde. In Polyreac© wurde dieser Weg für das Hochumsatzmodell „Simple Model" beschritten, indem die Abbruchkonstante nach Gl.(3.5-27) unter formaler Verwendung eines nur von der Reaktionstemperatur abhängigen Wertes für die Wachstumskonstante nach Gl.(3.5-28) modelliert wurde.

Das Hochumsatzmodell „Polyreac" berücksichtigt dagegen die Abhängigkeit der Wachstumskonstante vom freien Volumen und läßt sich in der folgenden Weise ableiten. Der Smoluchowski-Ansatz für die Wachstumskonstante mit den Anteilen chemische Reaktion R und Diffusion D lautet

$$k_p = \left[\frac{1}{R} + \frac{1}{D}\right]^{-1} \tag{3.5-65}$$

Der Diffusionsterm ist diesmal unabhängig von der Molmasse des Polymeren mit

$$D = D_0 \exp\left(\frac{-g_5}{B_k}\right) \tag{3.5-66}$$

beschrieben. Unter initialkinetischen Bedingungen folgt daraus mit der Annahme einer nur von der Temperatur abhängigen chemischen Reaktion

$$k_{p0} = \left[\frac{1}{R} + \frac{1}{D^{\#}}\right]^{-1} \tag{3.5-67}$$

und

$$D^{\#} = D_0 \exp\left(\frac{-g_5}{B_k^{\#}}\right) \tag{3.5-68}$$

Jetzt wird Gl. (3.5-67) nach R umgestellt, in Gl.(3.5-65) eingesetzt und von den Gln. (3.5-66) und (3.5-68) Gebrauch gemacht. Danach wird das Verhältnis

$$g_6 = \frac{k_{p0}}{D_0} \tag{3.5-69}$$

eingeführt und letztlich

$$g_p = \frac{k_p}{k_{p0}} = \frac{1}{1 + g_6\left(\exp\left[\frac{g_5}{B_k}\right] - \exp\left[\frac{g_5}{B_k^{\#}}\right]\right)} \tag{3.5-70}$$

erhalten.

Auch hier wurde die Abhängigkeit des Diffusionsterms von der kinetischen Beweglichkeit und damit vom freien Volumen in Form der Gleichung (3.5-66) vorausgesetzt, deren Gültigkeit im anfangskinetischen Bereich jedoch anzweifelbar ist. Der Vorteil dieses Konzeptes (s. auch Panke [109]) liegt in der Umgehung eines numerisch nicht immer unproblematischen Mehrbereichsmodelles, das auch dem physikalisch fließenden Übergang zwischen den Bereichen nicht gerecht wird, wie es z.B. von Marten und Hamielec [23] entwickelt wurde. Aufgrund eines anderen Vorgehens bei der Ableitung erhalten wir - bei gleicher „Philosophie" - mit Gl.(3.5-70) ein etwas anderes Modell als Marten und Hamielec [23] oder Panke [109] in dem die kinetischen Beweglichkeiten anstelle der freien Volumina verwendet werden. In Kombination mit dem anders strukturierten Hochumsatzmodell des Radikalabbruches (Gl.3.5-44) und der gleichen Modellstruktur für die Radikalausbeute (Gl.3.5-56) wird insgesamt ein numerisch günstigeres Verhalten als bei Panke [109] erreicht, auch wenn (oder besser: weil ?) das hier beschriebene Modell auf die Berücksichtigung der Molmasse der aktiven Polymeren (wie oben begründet) verzichtet. Die Vorteile dieses Modells kommen erst richtig bei der Anwendung auf unterschiedliche Monomere und in weiten Bereichen der Rezepturvariablen zur Geltung.

3.5.6 Modellierung der Transferkonstanten

Alle Transferreaktionen unterliegen einem Reaktions-Diffusions-Mechanismus, der dem Ablauf der Wachstumsreaktion sehr ähnlich ist. Im ersten Schritt erfolgt die Diffusion eines relativ kleinen Moleküles und eines Polymerradikales zueinander. Bei großen mittleren Kettenlängen (LCH) kann der Diffusionsbeitrag des Makroradikales vernachlässigt werden. Man kann sich also vorstellen, das Makroradikal sei unbeweglich, räumlich fixiert, und das kleine Molekül, d.h. Monomer, Lösemittel, Kettenlängenregler oder auch Inhibitor, diffundiert an das aktive Zentrum. Im zweiten Schritt erfolgt die Reaktion. Die relative Diffusionshemmung der genannten Komponenten, bzw. das Verhältnis des Diffusionskoeffizienten bei einem gegebenen Umsatz zum Diffusionskoeffizienten beim Umsatz Null, wird, in erster Näherung und angesichts der dramatischen Veränderungen der Konsistenz der Reaktionsmasse mit steigendem Umsatz, für alle die genannten niedermolekularen Komponenten etwa gleich sein. Somit sollten für alle Transferreaktionen Hochumsatzmodelle gelten, die der Gl.(3.5-70) entsprechen und durch die gleiche Gelkonstante g_5 im Exponenten des Diffusionstermes charakterisiert werden können.

Transfer zum Monomeren. Nach dem Gesagten ist in Gl.(3.5-70) lediglich das Verhältnis (3.5-69) anders zu definieren. Im PolyReac-Modell wird es für die Übertragungsreaktion zum Monomeren mit

$$g_7 = \frac{k_{m0}}{D_0} \tag{3.5-71}$$

beschrieben, so daß

$$g_m = \frac{k_m}{k_{m0}} = \frac{1}{1 + g_7 \left\{ \exp\left[\frac{g_5}{B_k}\right] - \exp\left[\frac{g_5}{B_k^{\#}}\right] \right\}} \tag{3.5-72}$$

resultiert. Nach diesem Ansatz kann auch das Verhältnis aus den Konstanten der Übertragung und des Wachstums umsatzabhängig sein, wenn g_6 und g_7 unterschiedlich große Werte annehmen.

Wenn dem gleichartigen Diffusionsprozeß jedoch eine Reaktion zwischen dem Monomeren und dem Polymerradikal folgt, die unabhängig von Umsatz und Viskosität zu immer demselben Verhältnis von Wachstum und Übertragung führt, dann müßte man zu ihrer Modellierung den gleichen Ansatz wählen wie für die Wachstumsreaktion. In diesem Fall würde zwangsläufig

$$\frac{k_m}{k_{m0}} = \frac{k_p}{k_{p0}} \tag{3.5-73}$$

gelten. Mithin wäre das Verhältnis

$$\Psi = \frac{k_m}{k_p} \tag{3.5-74}$$

unabhängig vom Monomerumsatz und nur eine Funktion der Reaktionstemperatur. Der Ψ-Parameter sollte dann im gesamten Umsatzbereich den anfangskinetischen Wert beibehalten. Im Modell „PolyReac“ würde dieser Sachverhalt entsprechend den Gln (3.5-70) und (3.5-72) durch

$$g_7 = g_5 \tag{3.5-75}$$

charakterisiert und modellierbar.

Nach den Kapiteln 3.3.2 und 3.3.3 und bei erwiesener Gültigkeit des Bodenstein-Theorems (Kapitel 3.3.1) werden die Molmassenverteilung und ihre Polymerisationsgrade allein durch das Verhältnis (3.5-74), nicht aber durch die Werte der Einzelkonstanten, mitbestimmt. Polymerisiert man nun unter Bedingungen, die einen deutlich meßbaren Einfluß der Übertragungsreaktion zum Monomeren auf die Polymerisationsgrade garantieren, wie es zum Beispiel bei der Massepolymerisation des Styrens ohne Regler und Lösemittel bei Temperaturen oberhalb 100°C der Fall ist, dann sollte es bei Gültigkeit der aufgestellten Hypothese möglich sein, die Molmassenverteilung und die Polymerisationsgrade als Funktion des Monomerumsatzes mit einem konstanten Ψ-Wert zu modellieren.

Dies ist nicht immer möglich, hängt aber auch vom verwendeten Hochumsatzmodell ab. So mußten Hui und Hamielec [14] die empirische Korrelation

$$\frac{k_m}{k_{m0}} = 1 + gY_p \qquad (3.5\text{-}76)$$

mit dem zusätzlich anzupassenden Gelparameter g einführen, um die im Bereich zwischen 100°C und 200°C gemessenen Polymerisationsgrade der thermischen Massepolymerisation des Styrens beschreiben zu können.

Innerhalb von PolyReac© wird bei Verwendung des „Simple model" formal von Gl. (3.5-28) Gebrauch gemacht und davon ausgegangen, daß die empirische Gl. (3.5-27) gleichzeitig die Abbruch- und Wachstumskonstante modelliert. Formal-numerisch ist dadurch das durch Gl. (3.5-73) gegebene Verhältnis in diesem Modell immer gleich eins.

In Modellen, die von einer umsatzunabhängigen Wachstumskonstante ausgehen, sollte zuerst auch wegen der beschriebenen Analogie der Diffusionsprozesse mit einem konstanten Ψ-Wert modelliert werden. Das muß jedoch nicht immer so sein. Wenn , wie beim „Simple model", die Diffusionshemmung der Wachstumskonstante durch die Ansätze für den Abbruch und / oder die Radikalausbeute mit erfaßt werden, dann ist es durchaus denkbar, daß bei konstantem k_p eine gleichzeitige Anpassung von Umsatz- und Molmasse-Messungen nur mit einem umsatzabhängigen Ψ oder k_m in ausreichender Qualität möglich ist.

Transfer zum Kettenlängenregler. In der Literatur sind nur sehr wenig Hochumsatzmodelle beschrieben, die auch die Wirkung des Kettenlängenreglers und den Einfluß von Lösemitteln beschreiben. Zum einen ist der damit verbundene experimentelle Aufwand sehr hoch, zum anderen machen sich aber auch Modellschwächen in den physikalischen Grundlagen besonders stark bemerkbar. Mit einem Kettenlängenregler wird die Molmasse des Polymeren bei sonst gleichen Reaktionsbedingungen wie ohne Regler besonders stark verändert. Modelle, die den Einfluß der Molmasse insbesondere auf den Radikalabbruch nicht berücksichtigen, oder nicht adäquat die tatsächlichen physikalischen Verhältnissen erfassen, werden hier versagen. Das betrifft einfache empirische Modelle wie das „Simple Model", aber auch alle Modelle, die anstelle der Molmassenabhängigkeit eine nicht eindeutige „Ersatzgröße" für die Molmasse in den Korrelationen verwenden, z.B. die Initiatoranfangskonzentration oder die (makroskopische) Viskosität der Reaktionsmischung. Im „Simple Model" wird in Analogie zur Monomerübertragung

$$\frac{k_c}{k_{c0}} = \frac{k_p}{k_{p0}} \qquad (3.5\text{-}77)$$

gesetzt und damit von einem völlig gleichartigen Diffusionsverhalten wie beim Monomeren ausgegangen. Da hier außerdem formal $k_p = k_{p0}$ gesetzt wird, bedeuted das de-facto die Vernachlässigung der Diffusionshemmung für die Übertragungsreaktion des Kettenlängenreglers.

Dagegen erfolgt beim Modell „PolyReac" die Modellierung dieser Diffusionshemmung in Anlehnung an den Kettenwachstumsprozeß, aber, um die Flexibilität des Modelles zu steigern, wiederum mit einer anderen präexponentiellen Konstante (g_8)

$$g_c = \frac{k_c}{k_{c0}} = \frac{1}{1 + g_8\left(\exp\left[\frac{g_5}{B_k}\right] - \exp\left[\frac{g_5}{B_k^{\#}}\right]\right)} \tag{3.5-78}$$

Transfer zum Lösemittel. Mit gleicher Begründung geht das „Simple Model" von

$$\frac{k_s}{k_{s0}} = \frac{k_p}{k_{p0}} \tag{3.5-79}$$

aus, woraus bei $k_p = k_{p0}$ wiederum die Unabhängigkeit der Übertragungskonstante zum Lösemittel vom Geleffekt folgt. Im Modell „PolyReac" wird mit Bezug auf das oben Gesagte

$$g_s = \frac{k_s}{k_{s0}} = \frac{1}{1 + g_9\left\{\exp\left[\frac{g_5}{B_k}\right] - \exp\left[\frac{g_5}{B_k^{\#}}\right]\right\}} \tag{3.5-80}$$

angesetzt

Damit enthält das Modell PolyReac insgesamt elf zusätzliche Modellkonstanten zur Beschreibung der kinetischen Veränderungen, die sich im Hochumsatzbereich ergeben. Angesichts der vielen anfangskinetischen Parameter, die selbst für einfache Reaktionsmechanismen der radikalischen Polymerisation typisch sind, ist es nunmehr verständlich, wenn Zweifel zur eindeutigen Bestimmbarkeit dieser Parameter aufkommen. Diesem Problem wollen wir uns nun zuwenden.

3.5.7 Bestimmung der Modellparameter

Nach den Kapiteln 3.4.2 bis 3.4.5 sind die anfangskinetischen Parameter mit genügender Genauigkeit bekannt, um die Bestimmung der Gelparameter mit Hilfe von PolyReac© in Angriff nehmen zu können. Das Ziel besteht im Aufbau eines konsistenten Parametersatzes für das unter dem Namen PolyReac behandelte Hochumsatzmodell. Mit ihm sollen Monomerumsätze und Polymerisationsgrade bis zu hohen Polymerkonzentrationen mit der für das technische Reaktordesign erforderlichen Präzision modelliert werden. Die dazu erforderliche Methodik soll am Beispiel der initiatorgestarteten Polymerisation von MMA und Styren sowie für die thermisch gestartete Styrenpolymerisation demonstriert werden. Es kommt dabei darauf an, das Augenmerk auf eine systematische Vorgehensweise zu richten - viel zu leicht verwickelt man sich ansonsten in Widersprüche. Die Präzision der Modelle, die uns nach der Absolvierung dieses Kapitels zur Verfügung stehen werden, wird aber auch wesentlich durch die zugrundegelegten Meßdaten bestimmt. So sind die nachfolgenden Ausführungen als eine Anleitung zum eigenen kreativen Handeln zu verstehen, keinesfalls ist ein einfaches Rezept möglich. Die in den vorausgegangenen Kapiteln entwickelte Modellstruktur bietet dazu viele Möglichkeiten, die mit PolyReac© umgesetzt werden können, um sich einen eigenen Modellparametersatz zu erarbeiten..

Die überwiegende Menge an experimentellen Daten, die einer kinetischen Auswertung zugeführt werden können, wurde in diskontinuierlichen Reaktoren unter isothermen Bedingungen gemessen. PolyReac© ist für die nichtlineare Anpassung von Parametern in Differentialgleichungssystemen 1.Ordnung mit einem schrittweitengeregelten Integrationsverfahren und einer Marquardt-Prozedur ausgerüstet. Wir wollen nachfolgend besonders von der Möglichkeit Gebrauch machen, Umsatz und Polymerisationsgradmessungen getrennt und simultan auszuwerten. Dazu erlauben wir uns einen Vorgriff auf das in Kapitel 5.3.2 näher beschriebene Modell des diskontinuierlichen gut durchmischten Reaktors und bedienen uns der in Kapitel 6.4 erläuterten nichtlinearen Parameterbestimmung in Differentialgleichungssystemen 1.Ordnung. Es ist vielleicht nützlich, aber nicht unbedingt erforderlich, vor Beginn der nun folgenden Schritte diese Kapitel zu studieren. Es genügt hier zu wissen, daß die Differentialgleichungen der Stoffbilanzen aller beteiligten Komponenten gelöst und die Summe der Fehlerquadrate zwischen Meßwerten und Modellrechnungen minimiert wird.

Polymerisation von Styren. Wir beginnen so einfach als möglich, und zwar mit der Auswertung von *Umsatz*messungen der mit BPO gestarteten Suspensionspolymerisation von Styren, bei der wir den Anteil des thermischen Startes im Temperaturbereich unterhalb von 90°C vernachlässigen wollen. In einem ersten Schritt nehmen wir also Abstand von der Bestimmung der Übertragungskonstante, deren Wirkung auf die Polymerisationsgeschwindigkeit über Gl.(3.5-81) in diesem Fall recht bescheiden ist, was sich leicht mit einigen Parameterstudien nachweisen läßt.

Das Hochumsatzmodell läßt sich nach den Ausführungen des vorigen Kapitels mit der Konstante C = 1 s in diesem Fall auf die Gleichungen

$$g_t = \frac{k_t}{k_{t0}} = \frac{1}{g_3 M_w^{0,667} \exp(\frac{g_1}{B_k})} + C k_p c_M \tag{3.5-81}$$

$$g_f = \frac{f}{f_0} = \frac{1}{f_0 + (1 - f_0)\exp(g_2 \left(\frac{1}{B_k} - \frac{1}{B_k^{\#}}\right))} \tag{3.5-82}$$

$$g_p = \frac{k_p}{k_{p0}} = \frac{1}{1 + g_6 \left(\exp\left[\frac{g_5}{B_k}\right] - \exp\left[\frac{g_5}{B_k^{\#}}\right]\right)} \tag{3.5-83}$$

beschränken und enthält als sogenanntes k_t-f-k_p-Modell nunmehr noch fünf zu bestimmende Parameter im Hochumsatzbereich. Das ist zuviel, wenn wir nur die Auswertung von Umsatzdaten im Sinn haben. Deshalb reduzieren wir weiter auf ein k_t-f-Modell, weil man nach der Ausführung einer entsprechenden Anzahl von Parameterbestimmungen doch zu der Auffassung kommt, daß Gl. (3.5-82) für die Modellierung der radikalischen Polymerisation des Styrens und des MMA deutlich wichtiger ist als Gl.(3.5-83). Damit ist die Zahl der frei zu bestimmenden Parameter auf drei reduziert, und wir haben mehr Aussicht, unüberschaubare Kreuzkorrelationen der angepaßten Konstanten zu vermeiden.

Wir starten einen ersten Versuch, indem die kinetischen Konstanten auf ihre anfangskinetischen Werte zurückgesetzt werden. Das geschieht in PolyReac© durch Anklicken von „Setup / Kinetics / Initial Gel Kinetics" nach F1.

Danach starten wir die Parameterbestimmung nach C3 mit folgenden Selektionen:

Schritte	Selektionssequenz
2	Suspension Polymerization
3	erfolgt automatisch
6	Initiator1 start / Thermal start / Propagation / Transfer to Monomer / Recombination / Disproportionation
9	POLYREAC
13 - 14	85 / 0004 / Reinhardt 4 / 0.001336
15	Reaction time / Polymer fraction
16	Next step (keine anfangskinetischen Konstanten auswählen)
17	Geleffekt-Parameter Nr. 1, 2 und 3
18	entfällt

Nach Auswahl der Suspensionspolymerisation im Schritt 2 werden nur solche Kombinationsmöglichkeiten zur Auswahl freigegeben, die auch durch Experimente belegt sind. In unserem Fall wird automatisch eine komplette Rezeptur selektiert, weil keine andere Möglichkeit besteht und das Programm nur Experimente entsprechend der oben formulierten Aufgabe findet. Unter der Überschrift „Parameter Fit" werden im Schritt 16 anfangskinetische Parameter zur Anpassung freigegeben. Wir sind jedoch sicher, daß diese Parameter von uns bereits in den Kapiteln 3.4.2 bis 3.4.4 recht gut ermittelt wurden - deshalb übergehen wir diese Möglichkeit. Anschließend wählen wir die gesuchten drei Gelparameter 1,2 und 3 aus. Nun kann man sich auf die Beobachtung der schrittweisen Anpassung des Modells an die Meßdaten beschränken. Die Konstante g_3 ist sehr klein und wird modellintern logarithmiert behandelt, sie erscheint also zunächst auch in logarithmierter Form auf dem Bildschirm. Nachdem das Optimum gefunden wurde, erscheint nach einmaligem „Enter" im oberen Teil des Bildschirms ein Vergleich von Modell- und Meßwerten, der dem gefundenen optimalen Parametersatz entspricht (Abb.3.5-8). Im unteren Teil wird die Fehlerstreuung dargestellt, aus der Rückschlüsse auf die Modellqualität in den unterschiedlichen Umsatzbereichen gezogen werden können. Eine gleichmäßige Streuung spricht sowohl für den Modellierer als auch für den Experimentator. In unserem Fall liegt der maximale Fehler bei etwa 2%, der mittlere Fehler ist sogar kleiner als 1% . Über „Results, Parameter Estimation" können die optimalen Parameterwerte ausgegeben werden.

In der PolyReac-Vollversion [1] hat man die Möglichkeit, bis zu 10 Experimente gleichzeitig auszuwerten, zwischen verschiedenen Zielfunktionen auszuwählen und die Konfidenzintervalle der Parameter zu bestimmen.

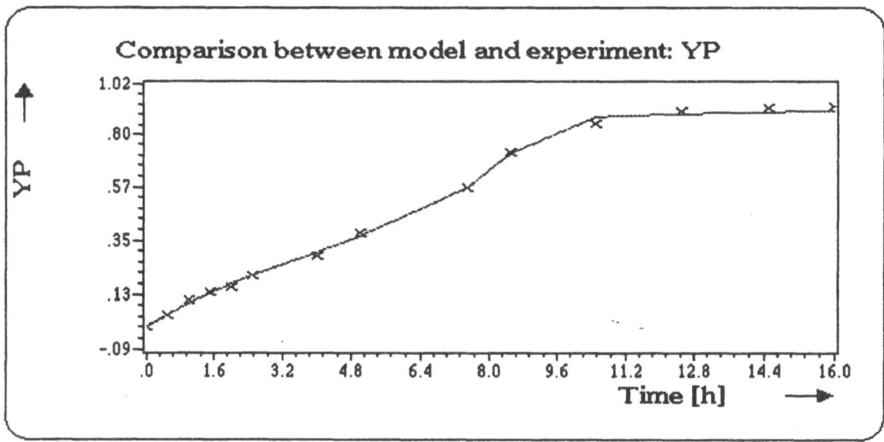

Abb. 3.5-8 Erste Information zur Approximationsgüte bei der nichtlinearen Anpassung der Parameter g_1 , g_2 und g_3 an einen Monomerumsatz- Zeit-Verlauf der mit BPO gestarteten Suspensionspolymerisation des Styrens.

Die Anpassung ist in gleicher Weise auch für die anderen Experimente excellent. Es besteht daher kein Grund die Modellvorstellung zu verändern. Leider wurden die Polymerisationsgrad-Meßdaten von Reinhardt [41] aus viskosimetrischen Daten auf das Massenmittel umgerechnet, was bei breiten Molmassenverteilungen problematisch ist, so daß sie als nicht besonders geeignet für eine Modellselektion betrachtet werden müssen - sonst könnte man im nächsten Schritt überprüfen, ob auch bei den Polymerisationsgraden eine solch gute Anpassung erreicht werden kann.

Durch Wiederholen der oben beschriebenen Prozedur kann man nun g_1 , g_2 und g_3 auch für die anderen verfügbaren Experimente bei 70°C, 75°C, 80°C und 90°C bestimmen. Dann würde man ungefähr die Werte der Tabelle 3.5-2 erhalten, die bewußt auf zwei Stellen gerundet wurden - „ungefähr" deshalb, weil das Ergebnis etwas von dem verwendeten Satz anfangskinetischer Konstanten und von den Anfangsschätzwerten der Gelparameter abhängt, die sich im Laufe der weiteren Entwicklung des Programmsystems ab und zu etwas ändern können. Das methodische Vorgehen, das hier demonstriert werden soll, wird dadurch kaum beeinflußt.

Ist einem nur an der Beschreibung der mit BPO gestarteten Suspensionspolymerisation gelegen, dann könnte man zur Korrelation der gefundenen Werte mit der Reaktionstemperatur übergehen. Sollte - wie in unserem Fall - keine streng monotone Temperaturabhängigkeit der Parameter g_1 und g_3 erhalten werden, dann ist das kein Grund zur Panik. Beide Parameter stehen in einem Potenzansatz (Gl.3.5-81). Die in solchen mathematischen Strukturen enthaltenen Parameter kreuzkorrelieren meistens sehr stark, was man auch an den großen Konfidenzintervallen erkennt [1]. Dabei ergibt sich für sehr unterschiedliche Wertepaarungen ein nahezu gleiches Fehlerquadrat. Es wäre deshalb durchaus einen Versuch wert, aus den Werten der Tabelle einen von der Reaktionstemperatur unabhängigen Mittelwert für g_1 zu bilden. Danach müßte, eben wegen der besagten Kreuzkorrelation der Konstanten, die Anpassung von g_2 und g_3 bei konstantem g_1 wiederholt werden.

Tabelle 3.5-2: Gelkonstanten der mit BPO gestarteten isothermen Suspensionspolymerisation des Styrens

Experiment		g_1	g_2	g_3
70 °C		0,24	0,076	2,3 x 10^{-5}
75 °C		0,43	0,22	1,9 x 10^{-6}
80 °C		0,33	0,19	1,1 x 10^{-5}
85 °C,	3 Experimente	0,39	0,25	6,6 x 10^{-6}
90 °C		0,26	0,24	3,8 x 10^{-5}

Wir wollen jedoch ein Modell aufbauen, das mit gleichen Gelparametern auch für die thermische Polymerisation, d.h. in einem viel größeren Temperaturbereich, gilt. Deshalb sollen im zweiten Schritt zuverlässige Experimente der *thermischen Polymerisation* des Styrens ausgewertet werden. In diesem Fall entfällt zwar g_2, aber wegen

$$g_{th} = [g_{10} \exp(\frac{g_{11}}{B_k})]^{-1} \tag{3.5-84}$$

könnten die Parameter g_{10} und g_{11} zur Beschreibung der Umsatzabhängigkeit des thermischen Startes vielleicht eine Rolle spielen. Hier wären also die Parameter g_1, g_3, g_{10} und g_{11} zu bestimmen. Analog zu den bereits oben beschriebenen Schritten wird, hier demonstriert für ein Experiment bei 140°C, wie folgt vorgegangen:

Schritte	Selektionssequenz
2	Solution/Bulk Polymerization
3	Styrene / Rest wird automatisch ausgewählt
6	Thermal start / Propagation / Transfer to Monomer / Recombination / Disproportionation
9	POLYREAC
13 - 14	140 / 0001 / Hamielec 1
15	Reaction time / Polymer fraction
16	Next step (keine anfangskinetischen Konstanten auswählen)
17	Geleffekt-Parameter Nr. 1, 3, 10 und 3
18	entfällt

Es wird ein Rest-Fehlerquadrat („Aim function") von etwa 1,02 und eine ausreichend gute Anpassung mit den über „Results / Parameter Estimation" zugänglichen Endresultaten (Abb. 3.5-9) erreicht.

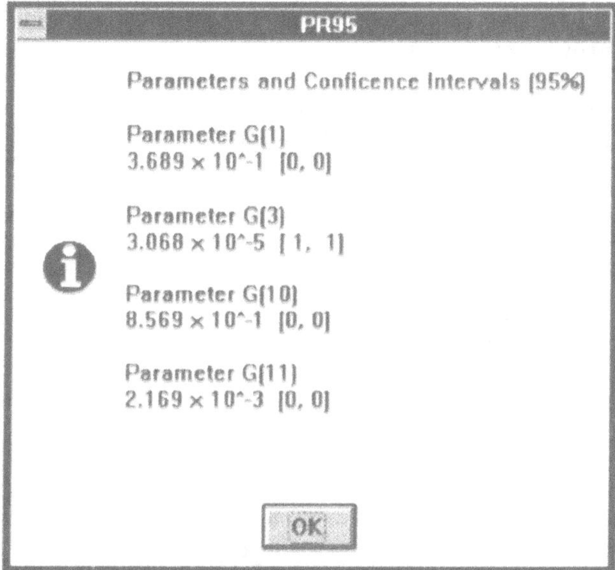

Abb. 3.5-9 Optimaler Parametersatz bei der nichtlinearen Anpassung der Parameter g_1, g_3, g_{10} und g_{11} an einen Monomerumsatz- Zeit-Verlauf der thermischen Masse-Polymerisation des Styrens bei 140°C.

Drei Resultate, die sich auch bei der Auswertung fast aller anderen Experimente von Hui und Hamielec [91] ergeben, sind dabei von besonderer Bedeutung:

1. Der g_1 - Wert kann über den gesamten Temperaturbereich mit dem Mittelwert von 0,4 angenommen werden.
2. Der Wert der Konstante g_{11} ist sehr klein.
3. Die Konfidenzintervalle beider Parameter des thermischen Startes sind sehr groß.

Die lezten beiden Aussagen bedeuten, daß die Geschwindigkeit des thermischen Startes sehr wenig oder gar nicht umsatzabhängig ist. Man kann das recht einfach testen, indem die obige Anpassung wiederholt wird, aber nur die Konstanten g_1 und g_3 als freie Parameter angegeben werden. Das Ergebnis bestätigt die getroffene Aussage: Die Qualität der Anpassung bleibt unverändert gut, während die Konfidenzintervalle [1] abnehmen. *Die Korrelation (3.5-84) und damit die Konstanten g_{10} und g_{11} sind überflüssig - zumindest für die Modellierung der thermischen Polymerisation von Styren.* Lediglich bei der Auswertung des Experimentes bei 100°C zeigt sich eine gewisse Wirkung, allerdings wird hier auch die Anfangs-Polymerisationsgeschwindigkeit relativ schlecht durch die anfangskinetischen Daten modelliert. Um die Korrelation (3.5-84) zu umgehen, wurde in allen Polyreac® - Parametersätzen g_{10} auf den Wert 1 und g_{11} auf den Wert Null gesetzt.

Die nachfolgende Neubestimmung der g_3-Werte führte unter diesen Bedingungen zu der recht gut erfüllten Arrheniusbeziehung

$$g_3 = 0{,}401 \exp(-\frac{3989}{T}) \qquad (3.5\text{-}85)$$

Abb. 3.5-10 zeigt die aus den diskutierten Ergebnissen der nichlinearen Anpassungen resultierende Temperaturabhängigkeit für g_3, wenn $g_i = 0{,}4$ gesetzt wird.

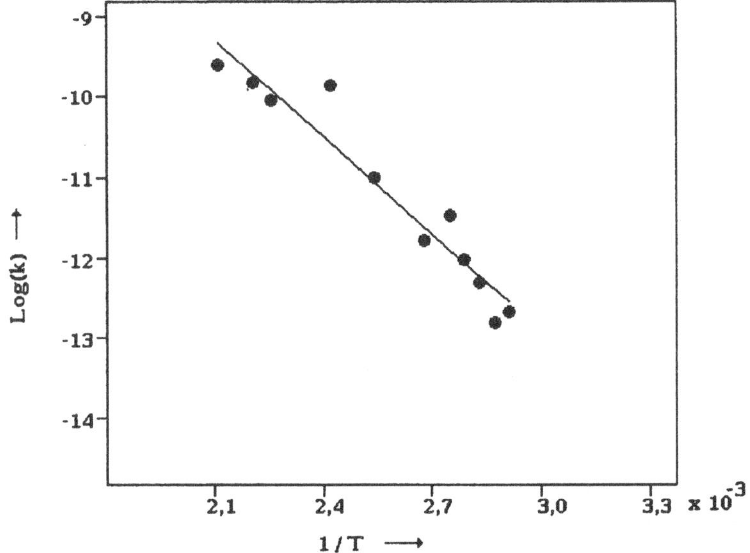

Abb. 3.5-10 Arrheniusdiagramm für die Gelkonstante g_3 bei der radikalischen Styrenpolymerisation im Temperaturbereich zwischen 70°C und 200 °C.

Mit den so fixierten Werten für g_1 und g_3 läßt sich nun die Anpassung der Umsatz-Zeit-Daten der Suspensionspolymerisationsversuche wiederholen, mit dem Ergebnis, daß man einen Mittelwert von

$$g_2 = 0{,}25 \qquad (3.5\text{-}86)$$

für BPO annehmen darf, weil sich auch hier wieder gute Anpassungen mit relativ wenig streuenden g_2-Werten ergeben.

In den folgenden Bildern sind die finalen Anpassungen für die ausgewerteten Polymerisationen an einigen Beispielen dargestellt. Zu ihrer Erstellung lädt man den gelkinetischen Datensatz nach Arbeitsblatt F1 über „Setup / Kinetics / Standard'95", die zu vergleichenden experimentellen Daten nach A2 sowie das Simulations-Interface nach C2.

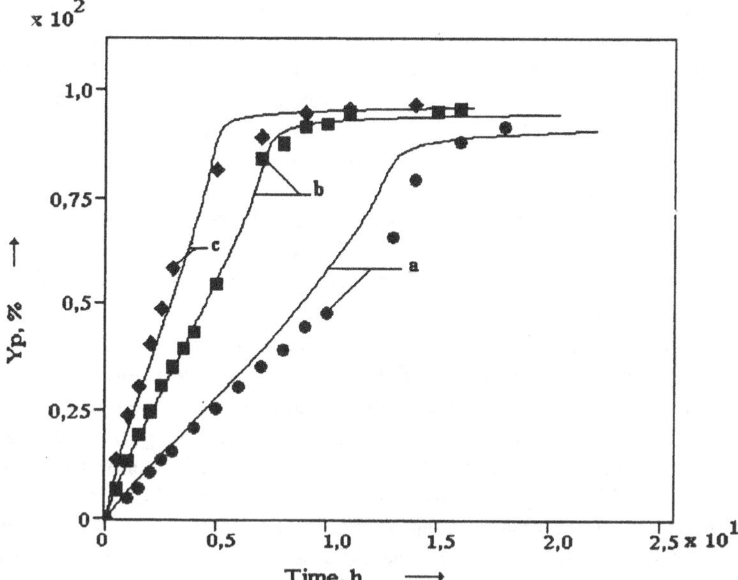

Abb. 3.5-11 Suspensionspolymerisation von Styren, ***a*** T=75°C, [BPO] = 0,2664%, ***b*** T = 85°C, [BPO] = 0,267%, ***c*** T=90°C, [BPO] = 0,341%

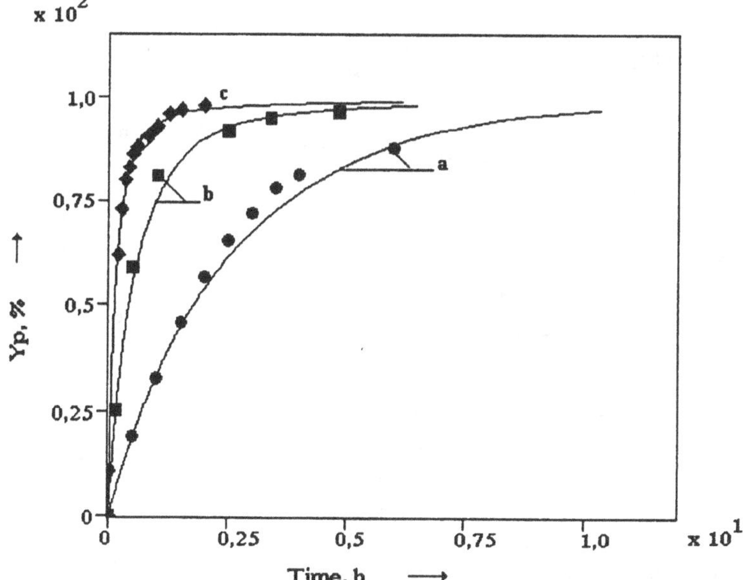

Abb. 3.5-12 Thermische Polymerisation von Styren, **a** T = 140°C, **b** T = 170°C, **c** T = 200°C.

Danach führt man die Simulationen nach C4-1 entsprechend der jeweiligen Rezeptur und Zielstellung aus. Simulationsresultate und experimentelle Daten werden entsprechend D3 zusammen geladen und dargestellt. Es erleichtert die Eingabearbeit etwas, wenn zuerst die experimentellen Daten bei der Abarbeitung von A2 auch grafisch dargestellt werden, weil hierbei bereits die Basis für D3 bezüglich der experimentellen Daten gelegt wird und lediglich die Dateinamen der Simulationsresultate nachgeladen werden müssen. Gegebenenfalls kann man in den Kapiteln 2 und 6 Details nachlesen.

Für einen so großen Temperaturbereich ist die Übereinstimmung von Modell- und Meßwerten recht gut. Insbesondere das Einschwingen in den Grenzumsatz wird infolge der Einbeziehung der kinetischen Beweglichkeiten in die Modellierung gut wiedergegeben. Auch liegen die Abweichungen zwischen den experimentellen Punkten und den Modellrechnungen durchaus im Varianzbereich der experimentellen Reproduzierbarkeit. Für die Styrenpolymerisation ist jedoch die Frage offengeblieben, ob sich die Polymerisationsgrade ebenso gut mit dem entwickelten Modell approximieren lassen. Eine hinreichend gute Wiedergabe der Polymerisationsgrade im Hochumsatzbereich ist nur möglich, wenn insbesondere die anfangskinetische Übertragungskonstante zum Monomeren korrekt ist und wenn darüberhinaus das Hochumsatzmodell auch alle wesentlichen Prozesse, welche die Kettenlänge des gebildeten Polymeren beeinflussen, hinreichend richtig modelliert..

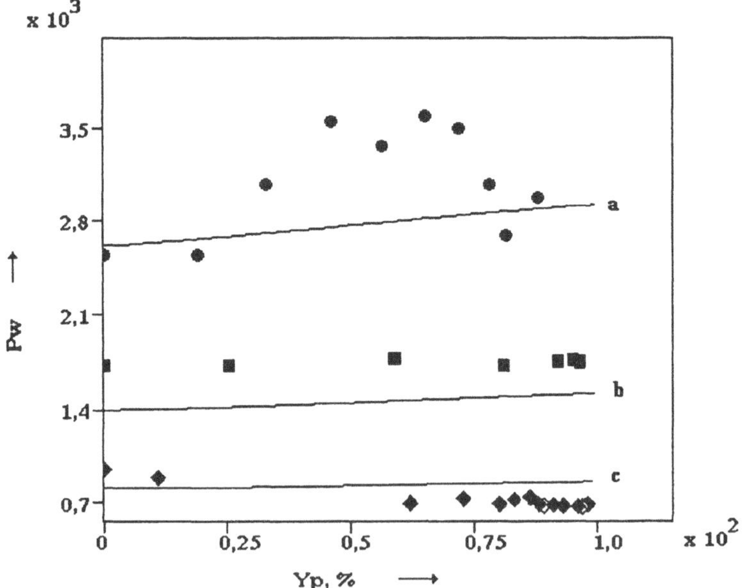

Abb. 3.5-13 Vergleich von Modell und Experiment. Polymerisationsgrad-Zeit-Verläufe der thermischen Polymerisation von Styren, ***a*** T = 140°C , ***b*** T = 170°C , ***c*** T=200°C, Experimentelle Daten von Hui und Hamielec [91]

Der einfachste Versuch, das zu überprüfen, ist die Simulation der Polymerisationsgrade, und zwar ohne weitere Anpassung von Konstanten und unter Verwendung einer vom Monomerumsatz unabhängigen Übertragungskonstante. zum Monomeren. Die in Abb. 3.5-13 gegenübergestellten experimentellen und berechneten Werte sind tatsächlich in einer Weise übereinstimmend, daß man angesichts der Streuungen der experimentellen Daten auf eine Approximation weiterer Modellkonstanten, etwa unter Verwendung des Ansatzes (3.5-72) verzichten kann. Von den 12 im Hochumsatzmodell „PolyReac" enthaltenen Konstanten waren also letztendlich für die Anpassung der Monomerumsätze und der Polymerisationsgrade der Styrenpolymerisation nur g_1 und g_3 als monomerspezifische Konstanten und g_2 als Initiator-Monomer-spezifische Konstante an die Experimente anzupassen. Dabei haben sich g_1 und g_2 auch noch als unabhängig von der Temperatur erwiesen. Das spricht zwar sehr für die zugrundegelegte Modellstruktur und die getroffenen Annahmen, sagt jedoch nicht, daß damit bereits das Optimum erreicht wäre. Der Leser sollte versuchen, ein besseres Modell aufzubauen, vielleicht mit eigenen Meßdaten, vielleicht mit Gl. (3.5-83) anstelle von Gl.(3.5-82)... ?

Das hier abgeleitete Modell mit den dazugehörenden Parametern sollte jedoch für viele Aufgaben des Reaktordesigns, für den Betrieb der Reaktoren und insbesondere auch für Studien zum Einfluß von Rezepturänderungen recht brauchbar sein.

MMA-Polymerisation. Im Anhang 10.5 ist eine mögliche Vorgehensweise dargestellt, die methodische Gemeinsamkeiten und Unterschiede zum oben beschrittenen Weg aufzeigt. An dieser Stelle seien nur die Resultate aufgeführt:

Für AIBN / MMA gilt

$$g_1 = 1{,}0 \tag{3.5-87}$$

$$g_2 = 0{,}20 \tag{3.5-88}$$

und

$$g_3 = 6{,}608 \exp\left(-\frac{5514}{T}\right) \tag{3.5-89}$$

4 Mehrphasen-Momentankinetik

4.1 Einführung

Technisch sehr wichtig sind besonders diejenigen Polymerisationsverfahren, bei denen polymerisierende Teilchen (Tropfen, Latex, „Perlen", pulverförmige Katalysatoren, mehr oder weniger poröse Polymerteilchen) in einer fluiden Trägerphase (Gas, Flüssigkeit) verteilt sind. Als Beispiele können gelten:

1. Die Gasphasen-, Slurry- und Liquid-Pool-Polymerisation von Olefinen
2. Die Emulsionspolymerisation zur Erzeugung von Kautschuken
3. Die Suspensionspolymerisation von Styren („Perlpolymerisation")
4. Die Suspensions- und Emulsionspolymerisation von Vinylchlorid
5. Die Pfropfpolymerisation von Styren auf Kautschuke

Die Polymerisationskinetik in einem chemisch reagierenden Mehrphasensystem wird oft durch Transportvorgänge (Stoff-, Wärme- und Impulstransport) zwischen den Phasen und innerhalb der beteiligten Phasen beeinflußt. Im Vergleich zu anderen Reaktionen relative niedermolekularer Komponenten werden bei Polymerisationen die Stofftransport-Reaktions-Verhältnisse infolge der Umwandlung von niedermolekularen Monomeren in hochmolekulare Produkte mit verteiltem Molekulargewicht wesentlich komplizierter, weil alle Transportparameter (Diffusionskoeffizienten, Viskositäten, Wärmeleitfähigkeiten) durch die molekularen Eigenschaften (z.B. die Molmassenverteilung) und durch die übermolekulare Strukturbildung (z.B. die Taktizität, die Kristallinität und die sich aus der Teilchenmorphologie ergebende Porosität) des Polymeren beeinflußt werden. Die Polymerisationsgeschwindigkeit, die Reaktionsenthalpie, die Transportparameter und die Morphologie und Größe der Teilchen sowie die „Randbedingungen" an den Phasengrenzen bestimmen letzlich, welche „Triebkräfte" sich in Form von Konzentrations-, Temperatur- und Druckgradienten für den Stoff-, Energie- und Impulstransport ergeben[4.1]. Ob mit einem Transporteinfluß zu rechnen ist, hängt für alle Reaktionsprozesse sehr wesentlich von der Reaktorgeometrie sowie von der Rezeptur und Reaktionsführung [116] ab, so daß sich auch für „Nicht-Polymerisationsprozesse" nur schwer allgemeine Regeln aufstellen lassen. Generell

[4.1] Als exzellente Einführung in solche Probleme kann das Buch von Bird, Stewart und Lightfoot [117] wärmstens empfohlen werden.

ist daher jede heterophasige Polymerisationstechnologie bezüglich des Einflusses von Transportprozessen in ihrer Einheit von Rezeptur, Reaktionsführung und Technologie getrennt zu bewerten.

Im folgenden Kapitel werden wir nur auf die Emulsionspolymerisation zu sprechen kommen. Die „Kompartmentalisierung" der Reaktionsmasse in extrem kleine Mikroreaktoren (Latexteilchen), die in einer flüssigen Trägerphase verteilt sind, hat bedeutende technologische und produktspezifische Konsequenzen:

- die Viskosität der Reaktionsmasse ist relativ klein, die Wärmeübergangszahlen zu Kühlflächen sind höher als bei Lösungs- und Massepolymerisationen,
- das Einmischen von Komponenten bereitet infolge der niedrigen Viskosität und durch die sehr große Stofftransportfläche zwischen den Phasen viel weniger Schwierigkeiten als bei Lösungs- und Massepolymerisationen,
- Temperaturprofile in den Latexteilchen können vernachlässigt werden, die Temperatur der Trägerphase ist die bestimmende Reaktionstemperatur,

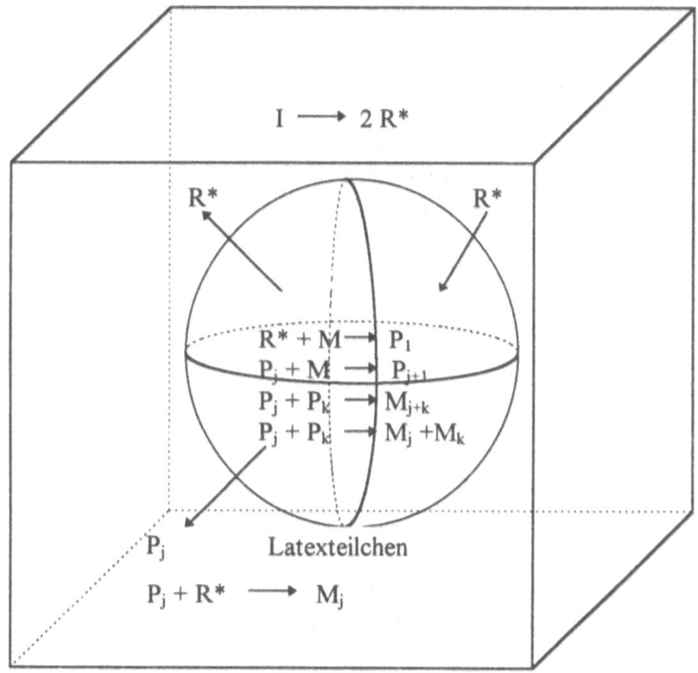

Abb. 4.1-1 Latexteilchen einer Emulsionspolymerisation

- infolge der eingeschränkten Reaktionsmöglichkeit zwischen Polymerradikalen, die sich in unterschiedlichen Latexteilchen befinden, ist die Gesamtradikalkonzentration in den Latexteilchen trotz der oft bedeutend geringeren Radikalbildungsgeschwindigkeiten bereits nach einer kurzen Reaktionszeit viel größer als bei Lösungs- und Massepolymerisationen. Dadurch sind die Polymerisationsgeschwindigkeit und die Molmassen des produzierten Polymeren bei Emulsionspolymerisationen meistens viel größer. Letzteres kann man durch Einsatz von Molmassenreglern ausgleichen, die anfallenden großen spezifischen Reaktionswärmeströme sind dagegen oft nicht anders beherrschbar als durch eine halbkontinuierliche Reaktionsführung, bei der gerade soviel Monomeres zugespeist wird, daß der Reaktor wärmetechnisch beherrschbar bleibt.

Im folgenden orientieren wir uns an einem Sonderfall der Emulsionspolymerisation, der sogenannten „Saat-Emulsionspolymerisation" unter Verwendung eines wasserlöslichen und eines „öllöslichen" Initiators sowie eines nicht wasserlöslichen Monomeren, wie es z.B. durch das Styren gegeben ist. Es handelt sich dabei zwar um einen der einfachsten Fälle der Emulsionspolymerisation, der einer Modellierung am ehesten zugänglich ist und durch zahlreiche Publikationen belegt ist, jedoch ist auch dieser Teil der Polymerisationskinetik noch sehr problembehaftet.

Das Bilanzelement. Abb. 4.1-1 zeigt ein kartesisches Volumenelement, das gerade ein Latexteilchen einschließt und eben dann als Bilanzelement für eine reaktionstechnische Modellierung in Frage kommt, wenn keine Wechselwirkungen zwischen den Teilchen auftreten, wie z.B. Koaleszenz und Agglomeration. Ferner wird angenommen, daß es innerhalb des Latexteilchens im Laufe der Polymerisation nicht zu einer weiteren Strukturbildung kommt, wie z.B. durch die Unlöslichkeit von Komponenten oder durch die Anreicherung von Monomerem in der äußeren Schicht.

Die Abbildung zeigt die Primärradikalbildung durch Zerfall des wasserlöslichen Initiators außerhalb des Teilchens, den Stofftransport der Primärradikale in das Teilchen (Absorption), den Stofftransport von Radikalen aus dem Latexteilchen in die Wasserphase (Desorption), den Radikalabbruch durch Rekombination oder Disproportionierung im Latexteilchen und den Abbruch von desorbierten Polymerradikalen mit Primärradikalen, der sich vor allem in einer wandnahen Schicht vollziehen sollte.

Meistens wird die „klassische" Emulsionspolymerisation unter den Bedingungen

- Unlöslichkeit des Monomeren in der Trägerphase (Wasser)
- Unlöslichkeit des Initiators in der Ölphase (Monomer)
- Anwesenheit eines micellbildenden Emulgators oberhalb der kritischen Micellkonzentration
- Keine Agglomeration von Latexteilchen

in drei Phasen unterteilt:

Phase I

Zu Beginn eines Batchprozesses ist das Monomere als dispergierte Phase tropfenförmig im Wasser verteilt und befindet sich zum Teil solubilisiert innerhalb der Micellen, deren Oberfläche aufgrund ihrer großen Anzahl viel größer als die der Tropfen ist. Dementsprechend treten die im Wasser gebildeten Primärradikale vorzugsweise in die mit Monomer gefüllten Micellen ein, starten dort den Polymerisationsprozeß und wandeln damit die betroffenen Micellen in Latexteilchen um. Entsprechend den thermodynamischen Verhältnissen quillt das Polymere mit dem Monomeren, das mit großer Stofftransportgeschwindigkeit aus den Tropfen über die Phasengrenzen Tropfen-Wasser und Wasser-Latexteilchen nachgeliefert wird. Die Gesamtoberfläche der Latexteilchen steigt proportional zu ihrer Anzahl und quadratisch mit ihrem durch Polymerisation und Quellung wachsenden Durchmesser. Sie wird stabilisiert durch den Emulgator, der durch Auflösung nicht „aktivierter" Micellen verfügbar ist. Wie in Abb. 4.1-2 gezeigt, steigt in diesem Stadium die Polymerisationsgeschwindigkeit entsprechend der wachsenden polymerisations-aktiven Teilchenzahl, d.h., mit wachsendem Monomerumsatz an.

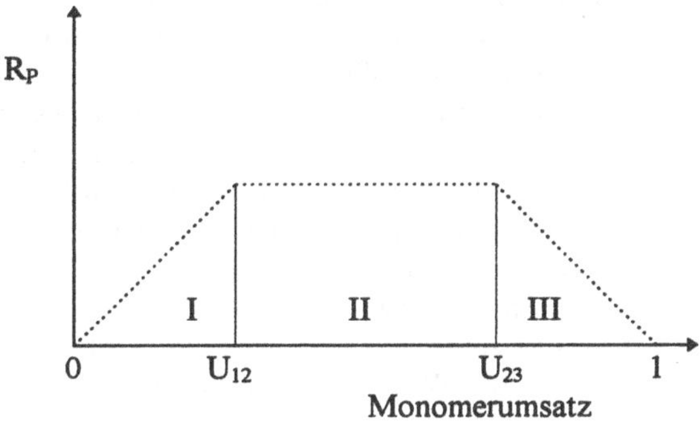

Abb. 4.1-2 Polymerisationsgeschwindigkeit als Funktion des Monomerumsatzes bei der „klassischen" Emulsionspolymerisation

Phase II
Die Bildung der Latexteilchen ist infolge des Emulgatorverbrauches beim Umsatz U_{12} abgeschlossen. Jetzt ist sowohl die Teilchenzahl als auch die Monomerkonzentration in den Teilchen konstant, da Monomeres in ausreichender Menge aus den Tropfen nachgeliefert wird.

Phase III
Bei Erreichen des Umsatzes U_{23} sind die Monomertropfen verbraucht. Das noch vorhandene Monomere befindet sich in den Latexteilchen und wird dort wie in einem Mikro-Batchreaktor umgesetzt. Die Monomerkonzentration und die Polymerisationsgeschwindigkeit sinken am Reaktionsort dementsprechend proportional mit dem Monomerumsatz.

Dieses Bild der Emulsionspolymerisation ist in vielen Details selbst für die Styrenpolymerisation nicht korrekt. Einige Einwände sind:

1. Wenn man zu Beginn der Polymerisation eine Initiierungsgeschwindigkeit annimmt, die später im Bereich II und III einer teilchenbezogenen

Eintrittsgeschwindigkeit von 1 Radikal pro Sekunde entspricht - eine durchaus realistische Größenordnung der Initiierungsgeschwindigkeit also - dann müßte der Latexteilchenbildungsprozeß innerhalb weniger Sekunden abgeschlossen sein, weil bereits in der ersten Sekunde soviel Radikale enstehen, wie später Latexteilchen vorhanden sind. Die Wahrscheinlichkeit, daß zwei Radikale innerhalb dieses Zeitintervalles in das gleiche Teilchen eintreten ist gering, da am Anfang die Micellenzahl viel größer als die Radikalzahl ist. präzise kalorimetrische Messungen [119] für eine solche Initiierungsgeschwindigkeit zeigen jedoch, daß unter den genannten Bedingungen die Polymerisationsgeschwindigkeit über mehrere Minuten ansteigt.

2. Es gibt Messungen, die zeigen, daß die Teilchenzahl zu Beginn auf einen großen Wert ansteigt, der sich durch eine nachfolgende Agglomeration der Teilchen sehr schnell auf den später konstanten Wert verringert. Mithin spielen interpartikuläre Prozesse am Anfang eine große Rolle.
3. Die Radikalzahl in den Teilchen, die über die teilchenspezifische Polymerisationsgeschwindigkeit entscheidet, läßt sich nicht einfach über einen konstanten Mittelwert charakterisieren. Insbesondere bleibt ein Mittelwert von 0,5 entsprechend dem Smith-Ewart-II-Fall nur sehr beschränkten Spezialfällen vorbehalten. Der meßbare Geleffekt, der zu einer drastischen Erhöhung der mittleren Radikalzahl in den Latexteilchen führen kann, ist darüberhinaus wesentlich von der Teilchengröße abhängig [119], weil die Diffusionswege der Radikale innerhalb der Teilchen die Wahrscheinlichkeit des Kettenabbruches mitbestimmen.
4. Die „Kompartmentalisierung“ der Reaktionsmasse sollte eine Radikal-Radikal-Wechselwirkung zwischen einzelnen Latexteilchen eigentlich verhindern, insbesondere, wenn das Polymere praktisch nicht wasserlöslich ist. In fast allen publizierten Emulsionspolymerisations-Modellen spielt jedoch die Radikaldesorption keine untergeordnete Rolle.

Eine mögliche Erklärung für die unter 1. und 4. bezeichneten Einwände könnte das Vorhandensein zweier Sorten von Radikalen [120] sein. Die „mobilen“ Radikale, die nur locker an der Oberfläche der Latexteilchen adsorbiert sind, wären demnach zu Reaktionen mit neu entstandenen Primärradikalen und mit mobilen Radikalen anderer Teilchen fähig, während die „immobilen“, die sich innerhalb des Latexteilchens befinden, für einen interpartikulären Abbruch nicht zur Verfügung stehen. Zu Reaktionsbeginn sollte dann die Mehrheit der entstandenen Radikale mobil sein.

In ähnlicher Weise gibt es eine Vielzahl von mechanistischen Erklärungen für sehr unterschiedliche Effekte, deren Erörterung nicht unser Anliegen sein soll. Wir beschränken uns auf den Abschnitt II und III des oben dargestellten Prozesses, in dem am ehesten die Verhältnisse „modellierungsfreundlich“ gestaltet werden können. Solche Bedingungen können durch die oben schon erwähnte Saatpolymerisation erreicht werden. Dabei wird ein auspolymerisierter Latex verwendet, dem zu Reaktionsbeginn eine bestimmte Menge Monomeres zugesetzt wird. Ist die zugesetzte Monomermenge kleiner als die thermodynamisch durch die Teilchen absorbierbare Maximalmenge, dann befinden wir uns von Anfang an in der

Phase III; ist sie dagegen größer, dann kommt es zur Bildung von Monomertropfen und die Reaktion startet in der Phase II. Wichtig für die nachfolgend beschriebenen Modellansätze ist allein, daß Agglomeration und Neukeimbildung durch entsprechende Wahl der Rezeptur und Reaktionsbedingungen ausgeschlossen werden können, weil hinreichend präzise Modellansätze für diese Prozesse mit einer nicht zu sehr eingeschränkten Allgemeingültigkeit derzeit nicht verfügbar sind.

Der Reaktionsmechanismus. Prinzipiell soll der in Kapitel 3.2 beschriebene Reaktionsmechanismus gelten - er muß jedoch unter Beachtung der Wechselwirkungen zwischen den beteiligten Phasen ergänzt werden.
Es wird angenommen, daß ein Initiator I_{1w} in der wäßrigen Trägerphase in Radikale R_{1w} zerfällt, diese Radikale durch Stofftransport in die Latexteilchen eintreten und als Radikale R_1 dort den Polymerisationsstart durch Anlagerung von monomeren Bausteinen im Latexteilchen auslösen:

$$I_{1w} \rightarrow 2\,R_{1w} \qquad r_1 = k_{i,1}\,I_1 \tag{4.1-1}$$

$$R_{1w} \rightarrow R_1 \qquad r_2 = \text{s.Gl. (4.2-21)} \tag{4.1-2}$$

$$R_1 + M \rightarrow P_1 \qquad r_3 = 2\,f_{i,1}\,k_{i,1}\,I_1 \tag{4.1-3}$$

Es ist wahrscheinlich, daß bei der Bildung zweier Radikale in der wäßrigen Phase nur sehr selten beide Radikale gleichzeitig in das gleiche Latexteilchen eintreten, d.h., durch einen Initiatorzerfallsprozeß erhöht sich die Radikalzahl im Bilanzbereich des Latexteilchens in der Wasserphase des betrachteten Latexteilchens nur um den Wert 1, während das andere Primärradikal zunächst einen anderen Weg nimmt. Im statistischen Mittel wird für jedes wegdiffundierende Radikal ein anderes Radikal zurückkommen. Dem kann z.B. bei Monte-Carlo-Simulationen Rechnung getragen werden, indem formal die doppelte Radikalbildungsgeschwindigkeit angenommen wird, dafür aber nur ein Radikal je Zerfall entsteht.
Parallel dazu wird ein öllöslicher Initiator I_2 einbezogen, der sich zu Reaktionsbeginn in der Monomerphase befindet. Dieser zerfällt mit der Radikalausbeute f_2 in Radikale R_2, die ihrerseits mit Monomer starten können:

$$I_2 \rightarrow 2\,R_2 \qquad r_4 = k_{i,2}\,I_2 \tag{4.1-4}$$

$$R_2 + M \rightarrow P_1 \qquad r_5 = 2\,f_{i,2}\,k_{i,2}\,I_2 \tag{4.1-5}$$

Die Reaktionen des thermischen Startes, des Kettenwachstums, der Transferreaktionen und des Kettenabbruches sollen sich in unserem Modell nicht von denen der Masse-, Lösungs- und Suspensionspolymerisation unterscheiden - s. Kapitel 3.2. Der Polymerisationsstart in der wäßrigen Phase muß insbesondere dann berücksichtigt werden, wenn die Monomerlöslichkeit im Wasser nicht vernachlässigt werden kann und es dadurch zur Bildung neuer Latexteilchen kommt- wir vernachlässigen diesen Anteil.

Der Einfluß der Stofftransportschritte zwischen den Phasen wird bei der Ableitung der Radikalpopulationbilanz behandelt.

Einfluß der Teilchengröße. Die Teilchengröße ist nicht nur für den Stoff- und Energietransport zwischen den Phasen bedeutsam, sie beeinflußt in starkem Maß auch die Polymerisationskinetik und die thermodynamischen Verhältnisse.

In kinetischer Hinsicht scheint in einigen Publikationen unklar zu sein, daß sich ein Geleffekt, wie er aus den Arbeiten von Norrish und Smith [45] seit langem bekannt ist, aufgrund der Spezifik der Radikalpopulationbilanz nur bei relativ großen (> 100 nm) Latexteilchen deutlich zeigen kann. Wir werden später nachweisen, daß für kleine Latexteilchen über sehr weite Bereiche des Umsatzes, die zweifellos vorhandene Erniedrigung der Terminationskonstante - ganz im Gegensatz zu den bekannten Effekten bei der Lösungs- und Massepolymerisation - nur eine geringe Wirkung auf die Polymerisationsgeschwindigkeit und den Polymerisationsgrad hat. Mit wachsender Latexteilchengröße kommt der Geleffekt dagegen immer deutlicher zur Wirkung.

Während z.B. Polystyren und Styren im makroskopischen beliebig mischbar sind, ist die Monomeraufnahmefähigkeit von sehr kleinen Polymerteilchen begrenzt und strebt - im rein theoretischen Grenzfall - mit sinkendem Teilchendurchmesser sogar gegen Null. Wenn sich die Latexteilchen im Quellungsgleichgewicht befinden, weil noch genügend Monomertropfen existieren, dann heißt das nicht, daß unterschiedlich große Teilchen die gleiche Monomerkonzentration aufweisen. Das läßt sich anhand der Gleichung von Morton, Kaizermann und Altier [166] zeigen, die man wie folgt ableiten kann:

Im Quellungsgleichgewicht ist die Summe der chemischen Potentialänderung des Latexteilchens und der Oberfläche nach Gl. (4.1-6)gleich Null.

$$\Delta\mu_S + \Delta\mu_{LT} = 0 \tag{4.1-6}$$

Die Gibbs-Thomson-Gleichung [167] definiert den Beitrag der Oberfläche mit dem Partikelradius r, dem molaren Volumen des Monomeren V_m und der Oberflächenspannung σ zu

$$\Delta\mu_S = \mu(r) - \mu(\infty) = \frac{2\,V_m\sigma}{r} \tag{4.1-7}$$

Der Beitrag des Latexteilchens ergibt sich nach Flory-Huggins [168] für die Temperatur T und den Volumenanteil des Polymeren v_P zu

$$\Delta\mu_{LT} = RT\,\ln[1 - v_P] + v_P + Xv_P^2 \tag{4.1-8}$$

mit X als Flory-Huggins-Parameter. Setzt man die Gln. (4.1-7) und (4.1-8) in (4.1-6) ein und eliminiert den Partikelradius des gequollenen Latexteilchens r durch seinen „Trockenradius“ r_0 über

$$r = \left[\frac{r_0^3}{v_P}\right]^{\frac{1}{3}} \tag{4.1-9}$$

dann gelangt man zu

$$\frac{2\,V_m\,\sigma}{r_0\,RT}v_P^{\frac{1}{3}} = -\ln[1 - v_P] - v_P - Xv_P^2 \qquad (4.1\text{-}10)$$

Bei vorgegebenen Werten des molaren Volumens des Monomeren, der Reaktionstemperatur, der Oberflächenspannung und des Flory-Huggins-Koeffizienten läßt sich aus dieser Gleichung der Teilchenradius r_0 als Funktion des Polymervolumenbruchs berechnen. Der im Modell benötigte Massenbruch des Polymeren im Quellungsgleichgewicht, der dem charakteristischen Umsatz U_{23} entspricht, läßt sich dann über

$$U_{23} = \frac{v_P\rho_P}{v_P\rho_P + (1 - v_P)\rho_M} \qquad (4.1\text{-}11)$$

bestimmen.

Hieraus resultiert eine relativ geringe Temperaturabhängigkeit von U_{23} , jedoch ist die Abhängigkeit vom Teilchenradius unterhalb 150 nm und die Abhängigkeit von der Oberflächenspannung stark ausgeprägt. Es ist also von Fall zu Fall und besonders bei kleinen Teilchendurchmessern eine relativ grobe Näherung, wenn wir - wie in dem unten abgeleiteten Modell (Kapitel 7.2) - mit einem konstanten Quellungsumsatz rechnen.

Die grundlegenden Modellgleichungen, die in den vierziger Jahren von Smith und Ewart [121] abgeleitet wurden, bilden auch heute noch die Basis für die Modellierung auf dem Gebiet der Emulsionspolymerisation. „Dach-Modelle", wie das von Min und Ray [122] sind gut geeignet, sich einen theoretischen Überblick über die ablaufenden Prozesse zu verschaffen, jedoch können sie nicht ohne wesentliche Vereinfachungen für reaktionstechnische Anwendungen eingesetzt werden.

4.2 Saat-Emulsionspolymerisation

4.2.1 Polymerisationsgeschwindigkeit

Nehmen wir an, es würde eine Teilchengrößenverteilung der Latexteilchen vorliegen, die in Klassen unterteilt sei. Wir betrachten die i-te Klasse dieser Verteilung, deren Teilchen außerdem eine Verteilung bezüglich der Radikalzahl aufweisen. Die Polymerisationsgeschwindigkeit (in mol s^{-1}) in einem Latexteilchen der Sorte i mit n Radikalen ergibt sich aus der Wachstumskonstante k_{pi}, der Monomerkonzentration $M_{lt,i}$ und der Radikalkonzentration $P_{lt,i}$ multipliziert mit dem Teilchenvolumen über

$$R_{Mi} = -k_{pi}\,M_{lt,i}\,P_i\,V_{lt} \qquad (4.2\text{-}1)$$

Ersetzt man die Radikalkonzentration durch die Radikalzahl n_i , dann gelangt man zu

$$R_{Mi} = -\frac{k_{pi} M_{lti} n_i}{N_{Av}} \tag{4.2-2}$$

Von hier kommt man zur Gesamtpolymerisationsgeschwindigkeit, indem über alle Latexteilchen summiert wird. Wir wollen dabei vereinfachend für alle Latexteilchen die gleiche Monomerkonzentration M_{lt} und die gleiche Wachstumskonstante k_p annehmen:

$$R_M = \sum_i R_{Mi} = -\frac{k_p M_{lt}}{N_{av}} \sum_n Z_{lt,n} n \tag{4.2-3}$$

Unter Einführung der mittleren Radikalzahl

$$\bar{n} = \sum_n \frac{Z_{lt,n} n}{Z_{lt}} = \sum_n X_n n \tag{4.2-4}$$

und mit der Gesamt-Latexteilchenzahl

$$Z_{lt} = \sum_n Z_{lt,n} \tag{4.2-5}$$

gelangt man daraus zu

$$R_M = -\frac{k_p M_{lt} \bar{n} Z_{lt}}{N_{Av}} \tag{4.2-6}$$

oder

$$R_M = -k_p M_{lt} \bar{n} C_{lt} V_w \tag{4.2-7}$$

Die Berechnung der mittleren Radikalzahl ist das bedeutendste Problem der Modellierung der Polymerisationsgeschwindigkeit. Gemäß Gl. (4.2-4) muß dazu der Molanteil der Latexteilchen mit n Radikalen X_n - die sogenannte Radikalpopulation - bekannt sein. Wir beginnen mit der Ableitung der Geschwindigkeitsansätze.

4.2.2 Radikalpopulation

Ziel der Aufstellung und Lösung der Radikalpopulationsbilanz ist die Berechnung des Molanteiles der Latexteilchen mit n Radikalen X_n.

Abbruchreaktionen. Wenn in einem Latexteilchen mit n Radikalen eine Disproportionierung oder Kombinationsreaktion zwischen zwei Radikalen stattfindet, dann vermindert sich zwar die Zahl der Radikale um den Wert zwei, es wird jedoch nur *ein* Latexteilchen der Sorte n in *ein* Latexteilchen der Sorte n-2 umgewandelt.

Für die Reaktion

$$P_j + P_k \rightarrow \text{Tote Polymere}$$

gilt - wenn es sich um einen Bilanzraum handelt, in dem die Zahl der Radikale groß genug ist - nach Kapitel 3.3 für die Reaktionsgeschwindigkeit

$$r_t^* = \frac{1}{2} k_t P_t^2 \qquad (4.2\text{-}8)$$

Zur Erinnerung: Der Faktor 0,5 resultiert aus der doppelten Erfassung jeder Reaktion durch das Quadrat der Totalkonzentration der Polymerradikale. Bezieht man diesen Ansatz auf Latexteilchen des Volumens V_{lt} so erhält man die gesuchte Änderungsgeschwindigkeit der Latexteilchenzahl zu

$$r_t = r_t^* V_{lt} N_{Av} \qquad (4.2\text{-}9)$$

mit der Maßeinheit "Latexteilchenzahl pro Sekunde". Wird Gl.(4.2-8) in Gl.(4.2-9) eingesetzt und formal von der Definition der Totalkonzentration der Radikale über

$$P_t = \frac{n}{N_{Av} V_{lt}} \qquad (4.2\text{-}10)$$

Gebrauch gemacht, würde für die Abbruchgeschwindigkeit

$$r_t = \frac{1}{2} k_t \frac{n^2}{V_{lt} N_{Av}} \qquad (4.2\text{-}11)$$

folgen. Dieser Ansatz führt für kleine Werte von n zu falschen Geschwindigkeiten, z.B. würde sich für n = 1 nicht Null ergeben, obwohl für nur ein Radikal im Latexteilchen eine Abbruchreaktion mit einem anderen Radikal natürlich nicht möglich ist. Für kleine n muß anstelle von Gl.(4.2-11)

$$r_t = \frac{1}{2} k_t \frac{n\,(n-1)}{V_{lt} N_{Av}} \qquad (4.2\text{-}12)$$

gelten. Für große n gilt näherungsweise $n(n-1) \approx n^2$, und man kommt zurück zu Gl. (4.2-11).

Mit Gl. (4.2-12) ergibt sich für die Änderungsgeschwindigkeit des Molanteiles der Latexteilchen der Sorte X_n, die genau n Radikale enthalten, infolge der Abbruchreaktionen

$$\left(\frac{dX_n}{dt}\right)_{Abbruch} = -\frac{k_t}{2 V_{lt} N_{Av}} \left[n(n-1) X_n - (n+2)(n+1) X_{n+2} \right] \qquad (4.2\text{-}13)$$

Radikaldesorption. Die Radikaldesorption kann nicht als Stofftransport der Makroradikale aus dem Latexteilchen in die Trägerphase im Sinne des Zwei-Film-Modelles oder mit der Penetrationstheorie definiert werden. Von einer hydrodynamischen Grenzschicht im Sinne der üblichen Ansätze zur Beschreibung des Stofftransportes zwischen zwei fluiden Phasen kann für die sehr kleinen Latexteilchen keine Rede sein. Wie wir oben gesehen haben ist es schon für das eigentliche Reaktionsvolumen (Latexteilchen) problematisch, mit Konzentrationen zu rechnen. Ganz und gar unbrauchbar ist die Vorstellung, Konzentrationsdifferenzen innerhalb einer noch viel kleineren Schicht, die das Latexteilchen umgibt, als Triebkraft für den Stofftransport anzusetzen. Die Radikaldesorptionsgeschwindigkeit wird daher vereinfachend als proportional zu der im Latexteilchen vorhandenen Radikalzahl formuliert. Dies führt für die Radikaldesorptionsgeschwindigkeit aus einem Latexteilchen mit n Radikalen zu

$$r_{d,n} = \beta^* n \tag{4.2-14}$$

Wenn man der plausiblen Vorstellung von Bachmann [120] folgt, dann können nur die mobilen Radikale, die an der Oberfläche der Latexteilchen locker adsorbiert sind, wirklich desorbieren. In diesem Fall ist es schwierig, für den Stofftransportterm β^* eine sinnvolle Abhängigkeit etwa von der Teilchengröße oder der Emulgatorbedeckung anzugeben. Wir wollen β^* als proportional zur Oberfläche der Teilchen entsprechend

$$\beta^* = \beta^+ \pi^{\frac{1}{3}} \left(6\, V_{lt}\right)^{\frac{2}{3}} \tag{4.2-15}$$

mit der Konstanten β^+ ansetzen.

Zur Gesamtdesorptionsgeschwindigkeit pro Latexteilchen eines gegebenen Durchmsssers gelangt man durch Summation von Gl.(4.2-14) über alle n zu

$$\bar{r}_d = \beta^* \sum_{n=1}^{\infty} n X_n \tag{4.2-16}$$

woraus

$$\bar{r}_d = \beta^* \bar{n} \tag{4.2-17}$$

folgt. So kommt man zur Änderungsgeschwindigkeit des Molanteiles X_n

$$\left(\frac{dX_n}{dt}\right)_{Desorption} = -\beta^* n X_n + \beta^* (n+1) X_{n+1} \tag{4.2-18}$$

infolge des Desorptionsprozesses.

Absorptionsgeschwindigkeit. Die Formulierung der Geschwindigkeit des Radikaleintrittes hängt von der zugrundegelegten Modellvorstellung ab. Prinzipiell korrekt wäre es, die Bilanzierung der Radikale in der Wasserphase über Stofftransportansätze mit der Bilanzierung in der organischen Phase zu koppeln und auch scheinbar nicht so bedeutende Einzelprozesse, wie z.B die Radikaltermination in der Wasserphase oder die Stofftransporthemmung beim Übergang der Radikale vom Wasser in die Latexteilchen, mit zu erfassen. Zum einen sind jedoch zuverlässige Stofftransportansätze für den Radikaltransport durch eine mit Emulgator belegte Teilchenoberfläche für die typischen Teilchengrößen der Emulsionspolymerisationen (100 nm) nicht verfügbar, zum anderen würden sehr komplexe Gleichungssystemen resultieren, die eine aufwendige numerische Behandlung erfordern. Auch hier scheint es besser, die Modelle vom Einfachen zum Komplizierten zu entwickeln und Modellergänzungen nur dann einzufügen, wenn experimentelle Befunde, oder sichere theoretische Erkenntnisse nicht vom Modell erfaßt werden. Das einfachste Modell für die Initiierungsgeschwindigkeit r_i ist verknüpft mit der Vorstellung, daß alle im Wasser entstehenden Radikale in die Latexteilchen eintreten und desorbierte Anteile unberücksichtigt bleiben. Dann würde man die Initiierungsgeschwindigkeit

$$r_i = r_{i,0} \qquad (4.2\text{-}19)$$

mit der auf ein Teilchen bezogenen Radikalerzeugungsgeschwindigkeit

$$r_{i,0} = \frac{2\,k_{i,1}\,f_{i1}\,I_1}{c_{lt}} + 2\left(k_{i,2}\,f_{i2}\,I_2 + k_{ia} f_{th}\,M_{lt}^{m}\right) V_{lt}\,N_{Av} \qquad (4.2\text{-}20)$$

gleichsetzen. Darin ist I_1 die Konzentration des ersten Initiators in der Wasserphase mit der formal angenommenen Radikalausbeute f_{i1} , I_2 die Konzentration des zweiten (öllöslichen) Initiators in der Monomerphase mit der Radikalausbeute f_{i2} und m die Ordnung des thermischen Startes in der Monomerphase. Im Abschnitt II wird vorausgesetzt, daß I_2 in den Monomertropfen und den Latexteilchen gleich groß ist. Anstelle von Gl (4.2-20) kann auch

$$r_{i,0} = \left[\frac{2\,k_{i,1}\,f_{i1}\,Y_{I1}}{M_I}\frac{\rho_P}{Y_P} + 2\left(k_{i,2}\,f_{i2}\,I_2 + k_{ia} f_{th}\,M_{lt}^{m}\right)\right] V_{lt}\,N_{Av} \qquad (4.2\text{-}20a)$$

mit den Massenbrüchen des Initiators Y_{I1} und des Polymeren Y_P verwendet werden, um die Proportionalität zwischen der spezifischen Initiierungsgeschwindigkeit und dem Latexteilchenvolumen deutlich zu machen. Bei vorgegebenem Polymergehalt Y_P wächst $r_{i,0}$ mit dem (Saat-)Latexteilchendurchmesser zur dritten Potenz.

Bezieht man in Erweiterung des Ansatzes (4.2-19) die Radikaldesorption ein und verbindet sie mit der Vorstellung, daß alle desorbierten Radikale wieder in ein Latexteilchen eintreten, dann ergibt sich mit der Desorptionsgeschwindigkeit nach Gl.(4.2-17)

$$r_i = r_{i,0} + \beta^* \,\overline{n} \qquad (4.2\text{-}21)$$

eine Beziehung, die bereits von Smith und Ewart [121] , Stockmayer und O'Toole [123], Brooks und Li [124] und vielen anderen verwendet wurde. In Erweiterung dieser Modellvorstellung kann man annehmen, daß ein Teil der desorbierten Radikale - etwa in der durch den Emulgator stabilisierten Grenzschicht - mit neu eintretenden Primärradikalen reagiert. Dann bekommt man in Analogie zu Ugelstad und Hansen [125] den Ansatz

$$r_i = r_{i,0} + \gamma\,\beta^* \,\overline{n} \qquad (4.2\text{-}22)$$

worin der „fate-Faktor" γ Werte zwischen -1 und 1 annehmen kann. Der Wert -1 entspräche dem Fall, daß jedes desorbierte Radikal ein Primärradikal an der Phasengrenze abfängt, bevor es in das Latexteilchen eintritt . Bei $\gamma = 0$ würde de facto keine Desorption stattfinden, während bei $\gamma = 1$ die desorbierten Radikale alle wieder in die Latexteilchen eintreten. Ballard, Gilbert und Napper [89, 90] finden für Styren den Wert -1.

Nach dem bisher Gesagten ist die spezifische Geschwindigkeit des Radikaleintrittes für alle Teilchen im zeitlichen Mittel gleich, und für die Änderungsgeschwindigkeit des Molanteiles der Latexteilchen der Sorte X_n infolge des Radikaleintrittes erhält man

$$\left(\frac{dX_n}{dt}\right)_{\text{Eintritt}} = -r_i\,(X_n - X_{n-1}) \qquad (4.2\text{-}23)$$

Bilanzierung. Der Molanteil der Latexteilchen des Volumens V_{lt} , die n aktive Radikale aufweisen, läßt sich mit den bereits besprochenen Vereinfachungen im Abschnitt II und III der Emulsionspolymerisation durch den Ansatz

$$\frac{\delta X_n}{\delta t} + \frac{\delta}{\delta V_{lt}}(r_v X_n) = \sum_1^3 r_i \tag{4.2-30}$$

beschreiben. X_n ist der Anteil der Teilchen im Volumenintervall $[V_{lt}, V_{lt} + dV]$ mit n Radikalen zur Zeit t. Der Term r_v repräsentiert die Wachstumsgeschwindigkeit des Volumens des Latexteilchens, die proportional zur momentanen Polymerisationsgeschwindigkeit im Latexteilchen ist. Die Geschwindigkeiten r_i unter dem Summenzeichen entsprechen den oben abgeleiteten Ansätzen für Eintritt, Abbruch und Desorption von Radikalen. Für den hier abzuleitenden momentankinetischen Ansatz kann das Latexteilchenvolumen als konstant angesehen werden. Somit ist der Ausgangspunkt unserer Betrachtungen mit dem Ansatz

$$\frac{dX_n}{dt} = \left(\frac{dX_n}{dt}\right)_{Abbruch} + \left(\frac{dX_n}{dt}\right)_{Eintritt} + \left(\frac{dX_n}{dt}\right)_{Desorption} \tag{4.2-31}$$

gegeben.

Durch Einsetzen der Gleichungen (4.2-13), (4.2-18) und (4.2-23) in Gl (4.2-31) erhält man daraus die im weiteren verwendete Radikalpopulationsbilanz in der Form

$$\frac{dX_n}{dt} = r_i \left[X_{n-1} + C_2 X_n + C_3 X_{n+1} + C_4 X_{n+2}\right] \tag{4.2-32}$$

mit den Koeffizienten

$$C_2 = -1 - \alpha n (n-1) - \beta n \tag{4.2-33}$$

$$C_3 = \beta (n+1) \tag{4.2-34}$$

$$C_4 = \alpha (n+1)(n+2) \tag{4.2-35}$$

worin der dimensionslose Parameter α

$$\alpha = \frac{k_t}{2 V_{lt} N_{Av} r_i} \tag{4.2-36}$$

das Verhältnis aus Abbruch - und Initiierungsgeschwindigkeit und der ebenfalls dimensionslose Parameter β

$$\beta = \frac{\beta^*}{r_i} \tag{4.2-37}$$

das Verhältnis der Geschwindigkeiten von Radikaldesorption und Initiierung charakterisieren. Es sei daran erinnert, daß β^* über Gl.(4.2-15) auch eine Funktion des Latexteilchenvolumens sein kann. Zur Veranschaulichung der Gl. (4.2-32) kann das folgende Schema dienen, das die Übergänge zwischen den einzelnen Niveaus der Latexteilchen und die dazugehörigen Geschwindigkeiten definiert:

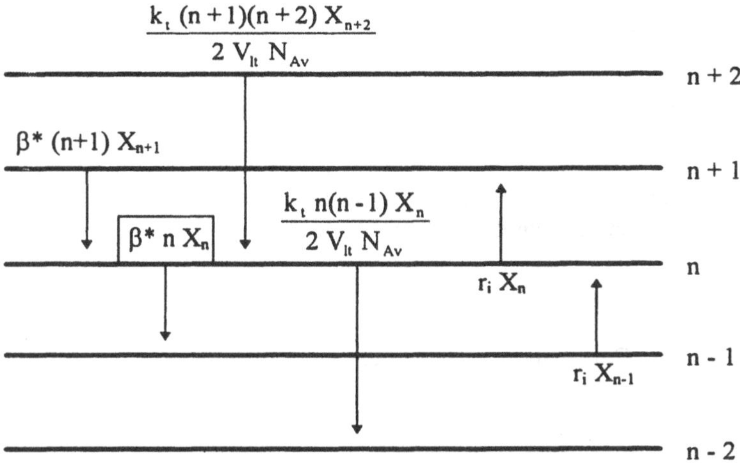

Abb. 4.2-1 Schema der Radikalübergänge zur Ableitung der Populationsbilanz

Anwendung der QSSA. Durch Nullsetzen der Gl(4.2-32) sind, nach der Division durch die Radikaleintrittsgeschwindigkeit, nur noch zwei Parameter, nämlich α und β in der quasi-stationären Radikalpopulation

$$X_n - X_{n-1} = \beta(n+1) X_{n+1} - \beta n X_n + \alpha(n+2)(n+1) X_{n+2} - \alpha n(n-1) X_n \qquad (4.2\text{-}40)$$

enthalten. Die Anwendung der QSSA kann besonders bei der Kombination von kleinen spezifischen Radikalbildungsgeschwindigkeiten, großen Latexteilchen und niedrigen Abbruchgeschwindigkeiten verfehlt sein, da unter diesen Bedingungen bereits zu Beginn einer Saatpolymerisation relativ viel Zeit verstreicht, bis die „Speicherkapazität" der Latexteilchen für Radikale tatsächlich erreicht ist. In einem solchen Fall kann die Gültigkeit der Quasistationaritätsapproximation vereinfachend wie folgt abgeschätzt werden:

Betrachten wir ein Latexteilchen, in das Radikale mit einer konstanten Eintrittsgeschwindigkeit r_1 eintreten und in dem sie mit einer Geschwindigkeit $r_2 = kn^2$ verbraucht werden (das ist nur für relativ große n richtig - siehe oben !), dann ergibt sich aus der Lösung von

$$\frac{dn}{dt} = r_1 - r_2 \qquad (4.2\text{-}41)$$

für $t \to \infty$ ein stationärer Wert von

$$n_s = \sqrt{\frac{r_1}{k}} \qquad (4.2\text{-}42)$$

Setzt man diesen Wert in r_2 und in Gl. (4.2-41) ein, dann folgt mit dem relativen Wert der Radikalzahl im Latexteilchen y, den wir besser als Quasistationaritätsgrad bezeichnen,

$$y = \frac{n}{n_s} \tag{4.2-43}$$

die Differentialgleichung

$$\frac{dy}{dt} = \frac{r_1}{n_s}\left(1 - y^2\right) \tag{4.2-44}$$

Nehmen wir an, daß sich zu Beginn (t=0) keine Radikale in den Latexteilchen aufhalten, dann erhält man die Lösung

$$t = \frac{n_s}{2\,r_1}\ln\left(\frac{1+y}{1-y}\right) \tag{4.2-45}$$

oder nach dem Quasistationaritätsgrad umgestellt

$$y = \frac{\exp\left(\frac{2\,r_1\,t}{n_s}\right) - 1}{1 + \exp\left(\frac{2\,r_1\,t}{n_s}\right)} \tag{4.2-46}$$

In diesem Fall hängt die Zeit bis zum Erreichen einer bestimmten Annäherung an den stationären Endwert nur vom Verhältnis der Eintrittsgeschwindigkeit zum (quasi-) stationären Endwert der Radikalzahl ab. Diese Zeit ist gleichzeitig die dafür maximal erforderliche Zeit bis zum Erreichen des jeweiligen Grades der Quasistationarität, da die Einbeziehung der Radikaldesorption die Annäherung an den Endwert nur beschleunigt.

Um zum Beispiel die erforderliche Zeit zu ermitteln, die bis zum Erreichen von 90% des stationären Endwertes vergeht, kann man den Quasistationaritätsgrad y = 0,9 setzen und erhält aus Gl. (4.2-45) eine Beziehung, die linear von dem Verhältnis der quasi-stationären Radikalzahl zur spezifischen Radikaleintrittsgeschwindigkeit abhängt:

$$t_{90} = 1{,}47\,\frac{n_s}{r_1} \tag{4.2-47}$$

Wenn z.B. die spezifische Radikaleintrittsgeschwindigkeit 0,02 beträgt und die Abbruchwahrscheinlichkeit der Radikale im Teilchen so klein ist, daß eine mittlere quasi-stationäre Radikalzahl von 10 resultiert, dann erreicht man einen Quasistationaritätsgrad von 90% erst nach etwa 735 Sekunden. In diesem Zeitintervall steigt die Polymerisationsgeschwindigkeit auf dementsprechend 90% des Endwertes, wodurch für den Experimentator der Eindruck einer Induktionsperiode entsteht, die allzuleicht der Wirkung von Verunreinigungen zugeschrieben werden könnte. Allgemein gilt: Wenn die Zeit bis zum Erreichen von 90% des stationären Wertes klein gegen die Reaktionszeit ist, dann sollte die QSSA anwendbar sein. Im folgenden beschränken wir uns auf Polymerisationen, bei denen r_1 im Bereich von 1 s^{-1} , die mittlere Radikalzahl meist unterhalb von 5 und die

Polymerisationszeit in der Größenordnung von einer Stunde liegen - mithin ist die QSSA anwendbar und die Lösung der Gleichung (4.2-40) ist gefragt.

Lösung der Radikalpopulation. Von der Geschwindigkeit der Lösung der Radikalpopulation hängt es entscheidend ab, ob anspruchsvolle Probleme, wie z. B. die Berechnung der Molmassenverteilung oder eine Optimierung der Reaktionsführung, mit sinnvollem Aufwand angegangen werden können. Stockmayer [123] berechnete mit der Bilanz (4.2-40) erstmalig mittlere Radikalzahlen, allerdings ohne die Berücksichtigung des Desorptions-Primärradikalabbruch-Problems. Ein kleiner Fehler wurde später von O'Toole [124] korrigiert.

Wir gehen einen anderen Weg, der nicht nur die Berechnung des Mittelwertes sondern die Ermittlung der gesamten Population numerisch effizient erlaubt. In einem ersten Schritt schreibt man Gl.(4.2-40) in der Form

$$X_n - X_{n-1} = \beta[(n+1)X_{n+1} - nX_n] + \alpha[(n+2)(n+1)X_{n+2} - X_n n(n-1)] \quad (4.2\text{-}48)$$

für alle n auf und gelangt durch Summation über n zu einer Gleichung, die im Gegensatz zu Gl. (4.2-48) drei aufeinanderfolgende Terme enthält:

$$X_n = \beta(n+1)X_{n+1} + \alpha[(n+2)(n+1)X_{n+2} + (n+1)nX_{n+1}] \quad (4.2\text{-}49)$$

Setzen wir hier anstelle von n jetzt n-1 ein, um den Beitrag X_n zu zentralisieren, dann wird

$$X_{n-1} = \beta nX_n + \alpha[(n+1)nX_{n+1} + (n-1)nX_n] \quad (4.2\text{-}49a)$$

erhalten.

Für große $\bar{n}$ ist das Maximum dieser Verteilung an der Position $n = n_{max}$ näherungsweise durch das Gleichsetzen dieser drei aufeinanderfolgenden Beträge

$$X_{n-1} = X_n = X_{n+1} \quad (4.2\text{-}50)$$

definiert.

Einsetzen von Gl (4.2-50) in Gl (4.2-49a) liefert eine quadratische Bestimmungsgleichung für n_{max} in der Form

$$n_{max}^2 + \frac{\beta}{2\alpha} n_{max} - \frac{1}{2\alpha} = 0 \quad (4.2\text{-}51)$$

Definiert man in Anlehnung an die Gleichungen (4.2-36) und (4.2-37) die dimensionslosen Kennzahlen

$$\alpha_0 = \frac{k_t}{2V_{lt}N_{Av}r_{i,0}} \quad (4.2\text{-}51a)$$

$$\beta_0 = \frac{\beta^*}{r_{i,0}} \quad (4.2\text{-}51b)$$

unter Verwendung der Initiierungsgeschwindigkeit $r_{i,0}$ anstelle von r_i, dann kann man sich zum einen mit Hilfe von Gl. (4.2-22) in Erinnerung halten, daß α und β in der Form

$$\alpha = \frac{\alpha_0}{1+\gamma\beta_0\,\overline{n}} \tag{4.2-51c}$$

$$\beta = \frac{\beta_0}{1+\gamma\beta_0\,\overline{n}} \tag{4.2-51d}$$

von der mittleren Radikalzahl abhängen, falls man mit Radikaldesorption rechnen möchte und der fate-Parameter γ nicht Null ist, zum anderen erhält man aus Gl. (4.2-51) die Lösung

$$n_{max} = -\frac{\beta_0\,(1-\gamma)}{4\,\alpha_0} + \sqrt{\left(\frac{\beta_0\,(1-\gamma)}{4\,\alpha_0}\right)^2 + \frac{1}{2\,\alpha_0}} \tag{4.2-52}$$

die nur noch von α_0 und β_0 abhängt.

Diese Gleichung gilt - wie später noch gezeigt wird - wegen der Bedingung (4.2-50) nur für kleine α_0 , jedoch erlaubt sie es, für gegebene Verhältnisse α_0 und β_0 sowie gegebene fate-Faktoren γ, die Größenordnung für die mittlere Radikalzahl abzuschätzen, und zwar mit sinkendem α_0 zunehmend genauer. Wenn wir nämlich das Latexteilchenvolumen gegen sehr große Werte streben lassen, dann kann der Stofftransport über die Phasengrenze vernachlässigt werden und die quasi-stationäre Radikalkonzentration ergibt sich über

$$P_t = \frac{n_{max}}{V_{lt}\,N_{Av}} = \sqrt{\frac{r_{i,0}}{V_{lt}\,N_{Av}\,k_t}} \tag{4.2-53}$$

Das entspricht exakt dem Wert der Masse- oder Lösungspolymerisation (Kapitel 3.3.1), wie man leicht unter Vernachlässigung des Startes in der wäßrigen Phase durch Einsetzen von Gl (4.2-20) in (4.2-53) erkennt.

Wir halten fest: Für kleine α_0 kann über Gl (4.2-52) mit der Näherung $\overline{n} \approx n_{max}$ die mittlere Radikalzahl abgeschätzt werden.

Radikalpopulation für kleine $\overline{n}$: 9-Schritt-Algorithmus. Wenn der nach Gl (4.2.52) berechnete Wert kleiner als 5 ist, dann empfiehlt sich die Einarbeitung einer Idee von Ballard, Gilbert und Napper [127], die besagt, daß es in einem polymerisierenden Latexteilchensystem eine maximale Zahl N von Radikalen pro Latexteilchen gibt. Tritt in ein Latexteilchen mit N Radikalen ein weiteres Radikal ein, dann soll das nicht zu einem Latexteilchen mit N+1 Radikalen führen, sondern infolge spontaner Rekombination oder Disproportionierung zu einem Latexteilchen mit N-1 Radikalen. Das ist physikalisch sinnvoll, weil die Wahrscheinlichkeit des Radikalabbruches natürlich gerade in solchen Latexteilchen am größten ist. Auf diese Weise ist die Konzentration aller Latexteilchen für n > N Null, weil es keine Übergänge zum Niveau N+1 gibt. Im Abb. 4.2-2 ist das Schema der radikalischen Übergänge für X_N dargestellt.

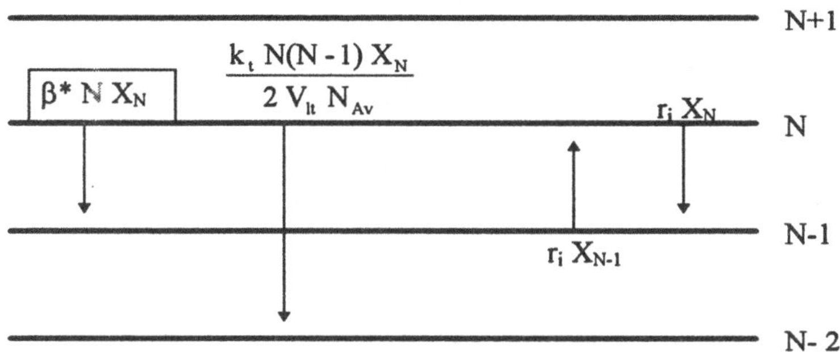

Abb. 4.2-2 Bilanzierung von X_N bei spontanem Abbruch eintretender Radikale

Die quasi-stationäre Bilanz für N ergibt sich daraus zu

$$X_{N-1} = \left[1 + N(N-1)\alpha + N\beta\right] X_N \tag{4.2-54}$$

während für das unmittelbar darunterliegende Niveau

$$X_{N-2} = \left[1 + N\beta + (N-1)(N-2)\alpha\right] X_{N-1} - (1 + N\beta) X_N \tag{4.2-55}$$

erhalten wird. Für n < N-2 gilt wieder Gl (4.2-40) oder Gl (4.2-49).

Bei Vorgabe der Größen α_0, β_0 und γ kann jetzt die numerische Berechnung der gesamten Population nach dem folgenden 9-Schritt-Algorithmus vorgenommen werden:

1. Es wird ein Anfangsschätzwert von $\bar{n}$ = 0,5 angenommen
2. Die Werte α und β werden nach den Gln (4.2-51c) und (4.2-51d) berechnet.
3. Schätzung von N anhand der Berechnung von n_{max} aus Gl (4.2-52). Es hat sich folgendes bewährt:

   $n_{max} < 5$: N = 20
   $n_{max} < 2$: N = 10
   $n_{max} < .1$: N = 5
4. Annahme von X(N)=1
5. Berechnung von X(N-1) nach Gl (4.2-54)
6. Berechnung von X(N-2) nach Gl (4.2-55)
7. Berechnung aller anderen X_n aus (4.2-49)
8. Division aller so gewonnenen X_n durch die Summe aller X_n
9. Berechnung des Mittelwertes über

$$\bar{n} = \sum n X_n \tag{4.2-56}$$

Danach erfolgt ein erneuter Start bei Schritt zwei, wenn dieser Mittelwert mit der vorangehenden Schätzung nicht genügend genau übereinstimmt.

Nach Schritt 7 ist zu prüfen, ob N groß genug gewählt wurde. Alle vernachlässigten Beiträge X_n für n > N sollten klein gegen die Summe der erfaßten Beiträge sein. Wegen der guten Konvergenz des Verfahrens reicht es aber auch schon aus, wenn X_N weniger als z.B. 0,1 % des Mittelwertes aller berechneten X_n - Werte ausmacht.

Wird N zu groß gewählt, kann es zu numerischem Überlauf kommen, weil im Schritt 7 die (hier nicht normierten) Werte schnell den zulässigen Wertebereich des Computers überschreiten. Für kleine $\bar{n}$ ist dies kein Problem. Erst für große $\bar{n}$, d.h. beim allmählichen Übergang zur Massepolymerisationskinetik, treten die geschilderten Schwierigkeiten zunehmend stärker auf. Somit kann Schritt 3 des Verfahrens eine Quelle dauernder numerischer Störungen sein, insbesondere bei großen Latexteilchen, großer Radikaleintrittsgeschwindigkeit und bei starkem Geleffekt. Das ist der Grund, weshalb wir das Verfahren nur zur Berechnung von relativ kleinen mittleren Radikalzahlen anwenden

9-Schritt Algorithmus für große $\bar{n}$. Diese Probleme lassen sich umgehen, indem die im Programmsystem PolyReac© verwendete Lösung benutzt wird. Hierbei wird über Gl (4.2-52) wiederum die mittlere Radikalzahl geschätzt. Liegt sie über 5, wird im ersten Schritt $N = \bar{n}$ gesetzt und von der Mitte der Verteilung nach dem oben für den Bereich $\bar{n} < 5$ beschriebenen Verfahren zurückgerechnet. Dies erfolgt entweder bis zu einem X_n-Wert, der im Vergleich zum Maximum kleiner als 0,01 % ist oder bis zur Position n = 0 - diese Stelle wird als N_{min} bezeichnet. Nun kennt man die Differenz zwischen der Verteilungsmitte ($n = \bar{n}$) und N_{min} und kann mit der Annahme der Symmetrie der Verteilung den wirklichen Maximalwert für N aus $N_{max} = 2\,\bar{n} - N_{min}$ ermitteln. Im zweiten Schritt wird wieder - wie oben beschrieben - ausgehend von dem so ermittelten $N = N_{max}$ zurückgerechnet. Damit wird sichergestellt, daß nur tatsächlich benötigte und numerisch sinnvolle Werte der Population erfaßt und gespeichert werden. Für sehr kleine α_0 kann bereits Gl. (4.2-52) eine sehr gute Berechnungsgrundlage sein, wie wir unten noch zeigen werden.

Methode von Li und Brooks. Wenn man keinen Wert auf die Berechnung der gesamten Radikalpopulation legt, sondern nur die mittlere Radikalzahl im Latexteilchen berechnen möchte, dann ist das Verfahren nach Li und Brooks [125] sehr empfehlenswert. Die Autoren veröffentlichten eine neue Methode zur Berechnung der instationären und stationären mittleren Radikalzahl, die von einer Approximation der Radikalverteilung als Binomialverteilung ausgeht. Unter Einführung der von uns verwendeten Symbole kann man die mittlere Radikalzahl als Funktion der Zeit über

$$\bar{n}(t) = \frac{2\left(1 - e^{-c_1 r_i t}\right)}{(\beta + c_1) - (\beta - c_1)e^{-c_1 r_i t}} \tag{4.2-57}$$

und die (quasi-)stationäre mittlere Radikalzahl gemäß

$$\bar{n} = \frac{2}{\beta + c_1} \tag{4.2-58}$$

mit den Koeffizienten

$$c_1 = \sqrt{\beta^2 + c_2\,\alpha} \tag{4.2-59}$$

$$c_2 = \frac{2\,(2+\beta)}{2+\alpha+\beta} \tag{4.2-60}$$

berechnen.

Der Ugelstad'sche fate-Parameter wurde in der Originalarbeit [125] nicht berücksichtigt, so daß wegen $r_i = r_{i,0}$ die Gleichungen (4.2-60) bis (4.2-57) ohne Iteration zu berechnen sind. In Erweiterung des Li-Brooks-Verfahrens kann der Ugelstad'sche fate-Faktor aber berücksichtigt werden, wenn man die Schritte 3 bis 9 des oben dargestellten iterativen 9-Schritt-Algorithmus durch die Berechnung der mittleren Radikalzahl in der Reihenfolge Gl (4.2-60), Gl (4.2-59) und Gl (4.2-58) ersetzt. Dieses Verfahren hat sich als genau so einfach wie schnell konvergierend erwiesen und wurde in einem großen Bereich der Variablen getestet. Es wird in PolyReac© unter „Verfahren von Brooks/Li (modifiziert)" angewendet.

Vergleich der Berechnungsverfahren. In der Tabelle 4.2-1 wurde der Parameter α_0 um sechs Größenordnungen und der Parameter β_0 um drei Größenordnungen variiert.

Tabelle 4.2-1: Berechnung der mittleren Radikalzahl für $\gamma = -1$

$\beta_0 = 0$				$\beta_0 = 0{,}01$			
α_0	$\bar{n}_1$	$\bar{n}_2$	$\bar{n}_3$	α_0	$\bar{n}_1$	$\bar{n}_2$	$\bar{n}_3$
0,001	22,36	22,49	22,37	**0,001**	17,91	18	17,92
0,01	7,071	7,200	7,090	**0,01**	6,589	6,704	6,605
0,1	2,236	2,373	2,290	**0,1**	2,187	2,319	2,24
1	0,707	0,888	0,866	**1**	0,702	0,881	0,859
10	0,224	0,548	0,548	**10**	0,223	0,546	0,545
100	0,0707	0,505	0,505	**100**	0,071	0,503	0,502
1000	0,0224	0,5005	0,5005	**1000**	0,022	0,498	0,498
$\beta_0 = 0{,}1$				$\beta_0 = 1$			
α_0	$\bar{n}_1$	$\bar{n}_2$	$\bar{n}_3$	α_0	$\bar{n}_1$	$\bar{n}_2$	$\bar{n}_3$
0,001	4,772	4,774	4,772	**0,001**	0,500	0,500	0,500
0,01	3,660	3,692	3,666	**0,01**	0,498	0,498	0,498
0,1	1,791	1,885	1,831	**0,1**	0,477	0,479	0,478
1	0,659	0,820	0,798	**1**	0,366	0,399	0,393
10	0,218	0,521	0,519	**10**	0,179	0,315	0,313
100	0,070	0,480	0,480	**100**	0,066	0,295	0,295
1000	0,022	0,476	0,476	**1000**	0,022	0,293	0,293

Die mittlere Radikalzahl wurde nach den oben dargestellte drei Methoden ermittelt, und zwar

- $\bar{n}_1$ nach Gl (4.2-52)
- $\bar{n}_2$ nach dem oben dargestellten 9-Schritt-Algorithmus und
- $\bar{n}_3$ nach dem modifizierten Li-Brooks-Algorithmus.

Der fate-Faktor γ wurde konstant auf -1 gesetzt, weil dabei der größte zu erwartende Einfluß der Radikaldesorption bemerkbar wird.

Man kann daraus die folgenden Schlußfolgerungen ziehen:

1. Für kleine α_0 , d.h. für große Latexteilchen, hohe spezifische Geschwindigkeiten des Radikaleintritts und kleine Abbruchkonstanten (starker Geleffekt), ist Gleichung (4.2-52) durchaus recht brauchbar, allerdings sollte $\alpha_0 < 0{,}01$ sein. Diese Gleichung liefert iterationsfrei präzise Resultate gerade in dem Bereich, der bei Anwendung der anderen zwei Verfahren mit vergleichsweise extrem hohem numerischen Aufwand verbunden ist.
2. Der 9-Schritt-Algorithmus und die modifizierte Brooks-Li-Methode liefern im Rahmen der erforderlichen Genauigkeit im gesamten Bereich übereinstimmende Resultate. Wenn lediglich die mittlere Radikalzahl zur Modellierung benötigt wird, sollte diese Methode im Bereich $\alpha_0 \geq 0{,}01$ eingesetzt werden. Außerdem empfiehlt sich dieses Verfahren, wenn man beabsichtigt, das instationäre Verhalten über die Gl (4.2-57) modellmäßig zu erfassen.
3. Der 9-Schritt-Algorithmus ist bei Anwendung der QSSA nur dann ohne Konkurrenz, wenn es um die Berechnung der gesamten Radikalpopulation geht.

5 Reaktormodellierung

5.1 Einführung

Die komplexe Polymerisationskinetik mit mehrdimensionalen Reaktormodellen zu verknüpfen, die sowohl die Durchmischung und Hydrodynamik als auch die Wärmetransportprozesse unabhängig vom Maßstab der Reaktoren, realistisch für den 1l-Laborkessel als auch für den 100 m3 - Reaktor beschreiben, um die Eigenschaften des produzierten Polymeren und letzlich die Ökonomie des Polymerisationsprozesses voraussagen und optimieren zu können - das bleiben Zielvorstellungen, denen sich noch Generationen von Chemikern und Verfahrenstechnikern zuwenden werden. Nachfolgend werden stark vereinfachte, „idealisierte" Reaktormodelle auf der Basis eines weitgehend gut gesicherten Erkenntnisstandes zur radikalischen Homopolymerisation beschrieben, mit deren Hilfe über die Simulationsprogramme wesentliche Zusammenhänge zwischen Reaktortyp, Betriebsweise und Polymereigenschaften (Molmassenverteilung) verdeutlicht und verstanden werden können, was uns helfen wird, dem oben umrissenen Ziel ein wenig näher zu kommen.

PolyReac© enthält im Simulationsteil Programme zur Berechnung der folgenden modellhaft idealisierten Reaktoren:

- Diskontinuierlicher Reaktor (Batch Reaktor)
- Kontinuierlicher instationärer Rührreaktor
- Stationärer Rohrreaktor

Während die beiden instationären Reaktoren als „gut durchmischt" behandelt werden, d.h. es sollen keine Temperatur - und Konzentrationsgradienten im Reaktionsraum existieren , wird der Rohrreaktor als „Pfropfenstromreaktor" idealisiert, so daß sich die Reaktionsvariablen jeweils mit eindimensionalen Modellen beschreiben lassen. Auch bezüglich der Energiebilanz wird kräftig idealisiert: Die Berechnung der Reaktoren mit Kühlung über die Reaktorwand erfolgt mit einem konstanten Wärmedurchgangskoeffizienten. Trotz dieser einschneidenden Vereinfachungen können solche Modelle sehr wohl für industrielle Anwendungen nützlich sein, wie wir später im Kapitel 7 zeigen werden.

Bei der Behandlung der Suspensionspolymerisation gehen wir desweiteren von folgenden Annahmen aus:

1. Die „öllöslichen"Initiatoren sind vollständig in der organischen Phase gelöst.
2. Die Löslichkeit des Monomeren in der Trägerphase (Wasser) wird vernachlässigt.
3. Die Temperatur der suspendierten Phase entspricht der Temperatur der Trägerphase.
4. Es existieren keine Konzentrationsgradienten innerhalb der einzelnen Teilchen (Tropfen, Partikeln) der organischen Phase.
5. Es gibt keine Konzentrationsunterschiede (der in der organischen Phase gelösten Komponenten) zwischen den einzelnen Teilchen.

Diese Annahmen werden auch für die Modelle der Emulsionspolymerisation vorausgesetzt, wobei sich die Annahme 5 nicht auf die Polymerradikale und auf Polymere einer bestimmten Kettenlänge bezieht (s. Radikalpopulation, Kap. 4). Für die Emulsionspolymerisation soll zusätzlich folgendes gelten:

1. Es werden die Phasen II und III der klassischen Emulsionspolymerisation erfaßt, und es wird von einer „stabilen" Emulsion ausgegangen - mithin werden die Prozesse der Keimbildung und Partikelagglomeration nicht erfaßt.
2. Der wasserlösliche Initiator ist homogen in der Trägerphase gelöst, seine Löslichkeit in der organischen Phase wird vernachlässigt.
3. In der Phase II besteht Quellungsgleichgewicht, d.h., solange Monomertropfen vorhanden sind, liefern diese ausreichend Monomeres in die solchermaßen durch Polymerproduktion und Quellung wachsenden Latexteilchen nach.

Unter diesen Bedingungen spielen sich alle Reaktionen bei der Masse- , Lösungs- und Suspensionspolymerisation nur in der organischen Phase ab, die das Reaktionsvolumen bildet, während bei der Emulsionspolymerisation der Zerfall des wasserlöslichen Initiators in der Trägerphase, der Primärradikaltransport in die organische Phase und die Radikaldesorption aus den Latexteilchen in die anorganische Trägerphase berücksichtigt werden müssen.

Es hat sich als besonders günstig erwiesen, die Stoffbilanzen mit den Massenbrüchen der Komponenten zu formulieren. Daher kommt in den Stoffbilanzen nicht die bisher als „Polymerisationsgeschwindigkeit" bezeichnete Geschwindigkeit des Monomerverbrauches R_M zum Einsatz, sondern die Änderungsgeschwindigkeit des Polymermassenbruches in der organischen Phase R_P, die zur erstgenannten in der Relation

$$R_P = -R_M \frac{M_M}{\bar{\rho}} = k_p\left(M - M^*\right) P_t \frac{M_M}{\bar{\rho}} \qquad (5.1\text{-}01)$$

steht. $\bar{\rho}$ ist darin die mittlere Dichte der organischen Phase, auf die sich die Polymerisationsgeschwindigkeit bezieht. M^* ist die Gleichgewichtskonzentration, die sich aus der Depolymerisationskonstante errechnen läßt.

5.2 Stoffdaten und kinetische Konstanten

5.2.1 Vorbemerkungen

Obwohl PolyReac© mehr Möglichkeiten bietet, wird im folgenden nur auf die Daten eingegangen, die für die Reaktorsimulation und Parameterbestimmung im Rahmen der im Kapitel 7 beschriebenen Beispiele benötigt werden, und zwar in der algorithmisch korrekten Reihenfolge ihrer Programmierung. Wir gehen davon aus, daß die Massenbrüche aller benötigten Komponenten und die Reaktionstemperatur entweder durch die Anfangsbedingungen oder durch Integration der unten angeführten Stoff- und Energiebilanzen gegeben sind. Bei der Masse-, Lösungs- und Suspensionspolymerisation sind die Massenbrüche der in der organischen Phase löslichen Komponenten auf eben diese bezogen. Im Fall der Suspensionspolymerisation ist also die Summe der Massenbrüche der Komponenten Monomer, Polymer, Initiator 1, Initiator 2, Regler und Inhibitor genau 1, während die wäßrige Phase getrennt davon - im sogenannten „Flottenverhältnis" - erfaßt wird. Dagegen beziehen sich die Massenbrüche der Komponenten bei der Emulsionspolymerisation auf die Gesamtmasse - das hat zum Teil numerische Ursachen, die Suspensionspolymerisation kann als Massepolymerisation gerechnet werden. Wir kommen an der betreffenden Stelle darauf zurück.

Zur Erhöhung der Übersichtlichkeit unterscheiden wir zwischen der absoluten Temperatur T (in K) und der Temperatur T_c (in °C). Die variablen Koeffizienten der Korrelationsgleichungen werden einheitlich als c_1, c_2, c_3 usw bezeichnet. Die Berechnung der Stoff- und kinetischen Daten erfolgt in zwei getrennten Blöcken : Im Block A werden nur von der Temperatur abhängige Größen , im Block B die von Komponentenkonzentrationen abhängigen Variablen berechnet. Alle Parameter sind in den Maßeinheiten kg, m, s, K (°C), bar sowie J oder in daraus ohne Umrechnungsfaktor abzuleitenden Größen, z.B. W, anzugeben.

Die Stoffdaten für Ethylen und Polyethylen beziehen sich bereits auf ein Monomer-Polymer-Gemisch und einen Druck von 2000 bar [11, 19]. Sie werden als Mittelwerte für die Berechnung von Hochdruck-Polyethylen-Reaktoren interpretiert, weil eine Korrelation der Komponenteneigenschaften mit dem Druck in PolyReac© nicht vorgesehen ist.

5.2.2 Temperaturabhängige Variable

Dichte. Die Dichte der Komponente k, mit k = Monomer, Polymer, Lösemittel und Trägerphase / Kühlmedium (Wasser), wird als quadratische Funktionen der Temperatur nach

$$\rho_k = c_0 + c_1\,T_c + c_2\,T_c^2 \tag{5.2-01}$$

berechnet. Die PolyReac© - Standardwerte sind in Tabelle 5.2-1 erfaßt. Sie können direkt in den ASCII-Dateien MONOMER, POLYMER, SOLVENT, COMPO im Verzeichnis INPUT \ SDAT editiert werden, z.B. mit Hilfe des Arbeitsblattes B3.

Tabelle 5.2-1: Berechnung der Dichten (PolyReac© - Standard)

Komponente	c_0 kg m^{-3}	c_1 kg m^{-3} °C^{-1}	c_2 kg m^{-3} °C^{-2}
Styren	924	- 0,918	0
Polystyren	1084	- 0,605	0
Methylmethacrylat	968	- 1,150	0
Polymethylmethacrylat	1212	- 0,845	0
Ethylen	498,6	-0,4475	0
Polyethylen	930	0	0
Toluen	885	- 0,92	- 1,450 x 10^{-3}
Ethylbenzen	883,3	- 0,867	8,330 x 10^{-5}
Benzen	900	- 1,07	- 1,250 x 10^{-3}
Ethylacetat	926,2	- 1,233	- 1,333 x 10^{-3}
Wasser	999,84	- 0,23602	- 3,578 x 10^{-3}

Freies Volumen. Das freie Volumen der Komponente k (mit k = Monomer, Polymer, Lösemittel) wird nach der Beziehung

$$v_{f,k} = 0{,}025 + \Delta\varepsilon_k \left(T_c - T_{g,k} \right) \qquad (5.2\text{-}02)$$

aus der Differenz der Volumenexpansionskoeffizienten unter- und oberhalb der Glastemperatur $T_{g,k}$ der Komponente $\Delta\alpha_k$ ermittelt. Die Glastemperatur der nicht polymolekularen Komponenten Monomer und Lösemittel entspricht ihrem Gefrierpunkt. Tabelle 5.2-2 enthält die in PolyReac© verwendeten Werte. Sie können ebenfalls direkt in den ASCII-Dateien MONOMER, POLYMER, SOLVENT und COMPO im Verzeichnis INPUT \ SDAT editiert werden (s. Arbeitsblatt B3).

In Anlehnung an die Fachliteratur wurden einheitliche Werte für die Differenz der Volumenausdehnungskoeffizienten der niedermolekularen Monomeren und der Lösemittel einerseits sowie der hochmolekularen Polymeren andererseits verwendet.

Die Glastemperatur der Polymeren ist von der Molmasse des Polymeren abhängig (s. Kapitel 3.5). Da diese Abhängigkeit im hochmolekularen Bereich jedoch über weite Bereiche der Molmasse keine wesentliche Wirkung auf die Simulationsergebnisse hat, wurde sie in PolyReac© nicht berücksichtigt.

Alle Parameter, die zur Berechnung des freien Volumens beitragen, haben eine besondere Wirkung auf die Berechnung der Polymerisationsgeschwindigkeit im Hochumsatzbereich. Sollten hier Veränderungen vorgenommen werden, dann ist die Anpassung der Gelparameter des hochumsatzkinetischen Modelles zu wiederholen, um deutliche Verluste an Qualität der Anpassung von Meßwerten bei hohen Monomerumsätzen zu vermeiden. Zwar beeinflussen generell alle zugrundegelegten

Stoffdaten die Werte der aus den Experimenten anzupassenden kinetischen Parameter, jedoch ist die Streuung der in der Literatur zu findenden Daten zur Berechnung des freien Volumens und ihre Wirkung im Bereich hoher Monomerumsätze besonders groß.

Tabelle 5.2-2: Berechnung des freien Volumens (PolyReac© - Standard)

Komponente	$\Delta\varepsilon_k$ K^{-1}	$T_{g,k}$ °C
Styren	$1{,}0 \times 10^{-3}$	- 30,63
Polystyren	$4{,}8 \times 10^{-4}$	100
Methylmethacrylat	$1{,}0 \times 10^{-3}$	- 106
Polymethylmethacrylat	$4{,}8 \times 10^{-4}$	114
Ethylen	$1{,}0 \times 10^{-3}$	- 169,15
Polyethylen	$4{,}8 \times 10^{-4}$	150
Toluen	$1{,}0 \times 10^{-3}$	- 95,15
Ethylbenzen	$1{,}0 \times 10^{-3}$	- 93,9
Benzen	$1{,}0 \times 10^{-3}$	5,5
Ethylacetat	$1{,}0 \times 10^{-3}$	-83,55

Spezifische Wärmekapazität. Ihre Berechnung erfolgt als lineare Funktion der Temperatur gemäß

$$c_{p,k} = c_0 + c_1\, T_c \tag{5.2-03}$$

Tabelle 5.2-3: Berechnung der spezifischen Wärmekapazität

Komponente	c_0 J kg^{-1} K^{-1}	c_1 J kg^{-1} K^{-2}
Styren	1129	3,21
Polystyren	1800	0
Methylmethacrylat	1770	3,0
Polymethylmethacrylat	1225	17,2
Ethylen	3558	0
Polyethylen	3558	0
Toluen	1612	3,56
Ethylbenzen	1541	6,78
Benzen	1666	3,0
Ethylacetat	1880	1,76
Wasser	4116,5	1,29

Die Komponente k steht auch hier wieder für das Monomere, das Polymere, das Lösemittel und für die Trägerphase bzw. das Kühlmittel (Wasser) deren Koeffizienten in Tabelle 5.2-3 wiedergegeben sind. Die Werte für Ethylen und Polyethylen sind *Mittelwerte eines Gemisches* in einem Hochdruckprozeß - siehe oben.

Grenzumsatz. Der infolge des Glaseffektes erreichbare Grenzumsatz bei der Polymerisation des reinen Monomeren kann vereinfachend als eine „Stoffeigenschaft" behandelt werden und läßt sich durch die empirische Approximation [5]

$$U_{gr} = \left(c_0 + \frac{c_1}{T_c - T_{gM}} \right)^{-1} \qquad (5.2\text{-}04)$$

für Temperaturen, die unterhalb der Glastemperatur des Polymeren liegen, unter Verwendung der in Tabelle 5.2-4 aufgeführten Konstanten sowie der Glastemperaturen aus Tabelle 5.2-2 modellieren.

Tabelle 5.2-4: Berechnung des Grenzumsatzes (PolyReac© - Standard)

Komponente	c_0 ---	c_1 K^{-1}
Polystyren	0,812	24,53
Polymethylmethacrylat	0,7899	46,213

Für Polyethylen findet man in der Literatur sehr weit streuende Glastemperaturen im Bereich zwischen -30 °C und -128 °C [128 - 135]. Das bleibt für unsere Zwecke aber ohne Wirkung. Die mit PolyReac© zu untersuchende radikalische Polymerisation von Ethylen nach dem Hochdruckverfahren verläuft bei Temperaturen, die weit oberhalb dieser Werte liegen. - folglich ist die Modellierung eines Grenzumsatzes nach Gl (5.2-04) nicht erforderlich.

Dampfdruck. Der Dampfdruck der *reinen* Komponenten (in bar) wird nach der Gleichung von Antoine

$$\log_{10} P_k = c_0 - \frac{c_1}{c_2 + T_c} \qquad (5.2\text{-}4a)$$

berechnet. Auf die wesentlich kompliziertere Berechnung des Dampfdruckes der Reaktionsmischung wird in PolyReac© verzichtet, dafür wird die Komponente ermittelt, die als reine Komponente unter den gegebenen Bedingungen den höchsten Dampfdruck ausweist, dessen Verlauf dann als „Maximum vapour pressure" ausgewählt und graphisch dargestellt werden kann. Natürlich sind alle Korrelationen auf bestimmte Gültigkeitsbereiche beschränktt. Für Mehtylmethacrylat wurden z.B.

in der Fachliteratur [136] nur Daten bis zur Siedetemperatur gefunden. Es ist natürlich einer kritischen Diskussion wert, ob man an Daten, die in solch engen Bereichen gegeben sind, die Koeffizienten der Gl. (5.2-4a) anpassen soll, um sie dann in den technisch interessanten Bereich höherer Temperaturen zu extrapolieren. Zum einen sind jedoch die derart ausgeführten Extrapolationen nicht extrem ungenau, zum anderen liegt der Gesamtdruck der Reaktionsmasse mit großer Sicherheit unterhalb des „Maximum vapour pressure". Ist ein Reaktor einer so überbetonten maximalen Gefährdung z.B. während eines adiabaten Durchgängers gewachsen, so liegt man „auf der sicheren Seite" - es geht uns ja gerade um solche technischen Aussagen, nicht um eine Konkurrenz zu Physikochemikern, die immer bessere (und aufwendigere) Stoffdatenkorrelationen für immer größere Bereiche der Einflußvariablen entwickeln.

Für Ethylen wurden nur „Platzhalter" in der Tabelle 5.2-4a angegeben. Das in Kapitel 7.3 behandelte Hochdruckverfahren für Polyethylen arbeitet weit oberhalb des kritischen Punktes. Die Reaktionstemperatur beträgt zwischen 100°C und 300°C, der Druck liegt zwischen 1000 bar und 3000 bar, während die kritischen Parameter für Ethylen P_{crit}=50,7 bar und T_{crit}=9,6 °C betragen..

Tabelle 5.2-4a: Berechnung des Dampfdruckes (PolyReac© - Standard)

Komponente	c_0 ---	c_1 °C	c_2 °C
Styren	3,66733	1203,7	183,492
Methylmethacrylat	4,5908	1539,96	234,446
Ethen	1	0	0
Ethylbenzen	4,29369	1557,36	226,864
Toluen	4,17654	1396,88	224,452
Benzen	3,79497	1031,94	193,032
Ethylacetat	4,26514	1274,91	221,481

Unter solchen Verhältnissen, sind komplexere Modellgleichungen erforderlich, z.B. wie die von Kiparissides [15] empfohlene Korrelation von Benzler und Koch [137], wonach die auf die Werte am kritischen Punkt bezogenen (reduzierten) Werte des Druckes, der Temperatur und der Dichte in folgender Relation

$$P_r = c_0 + c_1 \left(T_r - 1\right) + c_2 \left(T_r - 1\right)^2 \qquad (5.2\text{-}4b)$$

stehen und die Koeffizienten c_0, c_1 und c_2 Funktionen der reduzierten Dichte sind.

Ähnliches trifft auch auf alle anderen thermodynamischen und Transporteigenschaften für die Ethylenpolymerisation zu. PolyReac© läßt sich dennoch für realistische Simulationen solcher Reaktoren verwenden, wenn es sich um relativ enge Bereiche der Variablen handelt, was oft der Fall ist. Zum Beispiel wird man meistens den Druckabfall in einem PE-Hochdruck-Rohrreaktor vernachlässigen und mit einem konstanten Druck rechnen. Außerdem erreicht der

Monomerumsatz in den technischen Reaktoren kaum höhere Werte als 30%, und der Temperaturbereich ist in relativ engen Bereichen durch die Rezeptur und die zu erreichenden Polymerqualitäten fixiert. Man kann in einem solchen Fall die erforderlichen Funktionen mit den komplexeren Ansätzen berechnen und im gewünschten Bereich der Variablen durch die einfacheren Ansätze approximieren.

Viskosität. Nach Perry [136] kann die dynamische Viskosität einer reinen Komponente unterhalb einer relativen Temperatur von

$$T_r = 0{,}75 \frac{T}{T_{crit}} \tag{5.2-4c}$$

über eine einfache Temperatuirabhängigkeit des Arrhenius-Types

$$\eta_{k,0} = c_0 \exp\left(-\frac{c_1}{T}\right) \tag{5.2-4d}$$

berechnet werden. Gleichung (5.2-4d) ist mit folgenden Koeffizienten in PolyReac© vertreten:

Tabelle 5.2-4b: Berechnung der Viskosität der Komponenten (PolyReac© - Standard)

Komponente	c_0 Pas x 10^6	c_1 K
Styren	8.15	-1326
Methylmethacrylat	1	0
Ethen	2000	0
Ethylbenzen	17	-1081
Toluen	15,1	-1076
Benzen	9,27	-1246
Ethylacetat	13,03	-1037

Der hohe Wert für Ethen ist wieder darauf zurückzuführen, daß er sich auf repräsentative Reaktionsbedingungen der Hochdruckpolymerisation bezieht. Die von Chen [19] angegebene sehr schwache Temperaturabhängigkeit wird hier gänzlich vernachlässigt.

Kinetische Konstanten. Die Berechnung der temperatur- und druckabhängigen anfangskinetischen Parameter erfolgt ausnahmslos über Beziehungen der Art

$$k = k_\infty \exp\left(\frac{E - P\,\Delta V}{T}\right) \tag{5.2-05}$$

Für die gelkinetischen Parameter wurde keine Abhängigkeit vom Druck gefunden - sie bleibt in PolyReac© unberücksichtigt.

Im Vergleich zu den Stoffdaten sind die Häufgkeitsfaktoren, Aktivierungsenergien und Aktivierungsvolumina weit weniger gut bekannt, aber von größtem Einfluß auf die Berechnungsergebnisse. Die damit zusammenhängenden Probleme und die Auswahl der kinetischen Parameter wurden ausführlich in den Kapiteln 3.4 und 3.5 behandelt. Deshalb seien die an dieser Stelle des Algorithmus zu berechnenden Konstanten lediglich aufgezählt:

- Radikalausbeutefaktoren
- Initiatorzerfallskonstanten
- Konstanten des thermischen Startes
- Wachstumskonstante
- Gleichgewichtskonzentration des Monomeren
- Transferkonstante zum Monomeren
- Abbruchkonstante, Anteile der Disproportionierung und Rekombination
- Transferkonstante zum Kettenlängenregler
- Transferkonstante zum Lösemittel
- Inhibierungskonstante
- Gelkinetische Parameter

Alle temperaturabhängigen Parameter sind beim Arbeiten mit PolyReac© mehrfach editierbar.

5.2.3 Konzentrationsabhängige Variable

Dichte. Die Berechnung muß berücksichtigen, daß im Fall der Suspensionspolymerisation die Summe der Massenbrüche der organischen Bestandteile nicht 1 ergibt. In sehr guter Näherung bestimmen die Anteile des Monomeren, des Lösemittels und des Polymeren die Dichte der organischen Phase. Es wird also von

$$\bar{\rho} = \frac{Y_M + Y_S + Y_P}{\frac{Y_M}{\rho_M} + \frac{Y_S}{\rho_S} + \frac{Y_P}{\rho_P}} \tag{5.2-06}$$

Gebrauch gemacht. Zur Berechnung der Gesamtdichte muß der Trägerphasenanteil (Wasser) für die Suspensions- und Emulsionspolymerisation berücksichtigt werden, mithin gilt

$$\bar{\rho}_g = \frac{Y_M + Y_S + Y_P + Y_W}{\frac{Y_M}{\rho_M} + \frac{Y_S}{\rho_S} + \frac{Y_P}{\rho_P} + \frac{Y_W}{\rho_W}} \tag{5.2-06a}$$

Infolge dieser Schreibweise ist es in beiden Gleichungen nicht mehr von Belang, ob die Massenbrüche auf die gesamte Reaktionsmasse (einschließlich Wasser), oder nur auf die organische Phase bezogen sind.

Spezifische Wärmekapazität. Für die organische Phase wird sie aus den Anteilen ihrer Hauptbestandteile nach

$$\bar{c}_p = \frac{c_{p,M} Y_M + c_{p,P} Y_P + c_{p,S} Y_S}{Y_M + Y_P + Y_S} \tag{5.2-07}$$

und für die gesamten Reaktionsmischung (Polymerisation in Suspension oder Emulsions) in guter Näherung aus Gl (5.2-08) erhalten.

$$\bar{c}_{p,g} = \bar{c}_p \left(1 - Y_W\right) + c_{p,W} Y_W \tag{5.2-08}$$

Konzentrationen. Sie werden nur in der organischen Phase benötigt, da voraussetzungsgemäß nur hier Reaktionen ablaufen sollen. Ihre Berechnung erfolgt für die Komponente k (k = Monomer, Lösemittel, Initiator 1, Initiator 2, Inhibitor und Kettenlängenregler) über

$$c_k = \frac{Y_k \bar{\rho}}{M_k} \tag{5.2-09}$$

Freies Volumen. Zur Berechnung der hochumsatzkinetischen Parameter benötigt man die freien Volumina der Komponenten Monomer, Polymer und Lösemittel in der organischen Phase. Sie lassen sich aus den Volumenbrüchen v_k der genannten Komponenten in der organischen Phase

$$v_k = \frac{Y_k \bar{\rho}}{\rho_k} \tag{5.2-10}$$

ermitteln, indem über die damit gewichteten Beiträge der Einzelkomponenten summiert wird:

$$v_f = v_{f,M} v_M + v_{f,P} v_P + v_{f,S} v_S \tag{5.2-11}$$

Der initialkinetische Wert ergibt sich daraus, wenn das vorhandene Polymere als Monomeres gerechnet wird:

$$v_f^0 = \left(v_{f,M} + v_{f,P}\right) v_M + v_{f,S} v_S \tag{5.2-12}$$

Im Fall der Suspensionspolymerisation wird vom Programm darüberhinaus die Eingabe des sogenannten „Flottenverhältnisses", das ist das Massenverhältnis der organischen Phase (Monomer, Polymer, Initiator, Regler) zur Wasserphase, als

$$\phi_{org} = \frac{Y_{org}^0}{Y_W^0} \tag{5.2-13}$$

gefordert, das in den Berechnungen als Konstante behandelt wird. Hieraus kann der Massenanteil des Wassers, der hier auf die gesamte Mischung (Wasser + organische Phase) bezogen wird, über

$$Y_W = Y_W^0 = \frac{1}{1 + \phi_{org}} \tag{5.2-14}$$

berechnet werden. Er wird für die Energiebilanzierung der Reaktoren benötigt.

Viskosität der Reaktionsmischungen. Die Viskosität einer lösemittelfreien Massepolymerisation kann unter Reaktionsbedingungen mit steigendem Umsatz um mehr als 6 Größenordnungen zunehmen. Dadurch ist eine sehr starke Kopplung zwischen Kinetik und Fluiddynamik in den Polymerisationsreaktoren gegeben. Das Strömungsbild in den Reaktoren ändert sich mit zunehmendem Monomerumsatz dramatisch. Alle für das Reaktordesign maßgeblichen Parameter werden davon beeinflußt, insbesondere die Durchmischung, die Wärmeabführung, die Rührleistung sowie der Druckverlust und die Polymerisationskinetik selbst (s. Kapitel 3.5 „Hochumsatzkinetik"). Die Komplexität der Einflüsse auf die Viskosität konzentrierter hochmolekularer Lösungen ist jedoch groß, und es ist schwer, zuverlässige Berechnungsgleichungen zu finden. Kaum möglich scheint das im gesamten technisch interessanten Bereich zu sein, weil im niedrigviskosen Bereich andere Mechanismen als im hochviskosen Bereich wirken - es sei denn, man macht entsprechende Abstriche an der Präzision der Berechnungen. Wie bereits bei der Beeinflussung der kinetischen Konstanten diskutiert, spielt die Verhakung (Verschlaufung, Knäuelung) der Makromoleküle eine wesentliche Rolle. Wegen der mit steigender Viskosität wachsenden verfahrenstechnischen Probleme ist für den Chemieingenieur die Kenntnis einer Viskositätskorrelation im hochviskosen Bereich, d.h. oberhalb des Verhakungspunktes, wichtiger als bei niedrigen Viskositäten. Eine typische Korrelation, die den erreichten Kenntnisstand repräsentiert, indem sie die wichtigsten Einflußgrößen erfaßt, ist die von Baumgärtel [138] für Styren-Polystyren-Ethylbenzen-Mischungen oberhalb eines Polymeranteiles von etwa 40 % entwickelte Beziehung

$$\eta = \frac{\eta_1 \left(\frac{M_w}{M_w^*}\right)^{3,5} Y_P^{5,7}\, 10^{\frac{-c_1\left(T-T^*\right)}{c_2+T-T^*}}}{1+\left(\eta^*\left(\frac{M_w}{M_w^*}\, Y_P\right)^{3,5} 10^{\frac{-c_1\left(T-T^*\right)}{c_2+T-T^*}}\, \dot{\gamma}\right)^n} \qquad (5.2\text{-}15)$$

Gleichung (5.2-15) gibt den Einfluß des Polymergehaltes, der Temperatur, der mittleren Molmasse und des Schergradienten wieder. Die genannte Reihenfolge ist in den meisten Fällen auch eine Rangfolge. Darin ist η_1 die sogenannte Anfangsviskosität der Schmelze ($Y_P = 1$) eines Polymeren mit einer massenmittleren Referenzmolmasse (Index *) bei einem Schergradienten von $\dot{\gamma} = 0\ s^{-1}$, die bei der Referenztemperatur T^* gemessen wurde. Für solche Schmelzeviskositäten lassen sich in der Literatur relativ zuverlässige Korrelationen finden, z.B. für den Viskositätsbereich zwischen 100 Pas und 2000 Pas in Knetern [13].

In Polyreac© wird für Polystyren-Lösungen die einfachere Beziehung von Harkness [139]

$$\eta = \exp\left(-13,09 + \frac{2103}{T} + M_w^{0,18}\left[3,915 Y_P - 5,437 Y_P^2 + \left(0,623 + \frac{1387}{T}\right) Y_P^3\right]\right) \qquad (5.2\text{-}16)$$

verwendet, die den Einfluß des Schergradienten nicht berücksichtigt, aber nach eigenen Messungen und durch Vergleich mit publizierten Ergebnissen die experimentellen Befunde bis zu etwa 80 % Polymergehalt recht gut beschreibt.

Für überkritische Ethylen-Polyethylen-Mischungen findet man in der Literatur sehr unterschiedliche Korrelationen. Setzt man einen Wert des zahlenmittleren Polymerisationsgrades von 500 an, dann läßt sich aus den Gleichungen von Chen und Ehrlich [19] , die für einen Druck von 2000 bar gelten sollen, der vereinfachte Ansatz (5.2-17) ableiten, der in Polyreac[e] verwendet wird.

$$\eta = 2\ 10^{-3} \exp(32{,}24\ Y_P) \tag{5.2-17}$$

5.3 Masse, - Lösungs - und Suspensionspolymerisation

5.3.1 Instationärer kontinuierlicher Rührreaktor

Stoffbilanzen. Die zeitliche Änderung der Masse m_k einer Komponente k im Reaktor läßt sich unter den in Kapitel 5.1 definierten Bedingungen als Differenz des zulaufenden Massenstromes $\dot{m}_k^z$ und des ablaufenden Massenstromes $\dot{m}_k$, zu- oder abzüglich der durch Reaktion erzeugten oder verbrauchten Masse dieser Komponente durch

$$\frac{dm_k}{dt} = \dot{m}_k^z - \dot{m}_k + R_k\ M_k V_R \tag{5.3-01}$$

wiedergeben, worin R_k die Stoffänderungsgeschwindigkeit und M_k die Molmasse der Komponente k sowie V_R das Reaktionsvolumen ist. Die Gesamtheit aller benötigten R_k zuzüglich einer Anzahl von Hilfsgleichungen, wie z.B. die aus der Anwendung der QSSA resultierenden Berechnungsgleichungen für die Konzentrationen der Radikale, wurde in den Kapiteln 3 und 4 als momentankinetisches Modell bezeichnet und abgeleitet.

Die Masse einer Komponente läßt sich durch ihren Massenbruch in der Form

$$m_k = Y_k\ m_R \tag{5.3-02}$$

ausdrücken, wobei sich die Gesamtmasse m_R im Reaktor über

$$\frac{dm_R}{dt} = \dot{m}^z - \dot{m} \tag{5.3-03}$$

aus der Differenz der Massenströme am Reaktoreintritt und Reaktoraustritt ergibt. Die Einbeziehung von Gl. (5.3-03) ist notwendig, da selbst bei einem gefüllten Reaktor (z.B. infolge von Dichteänderungen) die Massenströme am Eintritt und Austritt des Reaktors meist nicht übereinstimmen, Dies ist nur für den in idealisierter Weise stationären Rührkessel der Fall, bei dem keine Temperaturschwankungen auftreten. Mithin darf Gl. (5.3-01) nicht einfach durch einen konstanten Wert der

Reaktionsmasse dividiert werden, um zu einer Stoffbilanz mit den Massenbrüchen der Komponenten zu gelangen. Hierzu differenzieren wir Gl. (5.2-02),

$$\frac{dm_k}{dt} = m_R \frac{dY_k}{dt} + Y_k \frac{dm_R}{dt} \tag{5.3-04}$$

und setzen Gl. (5.2-03) in Gl. (5.2-04) ein. Die so erhaltene Gleichung

$$\frac{dm_k}{dt} = m_R \frac{dY_k}{dt} + Y_k\left(\dot{m}^z - \dot{m}\right) \tag{5.3-05}$$

wird wiederum in Gl. (5.2-01) eingesetzt. Nach Einführung der Massenbrüche der bilanzierten Komponente am Ein- und Austritt des Reaktors und Ersetzen der Reaktionsmasse durch das Reaktionsvolumen und die mittlere Dichte gelangt man zur Bilanzierung des Massenbruches in der Form

$$\frac{dY_k}{dt} = \frac{1}{\overline{\rho}}\left[\frac{\dot{m}^z}{V_R}\left(Y_k^z - Y_k\right) + R_k M_k\right] \tag{5.3-06}$$

Bei der Berechnung des instationären Rührreaktors mit PolyReac[c] wird von einem gefüllten Überlaufreaktor mit konstantem Reaktionsvolumen ausgegangen. Deshalb ist nur die Eingabe des als „Reaktorbelastung" deklarierten Relativwertes

$$b = \frac{\dot{m}^z}{V_R} \tag{5.3-07}$$

erforderlich. Durch Einsetzen des in Kapitel 3.3 abgeleiteten momentankinetischen Modells resultiert daraus das folgende Differentialgleichungssystem 1.Ordnung:

Massenbruch des Monomeren

$$\frac{dY_M}{dt} = \frac{b}{\overline{\rho}}\left(Y_M^z - Y_M\right) - R_P \tag{5.3-08}$$

Massenbruch Initiator 1

$$\frac{dY_{I_1}}{dt} = \frac{b}{\overline{\rho}}\left(Y_{I_1}^z - Y_{I_1}\right) - k_{i1} Y_{I_1} \tag{5.3-09}$$

Massenbruch Initiator 2

$$\frac{dY_{I_2}}{dt} = \frac{b}{\overline{\rho}}\left(Y_{I_2}^z - Y_{I_{21}}\right) - k_{i2} Y_{I_2} \tag{5.3-10}$$

Massenbruch Molmassenregler (CTA)

$$\frac{dY_C}{dt} = \frac{b}{\overline{\rho}}\left(Y_C^z - Y_C\right) - k_c Y_C P_t \tag{5.3-11}$$

Massenbruch Inhibitor

$$\frac{dY_X}{dt} = \frac{b}{\overline{\rho}}\left(Y_X^z - Y_X\right) - k_{tx} Y_X P_t \tag{5.3-12}$$

Massenbruch Lösemittel

$$\frac{dY_S}{dt} = \frac{b}{\bar{\rho}}\left(Y_S^z - Y_S\right) \tag{5.3-13}$$

Zahlenmittlerer Polymerisationsgrad

$$\frac{dP_n}{dt} = \frac{P_n}{Y_P}\left(\frac{b}{\bar{\rho}} Y_P^z \frac{P_n^z - P_n}{P_n^z} + R_P \frac{P_n^d - P_n}{P_n^d}\right) \tag{5.3-14}$$

Massenmittlerer Polymerisationsgrad

$$\frac{dP_w}{dt} = \frac{1}{Y_P}\left(\frac{b}{\bar{\rho}} Y_P^z \left(P_w^z - P_w\right) + R_P\left(P_w^d - P_w\right)\right) \tag{5.3-15}$$

Die darin enthaltene Totalkonzentration der aktiven Polymeren wird unter Anwendung der QSSA über

$$P_t = -\frac{k_{tx} X}{2k_t} + \sqrt{\left(\frac{k_{tx} X}{2k_t}\right)^2 + \frac{r_g}{k_t}} \tag{5.3-16}$$

mit der Gesamt-Initiierungsgeschwindigkeit

$$r_g = 2\, f_{i,a}\, k_{i,a}\, M^n + 2\, f_1\, k_{i,1}\, I_1 + 2\, f_2\, k_{i,2}\, I_2 \tag{5.3-17}$$

berechnet. Die Komponentenkonzentrationen c_k werden aus

$$c_k = Y_k \frac{\bar{\rho}}{M_k} \tag{5.3-18}$$

ermittelt.

Die ebenfalls benötigten differentiellen Polymerisationsgrade ergeben sich nach Kapitel 3.3 zu

$$P_n^d = \frac{1 + X_c}{q} \tag{5.3-19}$$

und

$$P_w^d = \frac{2}{q}\left(1 + \frac{X_c}{1 + X_c}\right) \tag{5.3-20}$$

mit dem Kombinationsanteil

$$X_c = 1 - \frac{T^+ + k_{td} P_t}{T^+ + k_{td} P_t + \frac{1}{2} k_{tc} P_t} \tag{5.3-21}$$

worin der Gesamt-Transferterm durch

$$T^+ = k_m M + k_s S + k_c C + k_{tx} X \tag{5.3-22a}$$

und die Abbruchwahrscheinlichkeit q durch

$$q = \frac{T^+ + k_t P_t}{k_p\left(M - M^*\right) + T^+ + k_t P_t} \tag{5.3-22b}$$

gegeben sind.

In der vorliegenden PolyReac^c-Version wird nur die Molmassenverteilung des momentan produzierten Polymeren berechnet. Wenn z.B. eine Berechnung nach einer Reaktionszeit von 6 h abgebrochen wird, dann wird die Molmassenverteilung

$$y_j^d = \frac{q^2}{1 + X_C}(X_{TD} j + q X_C j^2)\exp(-jq) \tag{5.3-23}$$

des zu diesem Zeitpunkt im Reaktor produzierten Polymeren ausgegeben. Sie entspricht der Molmassenverteilung des Gesamtproduktes nur dann, wenn der stationäre Zustand erreicht wurde und entweder der Polymergehalt im Reaktorzulauf Null ist oder die Molmassenverteilung des Zulaufes genau der produzierten Molmassenverteilung entspricht - letzteres ist im allgemeinen sehr unwahrscheinlich.

Damit ist der Algorithmus zur Berechnung isothermer Fahrregime in einem instationären kontinuierlichen Rührreaktor unter Verwendung des anfangskinetischen Modelles komplett. Ein beliebiges Hochumsatzmodell kann einbezogen werden, indem vor der Berechnung der Integranden die Berechnung der kinetischen Konstanten erfolgt, die z.B. vom Polymergehalt und von der mittleren Molmasse abhängig sind (siehe Kapitel 3.5).

Im Fall der nichtisothermen Reaktionsführung ist das Bilanzgleichungssystem durch die Energiebilanz zu ergänzen, und alle temperaturabhängigen Parameter sind noch vor dem Hochumsatzmodell zu berechnen.

Energiebilanz. Wie vorn begründet, wurden in PolyReac^c die Modelle zur Beschreibung der Wärmeübertragung auf das Einfachste beschränkt. Die Berechnung des Temperatur-Zeit-Verlaufes erfolgt im Fall der Masse- und Lösungspolymerisation über

$$\frac{dT}{dt} = \frac{1}{\overline{\rho}\,\overline{c}_p}\left[H_R R_M - b\overline{c}_p\left(T - T^z\right) - K_D\, a\left(T - T_K\right)\right] \tag{5.3-24}$$

während für die Suspensionspolymerisation die Wärmespeicherung und „Verdünnung" durch die Trägerphase Wasser berücksichtigt werden muß; hier gilt:

$$\frac{dT}{dt} = \frac{1}{\overline{\rho}_g\,\overline{c}_{p,g}}\left[H_R R_M\left(1 - Y_W\right) - b\overline{c}_{p,g}\left(T - T^z\right) - K_D\, a\left(T - T_K\right)\right] \tag{5.3-25}$$

Darin ist a die spezifische Kühlfläche pro Reaktions-Volumeneinheit, und es wird von konstanten Temperaturen des Kühlmediums T_K und des Reaktorzulaufes T^z sowie einem konstanten Wärmedurchgangskoeffizienten K_D ausgegangen.

PolyReac^c ermöglicht folgende Auswahl an Varianten des wärmetechnischen Reaktorbetriebes:

- isotherm

Es wird $\frac{dT}{dt}=0$ gesetzt.

- adiabat (Runaway)
  Es wird $K_D=0$ gesetzt.
- polytrop
- Optimierung des Temperatur- Zeit- Profiles

Im letztgenannten Fall wird das Temperaturprofil in vorgegebenen Schritten so berechnet, daß die Polymerisationsgeschwindigkeit R_P konstant gehalten wird.

5.3.2 Batch Reaktor

Die Bilanzgleichungen für den diskontinuierlichen Reaktor lassen sich unter den getroffenen Voraussetzungen unmittelbar aus dem Modell des instationären kontinuierlichen Rührreaktors (s. Kapitel 5.3.1) ableiten, indem der konvektive Transport vernachlässigt wird. Damit ist folgendes Differentialgleichungssystem zu lösen:

$$\frac{dY_M}{dt}=-R_P \quad (5.3\text{-}26)$$

$$\frac{dY_{I_1}}{dt}=-k_{i1}Y_{I_1} \quad (5.3\text{-}27)$$

$$\frac{dY_{I_2}}{dt}=-k_{i2}Y_{I_2} \quad (5.3\text{-}28)$$

$$\frac{dY_C}{dt}=-k_c Y_C P_t \quad (5.3\text{-}29)$$

$$\frac{dY_X}{dt}=-k_{tx} Y_X P_t \quad (5.3\text{-}30)$$

$$\frac{dY_S}{dt}=0 \quad (5.3\text{-}31)$$

$$\frac{dP_n}{dt}=\frac{P_n}{Y_P}R_P\frac{P_n^d-P_n}{P_n^d} \quad (5.3\text{-}32)$$

$$\frac{dP_w}{dt}=\frac{R_P}{Y_P}\left(P_w^d-P_w\right) \quad (5.3\text{-}33)$$

Energiebilanz für die Lösungspolymerisation

$$\frac{dT}{dt}=\frac{1}{\bar{\rho}\bar{c}_p}\left[H_R R_M - K_D\, a(T-T_K)\right] \quad (5.3\text{-}34)$$

Energiebilanz für die Suspensionspolymerisation

$$\frac{dT}{dt} = \frac{1}{\bar{\rho}_g \, \bar{c}_{p,g}} \left[H_R R_M (1 - Y_W) - K_D \, a (T - T_K) \right] \tag{5.3-35}$$

Die Gleichungen (5.3-16) bis (5.3-23) gelten unverändert auch für den diskontinuierlichen Reaktor.

Molmassenverteilung. Die zeitlich integrale Molmassenverteilung ist als Massenbruch des Polymeren mit der Kettenlänge j definiert durch

$$y_j = \frac{m_{P,j}}{\sum_j m_{P,j}} = \frac{m_{P,j}}{m_P} \tag{5.3-36}$$

Im strengen Sinn müßten für den Batchreaktor also Tausende von Differentialgleichungen der Art

$$\frac{dm_{P,j}}{dt} = R_P \, \bar{\rho} \, V_R \, y_j^d \tag{5.3-37}$$

unter Verwendung von Gl. (5.3-23) gelöst werden. Eine große Vielzahl von Methoden, die sich in Präzision und Aufwand stark unterscheiden, wurde in der Vergangenheit entwickelt, s. z.B. Wulkow [140].

In PolyReac© wird ein einfaches und wenig aufwendiges Verfahren verwendet, das von der Mischungsregel für zwei Polymermassen m_1 und m_2 mit den Molmassenverteilungen $y_{j,1}$ und $y_{j,2}$ in der Form

$$y_j = \frac{m_1 \, y_{j,1} + m_2 \, y_{j,2}}{m_1 + m_2} \tag{5.3-38}$$

ausgeht. Angenommen, am Anfang wäre kein Polymeres vorhanden, dann wäre nach dem ersten Integrationsintervall $m_1 = 0$ und m_2 entspräche der Masse des Polymeren, das im ersten Zeitintervall produziert worden wäre. $y_{j,2}$ wird außerhalb der Integrationsprozedur unter Annahme der mittleren Konzentrationen der Komponenten nach Gl. (5.3-23) für ausgewählte j berechnet. Die dann nach Gl. (5.3-38) berechnete Molmassenverteilung entspricht nach dem zweiten Integrationsschritt der Verteilung $y_{j,1}$ und der Masse m_1, während das im zweiten Zeitintervall produzierte Polymere wieder m_2 und $y_{j,2}$ entspräche und über Gl. (5.3-38) die Gesamtverteilung erhalten wird. So wird die Molmassenverteilung sukzessive nur an ausgewählten Stellen j aus den mittleren Beiträgen der Integrationsintervalle zusammengesetzt. Die Genauigkeit des Verfahrens steigt mit kleiner werdender Schrittweite bezüglich j als auch mit kleiner werdenden Zeitschritten des Integrationsverfahrens.

Sehr günstig wirkt es sich aus, wenn sich die Zeitschritte an der Änderung des Polymermassenbruches orientieren. Wenn man z.B. eine Molmassenverteilung mit maximalen Kettenlängen von 5000 erwartet, dann wird man im allgemeinen genügend hohe Rechengeschwindigkeiten und Genauigkeiten erreichen, wenn eine maximale Kettenlänge von 10000 bei einer Stützstellenzahl (= Anzahl der

Kettenlängen, für welche die Molmassenverteilung berechnet wird) von 1000 und ein Massenbruchintervall von 0,5 % eingegeben wird.

5.3.3 Rohrreaktor

Die Änderung des Massenstromes einer Komponente k in einem stationären Rohrreaktor mit Pfropfenströmung, in dem radiale Gradienten der Temperatur und der Konzentrationen vernachlässigbar sind, läßt sich mit

$$\frac{d\dot{m}_k}{dV_R} = R_k M_k \tag{5.3-39}$$

beschreiben. Für das zylindersymmetrische Rohr gelangt man infolge Division durch den Gesamtmassenstrom, Ersatz des Volumeninkrementes dV_R durch die axiale Rohrkoordinate z und unter Einführung der spezifischen Rohrbelastung B

$$B = \frac{\dot{m}}{\frac{\pi}{4} d_R^2} \tag{5.3-40}$$

zu der Massenbruchbilanz der Komponente k in der Form

$$\frac{dY_k}{dz} = \frac{M_k}{B} R_k \tag{5.3-41}$$

Hieraus läßt sich das folgende Differentialgleichungssytem für das stationäre Rohr auf ähnlichem Wege ableiten, wie oben für den instationären kontinuierlichen Rührkessel ausführlich dargestellt:

$$\frac{dY_M}{dz} = -R_P \tag{5.3-42}$$

$$\frac{dY_{I_1}}{dz} = -\frac{\bar{\rho}}{B} k_{i1} Y_{I_1} \tag{5.3-43}$$

$$\frac{dY_{I_2}}{dz} = -\frac{\bar{\rho}}{B} k_{i2} Y_{I_2} \tag{5.3-44}$$

$$\frac{dY_C}{dz} = -\frac{\bar{\rho}}{B} k_c Y_C P_t \tag{5.3-45}$$

$$\frac{dY_X}{dz} = -\frac{\bar{\rho}}{B} k_{tx} Y_X P_t \tag{5.3-46}$$

$$\frac{dP_n}{dz} = \frac{\bar{\rho}}{B} \frac{P_n}{Y_P} R_P \frac{P_n^d - P_n}{P_n^d} \tag{5.3-47}$$

$$\frac{dP_w}{dz} = \frac{\bar{\rho}}{B}\frac{R_P}{Y_P}\left(P_w^d - P_w\right) \tag{5.3-48}$$

Energiebilanz für die Lösungspolymerisation

$$\frac{dT}{dz} = \frac{1}{\bar{c}_p B}\left[H_R R_M - K_D \frac{4}{d_R}\left(T - T_K\right)\right] \tag{5.3-49}$$

Energiebilanz für die Suspensionspolymerisation

$$\frac{dT}{dz} = \frac{1}{B\bar{c}_{p,g}}\left[H_R R_M\left(1 - Y_W\right) - K_D \frac{4}{d_R}\left(T - T_K\right)\right] \tag{5.3-50}$$

Die Impulsbilanz „entartet" unter den hier angenommenen stark vereinfachenden Bedingungen zur Berechnung des Druckverlustes für ein laminar durchströmtes Rohr mit dem Durchmesser d_R in der Form

Druckverlust

$$\frac{dP}{dz} = 32\frac{\eta B}{\rho d_R^2} \tag{5.3-51}$$

Das Modell wird ergänzt durch die Gleichungen (5.3-16) bis (5.3-23), die unverändert auch für den stationären Rohrreaktor gelten.

5.3.4 Numerische Lösung

Das Bilanzgleichungssystem kann numerisch gelöst werden, indem das Hochumsatzmodell mit seiner Abhängigkeit der kinetischen Konstanten des Kettenabbruches, der Initiierung und des Wachstums vom Polymergehalt und der Molmasse berücksichtigt wird. In PolyReac© erfolgt die Integration mit Hilfe eines leicht modifizierten Runge-Kutta-Verfahrens, das optional eine am Intervall des Monomermassenbruchs und (bei der Berechnung nichtisothermer Reaktoren) an der Temperatursteigerung orientierte Steuerung der Zeit-Schrittweite ermöglicht. Dieses Verfahren arbeitet auch dann stabil und schnell, wenn (z.B. beim Methylmethacrylat mit seinem starken Geleffekt) ein adiabater Verlauf berechnet werden soll und das Differentialgleichungssystem extrem „steif" wird. Innerhalb der Integrationsprozedur wird die Lösung in folgenden Schritten ermöglicht:

- Berechnung aller benötigten temperaturabhängigen Parameter entsprechend Kapitel 5.2
- Berechnung der Dichten, Konzentrationen und des freien Volumens ebenfalls nach Kapitel 5.2
- Berechnung der Viskosität der Reaktionsmasse (nur für die Masse- und Lösungspolymerisation von Styren und Ethylen) entsprechend den Gln. (5.2-16) und (5.2-17)

Aufruf des Hochumsatzmodells zur Berechnung der konzentrations- und molmasseabhängigen kinetischen „Konstanten"

- Berechnung der Radikalkonzentration, der Polymerisationsgeschwindigkeit und der momentankinetischen (differentiellen) Polymerisationsgrade
- Berechnung der Differentialquotienten entsprechend den oben dargestellten Modellen
- Numerische Integration

Die Berechnung der Molmassenverteilung des momentan enstehenden Polymeren erfolgt für jedes „Print-Intervall" mit den Mittelwerten der Konzentrationen und der Temperatur außerhalb des Integrationsverfahrens. Sukzessive Summierung über alle Beiträge liefert die integrale Molmassenverteilung. Eine Ausnahme bildet der instationäre kontinuierliche Rührreaktor (s. Kapitel 5.3.1). Details der PolyReac©-Programm-Nutzung zur Reaktorsimulation werden in Kapitel 6.4 vermittelt.

5.4 Emulsionspolymerisation

5.4.1 Einführung. PolyReac© enthält Programme zur Berechnung des Reaktionsverlaufes der im Kapitel 4 charakterisierten Saat-Emulsionspolymerisation im diskontinuierlichen Rührkesselreaktor. Im wesentlichen gelten die im Kapitel 5.3 gemachten Ausführungen zur Berechnung der Stoff- und kinetischen Parameter, allerdings mit einigen Ergänzungen, die dem spezifischen Charakter der Emulsionspolymerisation Rechnung tragen. Wir beginnen mit einem einfachen Fall unter Annahme des anfangskinetischen Modells und temperatur- und konzentrationsgradientenfreier Latexteilchen, die sich während der Phase II im Quellungsgleichgewicht befinden. In diesem Fall wären alle kinetischen Parameter bei isothermer Reaktionsführung konstant.

Aus Kapitel 4.2 entnehmen wir die Molbilanz des Monomeren in der Form

$$\frac{dn_M}{dt} = -\bar{n}\, k_P\, M_{lt}\, n_{lt} \tag{5.4-01}$$

Sie läßt sich durch Multiplikation mit der Molmasse des Monomeren M_M und Division durch die Gesamtmasse m_0 unter Einführung des Massenbruches des Polymeren in

$$\frac{dY_P}{dt} = \bar{n}\, k_P\, M_{lt}\, \frac{n_{lt}}{m_0} M_M \tag{5.4-02}$$

umwandeln. Wie auch alle anderen Massenbrüche der Rezepturkomponenten bezieht sich auch der Polymermassenbruch Y_P auf die Gesamtmasse m_0 der heterogenen Reaktionsmasse. Bei Annahme eines stabilen Latex aus gleichgroßen Teilchen kann man die Molzahl der Latexteilchen bezogen auf m_0 durch den konstanten Wert

$$\frac{n_{lt}}{m_0} = \frac{6\, Y_{P,0}}{\pi\, d_{lt,0}^3\, \rho_P\, N_{Av}} \qquad (5.4\text{-}03)$$

ausdrücken. Darin ist $d_{lt,0}$ der Teilchendurchmesser des Saatlatex im monomerfreien Zustand und $Y_{P,0}$ der Massenanteil des Saat-Polymeren (nicht des Saatlatex!) in der Mischung.

Nach der Mischung des Saatlatex mit dem zu polymerisierenden Monomeren kann man bezüglich der Konzentration des Monomeren in den Latexteilchen M_{lt} zwei Fälle unterscheiden. Ist der Monomeranteil so hoch, daß nach der Quellung der Saat noch Monomeres in Tropfenform verbleibt, dann befinden wir uns in Phase II der Emulsionspolymerisation und der Polymergehalt im Latexteilchen $Y_{P,lt}$ ergibt sich aus dem Quellungsgleichgewicht

$$Y_{P,lt} = U_{23} \qquad (5.4\text{-}05)$$

Wird dagegen alles Monomere vom Saatpolymeren aufgenommen, ist der Polymergehalt im Latexteilchen dem Gesamtmonomerumsatz U

$$U = \frac{Y_P}{Y_{P,0} + Y_{M,0}} \qquad (5.4\text{-}06)$$

gleich. Allgemein läßt sich die Monomerkonzentration im Latexteilchen M_{lt} aus

$$M_{lt} = \frac{\rho_M}{M_M}\left(1 - Y_{P,lt}\right) \qquad (5.4\text{-}07)$$

berechnen, indem

$$\begin{aligned} Y_{P,lt} &= U_{23} \quad \text{wenn} \quad U \leq U_{23} \\ Y_{P,lt} &= U \quad \text{wenn} \quad U \geq U_{23} \end{aligned} \qquad (5.4\text{-}08)$$

gilt. Schreibt man die Gleichungen zusammen, dann ergibt sich für die Berechnung des Gesamtmonomerumsatzes im Bereich II ($U < U_{23}$)

$$\frac{dU}{dt} = \bar{n}\, k_P\, \frac{n_{lt}}{m_0}\, \frac{\rho_M\left(1 - U_{23}\right)}{Y_{P,0} + Y_{M,0}} \qquad (5.4\text{-}09)$$

und im Bereich III ($U > U_{23}$)

$$\frac{dU}{dt} = \bar{n}\, k_P\, \frac{n_{lt}}{m_0}\, \frac{\rho_M}{Y_{P,0} + Y_{M,0}}\left(1 - U\right) \qquad (5.4\text{-}10)$$

Die Anfangsbedingung für die Saatpolymerisation lautet in beiden Fällen

$$U(0) = \frac{Y_{P,0}}{Y_{P,0} + Y_{M,0}} \qquad (5.4\text{-}11)$$

Geht man jetzt noch von der Gültigkeit der Anfangskinetik aus und nimmt die mittlere Radikalzahl als konstant (im Smith-Ewart-2-Fall zu 0,5) an, dann kann man die Gln. (5.4-09) bis (5.4-11) für den isothermen Fall analytisch lösen. Im Intervall II sollte demnach der Umsatz linear mit der Zeit steigen (konstante

Polymerisationsgeschwindigkeit), während im Bereich III eine Zunahme des Umsatzes entsprechend einer Reaktion 1.Ordnung zu erwarten ist, da die Polymerisationsgeschwindigkeit proportional mit dem Umsatz sinkt. Dieses Verhalten läßt sich experimentell relativ einfach überprüfen, und zwar am besten durch Methoden, mit deren Hilfe die Polymerisationsgeschwindigkeit direkt gemessen wird, wie z.B. durch die Kalorimetrie.

Abbildung 5.4-1 zeigt den Verlauf der Wärmeproduktion bei einem sogenannten Step-by-Step-Experiment. In diesem Fall wurde eine Saatpolymerisation von Styren unter Verwendung von Kaliumpersulfat mit einem Saatpolymergehalt von $Y_{P,0}$ = 0,08 unter Zugabe von $Y_{M,0}$ = 0,08 Styren ausgeführt [119, 141] (1.Stufe). Unter diesen Bedingungen wird nach kurzer Zeit alles zugegebene Monomere durch das Saatpolymere absorbiert, so daß die Polymerisation im Bereich III der Emulsionspolymerisation abläuft. In der zweiten Stufe wurde die Hälfte des auspolymerisierten Latex der ersten Stufe als Saat verwendet. Dadurch bleibt die Masse des eingesetzten Saatpolymeren von Stufe zu Stufe gleich, während die Konzentration der Latexteilchen von Stufe zu Stufe halbiert wurde. Unter diesen Bedingungen erhöht sich der Durchmesser der Saat-Latexteilchen systematisch von Stufe zu Stufe.

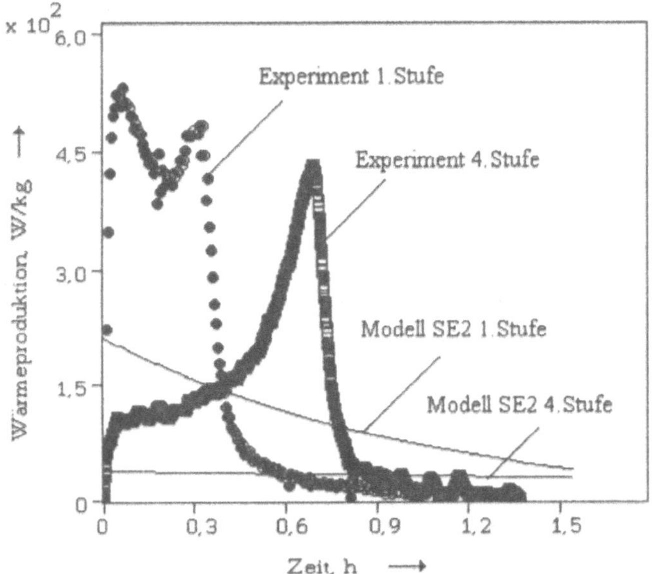

Abb. 5.4-1 Isoperibole Kalorimetrie einer Saat-Emulsionspolymerisation nach dem Step-by-Step - Verfahren [119, 141]

Die Unterschiede zwischen dem SE2-Modell und den experimentellen Verläufen sind sehr ausgeprägt, und zwar in quantitativer und qualitativer Hinsicht. Während die Modellrechnungen den nach Gl. (5.4-10) erwarteten typischen Verlauf einer

Reaktion erster Ordnung ausweisen, ergibt sich im Experiment nicht nur ein deutlich höherer Wert der Anfangspolymerisationsgeschwindigkeit, sondern auch ein ausgeprägtes Maximum, das mit steigendem Saatlatex-Teilchendurchmesser immer deutlicher den Gesamtverlauf prägt. So beginnt der Verlauf der ersten Stufe mit einem Abfall der Wärmeerzeugungsgeschwindigkeit, während sie in der vierten Stufe bis zum Erreichen des Maximums nur noch ansteigt, und zwar trotz fallender Monomerkonzentration in den Latexteilchen. Die Erklärung liegt im Geleffekt begründet [119], der über die Radikalpopulation und die mittlere Radikalzahl erst bei großen Teilchendurchmessern richtig zur Wirkung kommen kann.

Im übrigen sei darauf hingewiesen, daß man durch Messen des Umsatz-Zeitverlaufes anstelle des Polymerisationsgeschwindigkeits-Zeitverlaufes, besonders bei kleinen Latexteilchen, die beschriebenen Effekte weit weniger deutlich oder gar nicht erkennt. PolyReac© berücksichtigt diese Einflüsse und gestattet durch Einbindung einer Monte-Carlo-Simulation sogar die Berechnung der Molmassenverteilung. Die dazu erforderlichen Modellgrundlagen werden im folgenden erörtert. Bei allen Berechnungen und Modellableitungen ist zu beachten, daß sich die Summe der Massenbrüche der Komponenten Monomer, Polymer, Wasser, Initiator1 (wasserlöslich), Initiator2 (öllöslich), Emulgator und Elektrolyt zu 1 ergänzen. Folglich ergibt sich der Massenbruch des Monomeren aus dem in Gl. (5.4-02) bilanzierten Massenbruch des Polymeren durch

$$Y_M = 1 - Y_P - Y_W - Y_E - Y_{El} - Y_{I_1} - Y_{I_2} \qquad (5.4\text{-}12)$$

Ein gewisser Bilanzfehler kann sich bei experimentellen Untersuchungen daraus ergeben, daß ein Teil des Initiators chemisch an das Polymere gebunden wird und ein Teil des Emulgators und Elektrolyts - je nach verwendeter analytischer Methode - bei der Probenaufbereitung verlorengehen kann. Dies ist zu beachten, wenn man Proben entnimmt, das Polymeren ausfällt und durch Waschen mit Methanol und Wasser oder sogar durch mehrfaches Lösen und Ausfällen reinigt. Dagegen erfaßt man beim Gefriertrocknen der Probe den gesamten Feststoffgehalt, der durch

$$Y_F = Y_P + Y_E + Y_{El} - Y_{I_1} - Y_{I_2} \qquad (5.4\text{-}13)$$

zu definieren ist, vorausgesetzt, daß auch die Initiatorbruchstücke im Feststoff verbleiben. Auch in dieser Hinsicht ist deshalb solchen Methoden, bei denen die Polymerisationsgeschwindigkeit anstelle des Monomerumsatzes mehr oder weniger direkt gemessen wird, wie z.B. bei der isothermen oder isoperibolen Kalorimetrie, der Vorzug zu geben.

5.4.2 Modellgleichungen und Algorithmus

Anfangsbedingungen. Wir gehen davon aus, daß zu Beginn ein Saatlatex mit gegebenem Teilchendurchmesser mit den anderen Rezepturkomponenten gemischt wird, ohne daß zunächst eine Reaktion stattfindet. Die massenbezogene Molzahl der Latexteilchen wird nach Gl (5.4-03) und daraus die Konzentration der Latexteilchen über

$$c_{lt} = \frac{n_{lt}\,\rho_W}{m_0\,Y_W} \tag{5.4-15}$$

ermittelt. Danach erfolgt die Berechnung des Gesamtumsatzes nach Gl (5.4-06) und daran orientiert die Bestimmung des Polymermassenbruches $Y_{P,lt}$ und der Konzentration des Monomeren in den Latexteilchen M_{lt} nach den Gln (5.4-07) und (5.4-08). Die Dichte der Latexteilchen ergibt sich in guter Näherung zu

$$\rho_{lt} = \left[\frac{Y_{P,lt}}{\rho_P} + \frac{1 - Y_{P,lt}}{\rho_M}\right]^{-1} \tag{5.4-16}$$

Der Durchmesser der mit Monomer gequollenen Saat wird aus dem einzugebenden „Trocken"-Durchmesser $d_{lt,0}$ entsprechend der Beziehung

$$d_{lt} = d_{lt,0}\left[1 + \frac{\rho_P}{\rho_M}\left(\frac{1}{Y_{P,lt}} - 1\right)\right]^{-1} \tag{5.4-17}$$

und hieraus das Volumen eines Latexteilchens unter Reaktionsbedingungen nach

$$V_{lt} = \frac{\pi}{6} d_{lt}^3 \tag{5.4-18}$$

ermittelt.

Für das Hochumsatzmodell wird die massenmittlere Molmasse benötigt. PolyReac© sieht dafür zwei Möglichkeiten vor, und zwar

1. Die Eingabe eines zeitlich als konstant angenommenen massenmittleren Polymerisationsgrades, wenn die Molmassenverteilung zwecks Minimierung der Rechenzeit nicht ermittelt werden soll.
2. Die Berechnung der Molmassenverteilung mit Hilfe eines stochastischen Verfahrens. Dafür wird die Anfangsbedingung benötigt, d.h., die Molmassenverteilung des Saatpolymeren muß eingegeben werden. Dementsprechend sind in den ASCII-Dateien ACTUAL \ JT.bas und ACTUAL \ YJT,bas die Kettenlängen und die Massenanteile y_j dieser Molmassenverteilung für eine beliebige Anzahl von Stützstellen anzugeben. Die Saat-Molmassenverteilung muß nicht äquidistant beschrieben sein. Mindestens 20 Stützstellen sind aus Gründen der Rechengenauigkeit zu empfehlen, aber nicht unbedingt erforderlich. Diese Daten werden programmintern in eine äquidistante Molmassenverteilung von 500.000 Polymermolekülen umgerechnet, so daß zu Reaktionsbeginn bekannt ist, wieviel Polymermoleküle der Saat in jeder Klasse der Breite Δj enthalten sind.

Stoffbilanzen. Die Ableitung der Stoffbilanzen muß unter Beachtung der Mehrphasigkeit der Reaktionsmasse und mit Berücksichtigung der Verteilungs-und Reaktionsverhältnisse erfolgen. Nach Anhang 3 ergeben sich die Stoffbilanzen der Komponenten Polymer (P), Initiator 1 (I1), Initiator 2 (I2) und Molmassenregler (C) - mit den Massenanteilen der jeweiligen Komponenten formuliert - in der Form:

$$\frac{dY_P}{dt} = k_p\, M_{lt}\, \bar{n}\, c_{lt}\, M_M \frac{Y_W}{\rho_W} \tag{5.4-19}$$

$$\frac{dY_{I_1}}{dt} = -k_{i1} Y_{I_1} \tag{5.4-20}$$

$$\frac{dY_{I_2}}{dt} = -k_{i2} Y_{I_2} \tag{5.4-21}$$

$$\frac{dY_C}{dt} = -k_c\, Y_C\, \bar{n}\, c_{lt} \frac{\dfrac{Y_{W0}}{\rho_W}}{\dfrac{Y_M}{\rho_M} + \dfrac{Y_P}{\rho_P}} \tag{5.4-22}$$

Energiebilanz

$$\frac{dT}{dt} = \left(\frac{dY_P}{dt}\right) \frac{-H_R}{M_M\, \bar{c}_{p,g}} - \frac{K_D\, a}{\bar{c}_{p,g}\, \bar{\rho}_g} (T - T_K) \tag{5.4-23}$$

Zur Lösung der Energiebilanz (5.4-23) werden die Gln. (5.2-06a) und (5.2-08) verwendet; a charakterisiert die spezifische Kühlfläche, definiert als Verhältnis von vorhandener Kühlfläche bezogen auf das Reaktionsvolumen.

Leider lassen sich für die Berechnung der mittleren Polymerisationsgrade oder gar der Molmassenverteilung keine einfachen Stoffbilanzen wie für die Lösungs- und Massepolymerisation angeben, wenn man nicht zu Annahmen greifen möchte, welche die Modellgültigkeit allzu stark einschränken - z.B. indem man bei der Anwendung von Molmassereglern nur deren Übertragungsreaktion bei der Produktion toter Polymerer berücksichtigt.

Zur Lösung des Bilanzgleichungsgleichungssystems müssen insbesondere die Abhängigkeit einiger kinetischer Konstanten vom Polymergehalt und der Molmasse des Polymeren nach Kapitel 3.5 und die zwischen den Integrationsschritten liegende stochastische Berechnung der Molmassenverteilung nach Anhang 4 berücksichtigt werden. PolyReac© geht dabei in folgenden Schritten vor:

- Berechnung aller benötigten temperatur- und konzentrationsabhängigen Parameter entsprechend den Anfangsbedingungen nach Kapitel 5.2
- Berechnung der latexteilchenspezifischen Größen nach den Gln. (5.4-15) bis (5.4-18)
- Einlesen und Umrechnung der Molmassenverteilung des Saatpolymeren entsprechend Anhang 4, Abschnitt 1 und 2.
- Integration des Differentialgleichungssystems (5.4-19) bis (5.4-23) mit einem Runge-Kutta-Verfahren. Dabei wird die Abhängigkeit des Kettenabbruches, der Initiierung und des Wachstums entsprechend dem Hochumsatzmodell nach Kapitel 3.5 berücksichtigt.
- Berechnung der mittleren Radikalzahl nach Kapitel 4.2.2 und der Molmassenverteilung nach Anhang 4, Abschnitt 3 und 4.

6 Programmsystem PolyReac^{e}

6.1 Einführung

Nehmen wir an, Sie haben das Programmsystem wie in Kapitel 2 beschrieben installiert und gestartet. Dann erscheint Abb. 6.1-1 auf dem Bildschirm.

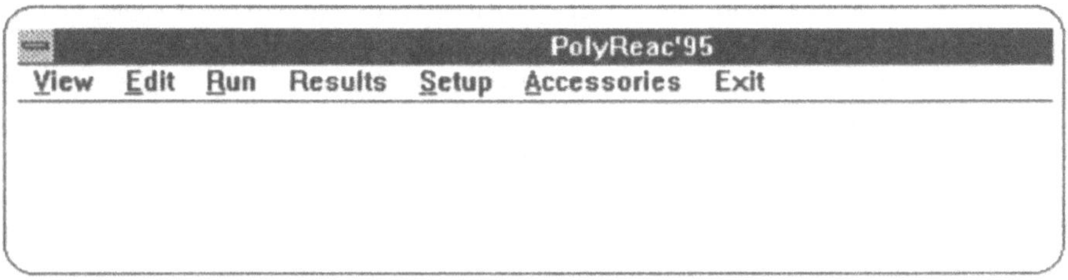

PolyReac'95

View Edit Run Results Setup Accessories Exit

Abb. 6.1-1: PolyReac^{e} unmittelbar nach dem Start

Die Pull-Down-Menüs unter View, Edit, Run, Results,Setup und Accessories öffnen sich wie gewohnt durch Anklicken oder mit der Tastenkombination „Alt + Buchstabe“ (wenn der erste Buchstabe unterstrichen ist) und bieten Möglichkeiten zur Selektion, deren Bedeutung in diesem Kapitel näher erläutert werden soll. Alle Aktionen, die Sie nun ausführen können, sind in übersichtlicher Kurzform in den im Anhang 1 aufgelisteten Arbeitsblättern dargestellt - haben Sie sich schon die Datei „Sheets“ ausgedruckt ? Aus PolyReac^{e} - Wurzelprogrammen, die vom VISUAL-BASIC-Rahmenprogramm aufgerufen werden, können Sie an beliebigen Stellen aussteigen, indem Sie F2 drücken. In einem solchen Fall bekommen Sie auch einen Überblick über die zuletzt ausgeführten Operationen, der sehr hilfreich bei der Fehlersuche sein kann. Die Hauptbestandteile des Programmpaketes Polyreac^{e} sind

- Lineare und nichtlineare Parameterbestimmung durch Anpassung der Modellkonstanten an experimentelle Daten
- Simulation „idealer“ Reaktoren auf der Grundlage der in Kapitel 5 dargestellten Modelle

Unterstützt werden diese mit Sammlungen von Stoffdaten, polymerisations-kinetischen Parametern und Daten isothermer kinetischer Experimente in

Batchreaktoren sowie mit einer Reihe von nützlichen kleinen Programmen. Parameterbestimmung und Simulation beginnen mit dem Laden des jeweiligen Interfaces, indem aus den Datensammlungen Stoffdaten, anfangskinetische Parameter, die Konstanten der Hochumsatzkinetik und (für die Bestimmung von Modellparametern) experimentelle Daten gelesen werden. Bis auf letztere sind alle Daten während der Programmabarbeitung *temporär* editierbar.

Das Editieren der Stammdaten der Kinetik und der Stoffdaten wird von PolyReac© zwar unterstützt, jedoch ist das Verändern einzelner Bestandteile eines kompletten Datensatzes wegen des inneren Zusammenhanges zwischen den Daten innerhalb einer gewählten Modellstruktur oft mit negativen Folgen für die Modellqualität verbunden. Nutzer, die dennoch einzelne Daten in den Stammdateien verändern wollen, können dies tun, indem die betreffenden Dateien, die ASCII-Code enthalten, mit einem beliebigen Editor behandelt werden, am besten aber gleich unter PolyReac© gemäß Arbeitsblatt B3. Im folgenden wird auf die einzelnen Submenüs besonders detailliert und mit einem Beispiel unterstützt eingegangen, wenn die Anleitung in den Arbeitsblättern (Anhang 1) einer unterstützenden Erläuterung bedarf. Die Beispiele orientieren sich streng an den Arbeitsblättern. Die nachfolgend dargestellten Beispiele, die dazugehörenden Arbeitsblätter und die in den vorangegangenen Kapiteln vermittelten Kenntnisse der Polymerisationskinetik sollten ausreichend sein, den Leistungsumfang von PolyReac© in kurzer Zeit effektiv nutzbar zu machen. Bei komplexen Beispielen, die eine Verwendung mehrerer Arbeitsblätter erfordern, werden die peripheren Arbeitsblätter teilweise redundant aber in stark gekürzter Fassung einbezogen, während Ausführliches nur zu den Arbeitsblättern dargestellt wird, die direkt zum jeweiligen Kapitel gehören.

6.2 VIEW

Nach dem Öffnen von View bietet sich das in Abb. 6.2-1 gezeigte Pulldow-Menü.

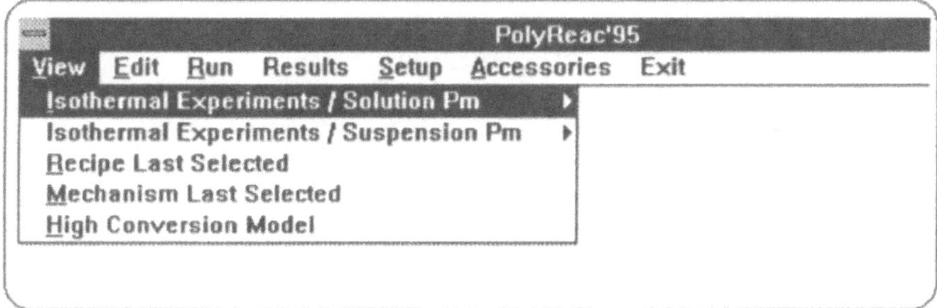

Abb. 6.2-1 Puldown-Menü „View“

Aktuelle Belegungen der Rezeptur und des Reaktionsechanismus

Beispiel nach Arbeitsblatt A1-1

Nach einer Vielzahl von Operationen oder beim Neustart von PolyReac® gerät man leicht in Unklarheit darüber, welche aktuellen Inhalte in den Schnittstellen stehen, von denen aus nachfolgende Programme gesteuert werden. Wenn man A1-1 folgt, wird man z.B.

Styrene
Poly(styrene)
NO solvent
AIBN
NO initiator2
NO CTA
NO inhibitor
Water

finden, falls man vorher die Schnittstellen für die Programme der Simulation oder Parameterbestimmung mit entsprechenden Selektionen bedient hat (C2 oder C3).

Die Komponente Wasser wird hier automatisch immer mit genannt, obwohl sie nicht Bestandteil der Rezeptur sein muß. Diese Anzeige gibt lediglich die Komponenten an, deren Stoffdaten zuletzt auf das entsprechende Interface geschrieben wurden. Die Stoffdaten von Wasser, das als Kühlmedium oder als Trägerphase bei der Suspensions- und Emulsionspolymerisation dient, werden häufig benötigt und deshalb bei jedem C2- und C3-Start automatisch mit gelesen.

Aktuelles Hochumsatzmodell und Rücksetzen auf die Anfangskinetik

Beispiel nach Arbeitsblatt A1-2

Je nach aktueller Belegung kann sich z.B. Abb. 6.2-2 ergeben. Gibt man hier „Y" ein und bestätigt mit „OK", dann kommt dieses Modell in darauffolgenden Simulationen zur Anwendung, wenn aber „N" und „OK" gewählt wird, erfolgt das Zurücksetzen auf die Anfangskinetik. Auf diese Weise ist ein schneller Vergleich zwischen Simulationen mit beiden Modellgruppen möglich.

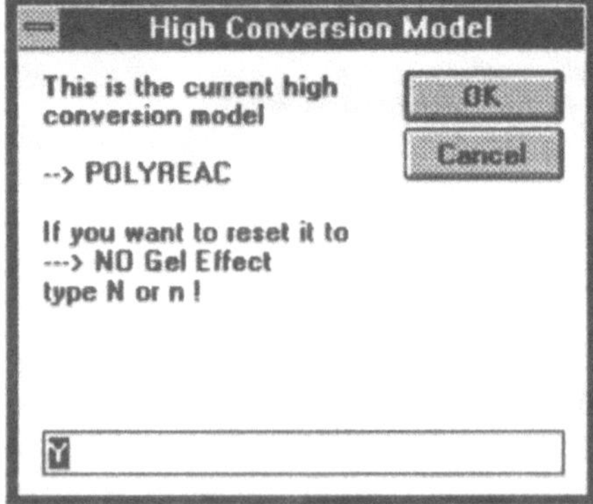

Abb. 6.2-2 Präsentation des aktuellen Hochumsatzmodelles nach A1-2

Auswahl isothermer Experimente. Falls alternativ wählbare experimentelle Daten verfügbar sind, werden sie in der Reihenfolge der Rezepturkomponenten Monomer, Lösemittel, Regler, Initiator1 und Initiator2 angeboten. Wenn aber nur eine Komponente vorhanden ist, dann wird sie automatisch gewählt.

Beispiel nach Arbeitsblatt A2

Es soll ein experimenteller Datensatz gelesen und grafisch dargestellt werden.

Schritte	Selektionssequenz
1 - 6	View / Isothermal Experiments/Solution Pm / MMA / No solvent / No CTA / AIBN

Es handelt sich um isotherme Experimente im Batchreaktor für die lösemittel- und reglerfreie Polymerisation der mit AIBN gestarteten MMA-Polymerisation. Danach ergibt sich eine Tabelle der vorhandenen Experimente gemäß Abb. 6.2-3.

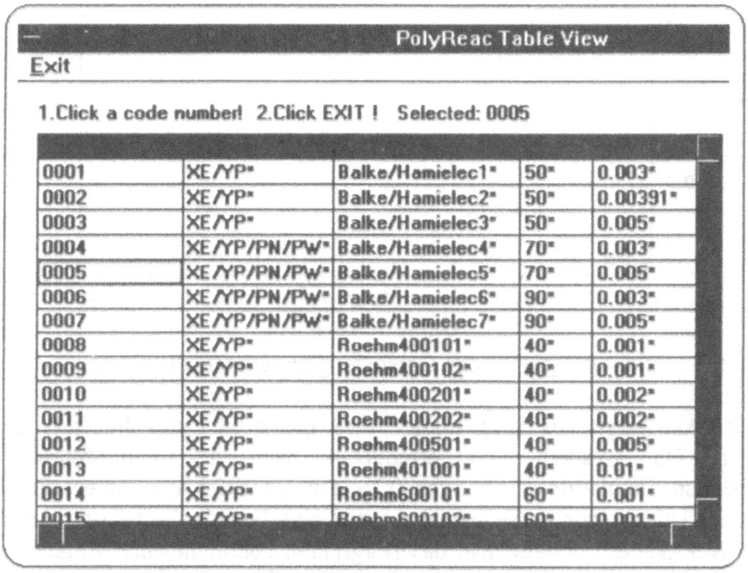

PolyReac Table View

Exit

1.Click a code number! 2.Click EXIT ! Selected: 0005

0001	XE/YP*	Balke/Hamielec1*	50*	0.003*
0002	XE/YP*	Balke/Hamielec2*	50*	0.00391*
0003	XE/YP*	Balke/Hamielec3*	50*	0.005*
0004	XE/YP/PN/PW*	Balke/Hamielec4*	70*	0.003*
0005	XE/YP/PN/PW*	Balke/Hamielec5*	70*	0.005*
0006	XE/YP/PN/PW*	Balke/Hamielec6*	90*	0.003*
0007	XE/YP/PN/PW*	Balke/Hamielec7*	90*	0.005*
0008	XE/YP*	Roehm400101*	40*	0.001*
0009	XE/YP*	Roehm400102*	40*	0.001*
0010	XE/YP*	Roehm400201*	40*	0.002*
0011	XE/YP*	Roehm400202*	40*	0.002*
0012	XE/YP*	Roehm400501*	40*	0.005*
0013	XE/YP*	Roehm401001*	40*	0.01*
0014	XE/YP*	Roehm600101*	60*	0.001*
0015	XE/YP*	Roehm600102*	60*	0.001*

Abb. 6.2-3 Beispiel einer Selektionstabelle für Daten isothermer polymerisationskinetischer Experimente

Schritte	Selektionssequenz
7 - 10	0005 / Exit / N+OK / Y+OK / Pw / Yp, % / Enter / Enter

Entsprechend den gegebenen Informationen ist „0005“ ein Experiment der Autoren Balke und Hamielec [39], bei dem der Polymermassenbruch sowie der zahlenmittlere und der massenmittlere Polymerisationsgrad als Funktion der Zeit bei 70 °C unter Verwendung von 0,5 Massenprozent AIBN gemessen wurde. Beim Anklicken von Exit werden die genannten Meßwerte auf eine Schnittstelle gelesen, von der aus eine graphische Darstellung möglich ist. Das wäre auch für mehrere Experimente möglich gewesen, wenn man die nachfolgende Frage mit „Y“ anstelle von „N“ beantwortet hätte.

Nachfolgend werden alle Meßdaten für die Abszisse und Ordinate der Grafik angeboten. Die jeweils gewünschte Art wir mit „Y“ und „OK“ bestätigt. Nach entsprechenden Selektionen für die Ordinate (Pw = massenmittlerer Polymerisationsgrad) und Abszisse (Yp = Massenbruch Polymeres), gelangt man zu Abb. 6.2-4.

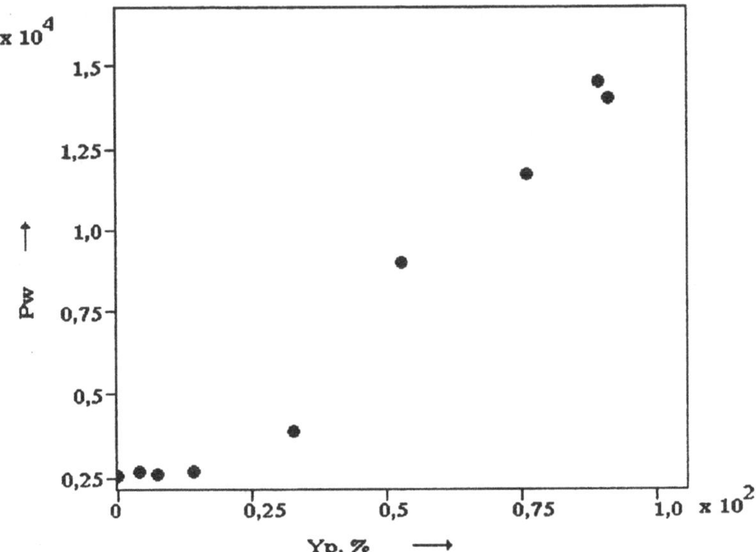

Abb. 6.2-4 Selektion und graphische Darstellung experimenteller Daten

Mit dem Aktivieren des Diagrammes wird gleichzeitig das Interface für das Arbeitsblatt D3 geladen. Das ermöglicht nach der Durchführung von entsprechenden Simulationsrechnungen (C4) den Vergleich experimenteller Daten mit den Simulationsrechnungen oder auch nur eine flexible Gestaltung der Grafik nach D3. Mit „Enter“ verläßt man das Diagramm, bekommt eine Mitteilung über seine Speicherung als PCX-Datei und kann mit einem weiteren „Enter“ in das Hauptmenü zurückkehren.

6.3 EDIT

Die Arbeitsblätter B1 bis B3 beschreiben die unter Edit möglichen Operationen, die über das entsprechende Pulldown-Menü, siehe Abb. 6.3-1, zugänglich werden. In dem gegenüber der Vollversion [1] verkürzten Programm PolyReac® wird nur das Editieren der Simulationsschnittstellen unterstützt.

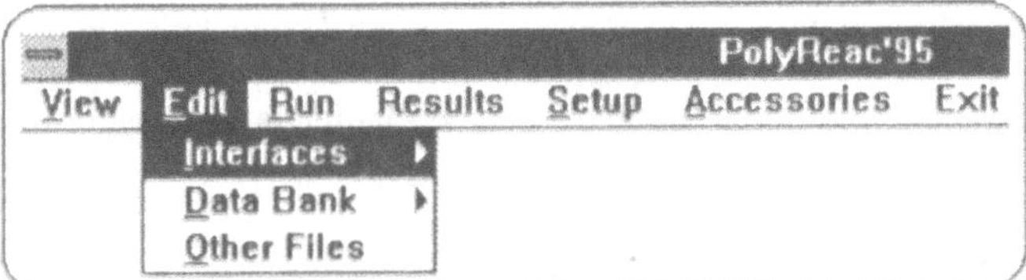

Abb. 6.3-1 Pulldown-Menü unter Edit

Simulations-Interface Editierung.

Beispiel nach Arbeitsblatt B1

Schritte	Selektionssequenz
1 - 3	Edit / Interfaces / Simulation / Bulk/Solution/Suspension / Batch and CSTR

Wenn vorher mindestens einmal nach C2 gearbeitet wurde, erscheint in jedem Fall eine der Abb. 6.3-2 ähnliche Tabelle, deren numerische Werte editiert werden können. Hierzu ist natürlich eine genaue Kenntnis des Modells und der Koeffizienten vonnöten. Das Editieren selbst ist einfach, jedoch bewußt etwas aufwendiger als üblich gestaltet, weil eine unbedachte Änderung von Koeffizienten zu schwer auffindbaren Fehlern in den numerischen Rechnungen führen kann und durch kontrolliertes Arbeiten vermieden werden muß.

Bei abschließendem Exit wird der Name des Interfaces angezeigt, auf dem alle Werte der Tabelle abgelegt werden. Falls Sie Wert darauf legen, daß die editierten Werte die Simulationsprogramme erreichen, dann sollte der Name der Schnittstelle nicht verändert werden.

1. Click inside !

Symbols	Description	Value	Unit
MA*	Molecular mass (monomer)*	+1.04140E+02	kg/kmol*
MS*	Molecular mass (solvent)*	1	kg/kmol*
MI1*	Molecular mass (Initiator1)*	+1.64000E+02	kg/kmol*
MI2*	Molecular mass (Initiator2)*	1	kg/kmol*
MC*	Molecular mass (CTA)*	1	kg/kmol*
MX*	Molecular mass (inhibitor)*	1	kg/kmol*
MO*	Molecular mass (component)*	+1.80000E+01	kg/kmol*
ROA0*	Density coefficient 0 (Monomer)*	+9.24000E+02	kg/m^3*
ROA1*	Density coefficient 1 (Monomer)*	-9.18000E-01	kg/Km^3*
ROA2*	Density coefficient 2 (Monomer)*	+0.00000E+00	kg/m^3 K^2*
ROS0*	Density coefficient (Solvent)*	1	kg/m^3*
ROS1*	Density coefficient (Solvent)*	0	kg/K m^3*
ROS2*	Density coefficient (Solvent)*	0	kg/m^3 K^2*
ROP0*	Density coefficient (Polymer)*	+1.08400E+03	kg/m^3*
ROP1*	Density coefficient (Polymer)*	-6.05000E-01	kg/K m^3*

Abb. 6.3-2 Beispiel für eine Interface-Tabelle im Pulldownmenü Edit

Wenn Sie jedoch eigene Programme mit diesen Daten versorgen wollen, dann geben Sie hier einfach den Namen „Ihres“ Interfaces ein. Sie können danach Ihre eigenen Programme z.B. als EXE-Files über E5 laufen lassen - natürlich auch dann, wenn Sie nicht auf die PolyReac[e]- Interfaces zugreifen.

ASCII-Dateien editieren. Siehe Arbeitsblatt B2.

PolyReac[e]-Datensammlung für Stoffdaten editieren

Beispiel nach Arbeitsblatt B3-1

Schritte	Selektionssequenz
1 - 3	Edit / Data Bank / Physical Data / Monomer

Nach Öffnen des Editorsymbols mit „Enter“ oder Doppelklick erhält man das in Abb. 6.3-4 präsentierte Angebot. Die so zugänglichen Dateien enthalten in den ersten zwei Zeilen Erläuterungen, die Sie ebenfalls nach Belieben verändern können, z.B. können sie in das Deutsche übersetzt werden, aber vergessen Sie nicht, das Zeilenende mit einem „*“ abzuschließen.

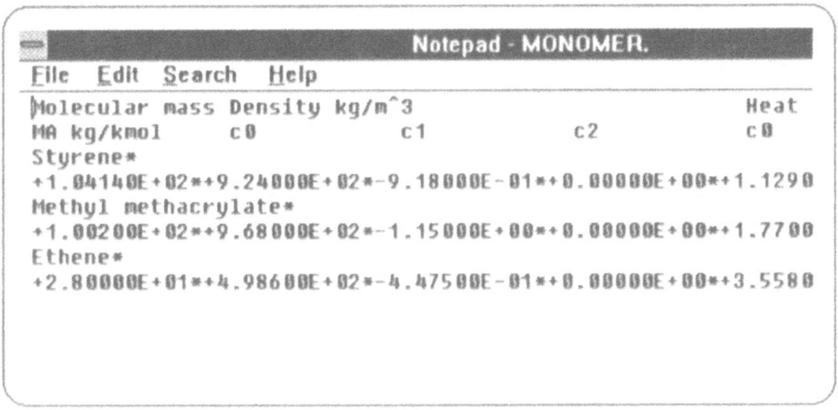

```
Notepad - MONOMER.
File   Edit   Search   Help
Molecular mass Density kg/m^3                        Heat
MA kg/kmol     c0            c1            c2            c0
Styrene*
+1.04140E+02*+9.24000E+02*-9.18000E-01*+0.00000E+00*+1.1290
Methyl methacrylate*
+1.00200E+02*+9.68000E+02*-1.15000E+00*+0.00000E+00*+1.7700
Ethene*
+2.80000E+01*+4.98600E+02*-4.47500E-01*+0.00000E+00*+3.5580
```

Abb. 6.3-4 Editieren der Stoffdaten des Monomeren (Datei Input\Sdat\Monomer)

Ab der dritten Zeile folgen Blöcke, die immer gleich aufgebaut sind: Dem Namen der Komponente folgt eine Zeile mit numerischen Daten, die ebenfalls mit „*“ getrennt sind und den Identifikationstexten der ersten zwei Zeilen zugeordnet sind. Die Koeffizienten in der zweiten Zeile entsprechen in diesem Fall den Koeffizienten der in Kapitel 5.2 aufgeführten Gleichungen für die Stoffdatenberechnung.

Die nächste Frage ist logisch : Könnte man nicht weitere Monomere, Lösemittel... ? Ja, man kann ! Es ist sehr einfach, diese Dateien um weitere Komponenten zu ergänzen. Dazu schreibt man an das Ende der Datei z.B.

Vinyl chlorid*
62.5*... usw.

Außerdem muß man jedoch in der Datei INPUT \ SDATTXT.BAS die Namen der neuen Komponenten einsetzen und die Dateien der kinetischen Daten entsprechend ergänzen - der Autor hilft Ihnen hier gern persönlich weiter.

PolyReac©- Kinetik-Datensammlung editieren. Hierfür sind die Arbeitsblätter B3-2 und B3-3 bestimmt. Das Vorgehen ist dort ausführlich beschrieben und verläuft analog zu B3-1, lediglich die Dateinamen sind andere.

6.4 RUN

Dies ist das wichtigste Menü in PolyReac©. Von hier aus werden die Programme für die Parameterbestimmung und Simulation kontrolliert und gestartet. Nach dem Öffnen bietet sich dem Nutzer das in Abb. 6.4-1 dokumentierte Pulldownmenü.

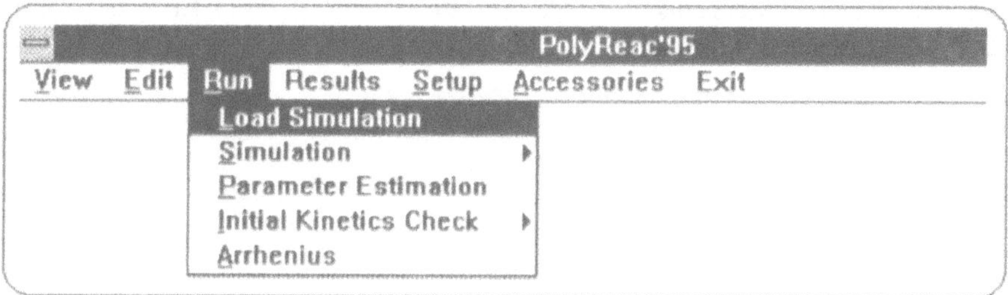

Abb. 6.4-1: Pulldownmenü unter Run

Simulation vorbereiten

Beispiel nach Arbeitsblatt C2

Es soll die thermische Massepolymerisation von Styren in einem isothermen diskontinuierlichen Rührreaktor bei 140°C untersucht und ein Vergleich zwischen Modell und Experiment für den Massenbruch des Polymeren sowie für den zahlen- und massenmittleren Polymerisationsgrad vorgenommen werden.

Zuerst werden experimentelle Daten nach A2 wie folgt ausgewählt:

Schritte	Selektionssequenz
1 - 6	View / Isothermal Experiments/Solution Pm / MMA / No solvent / No CTA / AIBN
7 - 10	0001/ Exit / N+OK / Y+OK / Time, h / Yp, % / Enter / Enter

Danach erfolgt das Laden des Simulationsinterfaces nach C2. Hier wählen wir auf der Rezepturebene (Schritt 2) so, daß die in Abb. 6.4-2 dargestellten Information

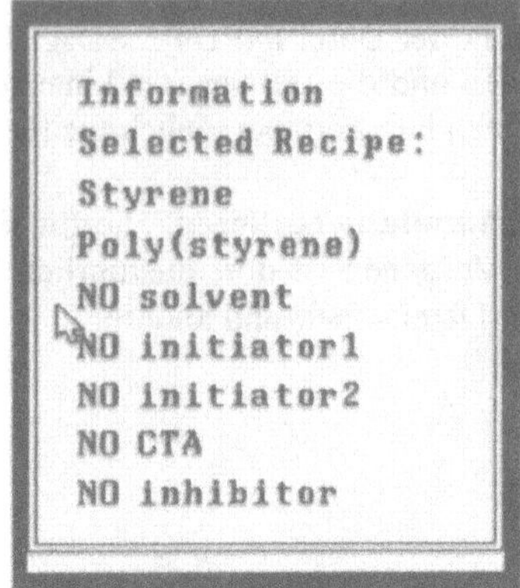

Abb. 6.4-2 Finale Information zur Rezepturauswahl nach C2, Schritt 2

Die Editierung der Stoffdaten wird im Schritt 3 mit „ACCEPT Standard Data" umgangen. Auf der Mechanismusebene (Schritt 5) wird bis zum Erreichen der in Abb. 6.4-3 gegebenen Information selektiert.

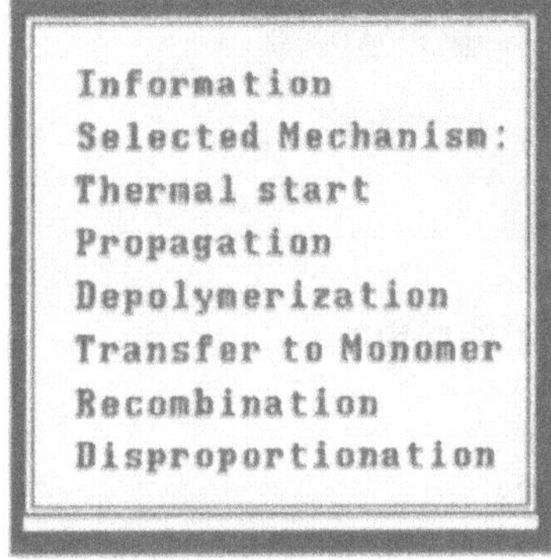

Abb. 6.4-3: Finale Information zur Mechanismusauswahl nach C2, Schritt 5

Nach erneutem „ACCEPT Standard Data", diesmal zur Vermeidung des Edit-Aufrufes für die anfangskinetischen Daten nach Schritt 6 und 7, wird das Hochumsatzmodell „POLYREAC" ausgewählt und mit „Next step" bestätigt. Die Editierung in den Schritten 4, 7 und 10 sollte, falls gewünscht, keine extraordinären Schwierigkeiten bieten.

Die eigentliche Simulation erfolgt nach Arbeitsblatt C4-1, und zwar nach den folgenden Sequenzen:

Schritte	**Selektionssequenz**
1 - 4	Run / Simulation / Batch Reactor / Bulk/Solution / Isothermal / Enter
5 - 9	140 / 0 / Next / 1 / Next / 10 / 20 / Next / 1
11	Reaction time / Polymer fraction / Weight average / Number average

Erst nach erfolgter Simulation kann die vergleichende Darstellung von Modell- und Meßwerten in einem gemeinsamen Diagramm nach Arbeitsblatt D3 erfolgen. Der weitere Gang der Dinge ist im Kapitel 6.5 unter „Flexibles X-Y-Diagramm" beschrieben.

Simulation ausführen

Beispiel nach Arbeitsblatt C4-1

Es soll die mit 0,3 Massenprozent AIBN gestartete lösemittelfreie Polymerisation von Methylmethacrylat in einem diskontinuierlichen Rührreaktor simuliert werden. Welches Temperaturprofil wäre zu realisieren, wenn die Geschwindigkeit der Polymerisation über eine Dauer von 5 h bis zum Erreichen eines Umsatzes von etwa 95 %, d.h. mit etwa 19 % h^{-1} konstant sein soll?

Die Simulation wird mit Hilfe des Arbeitsblattes C2 durch Auswahl der angegebenen Selektionssequenzen wie folgt vorbereitet, wobei das Editieren der Daten über die Schritte 4, 6 und 10 unterbleiben soll:

Schritte	Selektionssequenz
2	Methyl methacrylate / NO solvent / AIBN / NO initiator2 / NO CTA / NO inhibitor
5	Initiator1 start / Propagation / Depolymerization / Transfer to Monomer / Recombination / Disproportionation
8	POLYREAC

Jetzt wird C4-1 wie folgt gestartet:

Schritte	Selektionssequenz
1 - 2	Run / Simulation / Batch Reactor / Bulk/Solution
3 - 4	T-Optimization / Polymerization rate / Enter
5	70 / 0 / 0.3 (s. Abb. 6.4-4)

Die Anfangsbedingungen werden entsprechend Abb. 6.4-4 editiert.

```
Temperature           °C   =  70
Polymer fraction      Ma%  =  0
Initiator1 fraction   Ma%  =  0.3
```

Abb. 6.4-4 Anfangsbedingungen, Beispiel zu C4-1

Natürlich ist mit der angegebenen Temperatur eine Polymerisationsgeschwindigkeit der oben gewünschten Größe nicht garantiert. Das ist aber auch nicht erforderlich, weil das Programm die Temperatur sucht, die eine Erfüllung der Aufgabenstellung ermöglicht.

Die nun folgende Eingabe der numerischen Bedingungen entspricht Abb. 6.4-5.

Schritte	Selektionssequenz
8	100 / 100 / 0.1 / 5

```
Number of integration steps    -  =  100
Number of print steps          -  =  100
Step Size of Temperature       K  =  0.1
Final reaction time            h  =  5
```

Abb. 6.4-5 Numerische Bedingungen

Die angegebene Schrittweite der Temperatur bezieht sich auf die Regulierung des Temperaturprofiles. Ausgehend von einer Temperatur, welche die gewünschte Geschwindigkeit der Polymerisation garantiert, wird nach jedem Integrationsschritt die tatsächliche Pm-Geschwindigkeit mit der angestrebten verglichen. Ist sie größer, dann wird die Temperatur um das angegebene Intervall (hier 0,1 K) herabgesetzt. Im umgekehrten Fall wird sie entsprechend erhöht. Für das Funktionieren dieses genauso einfachen wie robusten Verfahrens ist es wichtig, daß genügend viele Integrationsschritte in genügend kleinen Umsatzintervallen ausgeführt werden. Wir sind mit 100 x 100 Aufrufen der Integrationsprozedur ganz sicher gegangen.

Anschließend wird die Anfangspolymerisationsgeschwindigkeit mit den aktuellen Eingabe berechnet. Sie ist in unserem Fall viel zu hoch. Wir beantworten die Frage also mit „No“ und geben anschließend 19 % h^{-1} ein. Die jetzt ermittelte optimale Anfangstemperatur kann man später dem Simulationsprotokoll entnehmen.

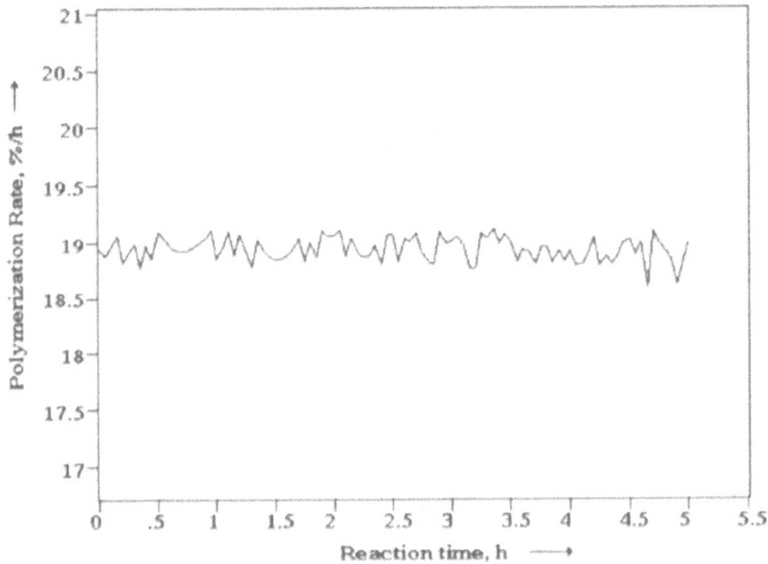

Abb. 6.4-6 Optimierte Polymerisationsgeschwindigkeit nach C4-1

Die Zielgrößen werden jetzt durch

Schritte	Selektionssequenz
11	Reaction time / Monomer conversion / Polymerization Rate / Temperature / Weight average

festgelegt. Die Berechnung des massenmittleren Polymerisationsgrades soll einen Hinweis zur Polymerqualität bei dieser Art der Reaktionsführung geben.

Die schnellste Art der Ergebnisdarstellung erfolgt jetzt über die Arbeitsblätter D1 und D2. Beispielsweise erhält man mit der Sequenz „Results / Last Simulation / Graph / Colors / Polymerization Rate, %/h / Reaction time, h" einen Eindruck von der Konstanz der Polymerisationsgeschwindigkeit (Abb. 6.4-6).

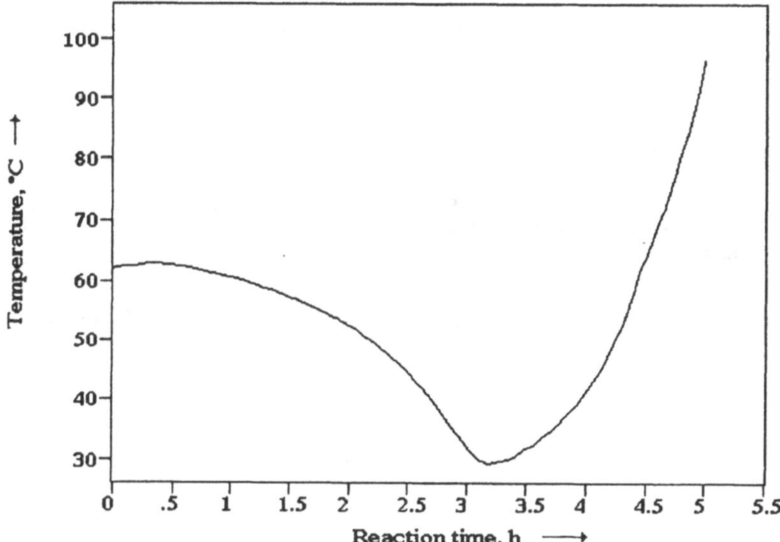

Abb. 6.4-7 Erforderliches Temperaturprofil nach C4-1

Mit der Sequenz „Results / Last Simulation / Graph / Colors / Temperature, °C / Reaction time, h" wird entsprechend Abb. 6.4-7 das dazugehörige Temperaturprofil präsentiert, dessen Interpretation Ihnen überlassen bleibt. Wenn Sie dabei an den Geleffekt denken, liegen Sie richtig.

Beispiel nach Arbeitsblatt C4-2

Es soll der Verlauf der Polymerisationsgeschwindigkeit, die mittlere Radikalzahl pro Latexteilchen, die Latexteilchengröße und die Molmassenverteilung bei der isothermen Saatlatex-Emulsionspolymerisation von Styren mit Kaliumpersulfat als Initiator und t-Dodecylmerkaptan als Kettenlängenregler berechnet werden.

Die Simulationsvorbereitung erfolgt mit Arbeitsblatt C2 durch Auswahl der unten angegebenen Selektionssequenzen. Das Editieren der Daten über die Schritte 4, 6 und 10 soll unterbleiben.

Schritte	Selektionssequenz
2	Styrene / NO solvent / Potassium persulfate / NO initiator2 / tert-Dodecylmercaptane / NO inhibitor / ESC
5	Initiator1 start / Thermal start / Propagation / Transfer to Monomer / Transfer to agent / Recombination / Disproportionation
8	POLYREAC

In C4-2 muß im ersten Schritt auch eine Molmassenverteilung des Saatpolymeren bereitgestellt werden, wenn man beabsichtigt, diese mit Hilfe des stochastischen Verfahrens für das Endprodukt zu berechnen. Wir simulieren dazu eine in 200 Klassen eingeteilte Molmassenverteilung mit E4 und der Sequenz

Schritte	Selektionssequenz
1 - 5	Accessories / Molecular Mass Distribution / Enter / 0.0004 / 0 / 200 / 2 x Enter

Sie weist ein Zahlenmittel von 2500 und ein Massenmittel von 5000 aus, was einem Dispersionskoeffizienten von 2 entspricht. Wir akzeptieren diese Verteilung, wohl wissend, daß eine gemessene Molmassenverteilung eine deutlich größere Dispersion haben kann.

Jetzt kann C4-2 gestartet werden:

Schritte	Selektionssequenz
2 - 5	Run / Simulation / Batch Reactor / Emulsion / Isothermal / Enter / Radical Population / 0 / -1

Im Schritt 5 wird der Desorptionskoeffizient auf „0" gesetzt; dann ist es beliebig, welcher Wert für den Ugelstad'schen Faktor angenommen wird.

```
Temperature                 °C   =  70
Polymer fraction            Ma%  =  8.18
Monomer fraction            Ma%  =  8.18
Emulgator fraction          Ma%  =  0.3
Electrolyte fraction        Ma%  =  0.12
Swelling conversion         -    =  0.35
Particle diameter(dried)    nm   =  200
Initiator1 fraction         Ma%  =  0.04
CTA fraction                Ma%  =  0.05
```

Abb. 6.4-8 Anfangsbedingungen eines Beispiels nach C4-2

Im Schritt 6 werden die im Abb. 6.4-8 formulierten Anfangsbedingungen festgelegt, die einer auch experimentell untersuchten Rezeptur entsprechen. Unter „Swelling conversion" wird der Umsatz U_{23} verstanden. Besonders hervorzuheben ist außerdem der Partikeldurchmesser von 200 nm. Es ist der „Trockendurchmesser", also der Durchmesser des Saatpolymeren *vor* seiner Quellung mit dem Monomeren. Dieser Durchmesser ist relativ groß, was besonders im Bereich hoher Umsätze eine ansteigende Radikalzahl im Latexteilchen erwarten läßt.

Wir entscheiden uns jetzt für:

Schritte	Selektionssequenz
8 - 10	1 / 10 / 4 / 1
11-12	Reaction time / Average radical number / Particle diameter (dried) / Weight average / Molecular mass distribution / 10000 / 30000 / actual\jt.bas / actual\yjt.bas

Die Integrationsschrittweite wird nun so geregelt, daß sich der Umsatz des am Anfang dazugegebenen Monomeren („Fresh monomer conversion“) im Verlauf von 4 h in Intervallen von etwa 1 % je Print-Schritt erhöht, wobei je 10 Integrationsschritten in einem solchen Intervall ausgeführt werden. In unserem Fall erhöht sich damit der Gesamtumsatz um 0,5 % je Print-Schritt.

Die in Schritt 12 gewählten Größen sollten den notwendigen Bereich für die Molmassenverteilung beinhalten. Man muß immerhin die Anwesenheit des Reglers berücksichtigen, der die im Normalfall recht hohen Molmassen drastisch reduziert. Wählt man in diesem Schritt den Bereich zu eng, d.h., kommt es zur Bildung von Polymeren, die größer sind, dann wird das mit einer entsprechende Mitteilung quittiert. Ist der Bereich dagegen zu groß, dann äußert sich das in einer linksseitig „zusammengedrückten“ Molmassenverteilung, die nur relativ wenige relevante Klassen enthält. Diese ungewollt vergrößerte Klassenbreite bewirkt eine ungenaue Rechnung. Sollte man sich bei der Schätzung in dieser Art verkalkulieren, muß man die Simulation wiederholen.

Die nun folgende Berechnung nimmt relativ wenig Zeit in Anspruch, weil die gebildeten Polymerketten infolge des Reglergehaltes kurz sind. Die Molmassenverteilung läßt sich in diesem Fall am besten im „GPC-Format“ entsprechend Arbeitsblatt E6 grafisch darstellen, wie in Abb. 6.4-9 gezeigt.

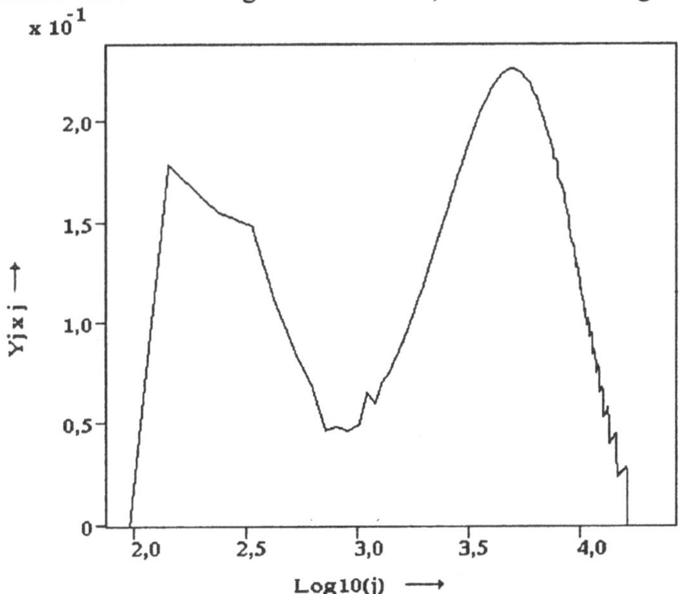

Abb. 6.4-9 Molmassenverteilung eines Saat-Emulsionspolymerisates entsprechend Arbeitsblatt C4-2

Man erkennt deutlich die Trennung zwischen der hochmolekularen Saat und dem niedrigmolekularen Polymerisat. Die Molmassenverteilung ist aufgrund des stochastischen Berechnungsverfahrens hier und da etwas „eckig“. Übrigens: In der Fachliteratur finden Sie bis zum Jahre 1995 kein Verfahren, das es in ähnlicher

Weise gestattet, die zeitlich integrale Molmassenverteilung eines Emulsionspolymerisates unter Berücksichtigung der Hochumsatzkinetik und der Radikalpopulation zu berechnen, obwohl sich in der letzten Zeit Monte-Carlo-Methoden auf den verschiedendsten Gebieten ihren Platz erobert haben, insbesondere auch bei der Berücksichtigung der Übertragungsreaktionen zum Polymeren, die zur Netzwerkbildung (Gelbildung) führen, z.B. Tobita [142 - 145].

Beispiel nach Arbeitsblatt C4-3

Es soll der zeitliche Verlauf des Monomerumsatzes, des massenmittleren Polymerisationsgrades, des Dispersionsindex und des durch den Reaktormantel abzuführenden Wärmestromes beim isothermen Anfahren eines kontinuierlich betriebenen Rührreaktors für die thermische Massepolymerisation von Styren ermittelt werden. Zu Beginn ist der Kessel bis zum Überlauf mit einer Lösung aus 49 % Polystyren, 1% Styren und 50% Ethylbenzen gefüllt, deren Temperatur 160°C beträgt und konstant gehalten werden soll. Das Zahlenmittel des Polymerisationsgrades beträgt zu Beginn 350, das Massenmittel 1150. Der Zulauf zum Reaktor besteht aus reinem Styren mit einer Temperatur von 26°C, er ist zeitlich konstant und - bezogen auf das Reaktionsvolumen - auf einen Wert von 0,2 kg m^{-3} s^{-1} fixiert.

Die Simulationsvorbereitung erfolgt mit C2, ohne das Editieren der Daten über die Schritte 4, 6 und 10 über

Schritte	Selektionssequenz
2	Styrene / Ethyl benzene / NO initiator1 / NO CTA / NO inhibitor
5	Thermal start / Propagation / Depolymerization / Transfer to Monomer / Transfer to Solvent / Recombination / Disproportionation
8	POLYREAC

Wenn Sie sich an dieser Stelle bereits genügend sicher fühlen, sollten Sie allerdings gelegentlich die verschiedenen Möglichkeiten des Editierens von Eingabedaten ausprobieren.

Der Start der eigentlichen Simulation wird nach C4-3 vorgenommen, und zwar mit den Sequenzen

Schritte	Selektionssequenz
1	Run / Simulation / Unsteady-state CSTR / Bulk/Solution / Isothermal
5	160 / 49 / 50 / 350 / 1150 siehe Abb. 6.4-11
7	26 / 0.2 / 0 / 0 siehe Abb. 6.4-12
8	20 / 100 / 5 siehe Abb. 6.4-13
9	Reaction time / Polymer fraction / Molecular weight dispersion / Heat transfer rate / Weight average

```
Temperature         °C   =  160
Polymer fraction    Ma%  =  49
Solvent fraction    Ma%  =  50
```

```
Number average   -  =  350
Weight average   -  =  1150
```

Abb. 6.4-11 Anfangsbedingungen des instationären Rührkessels,Beispiel nach C4-3

```
Reaction mass temperature (Entry)  °C        =  26
Specific mass flux (entry)         kg/sm^3   =  0.2
Polymer fraction (entry)           Ma%       =  0
Solvent fraction (entry)           Ma%       =  0
```

Abb. 6.4-12 Zulaufbedingungen des instationären Rührkessels, Beispiel nach C4-3

```
Number of integration steps   -  =  20
Number of print steps         -  =  100
Final reaction time           h  =  5
```

Abb. 6.4-13 Numerische Bedingungen, Beispiel nach C4-3

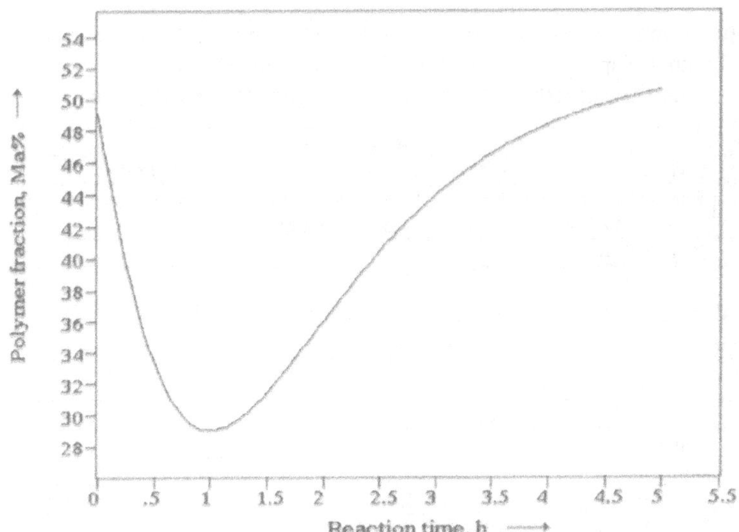

Abb. 6.4-14 Anfahrverhalten des kontinuierlichen Rührreaktors bezüglich des Polymergehaltes, Beispiel C4-3

Anschließend an die nun folgende Rechnung können die Ergebnisse nach D1 bis D3 ausgewertet werden. Für den Polymergehalt als Funktion der Zeit muß sich Abb. 6.4-14 ergeben. Zuerst sinkt der Polymergehalt, weil erst mit dem allmählichen Abnehmen der Lösemittelkonzentration die Reaktion „richtig in Gang" kommt. Nach 5 Stunden störungsfreien Betriebs ist der Reaktor bei dieser Vorgehensweise immer noch nicht völlig stationär - auch und erst recht nicht bezüglich der Polymerqualität, was Sie am Verlauf des Dispersionsindex und des massenmittleren Polymerisationsgrades - am besten über D2 - sehen können.

Hinweise

- Starten Sie nicht bei Monomerkonzentrationen, die exakt Null sind, um numerische Komplikationen zu vermeiden.
- Die Molmassenverteilung wird nur am Ende der Berechnung als momentane Molmassenverteilung berechnet. Sie kann daher mit der tatsächlich produzierten nur übereinstimmen, wenn der Reaktor den stationären Zustand erreicht hat.

Beispiel nach Arbeitsblatt C4-4

In einem Wärmetauscher mit Einzelrohren von 2 cm Durchmesser und 4 m Länge wird ein Gemisch von 90% Styren und 10% Ethylbenzen aufgewärmt, das eine Anfangstemperatur von 20°C aufweist. Die Heiztemperatur ist konstant über der Rohrlänge und beträgt 250 °C . Die Wärmeübertragungszahl soll 420 $W\ m^{-2}\ K^{-1}$ betragen und als konstant betrachtet werden. Welcher Monomerumsatz ergibt sich am Austritt des „Wärmeübertragers", wie sieht das Temperaturprofil über der Reaktorlänge aus und welche Viskosität wird am Austritt erhalten, wenn das Einzelrohr mit 72 kg h^{-1} belastet wird?

Die Vorbereitung der Simulation erfolgt mit Hilfe des Arbeitsblattes C2 genau so wie im obigen Beispiel für C4-3, d.h., das Editieren der Standard-Daten über die Schritte 4, 6 und 10 unterbleibt und folgende Sequenzen werden selektiert:

Schritte	**Selektionssequenz**
2	Styrene / Ethyl benzene / NO initiator1 / NO CTA / NO inhibitor
5	Thermal start / Propagation / Depolymerization / Transfer to Monomer / Transfer to Solvent / Recombination / Disproportionation
8	POLYREAC

Jetzt werden folgende Eingaben nach Arbeitsblatt C4-4 realisiert:

Schritte	**Selektionssequenz**
1	Run / Simulation / Tubular Reactor / Bulk&Solution
2	Heat exchange ('constant')
3	Enter
4	0.02 / 4
5	20 / 0.02 / 0 / 10 siehe Abb. 6.4-15
6	250 / 420 / 0 siehe Abb. 6.4-16
7 - 8	0 / 50 / 200
10	Reactor length / Monomer conversion / Temperature / Reaction mass viscosity

```
Reaction mass temperature (Entry)  °C    =  20
Mass flux (entry)                  kg/s  =  2e-2
Polymer fraction (entry)           Ma%   =  0
Solvent fraction (entry)           Ma%   =  10
```

Abb. 6.4-15: Zulaufbedingungen zum Rohrreaktor, Beispiel nach C4-4

```
Cooling medium temperature  °C          =  250
Heat transfer coefficient   W/(m^2 K)   =  420
Thickness of fouling        m           =  0
```

Abb. 6.4-16: Kühlbedingungen des Rohrreaktors, Beispiel nach C4-4

Durch Auswertung der Resultate nach D2 erkennt man, daß der Wärmeübertrager spätestens nach 1,5 m Rohrlänge kein „reiner" Wärmeübertrager mehr ist: Die Temperatur der Mischung steigt deutlich über die Heiztemperatur an, und der Monomerumsatz am Reaktoraustritt beträgt bereits knapp 20%, wenn man - wie hier geschehen - unstabilisiertes Styren einsetzt.

Parameterbestimmung ausführen.

Beispiel nach Arbeitsblatt C3

Die Parameter g_1 und g_2 des Hochumsatzmodells „Polyreac" sollen für eine Temperatur von 70 °C aus der simultanen nichtlinearen Anpassung an experimentelle Verläufe des Polymermassenbruches und des massenmitileren Polymerisationsgrades der mit AIBN gestarteten Polymerisation von Methylmethacrylat im isothermen Batchreaktor bestimmt werden.

Nach C3 ergibt sich folgender Ablauf, wenn in jedem Fall die Editierung der Daten umgangen wird:

Schritte	Selektionssequenz
1 - 2	Run / Parameter estimation / Solution/Bulk Polymerization Abb. 6.4-17
3	Methyl methacrylate / NO solvent / AIBN / NO CTA / NO inhibitor Abb. 6.4-18
6	Initiator1 start / Propagation / Transfer to Monomer / Recombination / Disproportionation Abb. 6.4-19
9	POLYREAC
13-14	70 / 0004 Balke+Hamielec4 0.003
15	Reaction time / Polymer fraction / Weight average
16	Initial propagation constant Abb. 6.4-20
17	Gel effect parameter 1 und 2
18	6 / 1

Prinzipiell sollte man wissen: Das in Kapitel 5.3.2 gegebene Systems von Differentialgleichungen für den isothermen Batchreaktor enthält kinetische Konstanten, die durch eine nichtlineare Minimierung der relativen Fehlerquadrate nach einem Marquardt-Verfahren aus experimentell bestimmten Umsatz- und Polymerisationsgrad- Daten bestimmt werden können. Dabei wird das Differentialgleichungssystem numerisch integriert.

Abb. 6.4-17 Parameterbestimmung nach C3, Schritt 2

Nach Schritt 2 zeigt sich, daß experimentelle Daten für die Parameterbestimmung in PolyReac® nur für die Lösungs-, Masse- und Suspensionspolymerisation verfügbar sind. Zu Beginn des Schrittes 3 zeigt sich, daß für die Ethenpolymerisation keine experimentellen Daten vorhanden sind - deshalb erscheint „Ethen“ hier ausgeblendet und ist nicht anwählbar. Wenn man im Schritt 3 „Methyl methacrylate“ angewählt hat, gelangt man ohne weitere Wahlmöglichkeiten zu der in Abb. 6.4-18 gezeigten Ausgabe

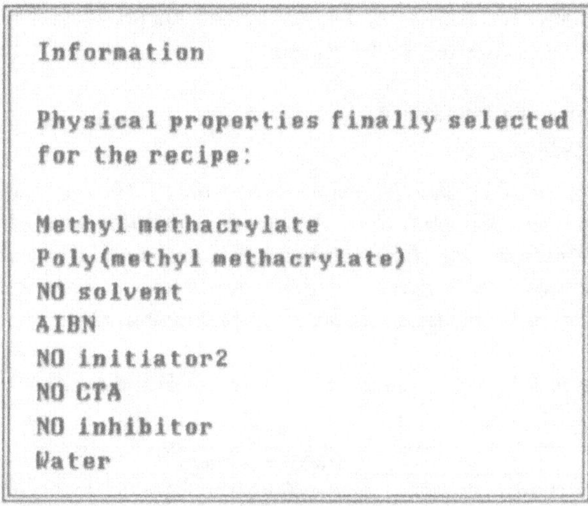

Abb. 6.4-18 Parameterbestimmung nach C3, Schritt 3

Nach dieser Selektionssequenz sind nur für die gezeigte Kombination experimentelle Daten vorhanden, insbesondere also nur für AIBN als Initiator, nicht für Initiatorkombinationen, und in Abwesenheit von Kettenlängenreglern und Inhibitoren. „Wasser“ wird nur standardmäßig ergänzt - es gehört nicht zur Rezeptur.

In Schritt 6 muß man auf die Depolymerisationsreaktion verzichten, die bisher nicht im PolyReac® -Programm für die Parameterbestimmung berücksichtigt wurde. Sie hat aber auch bei 70°C keinerlei Bedeutung.

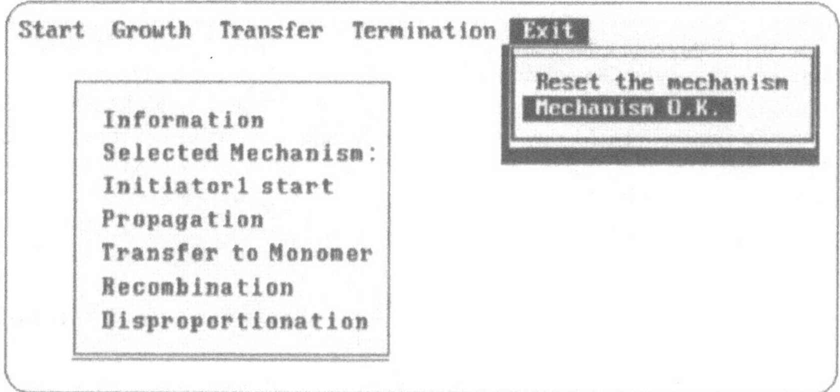

Abb. 6.4-19 Parameterbestimmung nach C3, Schritt 6

Man sollte sich in genauer Kenntnis des kinetischen Modells spätestens im Schritt 9 klar machen, welche Modellkonstanten durch Anpassung an die experimentell gemessenen zeitlichen Verläufe des Polymermassenbruches und der Polymerisationsgrade bestimmt werden sollen. Bei Unsicherheiten kann ein erneutes Studium der Kapitel 3.4, insbesondere Abschnitt 3.4.4, und 3.5 hilfreich sein.

Nach der Entscheidung für 70 °C im Schritt 13 zeigt sich, daß für die gewählte Kombination nur zwei Experimente vorhanden sind. Wir wählen das in der obigen Tabelle angegebene.

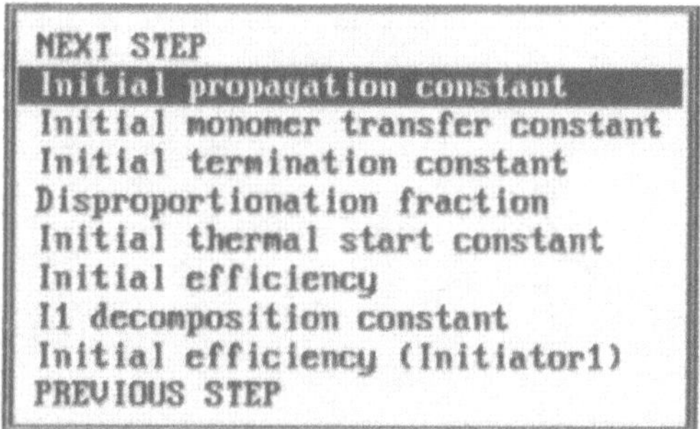

Abb. 6.4-20 Parameterbestimmung nach C3, Schritt 16

Prinzipiell können alle im Modell vorhandenen anfangskinetischen Parameter an die ausgewählten experimentellen Daten angepaßt werden, wie man im Schritt 16 erkennen kann. Die Bestimmung der Anfangskinetik sollte - mit Ausnahmen - aber besser auf der Grundlage von Daten erfolgen, die ausschließlich bei niedrigen Polymerkonzentrationen gemessen wurden, z.B. so, wie es in den Kapiteln 3.4.3 und 3.4.4 anhand der Linearisierung gezeigt wurde.

Die optimalen Parameter sind gefunden, wenn die Summe der Fehlerquadrate ein Minimum annimmt. PolyReac© ermöglicht mit Hilfe eines Marquardt-Verfahrens die Suche nach diesem Minimum für die Summen der relativen Fehlerquadrate.

Bewertet man die Genauigkeit der Umsatzmessungen beispielsweise fünfmal höher als die Genauigkeit der Polymerisationsgradmessungen, kann man außerdem - wie unten gezeigt - von Gewichtsfaktoren Gebrauch machen. Sei Y repräsentativ für die abhängigen Variablen (aktuell: Umsatz, Polymerisationsgrade), K die Anzahl der Experimente (aktuell: 1), M die Anzahl der abhängigen Variablen (aktuell: 3), G_m der Gewichtsfaktor der Variablen m sowie N_k die Zahl der Meßwerte des Experimentes k , dann ist die Zielfunktionen durch Gl. (6.4-01) definiert.

Minimierung der relativen Fehlerquadrate

$$S_{rel} = \sum_{k=1}^{K} \sum_{m=1}^{M} G_m \sum_{n=1}^{N_k} \left[\frac{Y_{Experiment} - Y_{Modell}}{Y_{Experiment}} \right]_{k,m,n}^2 \Rightarrow \text{Min!} \qquad (6.4\text{-}01)$$

Natürlich ist darauf zu achten, daß keine Meßwerte mit dem numerischen Betrag Null Eingang in die Parameterbestimmung finden. Die Anfangswerte werden deshalb von PolyReac© generell nicht in die obigen Summen einbezogen. In den Gewichtsfaktoren kommt unser Vertrauen zu den Meßwerten (oder zu unseren in der Polymeranalytik tätigen Mitarbeitern ?) zum Ausdruck. In unserem Beispiel haben wir die Umsatzmeßwerte 6-mal höher bewertet als die Polymerisationsgrade.
Im Verlauf des Suchprogrammes werden die sich ändernden Parameterwerte und die Fehlerquadratsumme zusammen mit einem ersten Vergleich von Meß- und Modellwerten angezeigt (Abb. 6.4-21)

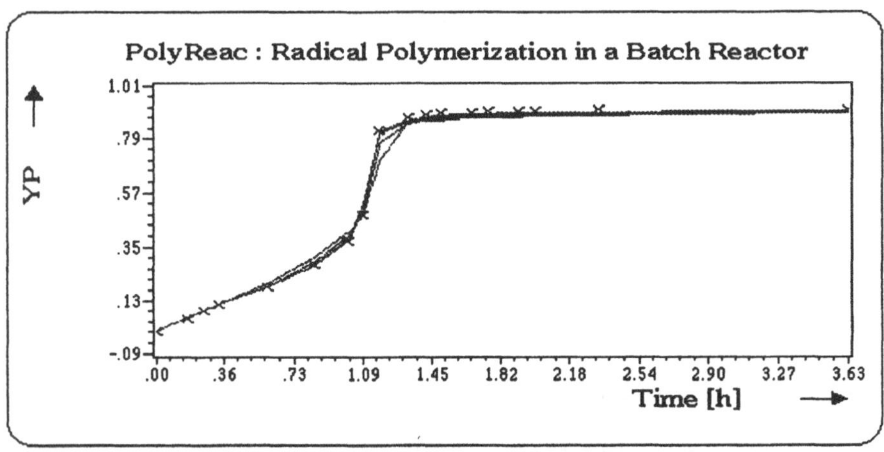

Abb. 6.4-21 Bildschirmauszug während einer Parameterbestimmung

Die zum Teil eckigen Verläufe der Modellkurven resultieren lediglich aus dem Verbinden der exakt für die Zeit-*Meß*werte berechneten Modellpunkte durch Geraden - natürlich ist das Modell selbst stetig und glatt. Die Anpassung der Meßwerte ist in diesem Fall bereits zu Beginn exzellent - vorausgesetzt, Sie haben am Anfang nicht vergessen, über F1 den „Standard'95" zu laden !

Ein erster Einblick in die numerischen Resultate wird im rechten oberen Teil des Bildschirmes mit gewährt. Anhand des Zielfunktionswertes können unterschiedliche Modellstrukturen miteinander verglichen werden.

Hinweis

Der während der Parameterbestimmung ausgewiesene Wert für den Gelparameter g_3 des Modells Polyreac (nicht in unserem Beispiel) ist logarithmiert. Es handelt sich um einen sehr kleinen Wert, und das Suchprogramm hätte prinzipielle Schwierigkeiten, numerisch sehr unterschiedliche Parameter simultan zu bestimmen - mit Hilfe eines kleinen Tricks wird intern nicht g_3 sondern ln g_3 angepaßt, so daß dieser Wert im Integrations- und Suchprogramm ständig logarithmiert und entlogarithmiert werden muß.

Die nachfolgenden Grafiken auf dem Bildschirm vermitteln einen Eindruck von den Endanpassungen der einzelnen Meßgrößen und ihrer Fehlerstreuungen. Für den massenmittleren Polymerisationsgrad ist der obere Teil des Bildschirmes in Abb. 6.4-22 dargestellt.

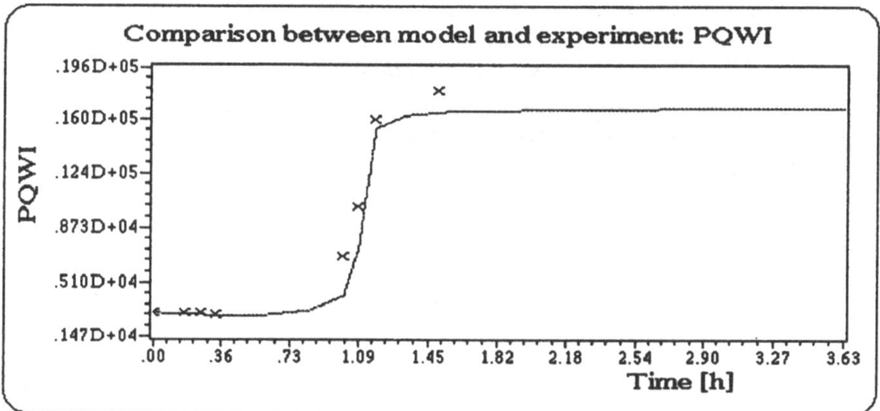

Abb. 6.4-22 Endanpassung der massenmittleren Polymerisationsgrade, Auszug der oberen Bildschirmanzeige

Die im unteren Teil der Bildschirmausgaben gezeigten Fehlerstreuungen können besonders hilfreich bei der vergleichenden Beurteilung unterschiedlicher Modellstrukturen sein. Wenn sich nicht durch die Art der Analysenmethode eine unterschiedliche Präzision und Reproduzierbarkeit in unterschiedlichen Umsatzbereichen erklären läßt, dann sollte die Streuung der Abweichungen gleichmäßig im gesamten Bereich sein.

Die endgültigen numerischen Werte der Modellparameter können mit D4 sichtbar gemacht werden.

Parameterbestimmung durch Linearisierung. Über die Sequenz „Run / Initial Kinetics Check / Linearization" (C5) gelangt man zu Abb. 6.24-23.

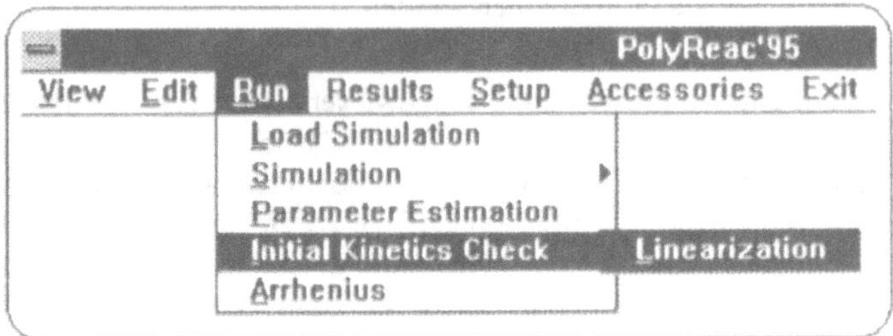

Abb. 6.4-23 Eröffnungsmenü zur Linearisierung, C5, Schritt 1

Beispiel nach Arbeitsblatt C5

In Kapitel 3.4.3 wurde gezeigt, wie man im anfangskinetischen Bereich unter isothermen Bedingungen das Modell für einige Spezialfälle linearisieren kann und auf diese Weise anfangskinetische Konstantenkombinationen ermittelt. Ein Beispiel wurde in Kapitel 3.4.4 unter Verwendung von Arbeitsblatt C5 (stark gekürzt) dargestellt - hier soll eine detaillierte Beschreibung erfolgen.

Nach der Auswahl eines Experimentes mit Arbeitsblatt A2 bekommt man nach „Run / Initial Kinetics Check / Linearization" (Schritt 1) zunächst eine Information, mit der die Identität des Experimentes belegt wird, zum Beispiel

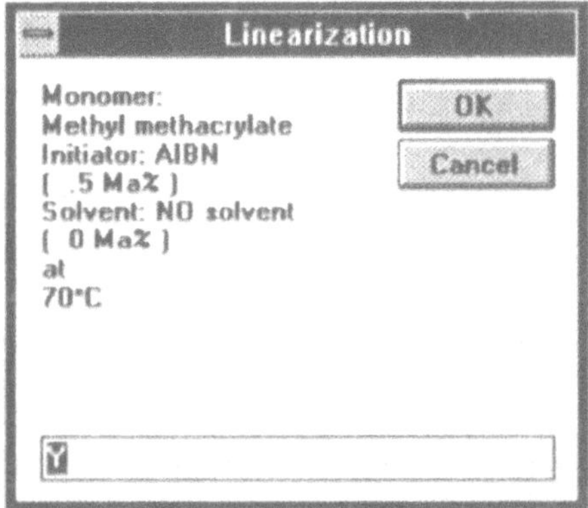

Abb. 6.4-24 Bestätigung des ausgewählten Experiments, C5, Schritt 1

Nach Bestätigung dieser Information (Schritt 2) wird die Linearisierung entsprechend Kapitel 3.4.3 vorgenommen und graphisch auf dem Bildschirm präsentiert (Abb. 6.4-25). Die letzten 6 experimentellen Punkte liegen für das ausgewählte Experiment deutlich außerhalb des linearen anfangskinetischen Bereiches, dem man die ersten 5 Punkte zuordnen kann. Da sich auch im hochumsatzkinetischen Bereich in dieser Form lineare Verläufe ergeben können, ist es wichtig, konsequent den tatsächlich anfangskinetischen Bereich nicht aus dem

Auge zu verlieren, weil manches Experiment gerade dort nur wenige Meßwerte ausweist.

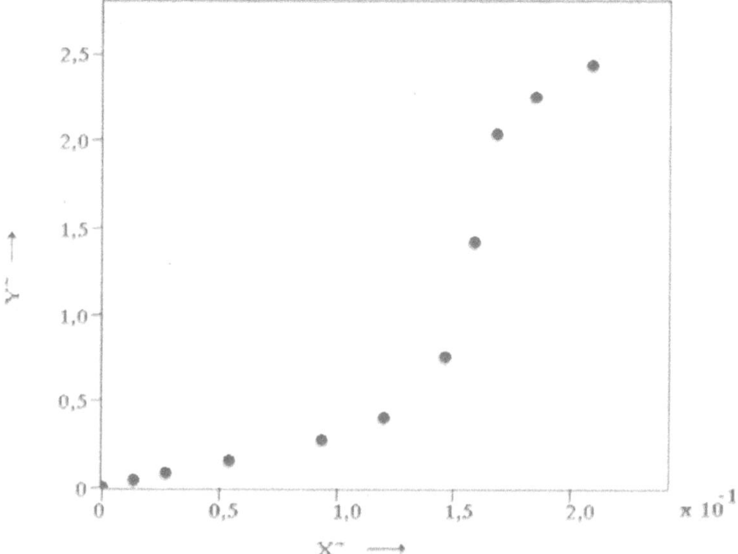

Abb. 6.4-25 Anfangskinetische Linearisierung, Beispiel nach C5, Schritt 3

Für das gewählte Experiment kann man die nächste Abfrage so beantworten, wie in folgenden Abb. 6.4-26 gezeigt.

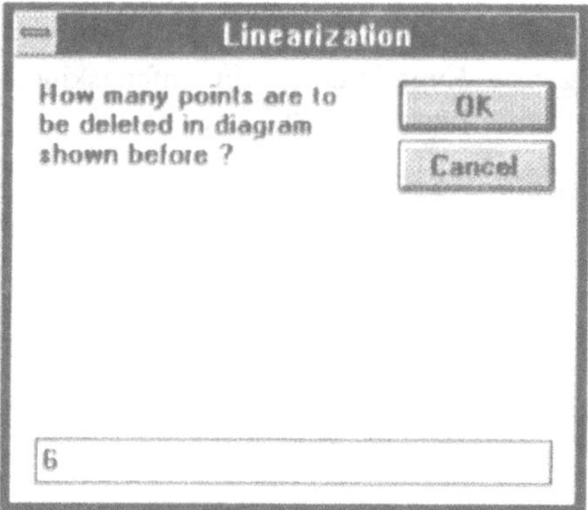

Abb. 6.4-26 Löschen der außerhalb des anfangskinetischen Bereiches liegenden experimentellen Punkte, Beispiel nach C5, Schritt 4

Es werden somit die letzten 6 experimentellen Punkte gelöscht. Man erkennt danach den linearen Bereich deutlicher, weil sich auch der Maßstab der Darstellung ändert. Die verbleibenden 5 experimentellen Punkte kann man nun durch eine Gerade verbinden, indem man die erneute Frage nach der Anzahl der nun noch zu löschenden Punkten mit „0“ und die folgenden zwei Fragen nach den linear zu verbindenden Punkten z.B. mit „1“ und „5“ beantwortet. Auf diese Weise gelangt man zu der in Abb. 6.4-27 gezeigten Grafik, die in diesem Fall auch ein akzeptabler Hinweis auf die Gültigkeit des Modelles und der bei seiner Ableitung getroffenen Annahmen ist. Aus dem Anstieg dieser Geraden wird die sogenannte bruttokinetische Konstante ermittelt.

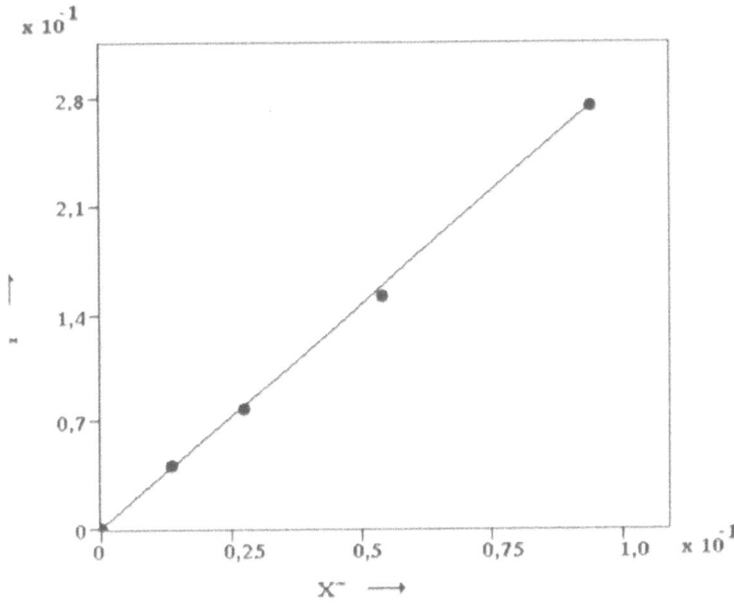

Abb. 6.4-27 Auswertung von Experimenten im anfangskinetischen Bereich zur Ermittlung der Bruttokonstante, Beispiel nach C5, Schritt 5

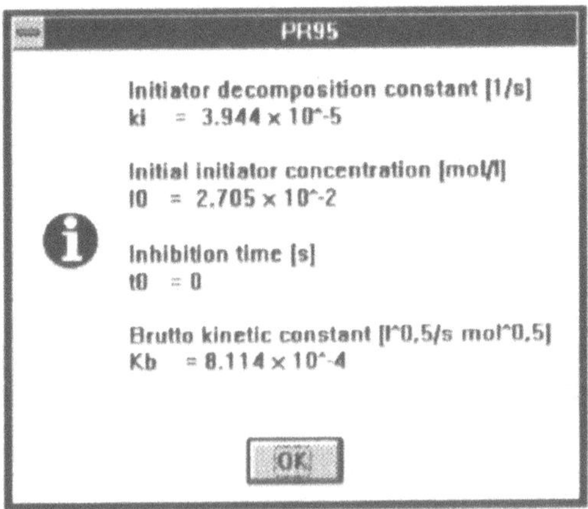

Abb. 6.4-28 Auswertung von Experimenten im anfangskinetischen Bereich, Beispiel nach C5, Schritt 8

Abschließend werden die Ergebnisse zusammen mit einigen Zwischenergebnissen entsprechend Abb. 6.4-28 ausgegeben. Die Inhibitionszeit ergibt sich aus dem Abszissenabschnitt.

Arrhenius-Diagramm

Beispiel nach Arbeitsblatt C1

In der Literatur oder mit Hilfe von E2 sind Arrheniusparameter der kinetischen Konstanten zu finden, die oft genug weit voneinander abweichen, aber in bestimmten Temperaturbereichen doch relativ gut übereinstimmende Konstantenwerte ergeben. Es soll ein grafischer Vergleich der Konstanten im Arrhenius-Diagramm vorgenommen werden.

Nach „Run / Arrhenius" kann man eine Tabelle aufbauen, in der die Arrheniusparameter enthalten sind. Man kann aber auch eine bereits vorhandene Tabelle editieren. Wir wollen ein Beispiel mit willkürlich angenommenen Daten demonstrieren. Nach Kenntnisnahme und Quittierung der ersten Information beantworten wir die Frage wie in Abb. 6.4-29 dargestell mit „C", um eine neue Tabelle aufzubauen.

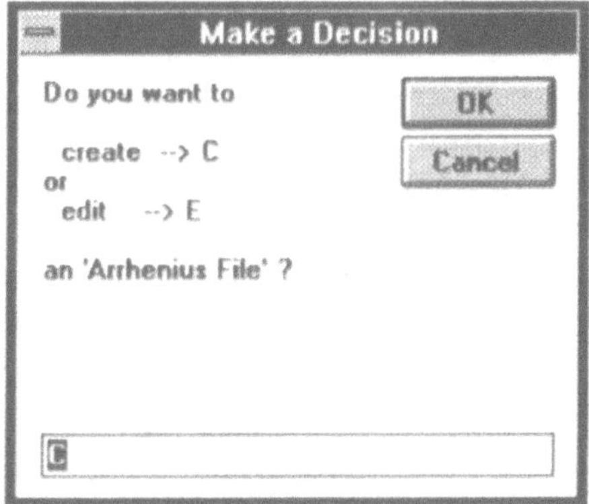

Abb. 6.4-29 Neue Tabelle mit Arrheniusparametern, Beispiel C1, Schritt 2

Danach wird der Name der neuen Tabelle abgefragt; sie soll unter dem Namen TESTARR gespeichert werden. In die daraufhin offerierte Tabelle sind nun die Werte der Arrheniusparameter einzutragen. Das geschieht, indem die mit „edit" belegten Zellen angeklickt und anschlißend im Editierbereich verändert werden, so daß am Ende die drei Arrhenius-Wertepaare nach Abb. 6.4-30 in der Tabelle stehen.

Nach Verlassen der Tabelle mit „Exit" kann man die niedrigste Temperatur (z.B. 60°C) und die höchste Temperatur (z.B. 120 °C) für den grafischen Anzeigebereich eingeben, und man bekommt die Werte der Konstanten an den Bereichsgrenzen in einer Tabelle präsentiert (Abb. 6.4-31).

1. Click inside !

Number	Frequency Factor	Activation Energy
1	1e6	1500
2	1e6	2000
3	1e6	2500
4	edit	edit
5	edit	edit
6	edit	edit
7	edit	edit
8	edit	edit
9	edit	edit
10	edit	edit

Abb. 6.4-30 Editieren der Arrhenius-Tabelle, Beispiel C1, Schritt 3

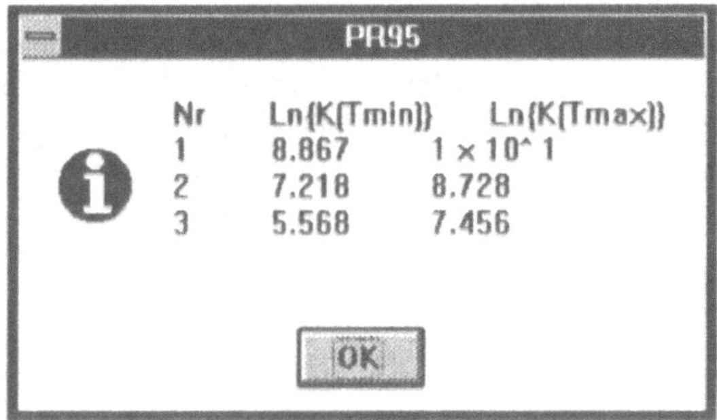

Abb. 6.4-31 Werte der Arrheniusgleichungen an den Temperaturbereichsgrenzen, Beispiel C1, Schritt 5

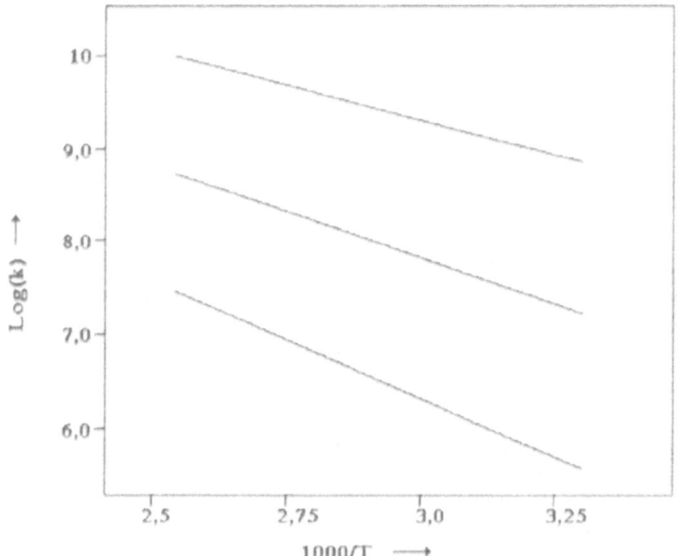

Abb. 6.4-32 Vergleichenden Darstellung von Arrheniusbeziehungen

Nach dem Quittieren ergibt sich in unserem Beispiel die in Abb. 6.4-32 dargestellte Grafik, die - wie alle Grafiken in PolyReac® - als PCX-Datei gespeichert und beliebig weiterverarbeitet werden kann.

Von Arbeitsblatt C1 wurde besonders im Kapitel 3.4.2 reger Gebrauch gemacht. Die dort gezeigten Abb.er beruhen auf den Dateien, die man mit der Erweiterung „.arr“ im Verzeichnis INPUT finden und bearbeiten kann, wenn man im Schritt 2 anstelle von „C“ ein „E“ eingibt.

6.5 RESULTS

Ergebnisse der Parameterbestimmung. Siehe Arbeitsblatt D4. Die Konfidenzintervalle werden nur in der PolyReac^R-Vollversion [1] berechnet.

Simulationsergebnisse

Beispiel nach Arbeitsblatt D2

Es wird die schnellste Möglichkeit einer grapfischen Ausgabe von Simulationsergebnissen gesucht.

Nach Schritt 1 (Abb. 6.5-1) erhält man die Möglichkeit, sich für eine schwarz-weiß-Darstellung (besserer Kontrast, speichergünstige Monochrom-Bitmaps) zu entscheiden oder die Modellkurven farbig abzuheben.

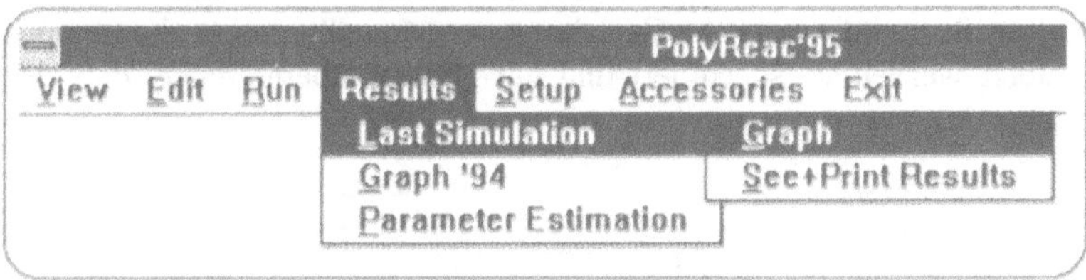

Abb. 6.5-1 Eröffnungsmenü nach D2

Im Anschluß daran hat man entsprechend Schritt 3 aus einem von der vorangehenden Simulationsrechnung abhängigen Angebot auszuwählen, das dem in Abb. 6.5-2 gezeigten ähnlich sein wird.

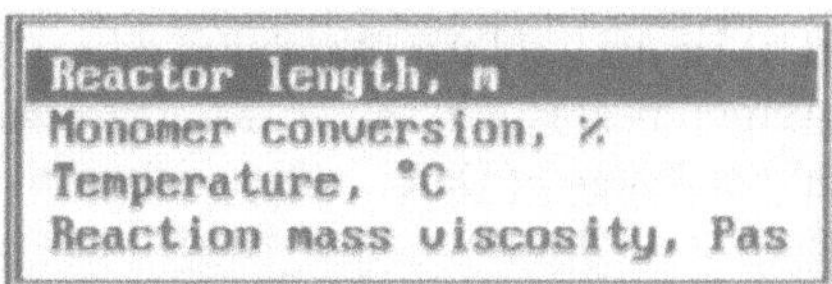

Abb. 6.5-2 Auswahl der Koordinaten, Beispiel D2, Schritt 3

Zuerst ist die Ordinate und dann die Abszisse auszuwählen. Jede Zielgröße kann gegen jede andere aufgetragen werden. Standardmäßig können alle so erzeugten Grafiken im PCX-Format gespeichert werden und von dort aus, z.B. nach Arbeitsblatt E3, in andere Grafikformate konvertiert werden.

Flexibles X-Y-Diagramm

Beispiel nach Arbeitsblatt D3

Das im Kapitel 6.4, „Vorbereitung einer Reaktor-Simulation" zur Illustration des Arbeitsblattes C2 begonnene Beispiel ist grafisch auszuwerten, indem die experimentellen Verläufe den Modellrechnungen gegenübergestellt werden.

Infolge der Auswahl der experimentellen Daten ist das Grafikprogramm bereits auf die Darstellung des Polymermassenbruches als Funktion der Zeit voreingestellt. Mit Bezug auf D3 werden danach die in der folgenden Tabelle angeführten Aktivitäten erforderlich:

Schritte	Selektionssequenz	
1	Results / Graph'94	
2	Zeit,h / Umsatz, % / 4 / 0.13 / 0 / 1	Abb. 6.5-3
3	1 / 1 / 1000	
4	actual\xee1.bas / actual\ype1.bas	
5	actual\xe140.bas / actual\yp140.bas	

In Schritt 2 werden die englischen Bezeichnungen in deutsche umgewandelt „Time, h" in „Zeit, h" und „Yp, %" in „Umsatz, %" . Mit den anderen Parametern können Sie später etwas experimentieren, sie betreffen die Diagrammdimensionen, die Schriftgröße und die farbliche Gestaltung der Modellkurven und experimentellen Punkte. Jetzt werden sie so editiert und mit „Enter" übernommen, daß sich Abb. 6.5-3 ergibt

```
X-axis                          = Zeit, h_____
Y-Axis                          = Umsatz, %___
Letter size(1...5)              = 4___________
X-Shrinkage factor(0...0.5)     = 0.13________
Y-Shrinkage factor(0...0.5)     = 0___________
Black & White ( 1 / 0 )         = 1
```

Abb. 6.5-3 Flexibles X-Y-Diagramm, Beispiel nach D3, Schritt2

Nachfolgend (Schritt 3) ist die Zahl der „Model files" auf 1 zu erhöhen, da es um den Vergleich *eines* Experimentes mit *einer* Modellrechung geht. Die danach folgende maximale Zahl der Daten je Datei richtet sich nach der Anzahl der bei der Simulation angegebenen Print-Schritte und der Anzahl der experimentellen Punkte. Sie darf 1000 nicht überschreiten. Die Namen der Experiment-Dateien (Schritt 4) müssen in unserem Beispiel nur noch mit „Enter" bestätigt werden, da sie ebenfalls schon bei der Abarbeitung von A2 durch PolyReac© vordefiniert wurden. Dagegen müsssen die durch Simulation berechneten Dateien im nächsten Eingabebild angegeben werden (Schritt 5), und zwar entsprechend der im Arbeitsblatt D3 angegebenen Tabelle. In unserem Fall sind das die Dateien ACTUAL\XE140.BAS und ACTUAL\YP140.BAS, weil die Anfangstemperatur mit der Erweiterung „.BAS" an den Namen der darzustellenden Variablen angehängt werden muß. So ergibt sich schließlich die Grafik in Abb. 6.5-4.

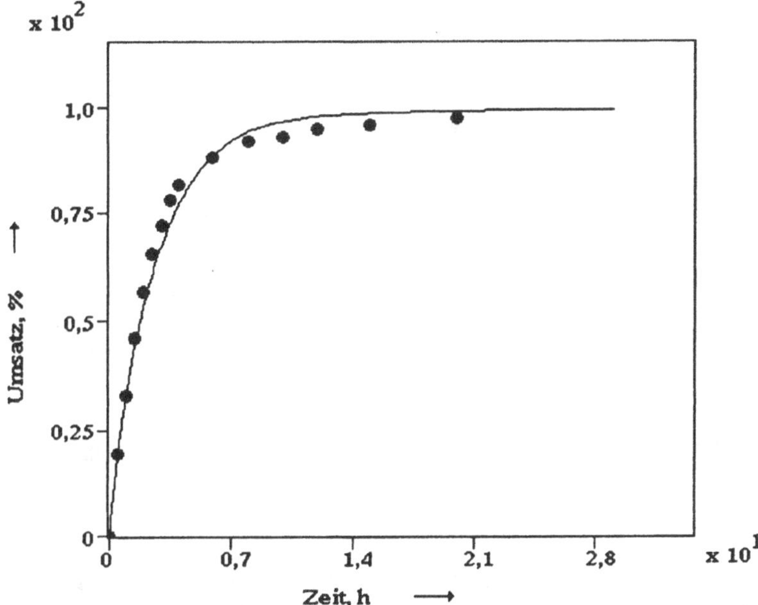

Abb. 6.5-4 Diagramm nach Arbeitsblatt D3, in dem experimentelle (Punkte) und berechnete (Linie) Umsatz-Daten zusammen dargestellt sind

Es sollte Ihnen jetzt nicht mehr allzu schwer fallen, ein solches Diagramm aufzubauen, in dem z.B. die ebenfalls schon ausgewählten experimentellen Werte des massenmittleren Polymerisationsgrades (Datei ACTUAL\PwE1.BAS) und der entsprechenden Modellwerte (Datei ACTUAL\Pw140.BAS) als Funktion des Monomerumsatzes (Experiment-Datei: ACTUAL\YpE1.BAS ; Modell-Datei: ACTUAL\Yp140.BAS) dargestellt sind (Abb. 6.5-5).

Bevor Sie jedoch eine neue Theorie zur Erklärung der in dieser Abbildung gezeigten Abweichungen zwischen Modell und Experiment im mittleren Umsatzbereich entwickeln, ist es angeraten, sich noch andere experimentelle Daten anzuschauen, denn es liegt nicht immer nur am Modell, wenn Abweichungen dieser Größenordnung auftreten !

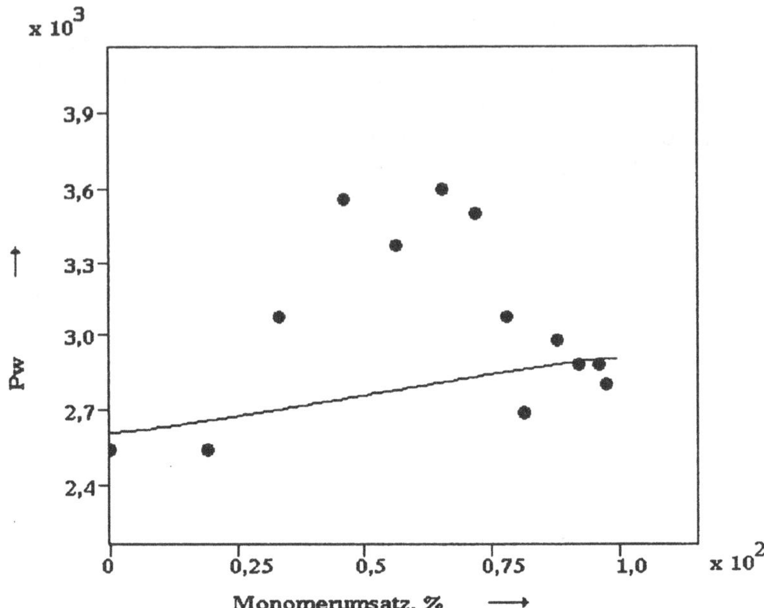

Abb. 6.5-5 Diagramm nach Arbeitsblatt D3, in dem experimentelle (Punkte) und berechnete (Linie) Polymerisationsgrad-Daten zusammen dargestellt sind

Simulationsprotokoll ausdrucken. Für das Arbeitsblatt D1 ergibt sich kein zusätzlicher Erklärungsbedarf. Man sollte lediglich wissen, daß die Eingaben und Ergebnisse einer Simulation in der ASCII-Datei ACTUAL\RESULT.BAS protokolliert sind. Sie haben doch hoffentlich innerhalb von „Notepad" nach Anklicken von „File / Print Setup" Ihren Drucker und das richtige Papierformat angegeben ?

6.6 SETUP

Laden verschiedener kinetischer Parametersätze. Nach Arbeitsblatt F1 kann man verschiedene kinetische Parametersätze einstellen. Diese sind für die Arbeit in den Kapiteln 3.4 und 3.5 von Bedeutung. Nach Schritt 1 erhält man Abb. 6.6-1

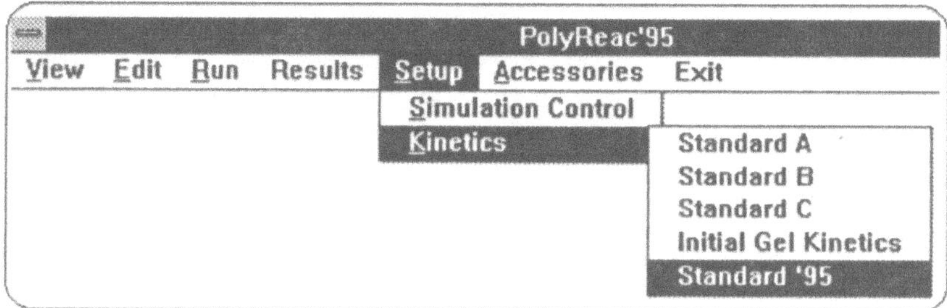

Abb. 6.6-1 Eröffnungsmenü zu Arbeitsblatt F1, Schritt 1

Zur Änderung der aktuellen Standard-Kinetik-Datensätze, die sich in INPUT\SKIN befinden muß man in aufsteigender Reihenfolge vorgehen. Möchte man z.B. den Parametersatz „C" laden, muß erst „A" , dann „B" und schließlich „C" ausgewählt werden, da sich die Daten partiell überlagern.

Mit „Initial Gel Kinetics" kann man die Hochumsatzparameter auf die Werte setzen, die als Startwerte dienten.

Mit der Wahl „Standard'95" erfolgt ein Zurücksetzen auf die letzten in diesem Buch empfohlenen Werte - wie Sie wissen sind das nicht unbedingt die endgültig optimalen, aber doch sehr brauchbare Konstanten (Kapitel 3.5.7).

Simulationskontrolle. Nach Arbeitsblatt F2 kann man die Zwischenausgabe von Resultaten in den Simulationsprogrammen erreichen. Das kann eine Fehlerkorrektur sehr erleichtern - in den allermeisten Fällen ist eine numerische Fehleingabe die Ursache für numerische Probleme.

6.7 Accessories

PolyReac-Standard-Tabelle aufbauen und editieren. Siehe Arbeitsblatt E1.

Bestimmung von Arrhenius-Parametern

Beispiel nach Arbeitsblatt E2

Eine kinetische Konstante ist bei verschiedenen Temperaturen bekannt. Die Aktivierungsenergie und der Frequenzfaktor sind zu ermitteln.

Nach Schritt 1 und 2 kann eine Tabelle editiert oder nach Schritt 3 neu aufgebaut werden, welche die Reaktionstemperaturen und die kinetischen Konstanten enthält.

Wenn wir uns z.B. für das Editieren der Tabelle ACTUAL\ARRFIT entscheiden, dann gelangt man mit den in Abb. 6.7-1 gezeigten Eingaben zu den in Abb. 6.7-2 aufgeführten numerischen Werten.

1. Click inside !

Number	Temperature°C	Kinetic Constant
1	100	.34986
2	120	.6881
3	140	1.7751
4	170	4.944
5	180	6.588
6	200	17.503
7	edit	edit
8	edit	edit
9	edit	edit
10	edit	edit
11	edit	edit
12	edit	edit
13	edit	edit
14	edit	edit

Abb. 6.7-1 Bestimmung von Arrheniusparametern nach E2, Schritt 4

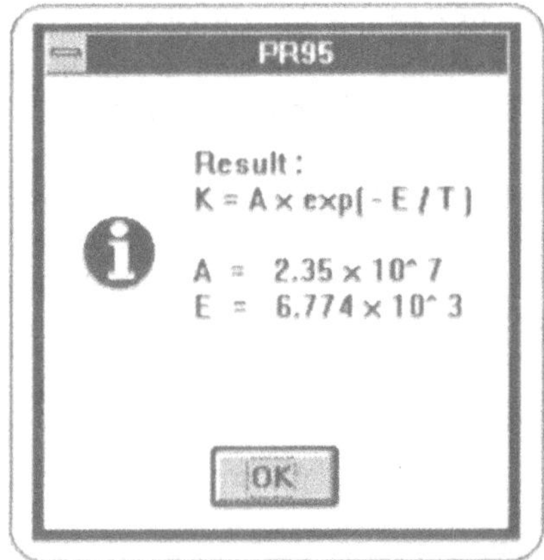

Abb. 6.7-2 Bestimmung von Arrheniusparametern nach E2, Schritt 6

Anschließend (Schritt 7) erhält man die für unser Beispiel in Abb. 6.7-3 gezeigte grafische Präsentation, die neben der Aussage zur Linearität oder Nichtlinearität der Arrheniusdarstellung auch den Vergleich von Modell- und Meßwerten schnell und einfach ermöglicht.

Eine Berücksichtigung temperaturabhängiger Aktivierungsenergien ist in der vorliegenden PolyReac® -Version nicht möglich. Auch auf die Bestimmung der Aktivierungsvolumina mußte vorläufig verzichtet werden, weil zuverlässige experimentelle Daten nicht in genügendem Umfang vorhanden sind. Hierzu wird auf die im Kapitel 3.4.2 gemachten Angaben verwiesen.

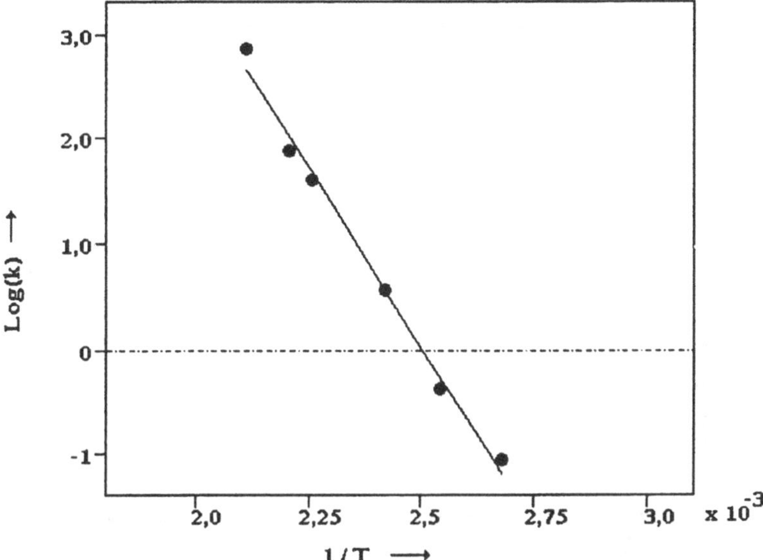

Abb. 6.7-3 Bestimmung von Arrheniusparametern nach E2, Schritt 7

Grafik-Formate umwandeln. Siehe Arbeitsblatt E3.

Berechnung einer Molmassenverteilung. Die Berechnung erfolgt entsprechend der Gleichung (3.3-62) für momentan entstehendes Polymeres nach Arbeitsblatt E4.

Starten anderer Programme unter PolyReac®. Siehe Arbeitsblatt E5.

GPC-gerechte Darstellung einer Molmassenverteilung. Die Umrechnung der Molmassenverteilung in den GPC-Standard ist ausreichend in Arbeitsblatt E6 dargestellt. Abb. 6.7-4 zeigt die Molmassenverteilung, die für eine Saat-Emulsionspolymerisation im Kapitel 6.4 unter „Simulation ausführen, Beispiel nach Arbeitsblatt C4-2" berechnet wurde in ihrer Originaldarstellung.

Man erkennt unterhalb der Kettenlänge 1000 das scharfe Maximum des niedermolekularen Polymeren, das infolge des relativ hohen Reglergehaltes während der Polymerisation produziert wurde. Das massenmäßig gleiche hochmolekulare Saatpolymere verteilt sich dagegen recht „unansehnlich" und lang auslaufend zwischen der Kettenlänge 1000 und 12000.

Dies ist ganz anders in der GPC-gerechten Darstellung (siehe Arbeitsblatt E6 !) der Abbildung 6.7-5. Hier kann man trotz der Überschneidung beider Verteilungen die Massengleichheit des hoch- und niedermolekularen Anteiles bereits aus einem visuellen Vergleich der Flächen unter den Kurven grob abschätzen.

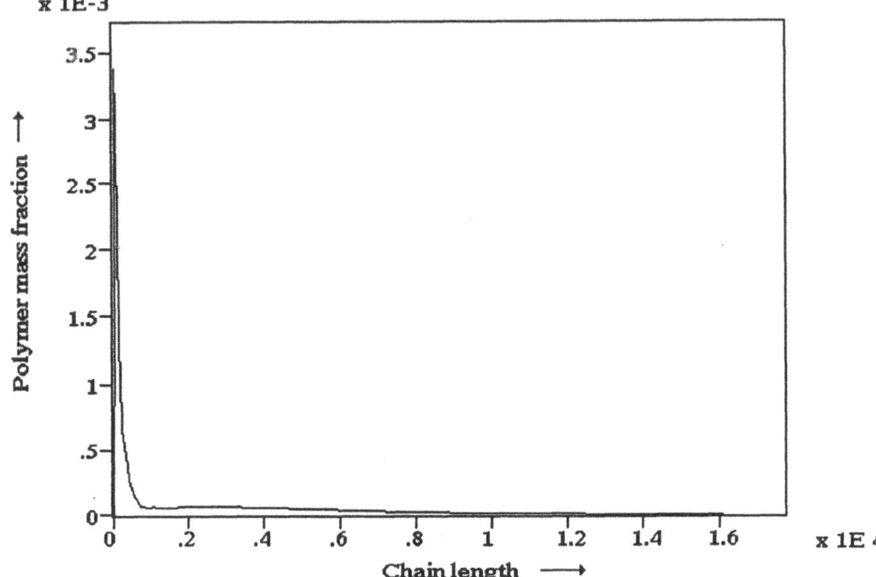

Abb. 6.7-4 Molmassenverteilung im Original

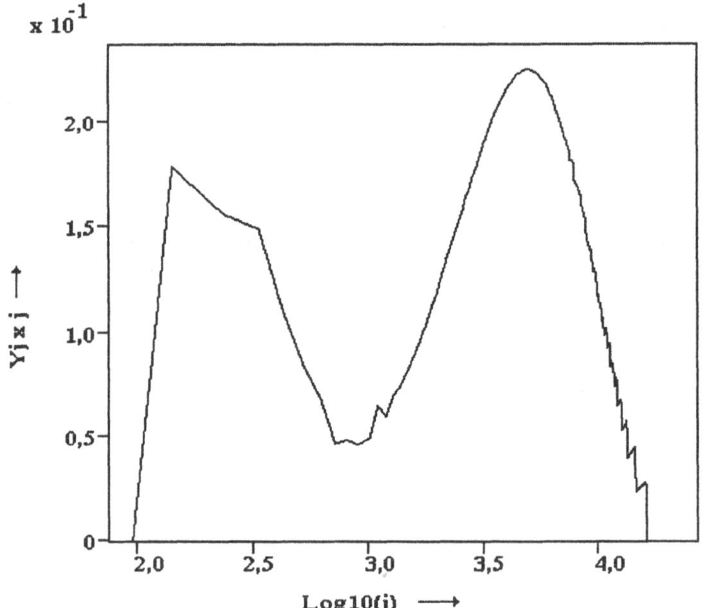

Abb. 6.7-5 Molmassenverteilung nach der Umrechnung in das „GPC-Format“

7 Reaktionstechnische Anwendungen

7.1 Einführung

Dieses Kapitel enthält eine Reihe von durchgerechneten Beispielen zur Wechselwirkung zwischen Rezeptur, Reaktortyp und Reaktionsführung auf der einen und Reaktorleistung und Produktqualität (Molmassenverteilung) auf der anderen Seite. Einige Aspekte des Reaktordesigns und der Reaktorsicherheit werden betrachtet. Die Beispiele repräsentieren einen kleinen Auszug aus dem PolyReac© - Leistungsspektrum, der Ihnen Anregungen für eigene Kreativität vermitteln soll.

In der Entwicklung vom Einfachen zum Komplizierten steht das reaktionstechnische Problem, seine Lösung und die Interpretation der Ergebnisse im Vordergrund, nicht die Orientierung auf ein bestimmtes Verfahren zur Polymerisation eines gegebenen Monomeren. Es sei auch daran erinnert, daß die drei Monomerarten - Styren, Methylmethacrylat und Ethylen - nicht nur wegen ihrer technischen Bedeutung in der radikalischen Polymerisation ausgewählt wurden. Styren zeichnet sich dadurch aus, daß es rein thermisch polymerisierbar ist und einen vergleichsweise geringen Geleffekt aufweist; MMA kann allein durch thermische Anregung praktisch nicht polymerisiert werden, zeigt aber einen starken Geleffekt; Ethylen dagegen kann technisch sinnvoll erst bei hohen Drücken und vergleichsweise hohen Temperaturen radikalisch polymerisiert werden. Styren und MMA kann man sowohl unterhalb als auch oberhalb der Glastemperatur des Polymeren polymerisieren, während die Polymerisation des Ethylens immer oberhalb des sehr niedrigen Glaspunktes des Polyethylens durchgeführt wird. Diese Unterschiede gestatten eine Vielfalt von Betrachtungen grundsätzlicher reaktionstechnischer Probleme. Sie stehen damit auch gleichzeitig für eine Anzahl anderer Monomerer und lassen (qualitative) Analogieschlüsse zu.

In den Arbeitsblättern (Anhang 1) und im Kapitel 6 wurde die Arbeit mit PolyReac© detailliert besprochen. Im folgenden wird nur noch auf das benötigte Arbeitsblatt hingewiesen, und es werden lediglich die zum Verständnis des Simulationsablaufs unbedingt notwendigen Selektionssequenzen angegeben. Wenn nicht anders vermerkt, wird keine Editierung der PolyReac© - Stammdaten

(Standard'95 nach F1) vorgenommen und das Hochumsatzmodell „Polyreac“ verwendet.

7.2 Diskontinuierlicher Reaktor

Beispiel 7.2-1
Wie verändert sich die Polymerisationsgeschwindigkeit in Abhängigkeit vom Monomerumsatz und der Reaktionstemperatur bei der mit AIBN gestarteten isothermen Polymerisation von MMA ?

PolyReac© - Operationen

<table>
<tr><th>Blatt</th><th>Schritte</th><th colspan="2">Selektionssequenzen</th></tr>
<tr><td rowspan="2">C2</td><td>2</td><td colspan="2">Methyl methacrylate / NO solvent / AIBN / NO initiator2 / NO CTA / NO inhibitor</td></tr>
<tr><td>5</td><td colspan="2">initiator1 start / propagation / depolymerization / Transfer to Monomer / Recombination / Disproportionation</td></tr>
<tr><td rowspan="5">C4-1</td><td>2</td><td colspan="2">Bulk/Solution</td></tr>
<tr><td>3</td><td colspan="2">Isothermal</td></tr>
<tr><td>5</td><td>Abb. 7-1
1 : 70 / 0 / 0.3
2 : 90 / 0 / 0.3
3 : 110 / 0 / 0.3</td><td>Abb. 7-2
1 : 110 / 0 / 0.3
2 : 113 / 0 / 0.3
3 : 116 / 0 / 0.3</td></tr>
<tr><td>7 - 9</td><td>1 : 1 / 10 / 2 / .5
2 : 1 / 10 / 1 / .5
3 : 1 / 10 / .5 / .5</td><td>1 : 1 / 10 / .5 / .5
2 : 1 / 10 / .4 / .5
3 : 1 / 10 / .3 / .5</td></tr>
<tr><td>11</td><td colspan="2">Reaction time / Polymerization rate / Monomer conversion / Initiator1 conversion / Weight average / Molecular weight dispersion</td></tr>
<tr><td rowspan="3">D3</td><td>2</td><td colspan="2">Umsatz, % / Rp %/h / 4 / .13 / .2 / 1</td></tr>
<tr><td>3</td><td colspan="2">0 / 3 / 1000</td></tr>
<tr><td>5</td><td>Abb. 7-1
actual\ua70.bas / actual\rp70.bas / actual\ua90.bas / actual\rp90.bas / actual\ua110.bas / actual\rp110.bas</td><td>Abb. 7-2
actual\ua110.bas / actual\rp110.bas/ actual\ua113.bas / actual\rp113.bas/ actual\ua116.bas / actual\rp116.bas</td></tr>
</table>

Im Schritt C4-1 / 11 sind einige Zielgrößen mehr angegeben als für die Lösung der engeren Aufgabenstellung unbedingt erforderlich. Wir werden diese Daten zur Interpretation der Ergebnisse und zur Entwicklung darauf aufbauender Zielstellungen brauchen.

Ergebnisse

In Abb. 7-1 ist der Verlauf der Polymerisationsgeschwindigkeit als zeitliche Änderung des Polymermassenbruches gegen den Monomerumsatz für 70°C, 90°C und 110°C aufgetragen.

- Deutlich erkennbar ist bei allen drei Verläufen der Geleffekt auszumachen, der sich hier im Maximum der Polymerisationsgeschwindigkeit zwischen 70% und 80% Monomerumsatz ausdrückt.
- Alle Kurven enden bei einem Monomerumsatz, der merklich kleiner als 100% ist. Für 70°C und 90°C, also bei Temperaturen unterhalb der Glastemperatur des Polymeren, ist das erklärbar aus dem Glaseffekt. Bei 110°C ist die Ursache kinetisch völlig anderer Natur : Hier ist der Initiatorverbrauch verantwortlich zu machen. Die Aktivierungsenergie der Initiatorzersetzung ist die höchste aller beteiligten Reaktionen, infolgedessen zerfällt der Initiator mit steigender Temperatur immer schneller, was zu der schon in Kapitel 3.4.3 angesprochenen Dead-End-Poymerisation führt. Allerdings sind jetzt die Ergebnisse viel realistischer, weil der Geleffekt in die Berechnungen einbezogen wurde.
- Im Anfangsverlauf erkennt man, daß die Polymerisationsgeschwindigkeit bei 70°C trotz fallender Monomerkonzentration praktisch von Anfang an steigt. Mit steigender Temperatur weist der Verlauf einen sich immer deutlicher ausprägenden anfangskinetischen Bereich aus. Das ist durchaus logisch: Der Geleffekt nimmt mit steigender Temperatur relativ ab, weil die Molmasse der Polymermatrix mit ihrer Wirkung auf die Abbruchkonstante exponentiell mit der Temperatur abnimmt. Dadurch verringert sich k_t nicht so stark mit steigendem Umsatz wie bei niedrigen Temperaturen. Der „Knick" am Punkt P deutet auf den Beginn des Geleffektes hin.
- Während die Zunahme des Maximums der Polymerisationsgeschwindigkeit zwischen 70°C und 90°C erheblich ist, ergibt sich zwischen 90°C und 110°C kaum ein nennenswerter Unterschied, obwohl die Anfangsgeschwindigkeit bei 110°C etwa vier mal so groß ist wie bei 90°C. Die Ursache liegt vor allem im Verbrauch des Initiators bei hohen Temperaturen begründet.

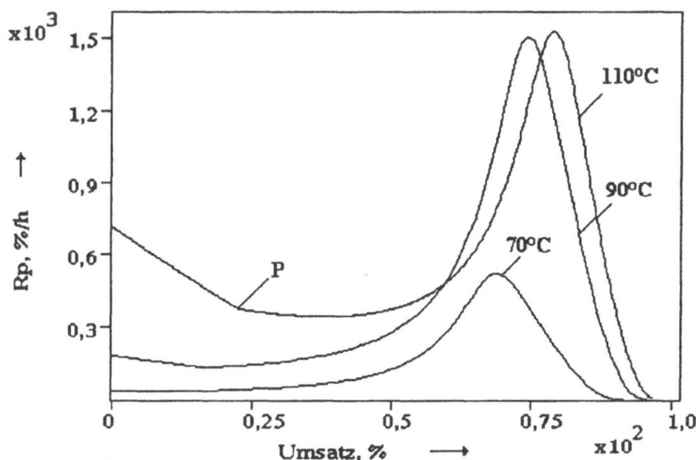

Abb. 7-1 Polymerisationsgeschwindigkeit der mit 0,3 % AIBN gestarteten Massepolymerisation von MMA als Funktion des Monomerumsatzes bei verschiedenen Reaktionstemperaturen

Der im letzten Punkt angesprochene Sachverhalt wirft die Frage auf, wie es weitergehen könnte. Wenn man die Temperatur weiter steigert, sollte der erreichbare Endumsatz aufgrund des „Dead-End-Effektes" wieder zurückgehen. Das ist auch tatsächlich so, wie die Modellrechnungen in Abb. 7-2 belegen, und zwar mit einer sehr hohen Sensibilität bezüglich der Reaktionstemperatur. Bei 116°C verschwindet das Geleffekt-Maximum völlig, und es wird ein Grenzumsatz unter 80% erreicht.

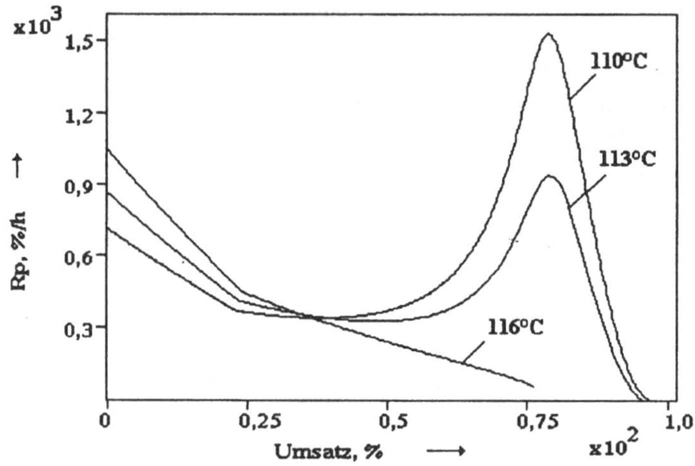

Abb. 7-2 Polymerisationsgeschwindigkeit der mit 0,3 % AIBN gestarteten Massepolymerisation von MMA als Funktion des Monomerumsatzes bei hohen Reaktionstemperaturen

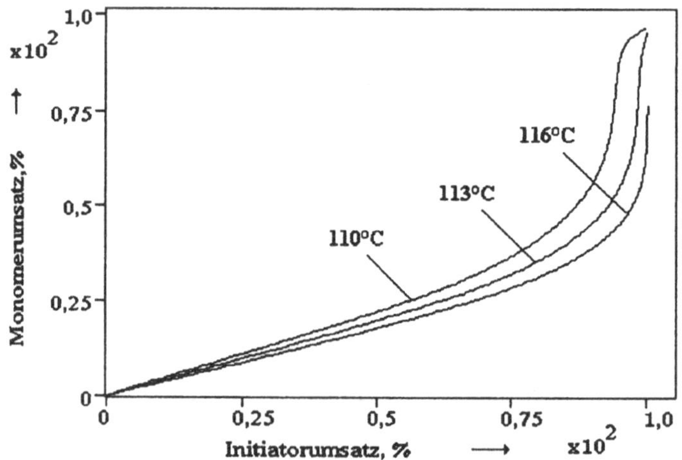

Abb. 7-3 Monomerumsatz als Funktion des Initiatorumsatzes bei der mit 0,3 % AIBN gestarteten Massepolymerisation von MMA bei hohen Reaktionstemperaturen

Eine Auftragung des Monomerumsatzes gegen den Initiatorumsatz in Abb. 7-3 bestätigt die Annahme des Dead-End-Effektes unter diesen Bedingungen. Der Initiatorumsatz erreicht mit steigender Temperatur bei immer niedrigeren Monomerumsätzen nahezu 100%.

Es bleibt dahingestellt, ob diese Resultate bis in das letzte Detail quantitativ richtig sind - immerhin handelt es sich um eine Extrapolation der Modellkonstanten weit über den der Parameterbestimmung zugrundeliegenden Temperaturbereich (50°C bis 90°C) hinaus, auch ist eine experimentelle Prüfung dieses Verhaltens dem Autor bisher nicht bekannt geworden. Außerdem ist die Frage der Wärmeabführung aus der Reaktionsmasse zu untersuchen - aber wir werden das umgehend tun (siehe unten) und immerhin wäre es ein verlockender Gedanke, auf diesem Wege ein Vorpolymerisat mit relativ enger Molmassenverteilung in einem Apparat mit kurzer Verweilzeit (=> hohe Produktivität => kleines Reaktorvolumen => niedrige Investkosten => hoher Gewinn) zu erzeugen. Denken wir an das bei der Polyurethansynthese angewandte RIM-Verfahren (RIM = Reaction Injection Molding), bei dem man das Monomere einspeist und nach Verweilzeiten, die in der Größenordnung von 10 s liegen, das „fertige" Polymere im schmelzflüssigen Zustand anschließend gleich verarbeiten kann. Für MMA sind diese extrem niedrigen Verweilzeiten kaum zu realisieren.

Beispiel 7.2-2
Wie verändert sich die Polymerqualität, repräsentiert durch den massenmittleren Polymerisationsgrad und den Dispersionskoeffizienten in Abhängigkeit vom Monomerumsatz und der Reaktionstemperatur bei der mit AIBN gestarteten isothermen Polymerisation von MMA ?

PolyReac[e] - Operationen

Die mit den Arbeitsblättern C2 und C4-1 zu gehenden Schritte sind die gleichen wie im Beispiel 7.2-1, bzw. liegen die benötigten numerischen Ergebnisse nach Absolvierung dieses Beispieles bereits vor. Sie müssen nur noch wie folgt nach D3 dargestellt und interpretiert werden:

Blatt	Schritte	Selektionssequenzen	
D3	2	Umsatz, % / Rp %/h / 4 / .13 / .2 / 1	
	3	0 / 3 / 1000	
	5	**Abb. 7-4** actual\ua70.bas / actual\pw70.bas / actual\ua90.bas / actual\pw90.bas / actual\ua110.bas / actual\pw110.bas	**Abb. 7-5** actual\ua110.bas / actual\pw110.bas/ actual\ua113.bas / actual\pw113.bas/ actual\ua116.bas / actual\pw116.bas

Ergebnisse

Bei niedrigen Reaktionstemperaturen „schaukeln" sich Polymerisationsgrad und Geleffekt gegenseitig auf: Je höher die Molmasse - um so stärker der Geleffekt und umgekehrt. Dies kann nur deshalb wirken, weil die Konstante der Übertragungsreaktion zum Monomeren bei niedrigen Temperaturen sehr klein ist. Alles zusammen führt bei 70°C zu den ausgewiesenen extrem hohen Polymerisationsgraden (Abb.7-4), aber auch zu dem erkennbar starken

Temperatureinfluß. Wie ebenfalls Abb.7-4 zu entnehmen ist, sinkt der Polymerisationsgrad mit steigender Temperatur sehr schnell, und im Bereich des „Verschwindens" des Geleffektes (Abb. 7-5) enstehen Kettenlängen, die immer noch recht gute mechanische Polymereigenschaften garantieren.

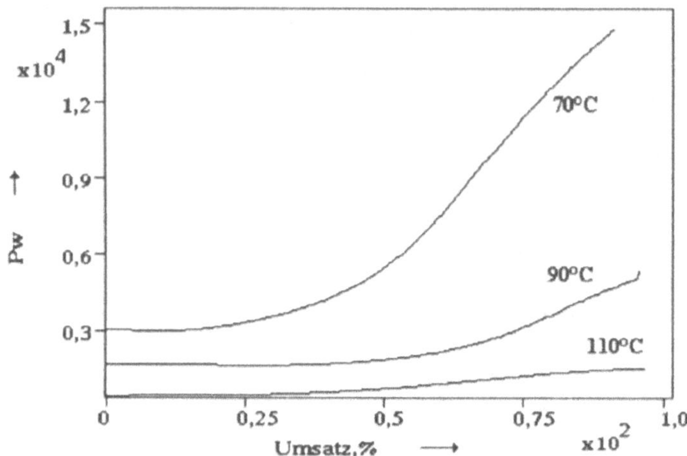

Abb. 7-4 Massenmittlere Polymerisationsgrade bei der mit 0,3 % AIBN gestarteten isothermen Massepolymerisation von MMA

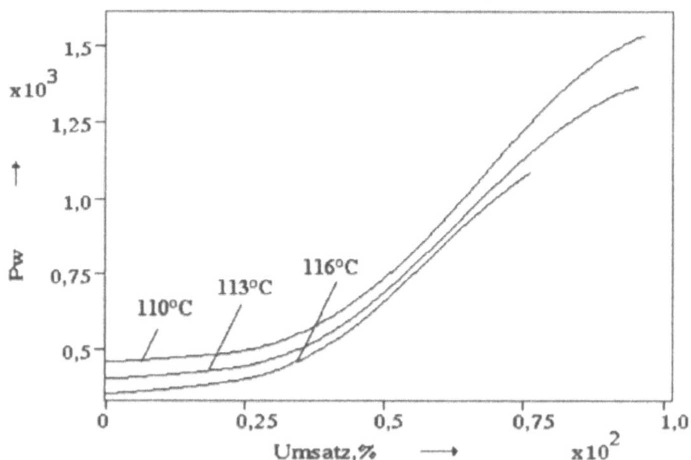

Abb. 7-5 Massenmittlere Polymerisationsgrade bei der mit 0,3 % AIBN gestarteten isothermen Massepolymerisation von MMA im Temperaturbereich des „Verschwindens" des Geleffektes

Die Polymerqualität wird jedoch maßgeblich auch durch den die Breite der Molmassenverteilung charakterisierenden Dispersionsindex mitbestimmt. Abb. 7-6 liefert uns ein weiteres erfreuliches Resultat: Die Breite der Molmassenveretilung verringert sich mit steigender Temperatur. Auch die Polymerqualität spricht also für die Reaktionsführung bei hohen Temperaturen.

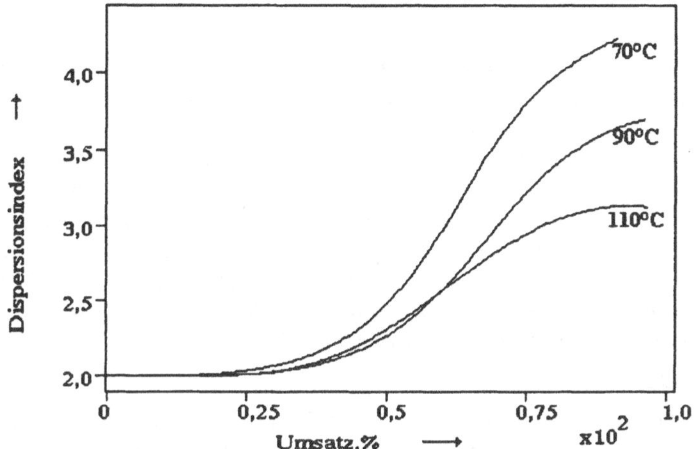

Abb. 7-6 Dispersionsindex der Molmassenverteilung bei der mit 0,3 % AIBN gestarteten isothermen Massepolymerisation von MMA

Nun wollen wir uns einer Frage zuwenden, die eigentlich zu Beginn einer Verfahrensentwicklung oder reaktionstechnischen Rationalisierung zu stehen hat: Was passiert eigentlich, wenn der Reaktor „durchgeht" ? Welche Gefährdungen sind zu erwarten ? Eine Frage, die man nur so beantworten kann, daß man Potentiale vermeidet, die zu einem unzulässigen Temperatur- und Druckanstieg führen können, um somit das Risiko des schlimmsten Falles, der Reaktorexplosion, zu minimieren. Die beste Variante ist immer ein eigensicheres System - eine exotherme Reaktion, die sich selber stoppt. Wir behandeln dieses Problem im nächsten Beispiel.

Beispiel 7.2-3
Unter welchen Umständen ensteht die größte reaktionstechnische Gefährdung beim Betreiben eines Polymerisationsreaktors ? Wie entwickelt sich die Gefährdung zeitlich ? Wie kann sie verhindert werden ? Die Antworten sollen für die mit AIBN gestarteten Massepolymerisation von MMA gefunden und diskutiert werden.

Die Aktivierung des Potentials für eine thermische Explosion ist für die MMA-Polymerisation bei hohen Monomerkonzentrationen und hohen Temperaturen nur dann gegeben, wenn die Radikalbildung gesichert ist. Folglich kann man drei Sicherheits-Strategien entwickeln, und zwar: Die Polymerisation bei

- niedrigen Temperaturen
- niedrigen Monomerkonzentrationen
- geringen Radikalbildungsgeschwindigkeiten

Der erste Weg ist aus ökonomischen und reaktionstechnischen Gründen nicht gut begehbar. Man muß Kettenlängenregler einsetzen, um den Polymerisationsgrad nicht zu stark ansteigen zu lassen, die Reaktionswärme ist schlecht aus der unter diesen Bedingungen besonders viskosen Reaktionsmasse abzuführen, und das Einmischen von niedrigviskose Komponenten ist hier besonders schwierig. Unternehmen wir dennoch einen Versuch:

Beispiel 7.2-3a

MMA soll mit AIBN lösemittelfrei polymerisiert werden, und zwar beginnend bei einer Anfangstemperatur, die eine Polymerisationsgeschwindigkeit von 15 % h^{-1} garantiert. In Kenntnis der Schwierigkeiten beim Abführen der Reaktionswärme soll verlangt werden, daß sich die Polymerisationsgeschwindigkeit mit steigendem Umsatz nicht erhöht. Welches Temperaturprofil wäre zu realisieren, wenn man annimmt, die Isothermie der Reaktionsmasse wäre zu keinem Zeitpunkt gefährdet (z.B. bei der Polymerisation in sehr dünnen Schichten) ? Welcher Temperaturverlauf ergibt sich bei Einsatz eines Molmassereglers ? Welche Polymerqualitäten ergeben sich in Form der Verläufe des massenmittleren Polymerisationsgrades und des Disperisonsindex ?

PolyReac^{e} - Operationen

In die Vorbereitung der Polymerisation nach C2 wollen wir den Molmasseregler t-Dodecylmerkaptan einbinden. Insgesamt sind die folgenden Eingaben zu realisieren:

Blatt	Schritte	Selektionssequenzen	
C2	2	Methyl methacrylate / NO solvent / AIBN / NO initiator2 / tert-Dodecylmercaptane / NO inhibitor	
	5	initiator1 start / propagation / depolymerization / Transfer to Agent / Transfer to Monomer / Recombination / Disproportionation	
C4-1	2	Bulk/Solution	
	3	T-optimization / Polymerization rate	
	5	1 : 50 / 0 / 0.5 / 0 2 : 45 / 0 / 0.5 / 0.05 3 : 40 / 0 / 0.5 / 0.1	
	8	50 / 100 / 0.1 / 6	
	10	No / 15	
	11	Reaction time / Polymerization rate / Monomer conversion / Weight average / Molecular weight dispersion / Temperature	
D3	2	**Abb. 7-7** Umsatz, % / Rp %/h / 4 / .13 / .2 / 1 **Abb. 7-8** Umsatz, % / T°C / 4 / .13 / .2 / 1	**Abb. 7-9** Umsatz, % / Pw / 4 / .13 / .2 / 1 **Abb. 7-10** Umsatz, % / D / 4 / .13 / .2 / 1
	3	0 / 3 / 1000	
	5	**Abb. 7-7** actual\ua50.bas / actual\rp50.bas / actual\ua45.bas / actual\rp45.bas / actual\ua40.bas / actual\rp40.bas **Abb. 7-8** actual\ua50.bas / actual\tc50.bas / actual\ua45.bas / actual\tc45.bas / actual\ua40.bas / actual\tc40.bas	**Abb. 7-9** actual\ua50.bas / actual\pw50.bas / actual\ua45.bas / actual\pw45.bas / actual\ua40.bas / actual\pw40.bas **Abb. 7-10** actual\ua50.bas / actual\un50.bas / actual\ua45.bas / actual\un45.bas / actual\ua40.bas / actual\un40.bas

In Schritt C4-1/5 wurden für die drei auszuführenden Simulationen unterschiedliche Anfangstemperaturen, nämlich 50°C, 45 °C und 40°C angegeben. Das hat keinerlei Bedeutung für den Ablauf der Berechnung, da die vorgegebenen 15 % Umsatz pro Stunde in jedem Fall durch die Suche nach der entsprechenden Temperatur realisiert werden. Die eingegebenen Temperaturwerte sind aber Teil des Namens der Dateien, auf denen wir die Ergebnisse der Simulationen wiederfinden - siehe D3/5 . Bei Eingabe einer immer gleichen Starttemperatur hätten sich die Ergebnisse aller drei Simulationen überschrieben und nur die zuletzt ausgeführte wäre grafisch zugänglich gewesen, so daß eine Umbenennung der Ergebnisdateien zwischen den Simulationen erforderlich gewesen wäre.

Ergebnisse

Die Polymerisationsgeschwindigkeit oszilliert in der Nähe des angestrebten Wertes mit einer Amplitude, die durch das vorgegebene Temperaturintervall von 0,1 °C und die Anzahl der Print-Schritte bestimmt wird (Abb. 7-7).

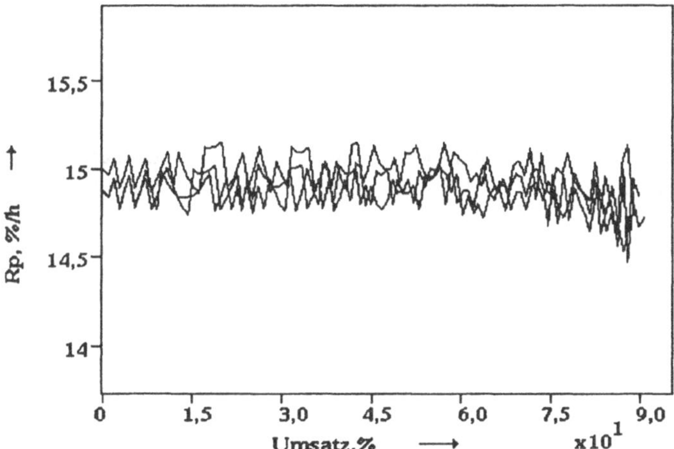

Abb. 7-7 Verlauf der Polymerisationsgeschwindigkeit bei der Massepolymerisation von MMA mit AIBN und t-DDMC bei optimiertem Temperaturprofil

Man kann diesen Verlauf glätten, indem man das Temperaturintervall erniedrigt und die Anzahl der Print-Schritte erhöht, s. Kapitel 6.4. Wir akzeptieren die unter 0,5% liegenden Schwankungen als konstante Polymerisationsgeschwindigkeit - wichtiger für unsere Aufgabe sind die in Abb. 7-8 gezeigten Temperaturprofile. Auch bei Einsatz des sehr wirksamen Molmassereglers t-DDMC , der die Polymerisationsgrade drastisch verringert (Abb. 7-9) ändert sich das erforderliche Temperaturprofil nur wenig. In allen drei Fällen ist eine Verringerung der Reaktionstemperatur auf deutlich unter 30°C in der Nähe von 60% Monomerumsatz erforderlich, um die Polymerisationsgeschwindigkeit konstant halten zu können. Mit steigendem Reglergehalt nimmt das Temperaturminimum nur relativ wenig zu. Bei solch niedrigen Temperaturen die Reaktionswärme immer zuverlässig abführen zu können, ist schwierig, aber - mit hohen Kosten - bis zu einer bestimmten Viskosität und Schichtdicke möglich.

Ein Blick auf die dabei erreichten Polymerqualitäten in den Abbildungen 7-9 und 7-10 kann jedoch das endgültige „Aus“ für die Niedertemperatur-Variante bedeuten.

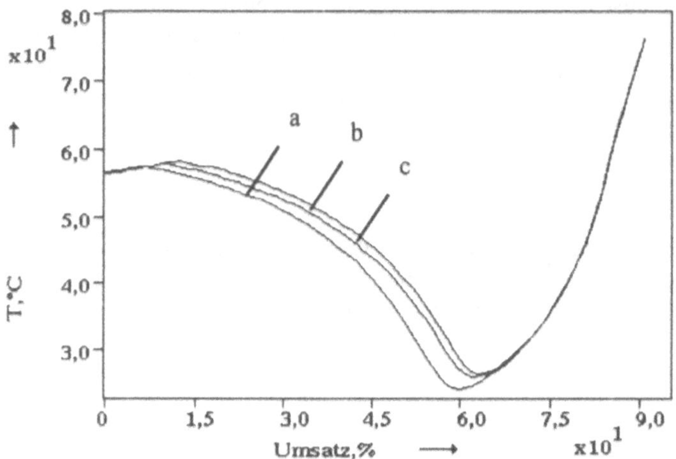

Abb. 7-8 Temperaturprofil für eine konstante Polymerisationsgeschwindgkeit bei der Massepolymerisation von MMA mit AIBN, ***a*** ohne Molmassenregler, ***b*** 0,05% t-DDMC, ***c*** 0,1% t-DDMC

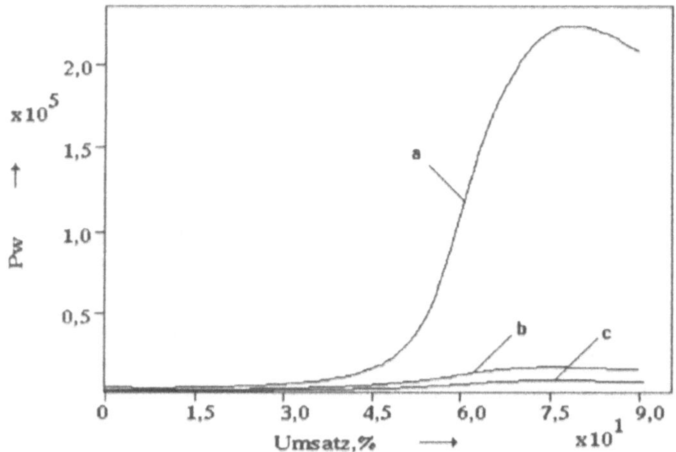

Abb. 7-9 Verlauf des massenmittleren Polymerisationsgrades bei konstanter Polymerisationsgeschwindgkeit, Massepolymerisation von MMA mit AIBN , ***a*** ohne Molmassenregler, ***b*** 0,05% t-DDMC, ***c*** 0,1% t-DDMC

Der Gedanke, zur Vermeidung von reaktionstechnischen Gefährdungen die Monomerkonzentration niedrig zu halten, kann hilfreich beim Anfahren von kontinuierlichen Reaktoren sein (s. Kapitel 7.3) - für den kontinuierlichen

Dauerbetrieb ist er nur sehr bedingt ein Ausweg. Eine Möglichkeit besteht in der Anwendung von Lösemitteln. Damit werden nahezu alle reaktionstechnischen Probleme leichter lösbar: Die Viskosität sinkt, die Wärmeabführung wird erleichtert, die Einmischung der zulaufenden Komponenten ist einfacher zu realisieren, die spezifische Rührleistung nimmt ab, und man kann größere Reaktoren mit geringerem Risiko betreiben. Der Nachteil besteht in dem enormen Aufwand der Lösemittelabtrennung, die meist unter hohem Vakuum und bei hohen Temperaturen erfollgen muß. Das macht das Produkt teuer.

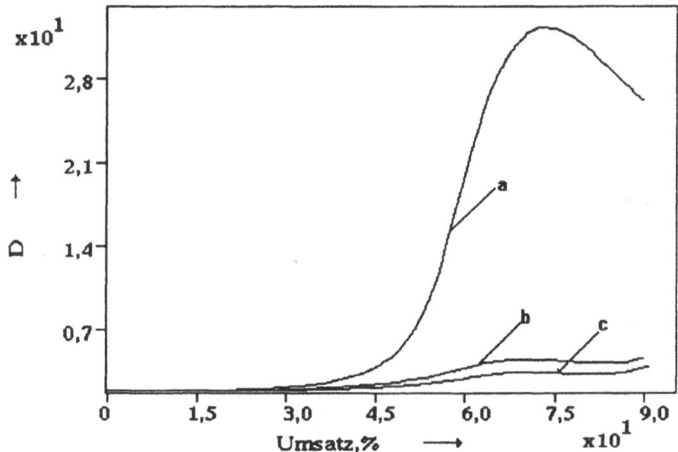

Abb. 7-10 Verlauf des Dispersionsindex der Molmassenverteilung bei konstanter Polymerisationsgeschwindgkeit, Massepolymerisation von MMA mit AIBN und t-DDMC, ***a*** ohne Regler, ***b*** 0,05% t-DDMC, ***c*** 0,1% t-DDMC

Wir wollen jetzt den vorn genannten dritten Weg einer sicheren Reaktionsführung verfolgen, indem wir die Radikalerzeugung kontrollieren.

Beispiel 7.2-3b

Der Temperatur- und Druckverlauf bei der adiabaten Massepolymerisation von MMA mit AIBN ist zu berechnen.

PolyReac© - Operationen

Blatt	Schritte	Selektionssequenzen	
C2		siehe Beispiel 7.2-1	
C4-1	2	Bulk/Solution	
	3	Adiabatic	
	5	70 / 0 / 0.3	
	7 - 9	0 / 50 / 100 / .25	
	11	Reaction time / Temperature/ Maximum Vapour Pressure / Monomer conversion	
D3	2	**Abb. 7-11:** Zeit, h / Temperatur, °C / 4 / .13 / .2 / 1 **Abb. 7-12:** Zeit, h / P, bar / 4 / .13 / .2 / 1	
	3	0 / 1 / 1000	
	5	**Abb. 7-11** actual\xe70.bas / actual\tc70.bas	**Abb. 7-12** actual\xe70.bas / actual\pr70.bas

Ergebnisse

Der Reaktor ist eigensicher. Wenn die adiabatische Explosion droht, deutlich erkennbar an dem rasanten Anstieg der Temperatur und des Druckes in den Abbildungen 7-11 und 7-12, dann „schaltet" sich die Reaktion infolge des Dead-End-Effektes selber ab. In unserem Fall wurde angenommen, daß der Reaktor unmittelbar nach dem Aufheizen auf 70°C und nach der Injektion des Initiators adiabat durchging. Das kann z.B. bei einem Rührerausfall geschehen.

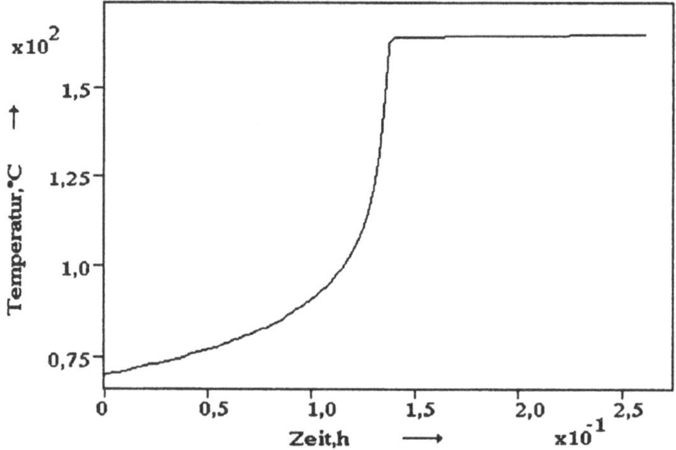

Abb. 7-11 Temperaturverlauf bei der adiabaten Massepolymerisation von MMA

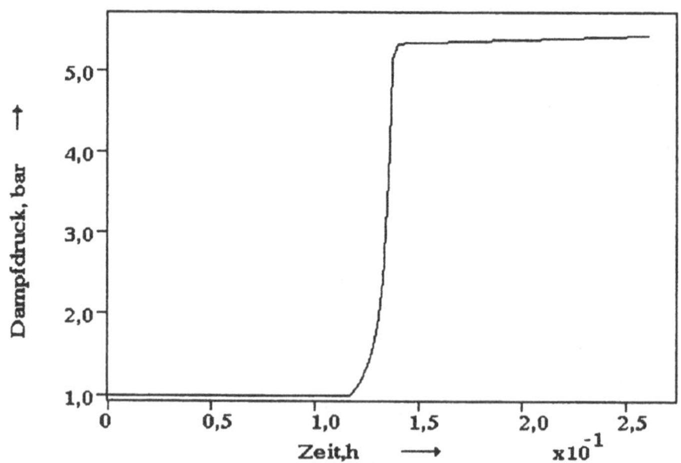

Abb. 7-12 Maximaldruckverlauf bei der adiabaten Massepolymerisation von MMA

Trotz des auf diese Weise angenommenen maximalen Gefährdungspotentials (hohe Anfangskonzentration des Initiators und des Monomeren) kommt die Reaktion bei einem durchaus nicht gefährlichen Druck von etwas über 5 bar und bei einer Temperatur von wenig mehr als 150°C zum Erliegen. Außerdem wurde der Druck als Dampfdruck des Monomeren berechnet. Der wirkliche Druck liegt immer darunter, denn der Dampfdruck einer Polymer-Monomer-Mischung ist natürlich stets kleiner als der Dampfdruck des reinen Monomeren.

Fazit: Offensichtlich kann man für die initiatorgestartete lösemittelfreie MMA-Polymerisation allein durch Wahl des richtigen Initiators und einer optimalen Temperatur einen Reaktionsverlauf erreichen, bei dem thermische Explosionen eigensicher vermieden werden und auch noch gute Polymerqualitäten erreichbar sind. Jedenfalls sprechen alle oben erbrachten Resultate für eine Reaktionsführung bei hohen, aber konstanten Temperaturen. Wir werden beim Studium des Verhaltens des kontinuierlichen Rührreaktors darauf zurückkommen.

Beispiel 7.2-4
Es soll eine Studie zum Einfluß von Inhibitoren auf die thermische Polymerisation von Styren ausgeführt werden.

PolyReac^{e} - Operationen

<table>
<tr><th>Blatt</th><th>Schritte</th><th colspan="2">Selektionssequenzen</th></tr>
<tr><td>C2</td><td>2</td><td colspan="2">Styrene / NO solvent / NO initiator1 / NO CTA / Tetrachloro-p-benzoquinone</td></tr>
<tr><td></td><td>5</td><td colspan="2">Thermal start / propagation / depolymerization / Transfer to Monomer / Recombination / Disproportionation / Inhibitor termination</td></tr>
<tr><td>C4-1</td><td>2</td><td colspan="2">Bulk/Solution</td></tr>
<tr><td></td><td>3</td><td colspan="2">Isothermal</td></tr>
<tr><td></td><td>5</td><td colspan="2">1 : 140 / 0 / 0.00
2 : 140 / 0 / 0.01
3 : 140 / 0 / 0.02
4 : 140 / 0 / 0.04</td></tr>
<tr><td></td><td>7 - 9</td><td colspan="2">100 / 100 / 6</td></tr>
<tr><td></td><td>11</td><td colspan="2">Reaction time / Monomer conversion / Weight average / Radical concentration / Inhibitor conversion / Molecular weight dispersion</td></tr>
<tr><td>D3</td><td>2</td><td colspan="2">Abb. 7-13: Zeit, h / Monomerumsatz, % / 4 / .13 / .2 / 1
Abb. 7-14: Monomerumsatz, % / Inhibitorumsatz, % / 4 / .13 / .2 / 1
Abb. 7-15: Reaktionszeit, h / Massenmittel, % / 4 / .13 / .2 / 1
Abb. 7-16: Reaktionszeit, h / Dispersion / 4 / .13 / .2 / 1</td></tr>
<tr><td></td><td>3</td><td colspan="2">0 / 4 / 1000</td></tr>
<tr><td></td><td>5</td><td>Abb. 7-13
actual\xe0.bas / actual\ua0.bas
actual\xe1.bas / actual\ua1.bas
actual\xe2.bas / actual\ua2.bas
actual\xe3.bas / actual\ua3.bas
Abb. 7-14
actual\ua1.bas / actual\ux1.bas
actual\ua2.bas / actual\ux2.bas
actual\ua3.bas / actual\ux3.bas</td><td>Abb. 7-15
actual\xe0.bas / actual\pw0.bas
actual\xe1.bas / actual\pw1.bas
actual\xe2.bas / actual\pw2.bas
actual\xe3.bas / actual\pw3.bas
Abb. 7-16
actual\xe0.bas / actual\un0.bas
actual\xe1.bas / actual\un1.bas
actual\xe2.bas / actual\un2.bas
actual\xe3.bas / actual\un3.bas</td></tr>
</table>

Hinweis
Da bei dieser Simulation die Temperatur (140°C) nicht variiert wird, müssen die Ergebnisdateien nach jeder Simulation umbenannt werden, also z.B. xe140.bas nach der ersten Simulation in xe0.bas, nach der zweiten Simulation in xe1.bas usw.

Ergebnisse
Abb. 7-13 zeigt die charakteristischen Verläufe des Monomerumsatzes einer inhibierten radikalischen Polymerisatione.

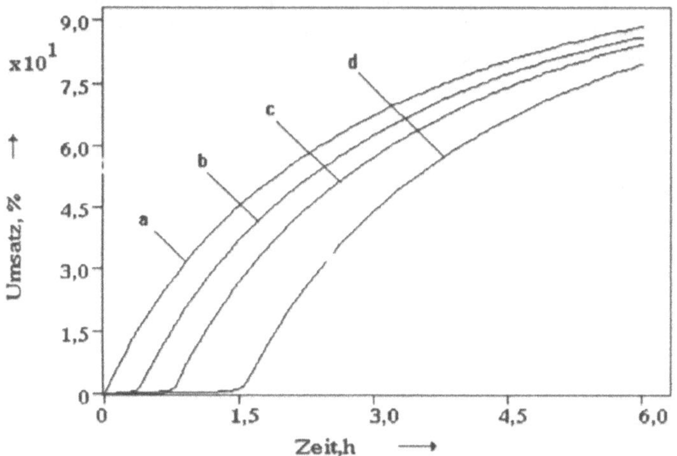

Abb. 7-13 Einfluß der Inhibitorkonzentration auf den Umsatz-Zeit-Verlauf der thermisch gestarteten Massepolymerisation von Styren bei 140°C, Tetrachlor-p-Benzochinon-Konzentrationen: ***a*** 0 %, ***b*** 0,01 %, ***c*** 0,02 %, ***d*** 0,04 %

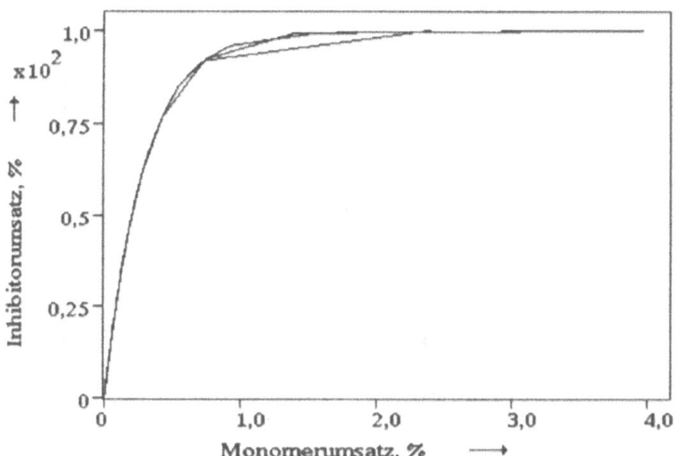

Abb. 7-14 Inhibitorumsatz in Abhängigkeit vom Monomerumsatz bei der thermisch gestarteten Massepolymerisation von Styren bei 140°C

Der Verlauf beginnt bei Anwesenheit starker Inhibitoren mit einer ausgeprägten Induktionsperiode (Totzeit), deren Länge bei konstanter Geschwindigkeit der Radikalbildung direkt proportional der Inhibitoranfangskonzentration ist. Danach startet die Polymerisation so wie bei Abwesenheit des Inhibitors. „Ideale" Inhibitoren fangen die entstehenden Radikale vollständig ab, bevor sie eine Polymerisationsreaktion auslösen können. Diese Effektivität wird streng genommen auch von sehr starken Inhibitoren wie Tetrachlor-p-Benzochinon nicht erreicht. Aus Abb. 7-14 erkennt man neben der Unabhängigkeit des Inhibitorumsatzes von der Anfangskonzentration des Inhibitors, daß etwa 1% Monomeres in der Inhibierungsperiode verbraucht werden, was zu extrem kurzen Kettenlängen führt (Abb. 7-15).

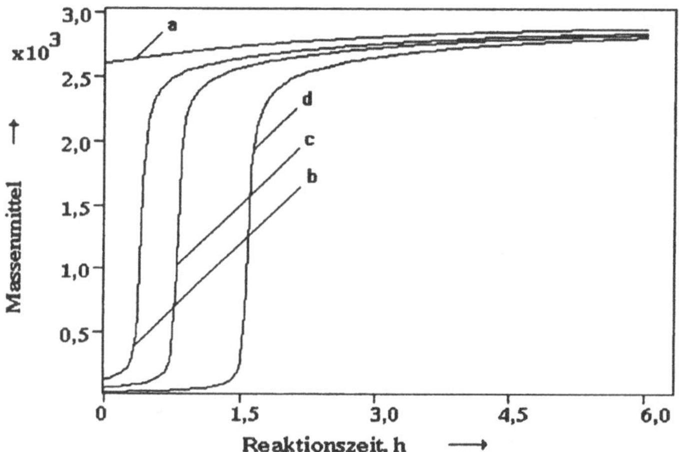

Abb. 7-15 Massenmittlerer Polymerisationsgrad der thermisch gestarteten inhibierten Massepolymerisation von Styren bei 140°C, Tetrachlor-p-Benzochinon-Konzentrationen: ***a*** 0 %, ***b*** 0,01 %, ***c*** 0,02 %, ***d*** 0,04 %

Dementsprechend entwickelt sich die Uneinheitlichkeit der Molmassenverteilung (Abb. 7-16) . Der Dispersionskoeffizient der Molmassenverteilung beginnt, wie auch bei der nichtinhibierten radikalischen Polymerisation, irgenwo im Bereich zwischen 1,5 und 2,0 , um dann Werte anzunehmen, die für eine isotherme radikalische Polymerisation bei niedrigen Umsätzen extrem groß sind. Wie Abb. 7-16 belegt, ist dieser Effekt stark von der Inhibitorkonzentration abhängig. Dieses Verhalten ist leicht mit der sehr starken Änderung der Polymerisationsgrade im Inhibierungsbereich zu erklären. Nach Abschluß der Induktionsperiode liegt demzufolge eine sehr breite Molmassenverteilung vor. Mit wachsendem Monomerumsatz nimmt der Dispersionskoeffizient wieder ab, weil nun Polymeres dazukommt, das weitaus einheitlicher beschaffen ist, was man an dem sich nur noch wenig veränderndem Polymerisationsgrad bei hohen Monomerumsätzen erkennt (Abb. 7-15). Für ein technisches Produkt besonders problematisch, manchmal aber auch erwünscht, kann der Anteil an sehr niedrigmolekularen Polymeren sein. Diese sogenannten Oligomeren mit Kettenlängen unter 10 sind vergleichsweise gut diffusionsfähig und können wie „Weichmacher" wirken.

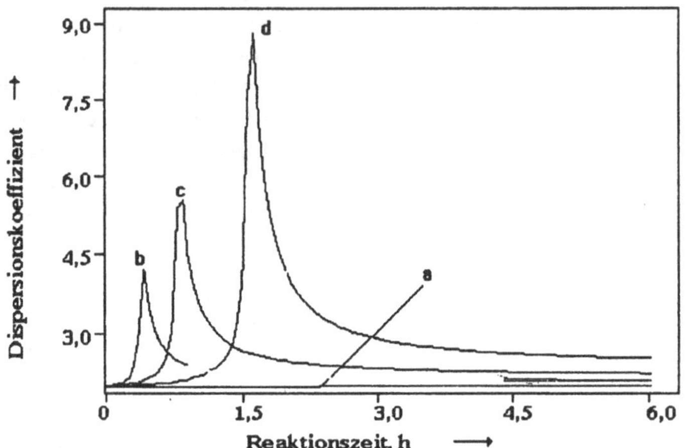

Abb. 7-16 Dispersionskoeffizient der thermisch gestarteten inhibierten Massepolymerisation von Styren bei 140°C, Tetrachlor-p-Benzochinon-Konzentrationen: ***a*** 0 %, ***b*** 0,01 %, ***c*** 0,02 %, ***d*** 0,04 %

Die Anwesenheit kleiner Mengen von Inhibitoren oder Retarder (das sind schwache Inhibitoren, die nicht zu solch starken Depressionen der Polymerisationsgeschwindigkeit und der Polymerisationsgrade führen, jedoch den gesamten Verlauf der Polymerisation beeinflussen können) erkennt man besonders gut bei der Linearisierung isotherm gewonnener Versuchsdaten (C5). Nach dem „Abschneiden" der Induktionsperiode und gegebenenfalls auch einer Korrektur der Initiatorkonzentration, da der Initiator während der Inhibierung natürlich seine Konzentration ändert, kann man solche Daten zur Bestimmung kinetischer Konstanten verwenden, falls es sich um starke Inhibitoren handelt, deren Wirkung tatsächlich nur auf den Anfangsbereich beschränkt ist.

Beispiel 7.2-5

Der zeitliche Verlauf der Reaktionstemperatur und des maximalen Druckes bei der mit BPO gestarteten Suspensionspolymerisation von Styren soll mit den gleichartigen Verläufen bei der Massepolymerisation verglichen werden. Dazu wird von einem Anfangsmonomerumsatz von 50% ausgegangen. Die Anfangstemperatur des „Runaway's" soll 90°C betragen. Wie ändert sich in beiden Fällen die Polymerqualität (Dispersionsindex) ? Gibt es wie bei der MMA-Polymerisation (s.oben) einen Dead-End-Effekt ? Wie wirkt sich im Fall der Suspensionspolymerisation die Anwesenheit des Wassers aus ?

Hinweis
Auch bei dieser Simulation wird die Anfangstemperatur (90°C) nicht variiert. Die Ergebnisdateien müssen folglich nach jeder Simulation und vor ihrer grafischen Darstellung umbenannt werden.

PolyReac© - Operationen

Blatt	Schritte	Selektionssequenzen
C2	2	Styrene / NO solvent / BPO / NO initiator2 / NO CTA / NO inhibitor
	5	Thermal start / initiator1 start / propagation / depolymerization / Transfer to Monomer / Recombination / Disproportionation
C4-1	2	1 : Bulk/Solution 2 : Suspension
	3	Adiabatic
	5	**Bulk:** 90 / 50 / 0.2 / 750 / 1400 **Suspension:** 90 / 50 / 1 / 0.2 / 750 / 1400
	7 - 9	**Bulk:** 1 / 10 / 5 / .5 **Suspension:** 1 / 10 / 1 / .5
	11	Reaction time / Monomer conversion / Temperature / Maximum vapor pressure / Polymerization rate / Molecular weight dispersion
D3	2	**Abb. 7-17:** Reaktionszeit, h / Monomerumsatz, % / 4 / .13 / .2 / 1 **Abb. 7-18:** Reaktionszeit, h / Temperatur, °C/ 4 / .13 / .2 / 1 **Abb. 7-19:** Reaktionszeit, h / Dampfdruck, bar / 4 / .13 / .2 / 1 **Abb. 7-20:** Reaktionszeit, h / Dispersionskoeffizient / 4 / .13 / .2 / 1 **Abb. 7-21:** Reaktionszeit, h / Rp, %/h / 4 / .13 / .2 / 1
	3	0 / 4 / 1000
	5	**Abb. 7-17** actual\xe1.bas / actual\ua1.bas actual\xe2.bas / actual\ua2.bas **Abb. 7-18** actual\xe1.bas / actual\tc1.bas actual\xe2.bas / actual\tc2.bas **Abb. 7-19** actual\xe1.bas / actual\pr1.bas actual\xe2.bas / actual\pr2.bas **Abb. 7-20** actual\xe1.bas / actual\un1.bas actual\xe2.bas / actual\un2.bas **Abb. 7-21** actual\xe1.bas / actual\rp1.bas actual\xe2.bas / actual\rp2.bas

Ergebnisse

Bereits am Verlauf des Monomerumsatzes in Abb. 7-17 erkennt man den wesentlichen Unterschied zwischen der Masse- und Suspensionspolymerisation. Die Anwesenheit der wäßrigen Trägerphase dämpft den adiabaten Umsatzanstieg erheblich.

Noch deutlicher erkennt man den Unterschied am Verlauf der Polymerisationsgeschwindigkeit (Abb.7-21). Das Maximum der Polymerisationsgeschwindigkeit weist für die gegebenen Bedingungen im Fall der Massepolymerisation den etwa zwanzigfachen Wert auf. Die Lage des Maximums der Massepolymerisation in Abb. 7.21 stimmt natürlich überein mit dem Knick in der Umsatz-Zeitkurve in Abb. 7-17 - beide markieren die Stelle, an welcher der Initiator- und Monomerverbrauch den Temperaturanstieg und den Geleffekt überwiegen.. Während es aber im Fall des MMA kurz nach dieser Position zum Dead-end-Stop der Reaktion kommt, bewirkt der Anteil des thermischen Startes beim Styren, daß die Polymerisation mit zwar geminderter aber beachtlich großer Geschwindigkeit weiterläuft. Dagegen ist ein Knick in der Umsatz-Zeitkurve (Abb. 7-17) bei der Suspensionspolymerisation nicht zu erkennen.

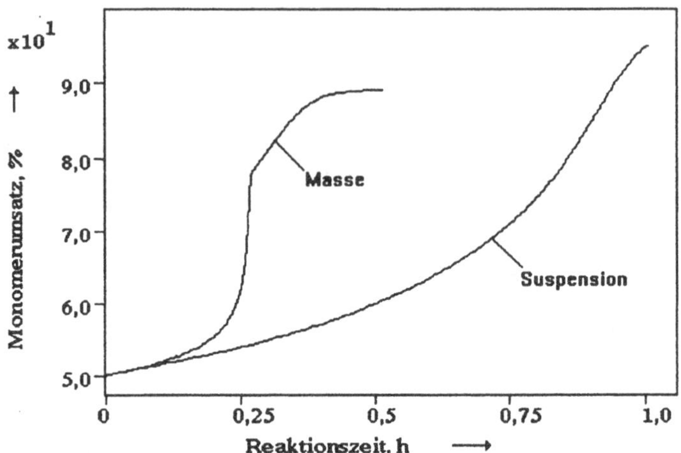

Abb. 7-17 Monomerumsatz als Funktion der Reaktionszeit bei der mit BPO gestarteten adiabaten Masse- und Suspensionspolymerisation von Styren

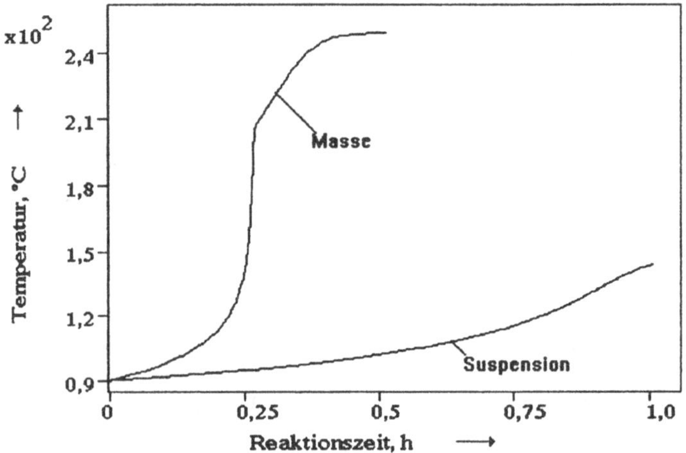

Abb. 7-18 Temperatur als Funktion der Reaktionszeit bei der mit BPO gestarteten adiabaten Masse- und Suspensionspolymerisation von Styren

Gleiches gilt für den Temperaturverlauf in Abb. 7-18. Hier erkennt man auch, daß der Runaway der Massepolymerisation erst durch den Verbrauch des Monomeren in der Nähe der Gleichgewichtskonzentration bei einer Temperatur gestoppt wird, die nicht weit entfernt von der Ceiling-Temperatur des Monomer-Polymer-Systems liegt. Es ist auch interessant, daß dadurch der erreichte EndUmsatz im Fall der

Suspensionspolymerisation höher liegt, wenngleich er natürlich bedeutend später erreicht wird.

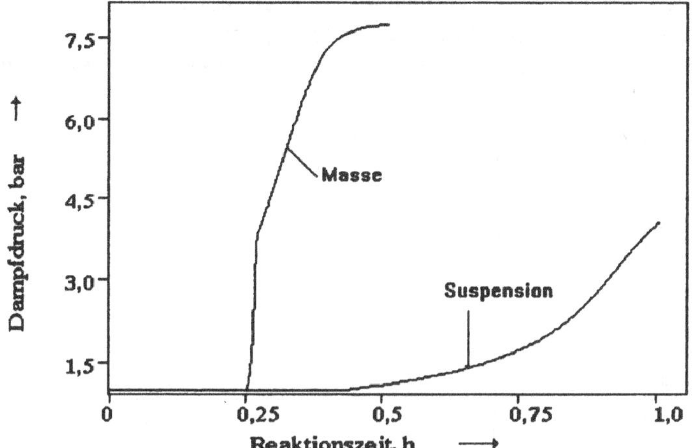

Abb. 7-19 Dampfdruck als Funktion der Reaktionszeit bei der mit BPO gestarteten adiabaten Masse- und Suspensionspolymerisation von Styren

Der Dampfdruck entwickelt sich bei dieser Reaktionsführung entsprechend dem Temperaturverlauf, jedoch ist der höhere Dampfdruck des Wassers im Fall der Suspensionspolymerisation zu beachten. Bei der Suspensionspolymerisation hat man wesentlich mehr Zeit, auf Störungen des Reaktorbetriebes zu reagieren.

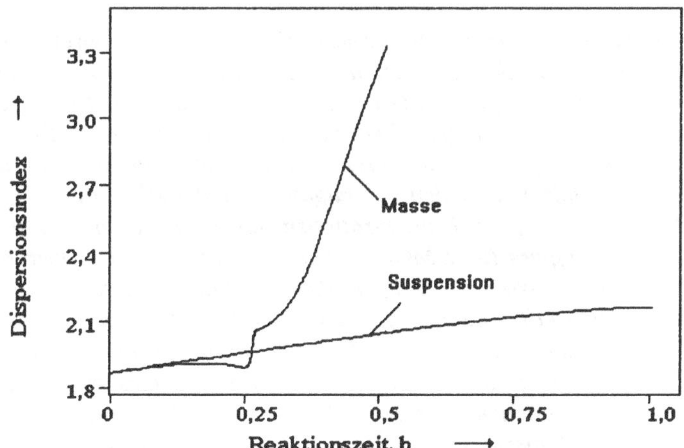

Abb. 7-20 Dispersionsindex als Funktion der Reaktionszeit bei der mit BPO gestarteten adiabaten Masse- und Suspensionspolymerisation von Styren

Nicht minder interessant gestaltet sich die Entwicklung des Dispersionsindex der Molmassenverteilung, dargestellt in Abb. 7-20. Für die Suspensionspolymerisation kann man nicht einmal von einer schlechten Produktqualität sprechen, falls man den Dispersionsindex als wichtige Qualitätskennziffer akzeptiert. Die relativ hohe Uneinheitlichkeit der Molmassenverteilung des Massepolymerisates kommt durch den großen Anteil kurzkettiger Polymerer zustande, der im Hochtemperaturbereich gebildet wird, was sich außerordentlich schlecht auf die Produktqualität auswirken kann.

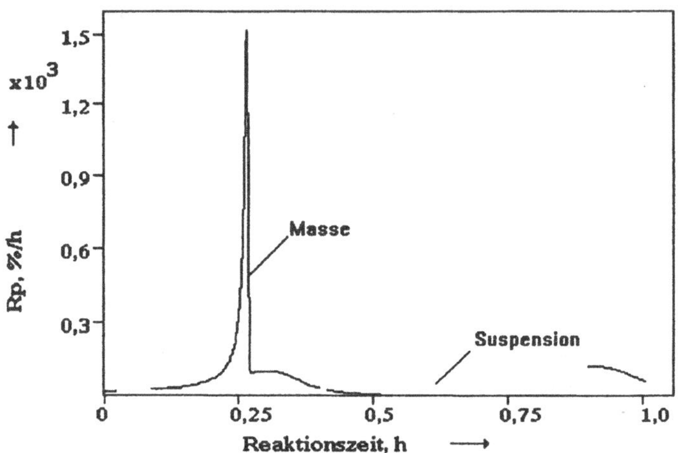

Abb. 7-21 Polymerisationsgeschwindigkeit als Funktion der Reaktionszeit bei der mit BPO gestarteten adiabaten Masse- und Suspensionspolymerisation von Styren

Beispiel 7.2-6

In einer Step-by-Step-Saat-Emulsionspolymerisation soll Styren jeweils bis nahe 100% Umsatz umgesetzt werden. Zu Beginn wird jeweils genau so viel Monomeres in den isothermen Reaktor gegeben wie Polymeres vorhanden ist. Der Latex wird nach jeder Stufe bei 90°C längere Zeit gerührt, um Reste des als Initiator verwendeten Kaliumpersulfates zu zerstören . Zu Beginn jeder Stufe werden die Konzentration des mizellbildenden Emulgators unterhalb der kritischen Mizellkonzentration (CMC), die Konzentrationen des Monomeren, des Initiators und des Kettenlängenreglers (t-DDMC) sowie der Anteil des Polymeren durch Zugabe von Monomer, Wasser, KPS, t-DDMC und Emulgator auf einen konstanten Wert eingestellt. Die Rezeptur ist „stabil", d.h. es wird sowohl die Agglomeration von Teilchen als auch die Neukeimbildung ausgeschlossen, und die Anzahl und Konzentration der Latexteilchen sowie die Geschwindigkeit der Anfangsinitiierung pro Teilchen bleiben von Stufe zu Stufe konstant, während sich das Volumen der Reaktionsmasse jeweils verdoppelt. Für die ersten vier Stufen sollen die Polymerisationsgeschwindigkeit (hier als Ableitung des Polymermassenbruches nach der Zeit), die mittlere Radikalzahl und der massenmittlere Polymerisationsgrad als Funktion vom Monomerumsatz sowie die Molmassenverteilung des Polymeren am Ende jeder Stufe berechnet werden. Die Radikaldesorption soll vernachlässigt werden. Die Anfangsteilchengröße beträgt 90 nm; die Teilchengrößen der Stufen 2 bis 4 ergeben sich aus den (Trocken-)

Teilchendurchmessern, die in der jeweils vorangehenden Stufe erreicht werden. Die nichtnormierte, nicht-äquidistante Molmasseverteilung der Saat sei in grober Näherung durch Tabelle 7.2-1 gegeben und wird in den Dateien ACTUAL\jt.bas und ACTUAL\yjt.bas bereitgestellt:

Tabelle 7.2-1 Molmasseverteilung der Saat, Beispiel 7.2-6

jt.bas	0	95	190	285	475	760	1045	1235	1520	1805
yjt.bas	0	0.86	1.57	2.14	2.95	3.55	3.67	3.59	3.32	2.96
jt.bas	2185	2660	3230	3800	4465	5320	6365	7410		
yjt.bas	2.45	1.86	1.19	0.79	0.48	0.24	0.1	0.041		

PolyReac[e] - Operationen

Blatt	Schritte	Selektionssequenzen
C2	2	Styrene / NO solvent / Potassium persulfate / NO initiator2 / tert-Dodecylmercaptane / NO inhibitor
	5	Thermal start / initiator1 start / propagation / Transfer to Agent / Transfer to Monomer / Recombination / Disproportionation
C4-2	2	Isothermal
	4-5	Radical Population / 0 / -1
	6	**1.Stufe:** 70 / 8.18 / 8.18 / 0.3 / 0.12 / 0.35 / 90 / 0.04 / 0.01 **2.Stufe:** 70 / 8.18 / 8.18 / 0.3 / 0.12 / 0.35 / 114 / 0.04 / 0.01 **3.Stufe:** 70 / 8.18 / 8.18 / 0.3 / 0.12 / 0.35 / 145 / 0.04 / 0.01
	8 - 9	1 / 10 / 3 / 1
	11	Reaction time / Monomer conversion / Polymerization rate / Molecular mass distribution / Particle diameter (dried) / Average radical number / Weight average
	12	1000 / 10000 / actual\jt.bas / actual\yjt.bas
D3	2	**Abb. 7-22:** Kettenlänge j / Yj / 4 / .13 / .2 / 1 **Abb. 7-23:** Reaktionszeit, h / Monomerumsatz, % / 4 / .13 / .2 / 1 **Abb. 7-24:** Monomerumsatz, % / Rp, %/h / 4 / .13 / .2 / 1 **Abb. 7-25:** Monomerumsatz, % / Spez. Radikalzahl / 4 / .13 / .2 / 1 **Abb. 7-26:** Monomerumsatz,% / Pw / 4 / .13 / .2 / 1
	3	**Abb. 7-22:** 0 / 3 / 1000
	5	Alle Dateien befinden sich im Verzeichnis ACTUAL\ ! **Abb. 7-22:** xj1 / yj1 / xj2 / yj2 / xj4 / yj4 **Abb. 7-23:** xe1 / ua1 / xe2 / ua2 / xe3 / ua3 / xe4 / ua4 **Abb. 7-24:** ua1 / rp1 / ua2 / rp2 / ua3 / rp3 / ua4 / rp4 **Abb. 7-25** ua1 / nq1 / ua2 / nq2 / ua3 / nq3 **Abb. 7-26** ua1 / pw1 / ua2 / pw2 / ua3 / pw3 / ua4 / pw4

Hinweis

Nach jeder Simulation müssen die Dateien der Molmassenverteilung des Produktes einer Stufe (xj.bas, yj.bas) auf die Dateien der Saat für die nächste Stufe (jt.bas , yjt.bas) kopiert werden. Die Ergebnisdateien im Verzeichnis ACTUAL müssen umbenannt werden. Nach der ersten Stufe wird z.B. die Datei UA70.BAS in UA1 umbenannt, nach der zweiten Stufe in UA2 usw. Dies betrifft die Dateien

DLTT70.BAS, NQ70.BAS, RP70.BAS, PW70.BAS, UA70.BAS, XE70.BAS, XJ.BAS und YJ.BAS.

Ergebnisse

Anhand der Molmassenverteilungen in Abb. 7.22 erkennt man die typische Eigenschaft des stochastischen Verfahrens: Die Kurven verlaufen nicht ganz glatt, weil eine begrenzte Zahl von Zufallsprozessen darüber entscheidet, wieviel Polymermoleküle in jede Klasse der Molmassenverteilung gelangen. In der vorliegenden Rechnung werden etwa 200 Polymermoleküle pro Print-Schritt stochastisch „erzeugt", das sind bei einer Gesamtumsatzschrittweite von 0,5% je Print-Schritt rund 20000 Polymermoleküle.

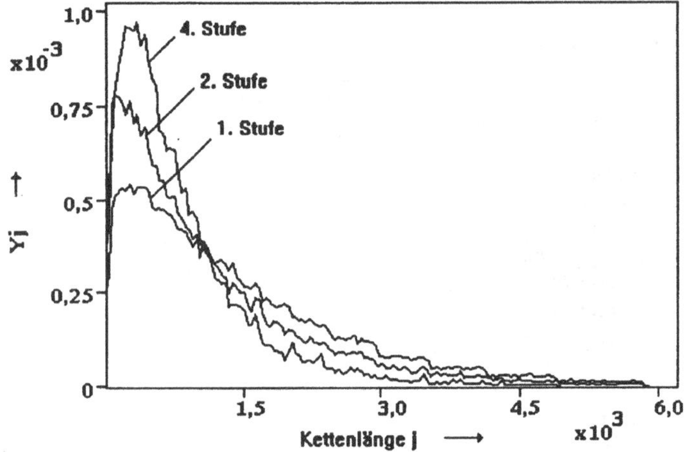

Abb. 7-22 Molmassenverteilung bei der Stufenpolymerisation von Styren

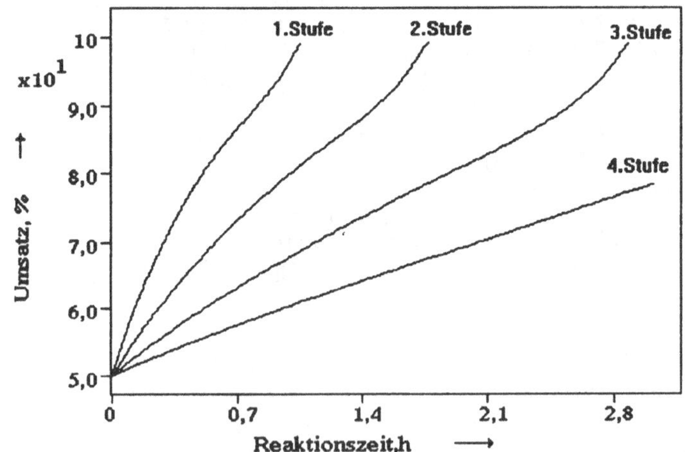

Abb. 7-23 Umsatz als Funktion der Reaktionszeit bei der Stufenpolymerisation von Styren, Beispiel 7.2-6

Diese verteilen sich bei einer Klassenbreite von 10 auf etwa 600 Klassen, so daß im Mittel nur 34 Polymermoleküle je Klasse erfaßt werden; bei großen und kleinen Kettenlängen natürlich weniger. Außer der Tatsache, daß man auf diese Weise zu recht gut mit experimentellen Messungen vergleichbaren Verteilungen kommt, läßt sich aus Abb. 7.2-22 nichts Spektakuläres entnahmen. In unserem Fall nimmt der mittlere Polymerisationsgrad von Stufe zu Stufe ab, wie auch durch Abb. 7-26 belegt wird.

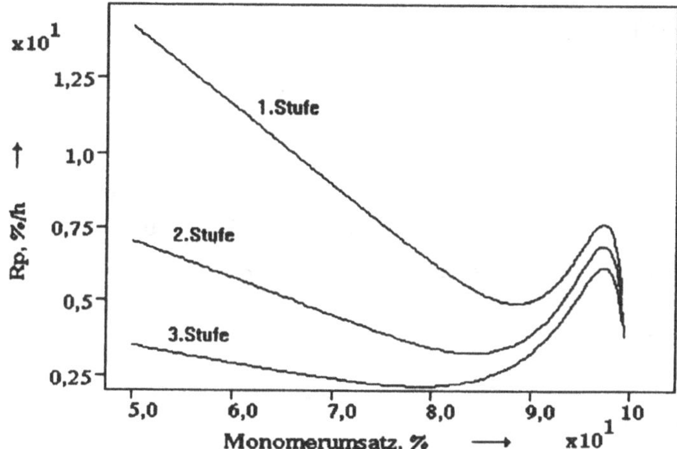

Abb. 7-24 Polymerisationsgeschwindigkeit als Funktion des Umsatzes bei der Stufenpolymerisation von Styren, Beispiel 7.2-6

Der Umsatzverlauf (Abb. 7-23) beginnt wie bei einer typischen Reaktion erster Ordnung, weist jedoch nach einer mehr oder weniger ausgeprägten linearen Periode einen autokatalytischen Verlauf aus, der dem Geleffekt zuzuschreiben ist. Wenn man bedenkt, daß sich die die umzusetzende Monomermenge von Stufe zu Stufe verdoppelt, während die Latexteilchenzahl konstant bleibt, d.h. die Latexteilchenkonzentration halbiert sich, dann müßte sich nach einem Smith-Ewart-II-Ansatz die Polymerisationsgeschwindigkeit von Stufe zu Stufe halbieren. In dem hier untersuchten Variablenbereich gilt das in grober Näherung für den Anfangsbereich, während bei etwa 95% Umsatz, d.h. im Maximum der Polymerisationsgeschwindigkeit, fast gleiche Werte erreicht werden, wie in Abb. 7-24 nachgewiesen wurde. Die Ursache liegt offenbar im Anstieg der mittleren Radikalzahl pro Latexteilchen (Abb.7-25), der sehr stark von der Latexteilchengröße abhängt und im Bereich des stärksten Geleffektes die Halbierung der Latexteilchenkonzentration fast ausgleicht.

Daß sich dieses Verhalten nicht im Verlauf des Polymerisationsgrades widerspiegelt (Abb. 7-26), wird durch den Kettenlängenregler bewirkt. Wenn die Reglerkonzentration Null gesetzt wird, muß man sich auf Rechenzeiten bis zu einer halben Stunde gefaßt machen, weil in dem verwendeten Monte-Carlo-Verfahren eine direkte Proportionalität zwischen der Rechenzeit und der Kettenlänge des gebildetet Polymeren besteht.

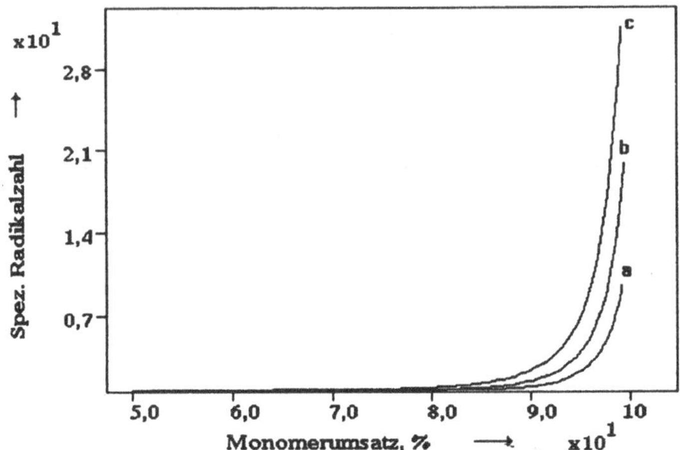

Abb. 7-25 Mittlere Radikalzahl pro Latexteilchen als Funktion des Umsatzes bei der Stufenpolymerisation von Styren nach Beispiel 7.2-6, ***a*** erste Stufe, ***b*** zweite Stufe, ***c*** dritte Stufe

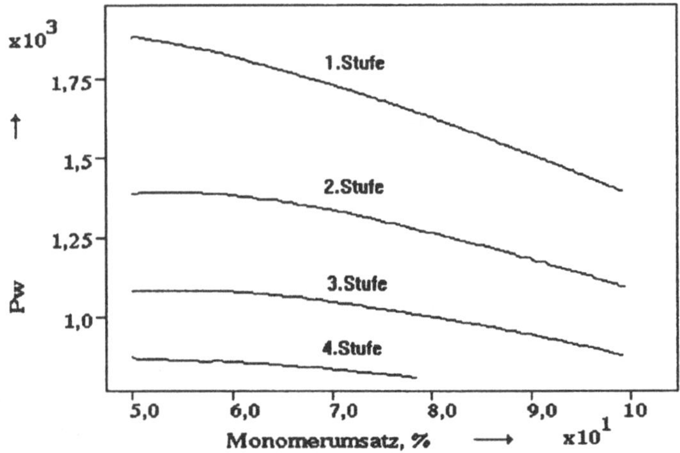

Abb. 7-26 Massenmittlerer Polymerisationsgradf als Funktion des Umsatzes bei der Stufenpolymerisation von Styren, Beispiel 7.2-6

Es kann empfohlen werden, eine weitere Studie zu einem anderen Step-by-Step-Prozeß durchzuführen, indem man nach jeder Polymerisation nur die Hälfte der Reaktionsmasse als Saat für die nächste Stufe verwendet. Durch Auffüllen mit Wasser, Initiator, Regler und Monomer erreicht man von Stufe zu Stufe eine halbierte Latexteilchenzahl, deren Konzentration jedoch konstant bleibt. Bei gleicher Initiatorkonzentration würde sich dabei die Initiierungsgeschwindigkeit pro Latexteilchen von Stufe zu Stufe verdoppeln.

7.3 Kontinuierlicher Rührkesselreaktor

Beispiel 7.3-1
Versuchen Sie, einen kontinuierlichen isothermen Rührreaktor für die mit AIBN gestartete Massepolymerisation von MMA durch Variation des eintretenden Massenstromes so anzufahren, daß unter stationären Bedingungen ein Umsatz des Monomeren von etwa 70 % erreicht wird ! Die Reaktionstemperatur soll 70°C und die AIBN-Konzentration im Zulauf 0,3% betragen.

PolyReac® - Operationen

Blatt	Schritte	Selektionssequenzen
C2	2	Methyl methacrylate/ NO solvent / AIBN / NO initiator2 / NO CTA / NO inhibitor
	5	Initiator1 start / propagation / Transfer to Monomer / Recombination / Disproportionation
C4-3	3	Isothermal
	5	**Abb. 7-27** **Abb. 7-28** 70 / 0 / 0 **5-7:** 70 / 95 / 0 / 2000 / 6000 **8** : 70 / 95 / 0.3 / 2000 / 6000
	7	**Abb. 7-27** **Abb. 7-28** **1:** 30 / 0.3 / 0 / 0.3 **5:** 30 / 0.3 / 0 / 0.3 **2:** 30 / 0.4 / 0 / 0.3 **6:** 30 / 0.52 / 0 / 0.3 **3:** 30 / 0.5 / 0 / 0.3 **7:** 30 / 1.0 / 0 / 0.3 **4:** 30 / 0.52 / 0 / 0.3 **8:** 30 / 2.5 / 0 / 0.3
	8	**Abb. 7-27** **Abb. 7-28** **1:** 20 / 300 / 3 **5:** 10 / 300 / 3 **2:** 20 / 300 / 4 **6:** 10 / 300 / 5 **3:** 20 / 300 / 15 **7:** 10 / 300 / 6 **4:** 5 / 300 / 15 **8:** 10 / 300 / 5
	9	Reaction time / Polymer fraction / Heat transfer rate
D3	2	**Abb. 7-27 und 7-28** Reaktionszeit, h / Polymergehalt, % / 4 / .13 / .2 / 1 **Abb. 7-29:** Reaktionszeit, h / Abzuführende Wärme, kW/kg / 4 / .13 / .2 / 1
	3	0 / 4 / 1000
	5	Alle Dateien befinden sich im Verzeichnis ACTUAL\ und müssen nach jeder Simulation umbenannt werden! (s. Bsp. 7.2-6) **Abb. 7-27:** xe1 / yp1 / xe2 / yp2 / xe3 / yp3 / xe4 / yp4 **Abb. 7-28:** xe5 / yp5 / xe6 / yp6 / xe7 / yp7 / xe8 / yp8 **Abb. 7-29:** xe5 / qpd5 / xe6 / qpd6 / xe7 / qpd7 / xe8 / qpd8

Alle nicht in der Aufgabenstellung genannten Eingabegrößen stehen zu Ihrer Wahl. Es gibt also viele Möglichkeiten, sich dem Kern des Problems zu nähern, wir beschränken uns auf die Darstellung von nur zwei Varianten. Hierzu „verdrängen" wir vorübergehend einmal alle verfahrenstechnischen Probleme, die uns bezüglich der Durchmischung und Wärmeabführung enge Grenzen setzen. Es soll z.B. nicht darum gehen, ob man eine 95%ige Polymerlösung bei 70°C noch ideal durchmischen und den Zulauf schnell genug einmischen kann, oder ob man aus einer solchen Reaktionsmasse einen Wärmestrom von 50 kW m^{-2} K^{-1} tatsächlich noch abführen und die Wärmedurchgangszahl dabei konstant halten kann. Wir begnügen uns damit, von der Schwierigkeit solcher Vorhaben unterrichtet zu sein und kommen später darauf zurück.

Wir nehmen in unserer 1.Variante an, der Reaktor sei zu Beginn mit reinem Monomer gefüllt, d.h. die Initiator- und Polymerkonzentrationen seien Null, die Anfangstemperatur betrage 70°C und zum Zeitpunkt $t = 0$ sollen Zu- und Ablauf gleichzeitig geöffnet werden. Der Zulauf besteht nur aus Monomer und Initiator.

In der 2.Variante sei der Reaktor am Anfang dagegen mit einer hochkonzentrierten Polymerlösung gefüllt, ansonsten sollen die gleichen Bedingungen gelten.

Ergebnisse

Selbst mit den unrealistisch stark vereinfachenden Annahmen der Isothermie und idealen Durchmischung ist das Anfahren eines kontinuierlichen Rürreaktors für die initiatorgestartete Massepolymerisation des MMA außerordentlich schwierig. Bei einem spezifischen Massenstrom von 0,4 kg s^{-1} m^{-3} liegt die mittlere Verweilzeit in der Größenordnung von 10 min. Nach einer alten Ingenieurregel für einfache Reaktionen (und andere Übergangsprozesse) sollte der stationäre Zustand nach dem 3- bis 5-fachen der mittleren Verweilzeit, also hier nach etwa einer Stunde, erreicht werden, wenn alle anderen Bedingungen konstant gehalten werden und keine Oszillationen auftreten. Tatsächlich werden jedoch infolge des Geleffektes und der daraus resultierenden etwa bei 15% Umsatz einsetzenden, bei 30% jedoch sehr starken Selbstbeschleunigung der Polymerisation, drei bis fünfzehn Stunden benötigt, wie in Abb. 7-27 belegt ist. Dabei kann es zu den sehr kritischen „Seveso"-Verläufen des mit Kurve *c* gezeigten Typs kommen, allerdings hier nicht in Verbindung mit thermischen Effekten und gefährlichen Nebenreaktionen. Nach etwa 5 Stunden könnte man der Meinung sein, daß nun ein asymptotisches Ansteuern des stationären Zustandes erfolgt, dann erfolgt aber nach etwa 14 Stunden der explosionsartige Übergang in den stationären Zustand in der Nähe von 80% Umsatz.

Dieses Verhalten wurde bei einem spezifischen Massenstrom von 0,5 kg s^{-1} m^{-3} simuliert. Wenn man den Massenstrom nur um einen geringen Betrag erhöht, nämlich auf 0,52 kg s^{-1} m^{-3} (Kurve *d* in Abb. 7-27), dann erfolgt ein Umschlag in eine andere Qualität. Nach etwa 4 Stunden wird ein stationärer Punkt bei einem Umsatz von nur etwa 20 % erreicht. Bei einer solchen Reaktionsführung können also kleine Durchlußschwankungen, trotz präziser Konstantheit aller anderen Betriebsparameter des Reaktors, die Ursache für große Störungen sein. Natürlich ist dieses Verhalten nicht auf Durchflußschwankungen begrenzt, denn z.B. Schwankungen der Temperaturen im Zulauf, im Reaktor und in der Kühlung wirken sich ähnlich oder gar noch stärker aus.

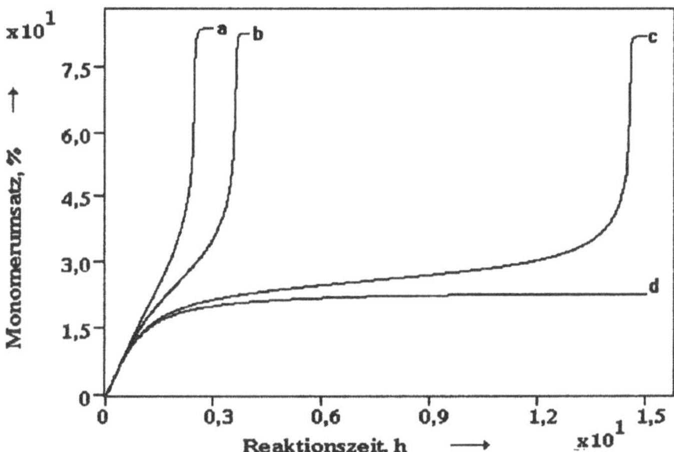

Abb. 7-27 Anfahren eines kontinuierlichen Rührkesselreaktors für die mit AIBN gestartete MMA-Polymerisation beginnend bei kleinen Monomerumsätzen, Zulauf-Massenströme in kg s^{-1} m^{-3} : ***a*** 0,3 , ***b*** 0,4 , ***c*** 0,5 , ***d*** 0,52

Gleichfalls bedeutend ist die Frage nach der Eindeutigkeit der stationären Zustände, nach ihrer Multiplizität. Kann es sein, daß - von verschiedenen Ausgangspunkten startend - verschiedene stationäre Punkte bei sonst genau gleichen Bedingungen erreicht werden ? Mit Abb. 7-28 können wir diese Frage mit „Ja" beantworten. Während - ausgehend von einem Umsatz von 95% - ein spezifischer Massenstrom von 0,3 kg s^{-1} m^{-3} (Kurve a) noch zu dem gleichen stationären Punkt führt wie beim Start vom Umstaz Null, allerdings nach bereits 0,3 h (!) , erhält man jetzt auch noch bei einer Reaktorbelastung von 1 kg s^{-1} m^{-3} einen stationären Umsatz in der Nähe von 80%. Bei einer Injektion des Initiators zu Beginn (Kurve *d* in Abb. 7-28) kann die für diese Art des Anfahrens die charakteristische Unterschwingung vermieden und sogar eine Belastung von 2,5 kg s^{-1} m^{-3} bei einem Umsatz von knapp 70% gefahren werden. In diesem Fall ist die Produktivität des Reaktors natürlich entsprechend hoch. In Reaktionsextrudern oder extruderähnlichen Reaktoren (s. Weickert [146] und dort zitierte Patente) von 100 Liter Volumen könnten in diesem Betriebspunkt immerhin 6 kt a^{-1} PMMA produziert werden.

Der recht hohe Differenzbetrag zwischen Reaktionswärme und konvektiv abgeführtem Wärmestrom von bis zu 1 kW l^{-1} (Abb. 7-29) muß dabei durch die Reaktorwand oder durch Siedkühlung oder ähnliches abgeführt werden. Angesichts der eben beschriebenen Empfindlichkeit des Reaktorverhaltens gegen kleine Störungen in den Betriebsvariablen kommen wir jedoch zu dem Schluß, daß das Betreiben solcher Reaktoren unter den geschilderten Umständen reaktionstechnisch (und wahrscheinlich auch ökonomisch) nicht sehr sinnvoll ist. Trotzdem, PolyReac© bietet Ihnen die Möglichkeit, andere Varianten auszuloten, und man sollte aufgrund von einigen wenig erfreulichen Simulationsstudien nicht gleich „die Flinte in's Korn werfen".

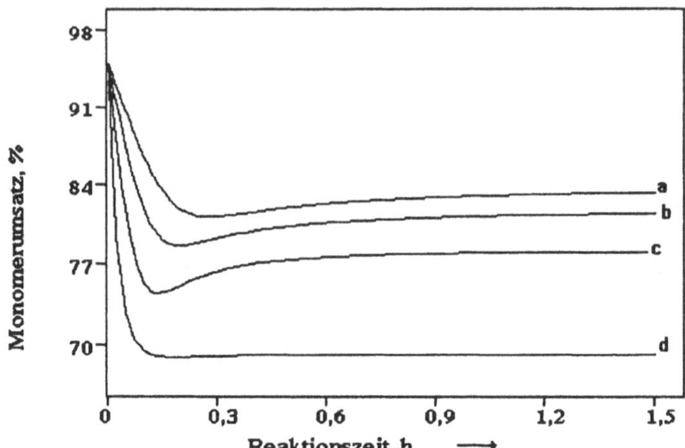

Abb. 7-28 Anfahren eines kontinuierlichen Rührkesselreaktors für die mit AIBN gestartete MMA-Polymerisation beginnend bei hohen Monomerumsätzen, Zulauf-Massenströme in kg s^{-1} m^{-3} : ***a*** 0,3 , ***b*** 0,52 , ***c*** 1,0 , ***d*** 2,5 (bei ***d*** mit zusätzlicher Dosierung von Initiator)

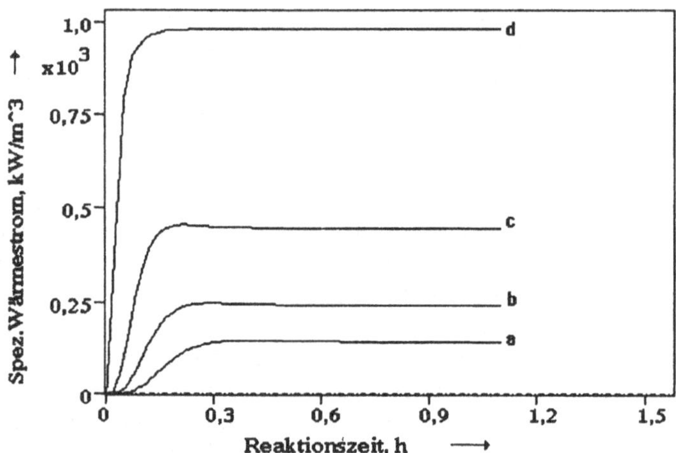

Abb. 7-29 Durch Kühlung abzuführender Wärmestrom beim Anfahren eines kontinuierlichen Rührkesselreaktors für die mit AIBN gestartete MMA-Polymerisation beginnend bei hohen Monomerumsätzen, Zulauf-Massenströme in kg s^{-1} m^{-3} : ***a*** 0,3 , ***b*** 0,52 , ***c*** 1,0 , ***d*** 2,5 (bei ***d*** mit zusätzlicher Dosierung von Initiator)

Im Kapitel 7.2 wurden einige Vorteile der Reaktionsführung bei höheren Temperaturen für die mit AIBN gestartete Polymerisation von MMA im Zusammenhang mit Simulationsstudien im Batchreaktor angesprochen. Im nächsten Beispiel wollen wir prüfen, ob sich dadurch auch Vorteile für das Anfahren und Betreiben kontinuierlicher Reaktoren ergeben.

Ein Ausgangspunkt der Überlegungen kann die im Zusammenhang mit Abb. 7-2 geführte Diskussion sein. Demzufolge kann ein Wiederanstieg der Polymerisationsgeschwindigkeit im Bereich hoher Monomerumsätze dann erwartet werden, wenn die Radikalbildung ausreichend gesichert ist. Wenn aber mit steigendem Umsatz infolge des Initiatorverbrauches die Bildungsgeschwindigkeit der Radikale schneller sinkt als die Verbrauchsgeschwindigkeit durch die Abbruchreaktionen infolge des Geleffektes, dann bleibt die Selbstbeschleunigung der Reaktion aus. Im kontinuierlichen Rührkessel nähert sich aber der Umsatz des Initiators mit ansteigender Verweilzeit viel langsamer dem Wert 100% als im diskontinuierlichen Reaktor als Funktion der Reaktionszeit. Es scheint damit sicher, daß man beim Betreiben eines kontinuierlichen gut durchmischten Reaktors bei Umsätzen, die in der Nähe des Maximums der Polymerisationsgeschwindigkeit liegen (Abb. 7-1 und 7-2) eine deutlich höhere Reaktorleistung erzielen kann als bei diskontinuierlicher Reaktionsführung oder bei Anwendung von Rohrreaktoren. Das sollte wegen des Dead-End-Effektes besonders für hohe Temperaturen gelten.

Bevor wir das im Detail analysieren, wollen wir versuchen, einen solchen Reaktor anzufahren und einige Aussagen zur Stabilität des erreichten Betriebspunktes zu erarbeiten.

Beispiel 7.3-2
Versuchen Sie, einen kontinuierlichen isothermen Rührreaktor für die mit AIBN gestartete Massepolymerisation von MMA durch Variation des eintretenden Massenstromes bei einer Reaktionstemperatur von 120°C so anzufahren, daß unter stationären Bedingungen ein Umsatz des Monomeren von etwa 70 % erreicht wird. Die AIBN-Konzentration im Zulauf soll 0,1% betragen.

PolyReac[e] - Operationen

Blatt	Schritte	Selektionssequenzen
C2	2	Methyl methacrylate/ NO solvent / AIBN / NO initiator2 / NO CTA / NO inhibitor
	5	Initiator1 start / propagation / Transfer to Monomer / Recombination / Disproportionation
C4-3	3	Isothermal
	5	120 / 80 / 0.1 / 2000 / 6000
	7	**1:** 30 / 10 / 0 / 0.1 **2:** 30 / 15 / 0 / 0.1 **3:** 30 / 17 / 0 / 0.1
	8	20 / 200 / .2
	9	Reaction time / Polymer fraction / Heat transfer rate / Initiator1 fraction

D3	2	**Abb.er 7-30** Reaktionszeit, h / Polymergehalt, % / 4 / .13 / .2 / 1 **Abb. 7-29:** Reaktionszeit, h / Abzuführende Wärme, kW/kg / 4 / .13 / .2 / 1
	3	0 / 4 / 1000
	5	Alle Dateien befinden sich im Verzeichnis ACTUAL\ und müssen nach jeder Simulation umbenannt werden! (s. Bsp. 7.2-6) **Abb. 7-27:** xe1 / yp1 / xe2 / yp2 / xe3 / yp3 / xe4 / yp4 **Abb. 7-28:** xe5 / yp5 / xe6 / yp6 / xe7 / yp7 / xe8 / yp8 **Abb. 7-29:** xe5 / qpd5 / xe6 / qpd6 / xe7 / qpd7 / xe8 / qpd8

Ergebnisse
Die Sensibilität des Reaktors gegen Schwankungen der Betriebsparameter bleibt prinzipiell erhalten. Während bei der Steigerung des spezifischen Durchsatzes von 10 kg s^{-1} m^{-3} auf 16 kg s^{-1} m^{-3} gemäß Abb. 7-30 nur ein geringer Abfall des stationären Umsatzes eintritt (Kurven a, b und c), erfolgt bei einer weiteren Steigerung des Durchsatzes auf 17 kg s^{-1} m^{-3} ein qualitativer Umschlag (Kurve d). Es zeigt sich das gleiche Verhalten wie im Beispiel 7.3-1 bei tiefen Temperaturen, allerdings auf einem ganz anderen Niveau. In der Nähe der Stabilitätsgrenze besitzt der Reaktor die höchste Produktivität bei hohen Umsätzen. Im Vergleich zu Beispiel 7.3-1 könnte jetzt ein 100 Liter - Extruder-Reaktor mit einem Drittel des Verbrauches an Initiator mehr als 30 kt a-1 produzieren, wenn es gelingen würde, die Überschußwärme von mehr als 7 kW pro Liter Reaktionsvolumen abzuführen.

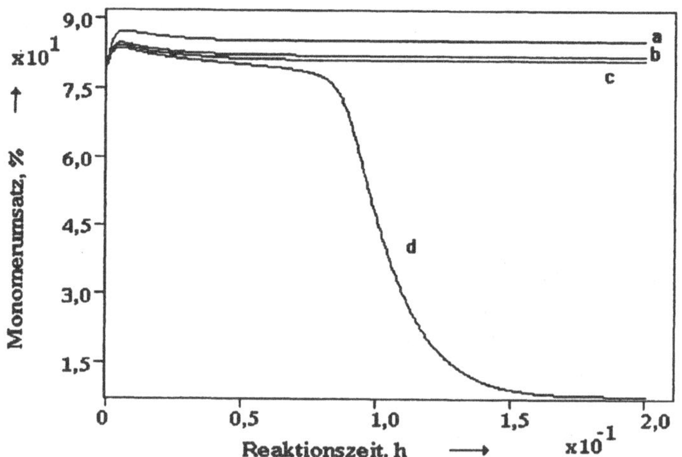

Abb. 7-30 Monomerumsatz als Funktion der Reaktionszeit beim Anfahren eines Polymerisationskessels für die AIBN-gestartete Massepolymerisation von MMA bei 120 °C, Zulaufmassenstrom in kg s^{-1} m^{-3} : ***a*** 10, ***b*** 15, ***c*** 16, ***d*** 17

Natürlich wird mit sich verkürzender Verweilzeit die Problematik des Einmischens eines niedrigviskosen Zulaufes in eine hochviskose Reaktionsmasse immer deutlicher. Direkt an der Einspeisung kommt es, auch bei sofortiger Einmischung des Zulaufes, zu einem Temperatursprung, den man nur sinnvoll abbauen kann, wenn man z.B. in einem Kreislaufreaktor mit Kreislaufverhältnissen über 20 arbeitet. Das würde für unseren 100 Liter-Reaktor eine hochviskose Kreislaufmenge von etwa 30 kg s^{-1} bedeuten. Damit rückt ein weiteres Problem in den Mittelpunkt, das wir allerdings wegen seiner sehr spezifischen Qualität hier nicht detailliert abhandeln können : Die Berechnung der (in unseren Simulationen vernachlässigten!) durch den Rührer dissipierten Energie, die mit steigenden Polymerkonzentrationen einen sehr schnell wachsenden Stellenwert in der Energiebilanz gewinnt und dadurch den technologisch erreichbaren Monomerumsatz begrenzt.

Hohe Viskositäten und schnelle Reaktionen unterstützen desweiteren die Ausbildung einer segregierten Strömung. Ein segregierter Zulauf würde, ebenso wie die sich mit steigender Reaktionstemperatur entwickelnden Temperatur- und Konzentrationsprofile des mikrovermischten Teiles der Reaktionsmasse, zu einer Verbreiterung der Molmassenverteilung führen. Nur für den *ideal mikrovermischten* Reaktor im stationären Zustand wird - statistisch bedingt - das Minimum des Dispersionskoeffizienten der Molmassenverteilung erreicht.

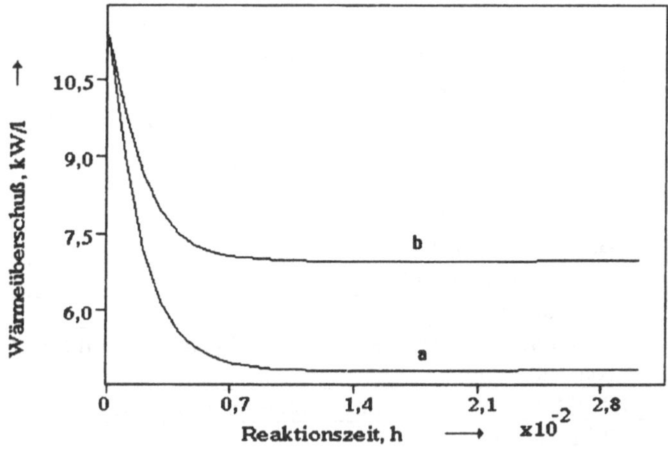

Abb. 7-31 Abzuführender Wärmestrom als Funktion der Reaktionszeit beim Anfahren eines Polymerisationskessels für die mit AIBN gestartete Massepolymerisation von MMA bei 120 °C, Spezifischer Zulaufmassenstrom in kg s^{-1} m^{-3}: ***a*** 10, ***b*** 16

Wir sind noch eine detailliertere Erklärung für die bei niedrigen und hohen Temperaturen gleichermaßen gefundene Empfindlichkeit des isothermen Reaktorverhaltens der initiatorgestarteten MMA-Polymerisation in der Nähe des Maximums der Reaktorleistung schuldig. Zur Illustration definieren wir im nächsten Beispiel zwei extreme Anfahrstrategien, von denen die zweite nur theoretisch möglich ist.

Beispiel 7.3-3

- *Strategie A: „Anfahren von unten"*
  Der Reaktor ist zu Beginn mit 99% Lösemittel (Ethylazetat) und 1% Monomer gefüllt. Es ist kein Initiator vorhanden. Bei dieser Variante steigt die Polymerisationsgeschwindigkeit von Null beginnend langsam an.
- *Strategie B: „Anfahren von oben"*
  Der Reaktor enthält zu Beginn 95% Polymeres und kein Lösemittel. Die Initiatorkonzentration entspricht der des Zulaufes. Diese Variante garantiert zwar nicht die maximale, aber eine sehr hohe Polymerisationsgeschwindigkeit zu Beginn, die mit sinkendem Polymergehalt noch weiter ansteigen kann. Letzteres kann wegen der Komplexität des Prozesses allerdings nicht garantiert werden.

In beiden Fällen soll eine Lösung des Initiators in reinem Monomeren mit konstantem Massenstrom zulaufen. In einer Reihe von Simulationen soll der Zulaufmassenstrom systematisch variiert werden. Die Reaktionstemperatur betrage 70°C.

PolyReac[e] - Operationen

Blatt	Schritte	Selektionssequenzen
C2	2	Methyl methacrylate/ Ethyl acetate / AIBN / NO initiator2 / NO CTA / NO inhibitor
	5	Initiator1 start / propagation / Transfer to Monomer / Transfer to Solvent / Recombination / Disproportionation
C4-3	3	Isothermal
	5	**A:** 70 / 0 / 99 / 0 **B:** 70 / 95 / 0 / 0.1 / 2000 / 6000
	7	70 / variabel / 0 / 0 / 0.1
	8	20 / 200 / variabel
	9	Reaction time / Polymer fraction / Polymerization rate / Radical concentration
D3	2	Reaktorbelastung, kg/sm^3 / Station.Umsatz, % / 4 / .13 / .2 / 1
	3	0 / 2 / 1000
	5	Da kein Programm verfügbar ist, das die stationären Werte auf der Basis der stationären Bilanzen liefert, muß das instationäre Programm für jeden stationären Punkt neu gestartet werden. Danach müssen die Werte in Dateien geschrieben werden, die mit D3 verarbeitbar sind.

Die Auftragung der erreichten stationären Werte des Monomerumsatzes für eine Initiatorkonzentration im Zulauf von 0,1 % ist in Abb. 7-32 dargestellt. Die Pfeilspitzen geben die Entwicklungsrichtung an, wenn mit beiden Anfahrstrategien von kleinen zu hohen stationären Zulaufmassenströmen gefahren wird. Bei Reaktorbelastungen unterhalb von wenig mehr als 0,3 kg s^{-1} m^{-3} liefern beide

Anfahrstrategien gleiche stationäre Werte im Bereich hoher Umsätzen. Danach kommt es zu einer scharfen Trennung mit weiter steigender Reaktorbelastung.

Beim Anfahren „von unten" fallen die Umsätze auf kleine Werte im anfangskinetischen Bereich, während sich die hohen Umsatzwerte beim Anfahren „von oben" bis zu einer Belastung von etwa 1,52 kg s^{-1} m^{-3} nur allmählich verringern. Danach fallen die Werte nach beiden Strategien erneut im anfangskinetischen Bereich zusammen.

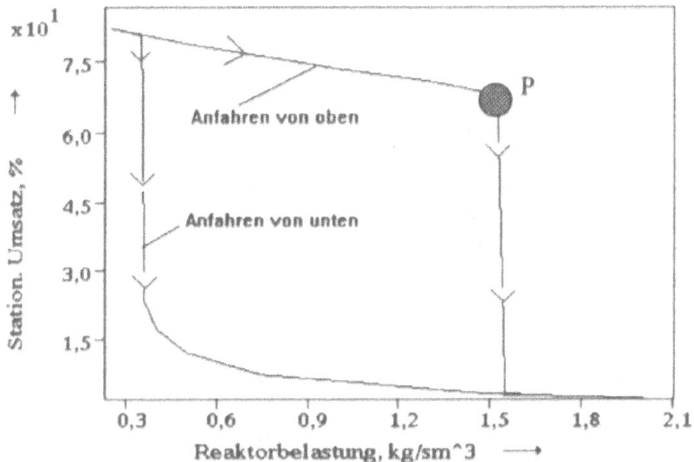

Abb. 7-32 Monomerumsatz der mit AIBN gestarteten MMA-Polymerisation im stationären kontinuierlichen Rührrreaktor beim isothermen (70°C) Anfahren „von unten" und „von oben"

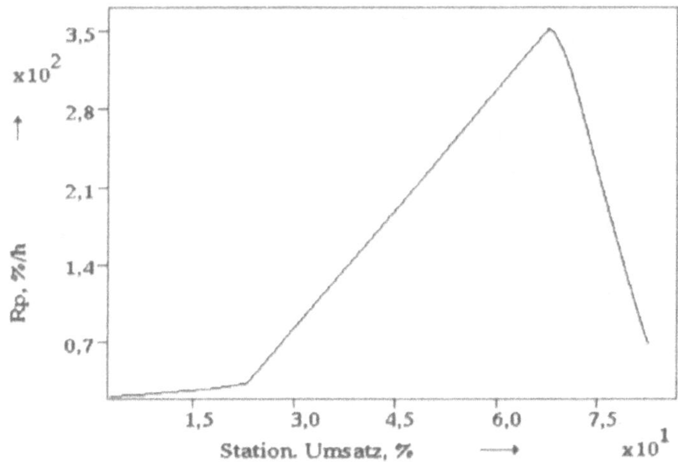

Abb. 7-33 Stationäre Polymerisationsgeschwindigkeit als Funktion des stationären Umsatzes nach Anfahrstrategie A und B, MMA-Polymerisation mit AIBN im kontinuierlichen Rührreaktor bei 70°C

Die Analyse der stationären Radikalkonzentrationen zeigt, daß deren Maximum kurz vor diesem Punkt (P in Abb. 7-32) erreicht wird, der aber exakt mit der höchst möglichen Polymerisationsgeschwindigkeit (Abb.7-33) zusammenfällt. Das beschriebene Reaktorverhalten ist damit allein mit der Abhängigkeit der stationären Polymerisationsgeschwindigkeit vom stationären Monomerumsatz zu erklären (Abb. 7-33). In dieser Darstellung gibt es unabhängig von der Anfahrstrategie keine „Hysterese". Die hohen stationären Werte des Umsatzes werden erreicht, wenn ein Punkt rechts vom Maximum der Polymerisationsgeschwindigkeit liegt, links davon ergeben sich die niedrigen stationären Umsätze. Wenn der Reaktor versucht, „von oben" kommend, d.h. rechts vom Maximum der Polymerisationsgeschwindigkeit liegend, zu niedrigeren Umsätzen zu gelangen, erhöht sich die Geschwindigkeit der Polymerisation, wodurch der Abwärtstrend gebremst wird. Wenn die Erhöhung der Polymerisationsgeschwindigkeit in der Lage ist, den Einfluß der veränderten Betriebsvariable (in unserem Beispiel ist das die Reaktorbelastung) *zu jedem Zeitpunkt* zu kompensieren, stabilisiert sich der Reaktor bei hohen Umsätzen, anderenfalls erfolgt der Umschlag zu den niedrigen Umsätzen.

Die Polymerisation von Styren verläuft im Vergleich zum MMA durch den schwachen Geleffkt, den thermischen Start und durch die bei hohen Temperaturen beträchtlich wirkungsvollere Übertragungsreaktion zum Monomeren wesentlich anders. Nach der für die MMA-Polymerisation ausgeführten Analyse sollte es Ihnen nun nicht besonders schwer fallen, Gleichartiges für die thermisch und / oder mit Initiator gestartete Polymerisation von Styren zu tun.

Sinnvolle Studien lassen sich auch für andere Temperaturen, Initiator-, Lösemittel- und Reglerkonzentrationen ausführen, insbesondere wenn weitere Zielgrößen hinzugezogen werden. Interessant kann sich der Einsatz von Initiatoren oder Initiatorgemischen gestalten, die in unterschiedlichen Temperaturbereichen wirksam werden. Sehr empfehlenswert ist auch der Versuch, Reaktoren mit einer näherungsweise konstanten Polymerisationsgeschwindigkeit anzufahren, d.h., ein Temperaturprofil während des Anfahrens aufzuprägen.

Desweiteren können Sie beim Vergleich von adiabaten und gekühlten Reaktoren noch manches - auf den ersten Blick - überraschende Ergebnis erreichen. PolyReac© ermöglicht Ihnen bereits mit den wenigen installierten Komponenten für das Studium der radikalischen Polymerisationen in instationären kontinuierlich betriebenen Rührkesselreaktoren eine mit Beispielen kaum auch nur anzudeutende Vielfalt von Lösungen für reaktionstechnisch sinnvolle Aufgabenstellungen.

Beim Berechnen stationärer Betriebspunkte ist die Reaktionszeit so zu bemessen, daß die Stationarität mit Sicherheit erreicht wird. Nach den oben gemachten Erfahrungen sollte man die Rechnung fortsetzen bis sich beim Monomerumsatz in der vierten oder fünften Kommastelle keine Veränderungen mehr ergeben.

Es ist wahrscheinlich wenig sinnvoll, ein Berechnungsprogramm auf der Basis der stationären Bilanzen zu schreiben. Die Komplexität des Modells treibt den Aufwand zur Lösung des algebraischen Gleichungssystems ohnehin in die Größenordnung dessen, den man für die Integration des instationären Differentialgleichungssystems benötigt, ganz zu schweigen von dem Aufwand den man mit der Feststellung der Eindeutigkeit der Lösung hätte.

7.4 Rohrreaktor

In neuerer Zeit haben sich besonders Kiparissides und Mitarbeiter[15,74,75,147-150] intensiv mit der reaktionstechnischen Modellierung eines der interessantesten Polymerisationsprozesse auseinandergesetzt, mit der Hochdruckpolymerisation von Ethylen im Rohrreaktor. Es handelt sich dabei eigentlich um eine nichtisotherme Dead-End-Polymerisation, wie wir sie im vorigen Kapitel insbesondere für die Polymerisation von MMA bei hohen Temperaturen im kontinuierlichen Rührreaktor diskutiert haben. Bei der radikalischen Ethylen-Hochdruckpolymerisation, die technisch in Rohr- oder Rührreaktoren, und zwar immer im überkritischen Bereich bei 1000 bar bis 3500 bar durchgeführt wird, sind jedoch die Temperaturen und Drücke wesentlich höher. Entsprechend kompliziert ist es, kinetische Daten und Stoffwerte zu messen. Die Daten einiger weniger Autoren werden in der offenen Literatur meistens wieder und wieder zitiert.

Man geht davon aus, daß unter Polymerisationsbedingungen das Polymere vollständig im Monomeren gelöst ist, allerdings können die für Hochdruckpolyethylen typischen Langkettenverzweigungen zu Wandablagerungen führen, die man durch kurzandauernde Teilentspannungen des Reaktors von der Wand ablösen kann. Der Prozeß wird meist als Stufenprozeß geführt. Die Stufen sind durch jeweils drei sich wiederholende Abschnitte gekennzeichnet, nämlich Initiatorinjektion, quasi-adiabate Polymerisation und Abkühlung der Reaktionsmasse. Es werden maximal etwa 30% Umsatz und sehr hohe Reaktionsgeschwindigkeiten unter gut ausgebildeten turbulenten Bedingungen erreicht.

Das nachfolgende Beispiel bezieht sich auf die Simulation einer solchen Stufe deren Daten Kiparissides [148] entnommen wurden. Nach Schweer [38] gibt es zwar eindeutige Hinweise, daß ein Geleffekt auch unter den oben charakterisierten Bedingungen für die Ethylenpolymerisation zu berücksichtigen ist, jedoch scheint man mit konstanten kinetischen Parametern, d.h. mit dem anfangskinetischen Modell, eine ausreichend gute Anpassung von Betriebsdaten zu erreichen, so daß allgemein keine Notwendigkeit gesehen wird, die ohnehin schwierige Modellierung auch in dieser Richtung noch komplizierter zu gestalten. Auch wir rechnen im folgenden ohne Berücksichtigung der hochumsatzkinetischen Effekte mit effektiven anfangskinetischen Parametern. Die dazu erforderlichen Stoffdaten wurden bereits als Mittelwerte für den Hochdruckprozeß ausgewählt, weil die in PolyReac[©] verwendeten Korrelationen keine exakten Stoffdatenberechnungen im überkritischen Bereich gestatten.

Beispiel 7.4-1

Eine Stufe eines Rohrreaktors für die Hochdruckpolymerisation von Etylen bei 2700 bar besteht aus einem Rohr mit 5 cm Innendurchmesser und einer Länge von 150 m. Der Massenstrom des Monomeren am Eintritt beträgt 10 kg s^{-1} , seine Temperatur 190°C. Die Zufuhr von Initiator (DTBP) entspricht einem Massenanteil von 0.1 % . Es soll der Verlauf des Monomerumsatzes und der Reaktionstemperatur sowie der Initiatorverbrauch berechnet werden, wenn das

Kühlmittel eine konstante Temperatur von 180°C aufweist und der Wärmedurchgangskoeffizient 1000 W m^{-2} K^{-1} beträgt. Wie verändern sich die Verläufe, wenn die Eintrittstemperatur des Monomeren variiert wird ?

PolyReac® - Operationen

Blatt	Schritte	Selektionssequenzen
C2	2	Ethene / NO solvent / DTBP / NO initiator2 / NO CTA / NO inhibitor
	5	Initiator1 start / propagation / depolymerization / Transfer to Monomer / Recombination / Disproportionation
	8	NO Gel Effect
C4-4	2	Heat Exchange
	4	0.05 / 150
	5	**1:** 180 / 10 / 0 / 0.1 **2:** 190 / 10 / 0 / 0.1 **3:** 200 / 10 / 0 / 0.1
	6-9	180 / 1000 / 1 / 10 / .1
	10	Reactor length / Monomer conversion / Temperature / Initiator1 fraction
D3	2	**Abb. 7-34:** Reaktorlänge, m / Temperatur, °C / 4 / .13 / .2 / 1 **Abb. 7-35:** Reaktorlänge,m / Monomerumsatz, % / 4 /.13 / .2 / 1 **Abb. 7-36:** Monomerumsatz, % / Initiatormassenanteil, % / 4 / .13 / .2 / 1 **Abb. 7-37:** Monomerumsatz, % / Temperatur, °C / 4 / .13 / .2 / 1
	3 5	0 / 3 / 1000 Alle Dateinamen sind mit zu Beginn mit „actual\" und am Ende mit „.bas" zu ergänzen ! **Abb. 7-34:** rle180 / tc180 / rle190 / tc190 / rle200 / tc200 **Abb. 7-35:** rle180 / ua180 / rle190 / ua190 / rle200 / ua200 **Abb. 7-36:** ua180 / yi1180 / ua190 / yi1190 / ua200 / yi1200 **Abb. 7-37:** ua180 / tc180 / ua190 / tc190 / ua200 / tc200

Ergebnisse

Die Temperaturprofile (Abb. 7-34) zeigen den typischen Verlauf einer adiabatischen Dead-End-Polymerisation. Einem exponentiellen Anstieg folgt ein abruptes Ende, das eindeutig durch den Initiatorverbrauch definiert ist. Dabei unterscheiden sich die erreichten Maximaltemperaturen nur wenig, wenn von den drei untersuchten Eintrittstemperaturen 180°C, 190°C und 200°C ausgegangen wird, obwohl man beim genaueren Hinsehen erkennt, daß die Maximaltemperatur geringfügig mit der Eintrittstemperatur ansteigt. Die adiabate Temperatursteigerung beträgt unter den vorausgesetzten Bedingungen etwa 10°C pro Prozent Monomerumsatz - folglich sollte der Monomerumsatz bei einer *Erniedrigung* der Eintrittstemperatur um 10°C um etwa 1 % zunehmen, damit etwa die gleiche Maximaltemperatur erreicht wird.

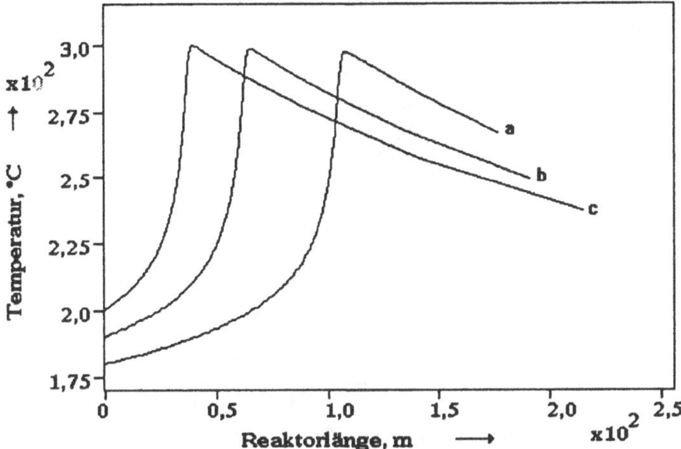

Abb. 7-34 Temperaturprofil bei der Hochdruck-Polymerisation von Ethylen im stationären Rohrreaktor, Eintrittstemperaturen: ***a*** 180°C, ***b*** 190°C, ***c*** 200°C

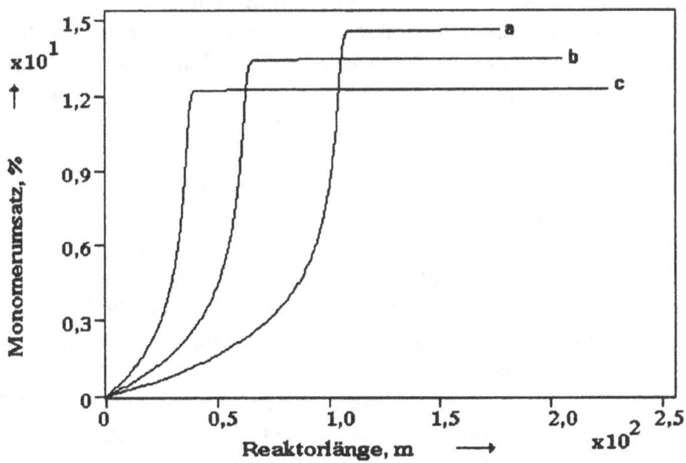

Abb. 7-35 Umsatzprofil bei der Hochdruck-Polymerisation von Ethylen im stationären Rohrreaktor, Eintrittstemperaturen: ***a*** 180°C, ***b*** 190°C, ***c*** 200°C

Das ist in der Tat so, wie Abb. 7-35 belegt. Natürlich läßt sich dieser Trend nicht beliebig fortsetzen, auch ist die Qualität des erzeugten Polymeren von ausschleggebender Bedeutung. Zur molekularen Struktur des LDPE können wir allerdings wenig sagen, da der zugrundegelegte Reaktionsmechanismus einige dafür wichtige Reaktionen („Backbiting", β-Bruch, Transfer zum Polymeren) nicht berücksichtigt. Dies hat jedoch keine Auswirkungen auf die Polymerisationsgeschwindigkeit und die Energiebilanz.

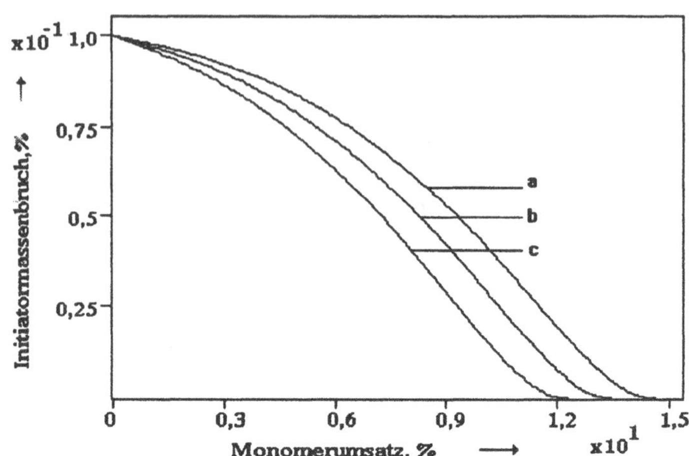

Abb. 7-36 Initiatorkonzentrationsprofil bei der Hochdruck-Polymerisation von Ethylen im Rohrreaktor, Eintrittstemperaturen: ***a*** 180°C, ***b*** 190°C, ***c*** 200°C

Abb. 7-36 bestätigt die oben geäußerte Vermutung. Die Reaktion ist eigensicher in dem Sinn, daß beim Durchgehen der Reaktion der Initiator am schnellsten verbraucht wird und damit die Reaktion erlischt. Die Initiatorkonzentration geht genau an der Stelle gegen Null, für die der Grenz-Monomerumsatz gefunden wird. Ein erheblicher Teil des sehr teuren Hochdruck-Reaktorvolumens wird somit allein für das wiederholte Abkühlen der Reaktionsmasse benötigt.

Es ist bei solch einer Reaktionsführung durchaus auch nicht überraschend, daß sehr breite Molmassenverteilungen produziert werden. Unter diesen Gesichtspunkten ist die Optimierung der Anzahl der Zwischeneinspeisungen, die dort verwendete Initiatorkonzentration, auch die Art und Konzentration eines möglicherweise verwendeten zweiten und dritten Initiators und die Temperatur des Zulaufes ein sehr weites Feld für reaktionstechnische Studien, wenn man außerdem die Polymerqualität einbezieht.

Die Wärmedurchgangszahl wurde in unserem Beispiel als Konstante mit 1000 W m^{-2} K^{-1} angenommen. Trotz des scheinbar hohen Wertes verläuft die Reaktion nahezu adiabat. In Abb.7-37 wurde der Monomerumsatz gegen die Reaktionstemperaturen aufgetragen. Bei Voraussetzung konstanter Stoffdaten sollte eine adiabate Reaktion in dieser Darstellung durch Geraden repräsentiert sein. Das ist in unserem Beispiel bis zum Grenzumsatz in nahezu idealer Weise gegeben - obwohl sich mit ansteigender Temperaturdifferenz zum Kühlmedium eine zunehmende Abweichung von den Geraden bemerkbar machen sollte. Die Geschwindigkeit der Reaktion überspielt diesen Effekt.

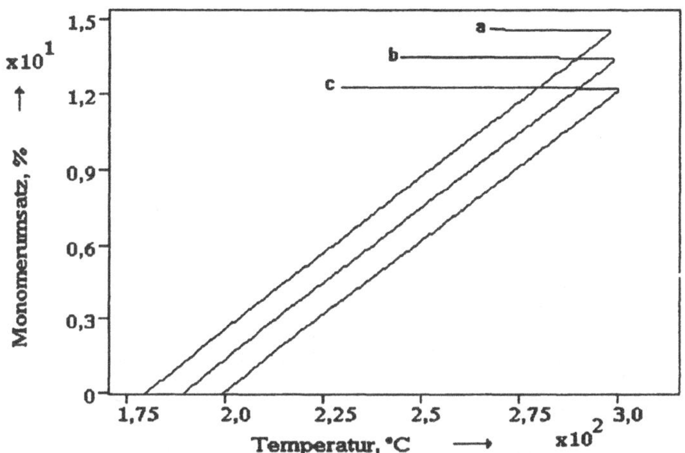

Abb. 7-37 „Adiabatisches Profil" bei der Hochdruck-Polymerisation von Ethylen im Rohrreaktor, Eintrittstemperaturen: ***a*** 180°C, ***b*** 190°C, ***c*** 200°C

Beispiel 7.4-2

Multirohrreaktoren zeichnen sich durch ein großes Verhältnis der Wärmeübertragungsfläche zum Reaktionsvolumen aus. Durch die Unterteilung des Reaktionsvolumens in relativ kleine Elemente und die Möglichkeit ihrer kostengünstigen Herstellung in druckfesten Ausführungen ist auch den Sicherheitsbedürfnissen gut zu entsprechen. Technische Reaktoren zeigen jedoch eine Reihe von Problemen, zu denen die fluiddynamische Stabilität gehört. Sie äußert sich - in Kurzform dargestellt - darin, daß man nach dem Anfahren eines Reaktors mit beispielsweise 10000 Rohren 9995 zupolymerisiert findet, während durch die restlichen fünf das Monomere mit hoher Geschwindigkeit aber vernachlässigbarem Umsatz hindurchfließt. Dieses Phänomen soll in dem folgenden Beispiel untersucht werden.

In einem als isotherm anzunehmenden Rohrreaktor von 1 cm Durchmesser und 3 m Länge soll der Druckverlust als Funktion des Massendurchsatzes untersucht werden, der sich für die thermische Massepolymerisation des Styrens ergibt. Unter welchen Bedingungen ist ein Multirohrreaktor, der sich aus Einzelrohren der gleichen Dimensionen zusammensetzt, fluiddynamisch stabil ?

Hinweis

Druckverlust, Monomerumsatz und Viskosität der Reaktionsmischung sind am Ende einer Simulation für den gegebenen Massenstrom zu erfassen und in Dateien zu schreiben, die unter „actual" zu deponieren sind. Wir wollen sie „mp" (Dekadischer Logarithmus des Massenstroms), „dp" (Druckverlust), „U" (Umsatz) und „eta" (Viskosität) nennen.

PolyReac® - Operationen

Blatt	Schritte	Selektionssequenzen
C2	2	Styrene / NO solvent / NO initiator1 / NO CTA / NO inhibitor
	5	Thermal start / propagation / depolymerization / Transfer to Monomer / Recombination / Disproportionation
	8	POLYREAC
C4-4	2	Isothermal
	4	0.01 / 3
	5	180 / variabel / 0
	7-9	0 / 10 / 100
	10	Reactor length / Monomer conversion / Reaction mass viscosity / Pressure drop
D3	2	**Abb. 7-38** Log10(Massenstrom, kg/s) / Druckverlust, bar / 4 / .13 / .2 / 1 **Abb. 7-39** Log10(Massenstrom, kg/s) / Monomerumsatz, % / 4 / .13 / .2 / 1
	3	1 / 1 / 1000
	5	**Abb. 7-38:** mp / dp / mp / dp **Abb. 7-39:** mp / u / mp / u

Ergebnisse

Bei niedrigen Massenströmen ergeben sich entsprechend den hohen Verweilzeiten auch hohe Monomerumsätze (Abb. 7-39) mit entsprechend großen Viskositäten der Reaktionsmasse, jedoch nur kleine Druckverluste (Abb. 7-38) infolge der niedrigen mittleren Strömungsgeschwindigkeiten.

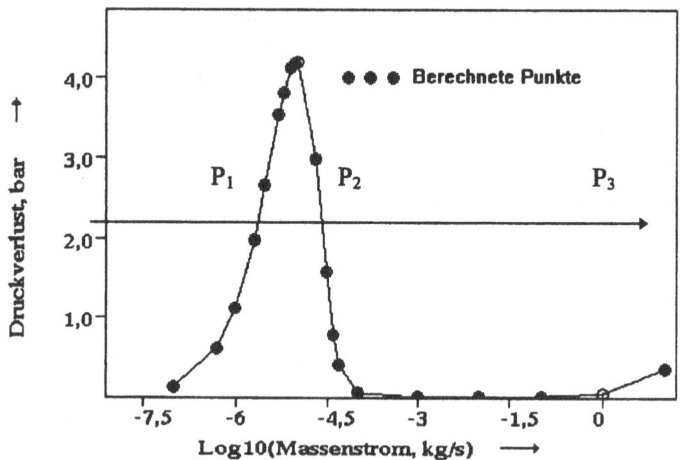

Abb. 7-38 Druckverlust in Abhängigkeit vom Massenstrom in einem Strömungsrohrreaktor für die Massepolymerisation von Styren bei 180°C

Mit steigendem Massenstrom nimmt der Monomerumsatz und damit die Viskosität zunächst nicht sehr wesentlich ab, da jedoch die Strömungsgeschwindigkeit entsprechend ansteigt, resultiert ein steiler Anstieg des Druckverlustes. Bei noch größeren Massenströmen sinkt - bedingt durch die Polymerisationskinetik - der Umsatz und damit (exponentiell) die Viskosität. Dadurch nimmt der Druckverlust nach Durchlaufen eines Maximums trotz steigender Strömungsgeschwindigkeit wieder ab. Er erreicht bei sehr niedrigen Monomerumsätzen ein Minimum, um bei hohen mittleren Strömungsgeschwindigkeiten, wie hinreichend für niedrigviskose turbulent strömende Medien bekannt, wieder nichtlinear anzusteigen. Letzteres deutet sich im letzten berechneten Punkt in Abb. 7-38 an.

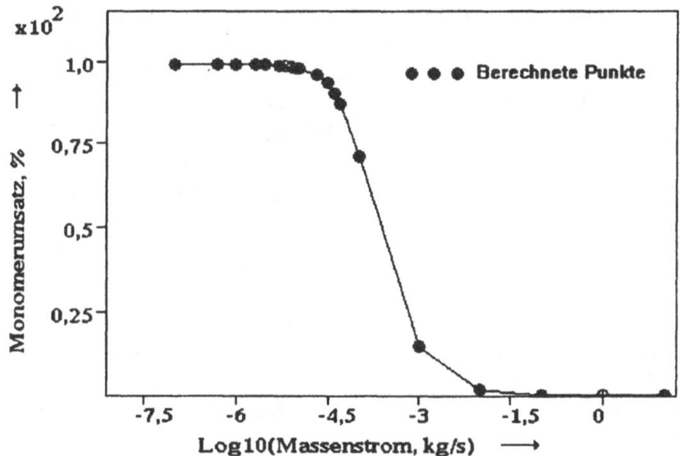

Abb. 7-39 Monomerumsatz in Abhängigkeit vom Massenstrom in einem Strömungsrohrreaktor für die Massepolymerisation von Styren bei 180°C

Damit kann ein Rohrreaktor für die Massepolymerisation mit vorgegebenem Druckverlust drei stationäre Punkte aufweisen, die in Abb. 7-38 als P_1 , P_2 und P_3 gekennzeichnet sind. P_1 repräsentiert ein „zupolymerisiertes" Rohr. Hier werden bei sehr kleinen Strömungsgeschwindigkeiten sehr hohe Umsätze und Viskositäten erreicht. P_2 kann zwischen dem anfangskinetischen Bereich und mittleren bis hohen Umsätzen liegen, während P_3 sich erst bei hohen Strömungsgeschwindigkeiten mit einem gegen Null strebenden Monomerumsatz ergibt. Es läßt sich zeigen, daß nur die Punkte P_1 und P_3 stabil sind, wenn der Druckverlust konstant gehalten wird.

Gibt es , ausgehend von P_2 eine kleine positive Abweichung im Massendurchsatz, dann sinkt der Strömungswiderstand des Rohres und es fließt - bei konstantem Druckverlust - zunehmend mehr Monomeres durch das Rohr, bis es sich im Punkt P_3 stabilisiert. Tritt dagegen eine kleine negative Abweichung auf, dann erhöht sich der Strömungswiderstand des Rohres, was ihm einen zunehmend kleineren Massenstrom beschert, und zwar wieder so lange, bis der stabile Punkt P_1 erreicht ist. Dieses Problem wurde zuerst von Hoogstraten und Joosten [151, 152] diskutiert, ohne daß mit dem Vorschlag, einen zusätzlichen Strömungswiderstand zu installieren eine technisch überzeugende Lösung angeboten wurde.

Eine andere Lösung wurde fast gleichzeitig von Tien, Streiff, Flaschel und Renken [153] sowie Weickert [154] veröffentlicht. Bei der Massepolymerisation von Styren in einem Kreislaufreaktor mit einem Kreislaufverhältnis größer als vier verschwindet das Minimum der charakteristischen Kurve in Abb.7-38 . Damit verbleibt nur ein stabiler Punkt, der in theoretisch beliebige Umsatzbereiche verschoben werden kann, allerdings oft auf Kosten der Ökonomie des Prozesses, weil die Rezirkulation hochviskoser Reaktionsmassen natürlich nicht billig ist. Es sei aber auch auf die Studien im Kapitel 7.3 verwiesen - unter Umständen kann die mit der Rezirkulation verbundene Rückmischung sowohl die Reaktorleistung erhöhen als auch die Produktqualität (engere Molmassenverteilung) verbessern.

Eine weitere Lösung, die ebenfalls von Renken [153] vorgeschlagen wurde, beruht eigentlich auf dem gleichen Effekt wie die eben diskutierte: Wenn der Umsatz am Reaktoreintritt eines Multirohrreaktors angehoben wird, verschwindet das Minimum der Flow-Stabilitätskurve ebenfalls, wenn ein kritischer Umsatz überschritten wird. Sie können das mit PolyReac© studieren, indem Sie am Reaktoreintritt systematisch den Umsatz erhöhen und sich eine Flow-Stabilitätskurve wie in Abb.7-38 aufbauen. Sie werden feststellen, daß die Stabilisierung von vielen Faktoren abhängt.

Man sollte aber auch nicht vergessen, daß die Berechnungen in [153, 154] und die mit Polyreac© ausführbaren Kalkulationen auf eindimensionalen stationären Modellen beruhen. Als eine ausgezeichnete Arbeit zur Abschätzung der radialen Effekte in Rohrreaktoren kann die ebenfalls für Styren durchgeführte Studie von Agarwal und Kleinstreuer [155] empfohlen werden. In zukünftigen Studien sollten jedoch auch detailliertere Modelle zum Druckverlust berücksichtigt werden, denn das Fließverhalten polymerer Lösungen in Wandnähe zeigt Besonderheiten, die Beachtung verdienen (z.B. Barham[156 - 159]).

7.5 Reaktorvergleich

Beispiel 7.5-1

Vergleichen Sie die Reaktorleistung eines ideal durchmischten kontinuierlichen Rührreaktors und eines mit statischen Mischern ausgerüsteten Rohrreaktors (Pfropfenstrom) für die mit AIBN gestartete Polymerisation von Styren und MMA. Vergleichen Sie die Molmassenverteilungen des in den beiden isothermen Reaktoren produzierten Polymeren!

Wir nehmen an, es handele sich um Technikumsreaktoren mit einem Volumen von je 100 l, durch die ein konstanter Massenstrom von 15 g s-1 fließen soll. Der Zulauf besteht aus einer 0,2 % -igen AIBN-Lösung im Monomer. Es soll der erreichbare Umsatz gegen die Reaktionstemperatur aufgetragen werden. Der

Rohrreaktor soll einen äquivalenten Rohrdurchmesser von 3 cm und eine Länge von 141,50 m haben.

PolyReac© - Operationen

Blatt	Schritte	Selektionssequenzen
C2	2	Styrene oder MMA / NO solvent / AIBN / NO initiator2 / NO CTA / NO inhibitor
	5	Initiator1 start und Thermal start (bei Styren) / propagation / depolymerization / Transfer to Monomer / Recombination / Disproportionation
C4-4	2	Isothermal
	4	0.03 / 141.5
	5	variabel / 1.5e-2 / 0 / 0.2
	7-9	1 / 2 / .2
	10	Reactor length / Monomer conversion
C4-3	3	Isothermal
	5	sehr unterschiedlich => ausprobieren !
	7	beliebig / 0.15 / 0 / 0.2
	8	sehr unterschiedlich => ausprobieren !
	9	Reaction time / Polymer fraction
D3	2	Temperatur, °C, m / Monomerumsatz, % / 4 / .13 / .2 / 1
	3 5	0 / 2 / 1000 wahlfrei

Ergebnisse

Die erreichten Umsätze sind als Funktion der Reaktionstemperatur in Tabelle 7.5-1 aufgelistet. Das Anfahren des „CSTR" von „unten" und „oben" wurde in den Beispielen des Kapitels 7.3 erklärt - es ist für einige der in der Tabelle aufgeführten Punkte sehr diffizil, zeitaufwendig und erfordert viel Fingerspitzengefühl. Zum Beispiel muß bei hohen Temperaturen der sehr schnelle Zerfall des AIBN mit einer großen Zahl von Integrations- und / oder Printschritten berechnet werden, weil mit steigender Temperatur die Stoffbilanz des AIBN immer „steifer" wird. Gleichzeitig ist oft eine lange Zeit erforderlich (s. „Seveso-Profil" in Kapitel 7.3), um den stationären Punkt zweifelsfrei zu erreichen. Um mit diesen Eigenheiten vertraut zu werden, lohnt es sich, einige der in der Tabelle aufgeführten stationären Punkte nachzurechnen. Ob Sie den stationären Punkt dabei „von unten" oder „von oben" ansteuern, ist nicht sehr belangreich. Wichtig ist, daß Sie in jedem Fall lange genug rechnen, um mit Sicherheit wirklich zum stationären Zustand zu gelangen.

Die Ergebnisse der Tabelle wurden in entsprechende Dateien geschrieben und danach mit Hilfe von D3 in den Abbildungen 7.5-1und 7.5-2 dargestellt.

Tabelle 7.5-1 Monomerumsätze in einem stationären 100-Liter-Rührkessel bzw. Rohrreaktor in Abhängigkeit von der Reaktionstemperatur

	Styren			**MMA**		
Temperatur °C	**Umsatz im CSTR % von unten**	**Umsatz im CSTR % von oben**	**Umsatz im PFR %**	**Umsatz im CSTR % von unten**	**Umsatz im CSTR % von oben**	**Umsatz im PFR %**
30	0,35			1,93		
40	0,78			4,77	67,9	4,41
43	1,0	68,9				
44		70,3				
45	1,24	71,5		7,6		
46	1,38	72,6				
50		76,7		13,1	76,1	10,09
55		81,2		78,8		15,6
60	5,6	84,9	8,611	80,9		25.02
65				83,0		45,9
70	12,90	90,8	20,22	85,1		89,34
80	23,45	95,1	38,15	88,4		93,3
90	98.07		49,87	90,8		95.44
100	99,42		41,42	92,7		96,51
110	99,68		37,12	94,2		94.83
120	99,67		39.02	95,1		41,1
130	99,47		47,6	95,1		26.85
140	99,15		61,1	94,1		19.08
150	98,73		75,6	92,0		13,57
160	98,21		86,7	88,8		9,5
170	97,46		92,4	83,0		6,56
180	94,7		95,1	71,2		4,409
200	89		96,8	42,7		1,60

Sowohl für MMA als auch für Styren gibt es weite Bereiche, in denen die Leistung des Rührreaktors der des Strömungsrohres überlegen ist. Der MMA-Umsatz im Rohrreaktor steigt stetig bis zu sehr hohen Umsätzen, um dann oberhalb von 110°C wieder schnell abzufallen.

Die Ursache liegt im Dead-End-Effekt, d.h., der Initiator wird mit steigender Temperatur immer schneller verbraucht, aber auch der gleichzeitig abnehmende Geleffekt kommt zur Wirkung. Der schnelle Verbrauch des Initiators ist bei technischen Reaktoren besonders dann kritisch, wenn die Einmischung eines Zulaufes, der Initiator enthält, nicht genügend schnell erfolgt. Wenn lokal eine hohe Radikalkonzentration entsteht, kann das zwei ernstzunehmende Wirkungen haben. Zum einen erniedrigt sich die Reaktorleistung, zum anderen kann es aber auch zu lokalen Hot-spots kommen, die sich unter entsprechenden Bedingungen auf den ganzen Reaktor ausdehnen können. Dies kann z.B. der Fall sein, wenn sich bei der getrennten Einspeisung von Initiator und Monomer Volumenelemente mit relativ hoher Initiatorkonzentration mit heißen Volumenelementen hoher Monomerkonzentration mischen.

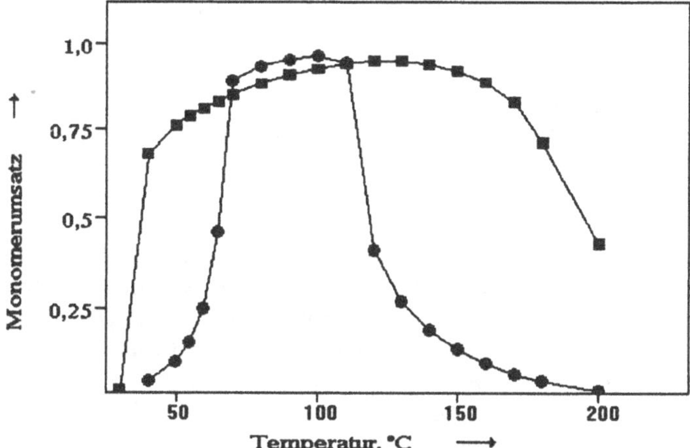

Abb. 7.5-1 Stationärer Monomerumsatz in Abhängigkeit von der Temperatur für die MMA-Polymerisation im kontinuierlichen Rührreaktor (Quadrate, Anfahren „von oben") und im Rohrreaktor (Kreise)

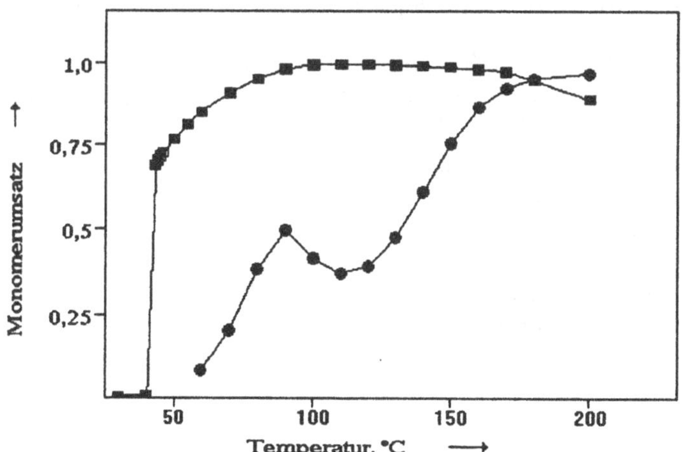

Abb. 7.5-2 Stationärer Monomerumsatz in Abhängigkeit von der Temperatur für Styren-Polymerisation im kontinuierlichen Rührreaktor (Quadrate, Anfahren „von oben") und im Rohrreaktor (Kreise)

Vergleicht man die Verläufe des Monomerumsatzes im Rohrreaktor zwischen den beiden Monomerarten in den Abbildungen 7.5-1 und 7.5-2, dann fällt der qualitative Unterschied zuerst auf. Die Kurve des Styrens weist bei etwa 90°C ein durch den Zerfall des AIBN bedingtes Maximum auf und strebt - infolge der stetig steigenden thermischen Initiierung - bei hohen Temperaturen scheinbar asymptotisch gegen den vollständigen Umsatz. Wir wissen aber, daß man sich bei noch höheren Temperaturen dem Gleichgewicht nähert, so daß die erreichten Umsätze in der Nähe von 300°C wieder stark zurückgehen. Der Verlauf des MMA-Umsatzes strebt - wegen der deutlich höheren Wachstumsgeschwindigkeiten - bereits bei niedrigen Temperaturen gegen hohe Umsätze, um etwa bei 110°C wieder abzufallen. Bei 200°C werden nicht einmal 2% Umsatz erreicht. Hier wirkt sich der Dead-End-Effekt des AIBN aus.

Ist man in der Lage, die mit den hohen Umsätzen verbundenen hohen Viskositäten zu beherrschen, z.B. in Reaktionsextrudern, dann lassen sich für beide Monomere auch für andere Rezepturen unschwer Temperaturbereiche festlegen, in denen die Rückvermischung der Reaktionsmasse zu einem Anstieg der Reaktorleistung führt.

Der ausgesprochen schnelle Anstieg des MMA-Umsatzes im kontinuierlichen Rührkessel, bereits bei einer konstanten Temperatur, läßt ahnen, welche Schwierigkeiten man hat, solche Reaktoren bei Polymerkonzentrationen im Bereich zwischen 30% und 80% zu stabilisieren.

Testen Sie doch einmal die Wirkung von 20% Lösemittel !

Beispiel 7.5-2

Läßt sich der Monomerumsatz in einem Rohrreaktor für die Produktion von LDPE (s. Kapitel 7.4) durch Zwischeneinspeisung eines Teiles der Reaktionsmasse steigern?

Welche Jahresproduktion würde man erhalten, wenn man unter sonst gleichen Bedingungen einen kontinuierlichen Rührkessel einsetzen würde, bei dem man aus Kostengründen auf die Reaktorkühlung verzichtet ?

Dazu seien folgende Daten zugrundegelegt:

- *Rohrreaktordurchmesser* : *0,05 m*
- *Rohrreaktorlänge* : *150 m*
- *Rührkesselvolumen* : *0,295* m^3
- *Eintrittstemperatur (Rohrreaktor)* : *190°C*
- *Eintrittstemperatur (Rührreaktor)* : *20°C*
- *Eintrittsmassenstrom* : *10* $kg\ s^{-1}$
- *Wärmedurchgangszahl* : *1000* $W\ m^{-2}\ K^{-1}$
- *Kühlmediumtemperatur* : *180°C*
- *Zulauftemperatur (Rohrreaktor)* : *77,4 °C*
- *Initiator-Eintrittskonzentration* : *0,1 % (DTBP)*

PolyReac® - Operationen

Blatt	Schritte	Selektionssequenzen
C2	2	Ethen / NO solvent / DTBP / NO initiator2 / NO CTA / NO inhibitor
	5	Initiator1 start / propagation / depolymerization / Transfer to Monomer / Recombination / Disproportionation
	8	NO Gel Effect
C4-4	2	**1:** Heat exchange **2:** Adiabatic **3:** Heat exchange
	4	**1:** 0.05 / 150 **2:** 0,05 / 30 **3:** 0,05 / 120
	5	**1:** 190 / 10 / 0 / 0.1 **2:** 190 / 5 / 0 / 0.1 **3:** 190 / 10 / 0 / 0.05
	6-8	**1:** 180 / 1000 / 0 / 50 / 50 **2:** 0 / 50 / 50 **3:** 180 / 1000 / 0 / 50 / 50
	10	Reactor length / Monomer conversion / Temperature / Initiator1 fraction
C4-3	2-3	Bulk/Solution / Adiabatic
	5	250 / 0.2 / 0.05 / 500 / 1000
	7	20 / 34 / 0 / 0.1
	8	500 / 100 / 0.1
	9	Reaction time / Polymer fraction / Temperature / Initiator1 fraction

Ergebnisse

Gekühlter 150m-Rohrreaktor ohne Zwischeneinspeisung

Kurve a in den Abbildungen 7.5-3 und 7.5-4 beschreibt den Umsatz- und Temperaturverlauf, wenn die gesamte Reaktionsmasse am Reaktoranfang eingespeist wird. Bei etwa 70m erreicht die Temperatur ihren Maximalwert etwas unterhalb von 300°C. An der gleichen Position wird der Endumsatz erreicht. Die verbleibende Reaktorlänge trägt nur zu einer (mäßigen) Kühlung der Reaktionsmasse bei.

Der Vergleich mit einem adiabaten Temperaturverlauf (Kurve b in Abb. 7.5-4) zeigt, daß die Kühlung während der Reaktion kaum zur Geltung kommt.

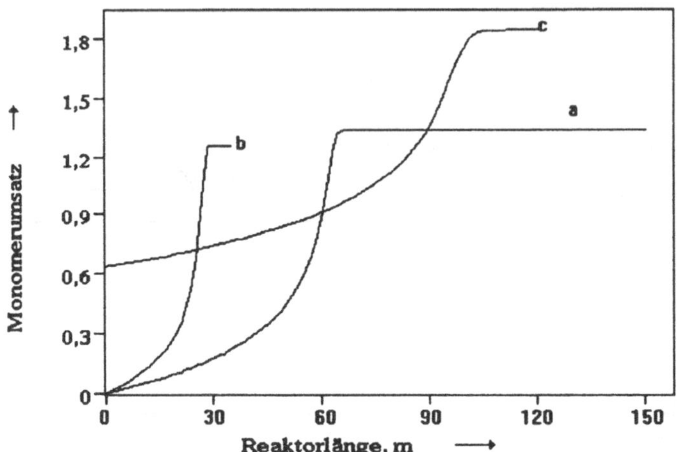

Abb. 7.5-3 Ethylenumsatz in einem Hochdruck-Rohrreaktor von 5 cm Durchmesser bei einer Eintrittstemperatur von 190°C, ***a*** gekühlter 150 m - Reaktor mit 10 kg s^{-1} Belastung und 0,1% Initiator, ***b*** adiabater 30 m - Reaktor mit 5 kg s^{-1} Belastung und 0,1% Initiator, ***c*** gekühlter 120 m - Reaktor (zweites Reaktorelement) mit 10 kg s^{-1} Belastung und 0,05% Initiator

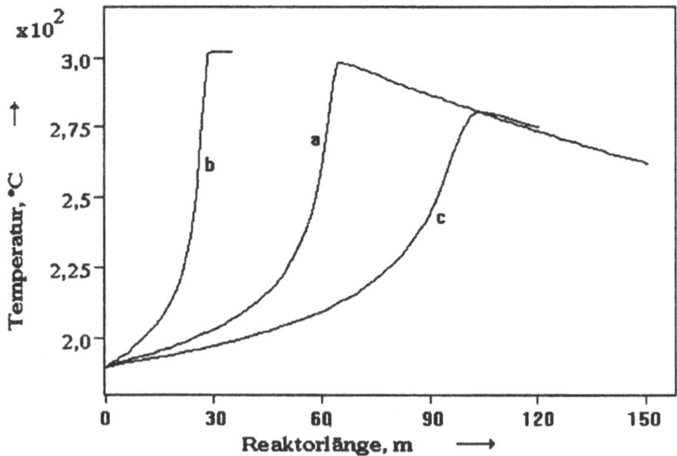

Abb. 7.5-4 Ethylenumsatz in einem Hochdruck-Rohrreaktor von 5 cm Durchmesser bei einer Eintrittstemperatur von 190°C, **a** gekühlter 150 m - Reaktor mit 10 kg s^{-1} Belastung und 0,1% Initiator, **b** adiabater 30 m - Reaktor mit 5 kg s^{-1} Belastung und 0,1% Initiator, **c** gekühlter 120 m - Reaktor (zweites Reaktorelement) mit 10 kg s^{-1} Belastung und 0,05% Initiator

Adiabater 30m-Reaktor als erstes Reaktorelement
Der obige 150m-Reaktor wurde in zwei Elemente von 30m und 120m geteilt. Wenn der erste Teil adiabat mit 50% des Gesamtzulaufes gefahren wird, ist die Reaktion nach etwa 30m beendet, der Monomerumsatz beträgt 12,65%, die Temperatur 302,6°C.

Gekühlter 120m-Reaktor als zweites Reaktorelement
Nach der Einmischung der restlichen 50% des 77,4°C warmen Gesamtzulaufes beträgt die Anfangstemperatur im zweiten Reaktorabschnitt wiederum 190°C, der Anfangsumsatz erniedrigt sich auf 6,33%. Die nachfolgende Reaktion im gekühlten Reaktor führt zu einem bedeutend höheren Umsatz von mehr als 18%. Damit würde sich die Jahresproduktion im Vergleich zur Variante ***a*** um 30% steigern lassen.

Kontinuierlicher Rührkessel
Der Reaktor wird diskontinuierlich „heiß" gefahren und soll zu Beginn eine Temperatur von 250°C und einen Monomerumsatz von 20% aufweisen. Gleichzeitig mit einer Injektion, mit der die Konzentration des Initiators auf 0.05 % eingestellt wird, soll sich der Zulauf öffnen. Wie so oft bei reaktionstechnischen Aufgaben zur Reaktordynamik mit Beteiligung schneller Reaktionen, ist der erforderliche numerische Aufwand eine kritische Größe, wenn Integrationsverfahren mit konstanter Schrittweite eingesetzt werden.

In der folgenden Tabelle sind die stationären Werte für den Ethylenumsatz, die Reaktionstemperatur und den Massenbruch des DTBP für eine variable Integrationsschrittzahl aufgelistet:

Integrationsschrittzahl	**Monomerumsatz %**	**Temperatur °C**	**Massenanteil DTBP %**
50	31,68	302,2	$7{,}35 \times 10^{-5}$ oszillierend!
100	32,99	313,85	$3{,}61 \times 10^{-5}$
200	34,37	326,2	$2{,}07 \times 10^{-5}$
500	35,48	336,08	$2{,}88 \times 10^{-5}$
2000	35,48	336,08	$2{,}88 \times 10^{-5}$

In diesem Fall werden exakte stationäre Werte erst bei 500 Runge-Kutta-Schritten pro Print-Schritt erreicht, d.h., das Modell wird insgesamt 500 x 100 x 4 = 200.000 mal aufgerufen. Die Ursache liegt in der Steifheit der Stoffbilanz des Initiators. Die Werte weisen einen deutlich höheren Umsatz für den Rührkessel im Vergleich zum Rohrreaktor aus. Die Jahresproduktion würde bei etwa 100 kt liegen. Allerdings ist ein Umsatz von über 30% bereits fragwürdig wegen der Löslichkeitseigenschaften der überkritischen Reaktionsmasse und ihrer Viskosität. Es sollte Ihnen jedoch nicht schwer fallen, vielleicht durch Erniedrigung der Initiatorkonzentration, den Umsatz auf die in der Industrie meist gefahrenen Werte deutlich unter 30% zu senken.

Denken Sie dabei ein wenig daran, daß sich die Polymerqualität sehr empfindlich in Abhängigkeit von der Betriebstemperatur, der Initiator- und Polymerkonzentration und der Vermischung im Reaktor ändert ?

8 Literatur

1. Weickert G (1995) PolyReac^R, Nesraad b.v. P.O. Box 7, NL-7595 AG Weerselo
2. Mc Greavy C (1994) Polymer Reactor Engineering, Blackie Academic & Professional, VCH Publishers, Inc., New York
3. Biesenberger JA, Sebastian DH (1993) Principles of Polymerization Engineering, Krieger Publishing Company, Malabar, Florida
4. Elias HG (1984) Macromolecules 2nd edition, Plenum Press, New York
5. Weickert G (1982) Habilitationsschrift, Technische Hochschule Merseburg
6. Brandrup A, Immergut EH (1974) Polymer Handbook, 2nd ed., Wiley, New York
7. Buback M, Garcia-Rubio LH, Gilbert RG, et al (1988) J PolymSci Polymer Letters Edn, 26, 293-297
8. Buback M, Gilbert RG,et al (1992) J PolymSci Polymer Chem Edn, 30,851
9. Buback M, Gilbert RG, et al (1995) Critically evaluated rate coefficients, *submitted to* Macromolecular Chemistry and Physics
10. Halle R (1980) Plast Compound, 3, 73
11. Agrawal SC,Han CD (1975) AIChE J 21, 3, 449
12. Goto S, Yamamoto K, Furui S, Sugimoto M (1981) J Appl PolymSci: ApplPolym Symp, 36, 21
13. Diener R, Hofmann J, Hungenberg KD (1995) „5th International Workshop on Polymer Reaction Engineering“ Berlin
14. Hui AW, Hamielec AE (1968) J Polymer Sci C25, 167
15. Kiparissides C, Verros G, Kalfas M, Koutoudi M, Kantzia C (1993) ChemEngComm 121, 193
16. Meyer T (1989) PhD Thesis n° 810, Ecole Polytechnique Federale de Lausanne
17. Villermaux J, Falk L, Meyer T, Renken A (1992) Dechema-Monographien Band 127, VCH
18. Mahabadi HK, O'Driscoll KF (1977) JMacromolSci Chem A11(5), 967
19. Chen CH, Vermeychuk JG, Ehrlich P (1976) AIChE J 22(3) 463
20. Duerksen JH, Hamielec AE, Hodgins JW (1967) AIChE J 13(6) 1081
21. Malkin AJ, Volfson SA, Kuleznev VI, Faijdel GI (975) Polistirol (russ), Verlag Chimija
22. Van Hook JP, Tobolsky AV (1958) J Am Chem Soc 80, 779
23. Marten FL, Hamielec AE (1979) J Am Chem Soc Symp Ser 104, 43
24. Stickler M (1983) Makromol Chem 184, 2563
25. Onyon PF (1956) J Polymer Sci 22, 13
26. De Schrijver F, Smets G (1966) J Polymer Sci A-1 (4) 2201
27. Odian G (1970) Principles of Polymerization, Mc Graw-Hill, New York
28. Offenbach JA, Tobolsky AV (1961) J AmChemSoc 83, 1213
29. Valsamis L, Biesenberger JA (1976) AIChE J SympSer 72, 18
30. Matheson MS, Auer EE, Bevilaqua EB, Hart EJ (1951) J AmChemSoc 73, 1700
31. Yamada B, Kageoka M, Otsu T (1991) Macromolecules 24, 5234
32. Tefera N, Weickert G, Bloodworth R, Schweer J (1994) Macromol Chem Phys 195, 3067
33. Tobolsky AV, Offenbach J (1955) J Polymer Sci 16,311
34. Imoto M, Kinoshita M, Nishigaki M (1965) MakromolChem 86, 217
35. Shen J, Tian Y, Wang G, Yang M (1991) MakromolChem 192, 2669
36. Schulz G, Henrici-Olive G, Olive S (1961) Z PhysChem 27, 1
37. Lorenzini P, Pons M, Villermaux J (1992) ChemEngng Sci
38. Schweer J (1988) Dissertationsschrift, Göttingen
39. Balke ST, Hamielec AE (1973) J ApplPolymer Sci 17, 905
40. Thiele R, Habilitationsschrift, Technische Hochschule Merseburg
41. Reinhardt HJ (1970) Dissertation, Technische Hochschule Merseburg
42. Villalobos MA, Hamielec AE, Wood PE (1993) J Appl Polymer Sci 50, 327
43. Panke, (1992) Persönliche Mitteilung der Röhm AG, Darmstadt
44. Stickler M, Meyerhoff G (1978) Makromol Chem 179, 2729

45. Norrish RGW, Smith RR (1942) Nature, 150, 336
46. Schulz GV, Blaschke F (1941) Z Physik Chem B,50, 305
47. Schulz GV, Husemann E (1938) Z Phys Chem B, 29, 246
48. Trommsdorff E, Köhle H, Lagally P (1947) Makromol Chem, 1, 169
49. Allen PEM, Patrick CR (1974) Ellis Horwood Limited, Chichester and John Wiley & Sons, New York, London, Sydney, Toronto
50. Gladyshev GP, Popov VA (1978) Akademie-Verlag, Berlin 1978
51. Noyes RM (1955) J Am Chem Soc 77, 2042
52. Burnett GM, Duncan GL (1961) Makromol Chem 51, 154, 171, 177
53. Sack R, Schulz GV, Meyerhoff G (1988) 21, 3345
54. North AM, Reed GA (1963) J Polym Sci A, 1, 1311
55. North AM, Reed GA (1961) Trans Faraday Soc 57, 859
56. Ludwico WA, Rosen SL (1976) J Polymer Sci Polym Chem Ed 14, 883
57. Mahabadi HKh, O'Driscoll KF (1977) Macromolecules 10, 55
58. Ito K (1969) J Polymer Sci A-1, 7, 2995
59. Mahabadi HKh (1985) Macromolecules 18, 1319
60. Horie K, Mita I, Kambe H (1973) Makromol Chem 147, 235
61. Yasukawa T, Takahashi T, Murakami K (1973) Makromol Chem 174, 235
62. Ito K (1974) J Polymer Sci Chem Ed 12, 1991
63. Olaj OF, Zifferer G (1982) Makromol Chem Rapid Commun 3, 549
64. Mahabadi HKh, O'Driscoll KF (1977) J Polymer Sci Chem Ed 15, 283
65. Bueche F (1952) J Chem Phys 20, 1959
66. Bueche F (1955) J Appl Phys 26, 738
67. Graessley WW (1965) J Chem Phys 43, 2696
68. Cardenas JN, O'Driscoll KF (1976) J Polymer Sci, Polymer Chem Ed 14, 883
69. Horie K, Mita I, Kambe H (1968) J Polymer Sci A-1, 6, 2663
70. Hamielec AE (1981) Chem Eng Commun 24, 1
71. O'Driscoll KF (1981) 53, 617
72. Weickert G (1981) Plaste und Kautschuk 33, 281
73. Chiu WY, Carratt GM, Soong DS (1983) Macromolecules 16, 348
74. Achilias D, Kiparissides C (1988) J Appl Polym Sci 35, 1303
75. Achilias D, Kiparissides C (1992) Macromolecules 25, 3739
76. Soh SK, Sundberg DC (1982) J Polymer Sci Polym Chem Ed 20, 1299, 1315, 1331, 1345
77. Miyama H (1957) BullChem Soc Japan 30, 10, 459
78. Benson SW, North AM (1962) J Am Chem Soc 81, 1339
79. Benson SW, North AM (1962) J Am Chem Soc 84, 935
80. Guertin AT (1963) J Polymer Sci B1, 7, 477
81. Duerksen JH, Hamielec AE (1968) J Polymer Sci C25,155
82. Brooks BW (1977) ProcRoy Soc London, A357, 1311
83. Moritz HU (1981) Dissertation B, Technische Universität Berlin
84. Biesenberger JA, Capinin R (1972) J Appl Polymer Sci 16, 695
85. Thiele R (1974) WissZeitschrift TH Leuna-Merseburg 16, 299
86. Ray WH, Jaisingihani R (1977) Chem Eng Sci.32, 811
87. Lin CC, Wang YF (1981) J Appl Polymer Sci 26, 3909
88. Chen SA, Huang NW (1981) Chem Eng Sci 36, 1295
89. Ballard MJ, Gilbert RG, Napper DH (1984) J Polymer Sci 32, 3225
90. Ballard MJ, Gilbert RG, Napper DH (1986) Macromolecules 19, 1303
91. Hui AW, Hamielec AE (1972) J Appl Polymer Sci 16, 749
92. Husain A, Hamielec AE (1978) J Appl Polymer Sci 22, 1207
93. Friis N, Hamielec AE (1973) J Polymer Sci 11, 3341
94. Friis N, Hamielec AE (1974) J Polymer Sci 12, 251
95. Buback M (1990) Makromol Chem 191, 1575
96. Tulig TJ, Tirrell MV (1981) Macromolecules 14, 1501
97. Cardenas JN, O'Driscoll KF (1977) J Polymer Sci, Polymer Chem Ed 15, 1883, 2097

98. Panke D, Stickler M, Wunderlich W (1983) Makromol Chem , 184, 2563
99. Marten FL, Hamielec AE (1982) J Appl Polymer Sci 27, 489
100. Arai K, Saito S (1976) J Chem Soc Japan, 9, 302
101. Schmidt AD, Ray WH (1981) Chem Eng Sci, 36, 1401
102. Pla F, Schrauwen C (1994) EFCE Working Party „Polymer Reaction Engineering", Loughborough University, UK
103. Stickler M, Panke D, Hamielec AE (1984) J Polymer Sci Polymer Chem Ed 22, 2243
104. Smoluchowski M, (1918) 92, 129
105. Doolittle AK (1951) J Appl Phys 22, 1417
106. Cohen MH, Turnbull D (1959) J Chem Phys 31, 1164
107. Turnbull D, Cohen MH (1961) J Chem Phys 34, 120
108. Bueche F (1962) „Physical Properties of Polymers", Interscience, New York
109. Panke D (1995) Macromol Theory Simul 4, 759
110. Bamford CH, Dewar M (1948) Proc Roy Soc A 192, 308
111. Tefera NS (1995) Dissertation, Twente University, Enschede (Niederlande)
112. Tien NKT, Flashel E, Renken A (1985) Engng Commun 36, 251
113. Yoon WJ, Choi KY (1992) Polymer 33 (21) 4582
114. Weickert G (1994) PolyReac[R], Nesraad b.v. P.O. Box 7, NL-7595 AG Weerselo
115. Panke D (1986) Makromol Chem, Rapid Commun 7, 171
116. Westerterp KR, van Swaaij WPM, Beenackers AACM (19 87) Chemical Reactor Design and Operation, J Wiley & Sons
117. Bird RB, Stewart WE, Lightfoot EN (1960) Transport Phenomena, J Wiley NY
118. Reichert KH, Moritz HU (1995) 5th International Workshop on Polymer Reaction Engineering, DECHEMA Monographs vol. 131
119. Stockhausen T, Moritz HU, Abushita AA, Weickert G (1995) DECHEMA Monographs vol. 131, 137
120. Bachmann R, Pallaske U, Schmidt A, Müller HG (1995) DECHEMA Monographs vol. 131, 65
121. Smith WV, Ewart RH (1948) J Poymer Sci 16, 592
122. Min KW, Ray WH (1974) J Macromol Sci Rev Macromol Chem, C11, 177
123. Stockmayer WH (1957) J Polymer Sci.,24, 314
124. O'Toole JT (1965) J Appl Polymer Sci.,9,1291
125. Li BG, Brooks BW (1993) J Polymer Sci Polym Chem Ed,31, 2397
126. Ugelstad J, Hansen FK (1976) Rubber Chem.Technol.,49,536
127. Ballard MJ, Gilbert RG, Napper DH (1981) J Polymer Sci Polym Chem Ed,19, 533
128. Stehling FC, Mandelkern L (1970) Macromolecules 3,2, 242
129. Davis GT, Eby RK (1973) J Appl Phys. 44, 4274
130. Chang SS (1973) J Polymer Sci, Polymer Symposia, 43, 43
131. Illers KH (1969) Kolloid-Z, Z Polym, 231, 622
132. Illers KH (1974) Kolloid-Z, Z Polym, 252, 1
133. Illers KH (1973) Kolloid-Z, Z Polym, 251, 394
134. Illers KH (1963) Kolloid-Z, Z Polym, 190, 16
135. Hendra PJ, Jobic HP, Holland-Moritz K (1975) J Polymer Sci, Polymer Lett Ed, 13, 365
136. Perry RH, Green D (1984) Perry's Chemical Engineer's Handbook, McGraw-Hill Int Editions
137. Benzler H, Koch A (1955) Chemie Ingenieur Technik, 2, 71
138. Baumgärtel M, Stroh F, Fischer W (1995) Dechema Monographs 131, 413
139. Harkness MR (1982) MS Thesis, Rensselaer Polytechnic Institute, NY
140. Budde U, Wulkow M (1989) Preprint SC 89-7, Konrad-Zuse-Zentrum, Berlin
141. Abushita AAA (1995) PhD Thesis, Universität-Gesamthochschule Paderborn
142. Tobita H (1995) „5th International Workshop on Polymer Reaction Engineering" Dechema Monographs 131, 3
143. Tobita H, Takada Y, Nomura M (1995) J Polymer Sci, Poym Chem 33, 441
144. Tobita H, Yamamoto K (1994) Macromolecules 27, 3389
145. Tobita H (1994) Polymer, 35,3023 und 3032

146. Weickert G, Hamann B et al. (1991) Patentschrift DD 292 654 A5
147. Kiparissides C, Verros G, Pertsinidis A (1993) Chem Engng Sci 49, 5011
148. Verros G , Papadakis M, Kiparissides C (1992-1993) Polymer Reaction Engineering 1 (3) , 427
149. Kiparissides C, Verros G, MacGregor J F (1993) J Macromol Sci Rev, Macromol Chem Phys C33 (4) , 437
150. Topalis E, Pladis P, Kiparissides C (1995) „5th International Workshop on Polymer Reaction Engineering“ Dechema Monographs 131, 631
151. Joosten GEH, Hoogstraten HW, Ouwerkerk C (1981) Ind Eng Chem Process Des Dev 20, 177
152. Hoogstraten HW, Joosten GEH, Rijnaard AP (1984) Ind Eng Chem Fundam 23, 208
153. Tien NKT, Flashel E, Renken A (1990) Chem Eng Technol 13, 214
154. Weickert G (1991) Angew Makromol Chem 191, 127
155. Agarwal SS, Kleinstreuer C (1986) Chem Eng Sci 41, 12, 3101
156. Hikmet RAM, Narh KA, Barham PJ, Keller A (1985) Progr Coll & Polym Sci 71,32
157. Narh KA, Barham PJ, Hikmet RAM, Keller A (1986) Progr Coll & Polym Sci 264,507
158. Barham PJ, Hikmet RAM, Narh KA, Keller A (1986) Progr Coll & Polym Sci 264,515
159. Barham PJ (1986) Progr Coll & Polym Sci 264,917
160. Takahashi T, Ehrlich P (1982) Macromolecules15, 714
161. Lim PC, Luft G (1983) Makromol Chem 184, 849
162. Stickler M (1987) MakromolChem, Makromol Symp 10/11, 17
163. Luft G, Mehrling P, Seidl H (1978) Angew Makromol Chem 73, 95
164. Luft G, Kämpf R, Seidl H (1983) Angew Makromol Chem 111, 133
165. Luft G, Kämpf R, Seidl H (1982) Angew Makromol Chem 108, 203
166. Morton M, Kaizermann S, Altier MW (1954) J Colloid Sci 9, 300
167. Johnson CA (1965) Surface Sci 3, 429
168. Flory PJ (1953) Principles of Polymer Chemistry, Cornell Univ Press, Ithaca, New York
169. O'Driscoll KF, Mahabadi HK (1976) J Polym Sci, Polym Chem Ed, 14, 869

9 Abkürzungen und Symbole

Hinweis
Zur Identifikation der in den Schnittstellen angebotenen Symbole siehe auch Datei IDENTNAM.BAS im Verzeichnis INPUT !

Symbol	Erklärung	Maßeinheit
A	Häufigkeitsfaktor der Arrheniusgleichung	l, mol, s
a	Kühlfläche bezogen auf das Reaktionsvolumen	m^{-1}
a_0	Koeffizient nach Gl.(3.3-53)	
a_1	Koeffizient nach Gl.(3.3-54)	
AIBN	Azobisisobutyronitril	
b	Reaktorbelastung des CSTR	$kg\ m^{-3}\ s^{-1}$
B	Rohrreaktorbelastung, Massenstrom bezogen auf die durchströmte Fläche	$kg\ m^{-2}\ s^{-1}$
B_k	Kinetische Beweglichkeit, Gl. (3.5-41)	
BPO	Benzoylperoxid	
C	Konstante	s^{-1}
C	Molmasseregler (CTA), Konzentration	$kmol\ m^{-3}$
c_i	Koeffizienten, i = 0, 1, 2 ...	
c_k	Konzentration einer Komponente k	$kmol\ m^{-3}$
c_{lt}	Konzentration der Latexteilchen auf das Wasservolumen bezogen	$kmol\ m^{-3}$
$c_{p,g}$	Spezifische Wärmekapazität der gesamten Masse	$J\ kg^{-1}\ K^{-1}$
CSTR	Continuous Stirred Tank Reactor, Kontinuierlicher Rührkesselreaktor	
CTA	Chain Transfer Agent, Kettenlängenregler	
D	Diffusionsterm	
D	Dispersionsindex	
D^d	Momentankinetischer Dispersionsindex der Molmassenverteilung, Gl.(3.3-84)	
d_{lt}	Latexteilchendurchmesser	m
$d_{lt,0}$	Latexteilchendurchmesser ohne Monomer	m
d_R	Rohrreaktordurchmesser	m
DTBP	Di-tert-Butylperoxid	
E	Reduzierte Aktivierungsenergie	K
f_1	Radikalausbeute, Initiator 1	
f_2	Radikalausbeute, Initiator 2	
$f_{i,a}$	Radikalausbeute des thermischen Startes	
g_i	für i=1,2,3.. : i-te Gelkonstante für i=t,p,f,s,c : Gelfunktion, Gl. (3.5-19) bis (3.5-25)	
G_m	Gewichtsfaktor der m-ten abhängigen Variablen	
H_R	Polymerisationsenthalpie	$J\ kmol^{-1}$
I_0	Initiatoranfangskonzentration	$kmol\ m^{-3}$
I_1	Initiator 1, Konzentration	$kmol\ m^{-3}$
I_2	Initiator 2, Konzentration	$kmol\ m^{-3}$
j	Kettenlänge	
K	Allgemeine Konstante	
K	Anzahl der Experimente, Gl. (6.4-01)	
k_b	Bruttokinetische Konstante	l, mol, s

Symbol	Erklärung	Maßeinheit
K_g	Konstante in Gl. (3.5-12)	°C mol g^{-1}
k_i	Initiatorzerfallskonstante	s^{-1}
k_{i1}	Zerfallskonstante des Initiators 1	s^{-1}
k_{i2}	Zerfallskonstante des Initiators 2	s^{-1}
k_m	Monomerübertragungskonstante	m^3 $kmol^{-1}$ s^{-1}
k_p	Wachstumskonstante	m^3 $kmol^{-1}$ s^{-1}
KPS	Kaliumpersulfat	
k_t	Abbruchkonstante	m^3 $kmol^{-1}$ s^{-1}
$k_{t,c}$	Abbruchkonstante, Kombinationsanteil	m^3 $kmol^{-1}$ s^{-1}
$k_{t,d}$	Abbruchkonstante, Disproportionierungsanteil	m^3 $kmol^{-1}$ s^{-1}
M	Anzahl der abhängigen Variablen, Gl. (6.4-01)	
M	Monomer, Konzentration	kmol m^{-3}
M^*	Monomerkonzentration im Gleichgewicht	kmol m^{-3}
m_0	Reaktionsmasse im Reaktor zu Beginn	kg
m_k	Masse der Komponente k	kg
$\dot{m}_k$	Massenstrom der Komponente k	kg s^{-1}
m_n	n-tes Moment der Molmassenverteilung, Gl.(3.3-70)	
$m_{P,j}$	Masse des Polymeren mit der Kettenlänge j	kg
M_w	Massenmittlere Molmasse des Polymeren	kg $kmol^{-1}$
n	Anzahl der Radikale in einem Latexteilchen, Ordnung des thermischen Startes	
N	Maximale Anzahl der Radikale in einem Latexteilchen	
$\bar{n}$	Mittlere Radikalzahl pro Latexteilchen	
N_k	Anzahl der Meßwerte des k-ten Experimentes, Gl. (6.4-1)	
n_k	Molzahl der Komponente k	kmol
n_{lt}	Molzahl der Latexteilchen auf das Wasservolumen bezogen	kmol
n_{max}	Zahl der Radikale pro Latexteilchen im Maximum der Radikalpopulation	
P	Dampfdruck	bar
P	Druckverlust	bar
p	Wachstumswahrscheinlichkeit	
PFR	Plug-Flow Reactor, Pfropfenstrom-Rohrreaktor	
P_j	Polymerradikal mit der Kettenlänge j, Konzentration	kmol m^{-3}
P_k	Dampfdruck der Komponente k	bar
PMMA	Poly-Methylmethacrylat	
P_n	Zahlenmittlerer Polymerisationsgrad, kumulativ	
P_n^d	Massenmittlerer differentieller Polymerisationsgrad, Momentankinetischer Massenmittelwert des Polymerisationsgrades	
P_w^d	Massenmittlerer differentieller Polymerisationsgrad, Momentankinetischer Massenmittelwert des Polymerisationsgrades	
QSSA	Quasi Steady State Approximation, Bodenstein-Theorem	
R	Gaskonstante	m3 Pa $kmol^{-1}$
R	Primärradikal, Konzentration	kmol m^{-3}
R	Reaktionsterm	
r_g	Initiierungsgeschwindigkeit	kmol m^{-3} s^{-1}
r_i	Initiierungsgeschwindigkeit pro Latexteilchen	Radikale s^{-1}
$r_{i,0}$	Initiierungsgeschwindigkeit pro Latexteilchen ohne Berücksichtigung der desorbierten Radikale	Radikale s^{-1}
RIM	Reaction Injection Molding	

Symbol	Erklärung	Maßeinheit
R_p	Polymerisationsgeschwindigkeit als Änderungsgeschwindigkeit des Polymermassenbruches	s-1 oder % h^{-1}
S	Lösemittel (Solvent), Konzentration	kmol m^{-3}
S_{rel}	Relative Fehlerquadratsumme, Gl. (6.4-01)	
t	Reaktionszeit	s
T	Temperatur	°C, K
T^+	Transfer-Term, Gl. (3.3-31)	s^{-1}
t-DDMC	Tertiäres Dodecylmerkaptan	
t_0	Inhibierungszeit, Induktionszeit	s
T_c	Temperatur in °C	°C
T_{crit}	Kritische Temperatur	K
$T_{g,k}$	Glastemperatur der Komponente k	°C
$T_{g,P,\infty}$	Glastemperatur des Polymeren bei unendlich hoher Molmasse	°C
T_K	Kühlmitteltemperatur	K, °C
T_r	Relative Temperatur	
T^z	Zulauftemperatur	K, °C
U	Monomerumsatz	
U_{12}	Monomerumsatz beim Verschwinden der Mizellen am ende der Keimbildungsphase einer Emulsionspolymerisation	
U_{23}	Monomerumsatz beim Verschwinden der Monomerphase = Polymergehalt im Latexteilchen im Quellungsgleich-gewicht	
U_{gr}	Glaspunktbestimmter Grenzumsatz	
V	Volumen	m^3
v_f	Freies Volumen	
$V_{f,k}$	Freies Volumen der Komponente k	
v_k	Volumenbruch der Komponente k	
V_m	Molares Volumen des Monomeren	m^3 $kmol^{-1}$
v_P	Volumenbruch des Polymeren im Latexteilchen	
V_R	Reaktionsvolumen	m^3
W	Abfallprodukt (Waste)	
X	Flory-Huggins-Koeffizient, Gl. (4.1-10)	
X	Inhibitor, Konzentration	kmol m^{-3}
X^-	Reduzierte Variable, Kapitel 3.4.3	
X_C	Kombinationsanteil	
x_j	Zahlenverteilung der Kettenlänge	
X_k	Differenz der reziproken kinetischen Beweglichkeiten, Gl.(3.5-57)	
X_n	Molanteil der Latexteilchen mit n Radikalen	
X_{TD}	Transfer- und Disproportionierungsanteil	
Y	Allgemeine abhängige Variable	
Y^-	Reduzierte Variable, Kapitel 3.4.3	
y_j	Integrale Molmassenverteilung	
y_j^d	Differentielle Molmassenverteilung, Momentankinetische Molmassenverteilung	
Y_k	Massenbruch der Komponente k	
$Y_{P,lt}$	Massenanteil des Polymeren im Latexteilchen	
z	Axiale Koordinate des Rohrreaktors	m
Z_{lt}	Zahl der Latexteilchen	
$Z_{lt,n}$	Zahl der Latexteilchen mit n Radikalen	

Griechische Symbole

Symbol	Erklärung	Maßeinheit
α	Relation zwischen Abbruch und Initiierung in einem Latexteilchen, Gl. (4.2-51c) und (4.2-36) , mit Berücksichtigung der Desorption	
α_0	Relation zwischen Abbruch und Initiierung in einem Latexteilchen, Gl. (4.2-51a), ohne Berücksichtigung der Desorption	
β	Relation zwischen Desorption und Brutto-Initiierung in einem Latexteilchen, Gl. (4.2-51d) und (4.2-37)	
β_0	Relation zwischen Desorption und Neu-Initiierung in einem Latexteilchen, Gl. (4.2-51b)	
β^*	Stofftransportkoeffizient der Radikaldesorption	s^{-1}
β^+	Stofftransportkoeffizient der Radikaldesorption bezogen auf die Latexteilchenoberfläche	$m^{-2}\,s^{-1}$
$\dot{\gamma}$	Schergradient	s^{-1}
$\Delta\varepsilon_k$	Differenz der volumetrischen Ausdehnungskoeffizienten des Polymeren unterhalb und oberhalb der Glastemperatur, Gl. (3.5-39)	K^{-1}
ΔV	Aktivierungsvolumen	$bar^{-1}\,K^{-1}$
η	Dynamische Viskosität	Pas
ρ_k	Dichte der Komponente k	$kg\,m^{-3}$
σ	Oberflächenspannung	Pa
ϕ_{org}	Flottenverhältnis, Masse Monomer (+ Masse Polymer) in Relation zur Masse der Trägerphase	

Indizes

Symbol	Erklärung
0	Anfangswert, anfangskinetischer Wert, bei der Monomerkonzentration 0, reine Komponente
#	Anfangskinetischer Wert
C	Chain transfer agent, Kettenlängenregler
crit	kritischer Wert
E	Emulgator
El	Elektrolyt
F	Feststoff
g	Bezogen auf die gesamte Reaktionsmasse
I_1	Initiator 1
I_2	Initiator 2
ia	bezieht sich auf den thermischen Start
lt	Latexteilchen
M	Monomer

Symbol	Erklärung
P	Polymer
r	relativer Wert
S	Lösemittel (Solvent)
th	bezieht sich auf den thermischen Start
W	Wasser
z	Zulauf

10 Anhang

10.1 PolyReac© - Arbeitsblätter

Nr.	Inhalt
	A. VIEW
A1	Aktuelle Belegung für Rezeptur, Reaktionsmechanismus und Hochumsatzmodell ermitteln
A2	Datenbank „Experimente" anschauen und experimentelle Daten selektieren
	B. EDIT
B1	Interface - Daten vor einer Simulation editieren
B2	ASCII- Dateien mit dem Editor behandeln
B3	PolyReac© - Stammdaten editieren
	C. RUN
C1	Arrhenius-Diagramm
C2	Vorbereitung einer Reaktor-Simulation
C3	Parameterbestimmung ausführen
C4	Simulation ausführen
C5	Linearisierung von Umsatz-Zeit-Daten im anfangskinetischen Bereich
	D. RESULTS
D1	Protokoll einer Simulation ansehen, editieren, drucken
D2	*Standard*-X-Y-Diagramm *einer* durch Simulation berechneten Zielgröße aufbauen und als PCX-Datei speichern
D3	Flexibles X-Y-Diagramm mit Modellkurven und experimentellen Daten aufbauen und als PCX-Datei speichern
D4	Resultate einer Parameterbestimmung ansehen
	E. ACCESSORIES
E1	Aufbau und Editierung einer PolyReac© -Standard-Tabelle
E2	Bestimmung von Arrhenius-Parametern
E3	Grafik-Formate konvertieren
E4	Molmassenverteilung eines momentan entstehenden Polymeren
E5	Starten anderer Programme unter PolyReac©
E6	GPC-gerechte Darstellung einer Molmassenverteilung
	F. SETUP
F1	Laden verschiedener PolyReac© -Kinetik - Datensätze
F2	Zwischenresultate in Simulationsprogrammen

Arbeitsblatt A1-1

Aktuelle Belegung für Rezeptur und Reaktionsmechanismus ermitteln

PolyReac® ermöglicht eine sehr große Anzahl von Kombinationen unterschiedlicher Rezepturen und Reaktionsmechanismen, deren aktuelle Belegung wie folgt sehr einfach zu ermitteln ist.

Schritt	Kommentar / Aktion
1	Ausgangspunkt: *PolyReac®* gestartet. • View
2	• „Recipe last selected" oder „Mechanism last selected"
3	Beenden • „Exit"

Arbeitsblatt A1-2

Aktuelle Belegung für das Hochumsatzmodell ermitteln, Rücksetzen auf die Anfangskinetik

- PolyReac® enthält zwei Hochumsatzmodelle, „Simple Model" und „Polyreac", sowie das anfangskinetische Modell, „No Geleffect", die alternativ wählbar sind. Das aktuelle Modell kann angezeigt werden.
- Um auf einfache Art Vergleiche zwischen Simulationsrechnungen durchzuführen, bei denen a. mit einem Hochumsatzmodell und b. mit einem anfangskinetischen Modell gearbeitet wird, führt man zuerst die Simulation mit dem Hochumsatzmodell nach C2 und C4 aus, setzt dann wie nachfolgend beschrieben, das Hochumsatzmodell auf „No Gel Effect" und kann C4 mit ansonsten genau gleichem Parametersatz ausführen, ohne mit C2 alle Daten mit den PolyReac®- Stammdaten zu überschreiben. Das spart besonders dann Zeit, wenn umfangreiche temporäre Änderungen der Stammdaten vorgenommen wurden.

Schritt	Kommentar / Aktion
1	Ausgangspunkt: PolyReac® gestartet. • View
2	• „High conversion model" Das aktuelle Hochumsatzmodell wird angezeigt
3	• Eingabe von „N" , wenn das anfangskinetische Modell erwünscht ist *oder* • Eingabe von „Y" , wenn mit dem angezeigten Modell gerechnet werden soll
4	Beenden • „Exit"

Arbeitsblatt A2

Datenbank „Experimente" anschauen und experimentelle Daten selektieren

- Man möchte wissen, welche experimentellen Daten verfügbar sind.
- Experimentelle Daten sollen selektiert werden, um sie später mit Modellrechnungen zu vergleichen.
- Man möchte die experimentellen Daten im anfangskinetischen Bereich mit C5 auswerten. Hinweis: Dazu wird immer nur das letzte Experiment verwendet, falls mehrere ausgewählt wurden.

Schritt	Kommentar / Aktion
1	Ausgangspunkt: *PolyReac'* gestartet. • View
2	Polymerisations- und Experiment-Typ auswählen, • z.B. „Isothermal Experiments / Solution Pm
3	Monomerart auswählen, • z.B. „MMA"
4	Lösemittel auswählen (falls angeboten), • z.B. „No solvent" für die lösemittelfreie Polymerisation
5	Kettenlängenregler auswählen (falls angeboten), • z.B. „No CTA" für die Polymerisation ohne Molmassenregler
6	Initiator auswählen (falls angeboten), • z.B. „AIBN"
7	Anklicken der Code-Nummer eines Experimentes, • z.B. „0005" Abschließen durch Anklicken von „Exit"
8	Wollen Sie noch ein Experiment selektieren ? • wenn ja: Geben Sie „y" (oder „Y") ein, danach „Enter"; zurück zu Schritt 7 • wenn nein: Drücken Sie „Enter" (oder „OK" klicken)
9	Wollen Sie das Diagramm sehen ? • am besten immer „Y" eingeben, weil nicht nur eine bessere Prüfung der Daten mit dem Diagramm erfolgen kann, sondern dann auch die mit D3 zu bedienende flexible Grafik so präpariert wird, daß man mit wenig Aufwand Modellrechnungen mit den Experimenten vergleichen kann.
10	Die Ordinatenbezeichnungen sind aus dem Angebot zu selektieren. • z.B. „Time, h" als Abszisse für die Reaktionszeit • z.B. „Yp, %" als Ordinate für den Polymermassenbruch Experimentelle Werte werden standardmäßig als Punkte dargestellt. Das Diagramm kann mit „Enter" verlassen werden. Es wird als PCX-File gespeichert und kann später bearbeitet z.B. in einem Textverarbeitungsprogramm bearbeitet werden.

Arbeitsblatt B1

Interface - Daten vor einer Simulation editieren

- Die Ausgangsdaten für eine Simulation können temporär für eine beliebige Anzahl danach folgender Simulationen zeitsparend editiert werden. Diese Daten gelten so lange, bis sie durch Neustart nach C2 durch die PolyReac® Stammdaten oder beim Laden editierte Daten erneut überschrieben werden.

Schritt	Kommentar / Aktion
1	Ausgangspunkt: PolyReac® gestartet, Interface nach C2 geladen • „Edit / Interfaces / Simulation“
2	Auswahl der Polymerisations-Art • z. B. „Bulk / Solution / Suspension“ wenn eine Simulation für eine Masse- , Lösungs- oder Suspensionspolymerisation gestartet werden soll.
3	Auswahl des Reaktortypes, z.B. • z.B. „Batch and CSTR“ wenn ein diskontinuierlicher oder kontinuierlicher Rührkesselreaktor simuliert werden soll
4	Die gezeigte Tabelle ist das Simulationsinterface für das in den Schritten 1 - 3 ausgewählte Programm. Es sind nur die Zahlenwerte editierbar, indem man sie anklickt und danach im unteren Editierfenster behandelt. Abschluß mit • „Exit“ **! Wichtig!** Die präsentierten Symbole, Erläuterungen und Maßeinheiten wurden über die Datei INPUT \ IDENTNAM.BAS selektiert. Ändern Sie niemals die Symbole und Maßeinheiten in dieser Datei ! Ersteres führt zu Programmabstürzen, weil anhand der Symbole programmintern Zeichenketten verarbeitet werden. Eine Änderung der Maßeinheiten verursacht dagegen „nur“ Irrtümer bei der Interpretation der Resultate. Die Bezeichnungen dagegen dürfen Sie ändern - z.B. kann man sie in das Deutsche übersetzen.

Arbeitsblatt B2

ASCII- Dateien editieren

- In PolyReac® müssen immer wieder einmal ASCII-Dateien gesucht, aufgebaut oder verändert werden. Hierzu wird der WINDOWS-NOTEPAD aufgerufen.

Schritt	Kommentar / Aktion
1	Ausgangspunkt: PolyReac® gestartet. • „Edit / Other Files“
2	Information • „Enter“
3	NOTEPAD öffnen • „Enter“ oder Doppelklick auf das Symbol

Arbeitsblatt B3-1

PolyReac® - Datensammlung für Stoffdaten editieren

- PolyReac® enthält eine Sammlung von Stoffdaten für jede der Rezepturkomponenten im Verzeichnis INPUT \ SDAT, und zwar in den folgenden Dateien, die wie unten beschrieben editiert werden können.

Komponente	Datei
Monomere	MONOMER
Polymer	POLYMER
Lösemittel	SOLVENT
Kettenlängenregler	CTA
Initiatoren	INITIAT
Inhibitoren	INHIBIT
Andere Komponenten	COMPO

- Es existiert eine Datei INPUT \ SDATTXT.BAS, welche die Namen aller im Programmsystem verwendeten Komponenten in einer Übersicht enthält und zuerst nach Blatt B2 editiert werden muß, *wenn neue Komponenten hinzugefügt werden sollen*. Beim Hinzufügen neuer Komponenten muß sehr sorgfältig darauf geachtet werden, daß die Namen in den verschiedenen Dateien genau übereinstimmen. Wenn Sie dabei z.B. ein bisher noch nicht enthaltenes Monomeres lediglich die Datei SDATTXT.BAS dementsprechend verändern, dann werden Sie beim Abarbeiten des Blattes C2 vom Programm daran erinnert, daß Daten fehlen, aber es wird Ihnen auch die betreffende Datei genannt, so daß Sie Schritt für Schritt andere Monomere, Lösemittel usw. dazufügen können.

Schritt	Kommentar / Aktion
1	Ausgangspunkt: PolyReac® gestartet. • „Edit / Data Bank / Physical Data“
2	Auswahl der Komponente • z.B. „Monomer“
3	Editieren wie in NOTEPAD üblich **! Wichtig!** Die ersten zwei Zeilen enthalten Erläuterungen und Symbole, wie sie in den Gleichungen des Kapitels 5.2 verwendet wurden. Darunter folgen die PolyReac® - Stammdaten, die durch das Trennzeichen „*“ auseinandergehalten werden müssen.

Arbeitsblatt B3-2

PolyReac® - Sammlung der anfangskinetischen Daten editieren

- PolyReac® enthält eine Sammlung von anfangskinetischen Parametern, die alle kinetischen Konstanten des in Kapitel 3.2 behandelten Reaktionsmechanismus umfaßt und wie hier beschrieben editiert werden kann. Der aktuelle Datensatz befindet sich im Verzeichnis INPUT\SKIN. Er kann mit verschiedenen Datensätzen überschrieben werden. Die in den Kapiteln 3.4 und 3.5 festgelegte Standardkinetik ist im Verzeichnis INPUT \ SKINE \ komplett in folgenden Dateien zu finden.

Datei	Inhalt
MONOMER	Monomer-spezifische Parameter
MONOSOLV	Monomer-Lösemittel-spezifische Parameter
INITIAT	Initiator-spezifische Parameter
MONOCTA	Monomer-Regler-spezifische Parameter
MONOINHI	Monomer-Inhibitor-spezifische Parameter

Beim Zurücksetzen mit „Setup / Kinetics / Standard'95" werden die für die aktuellen Berechnungen verwendeten gleichnamigen Dateien in INPUT \ SKIN mit diesen Daten überschrieben. Mit den nachfolgenden Manipulationen werden dagegen nur die Daten im aktuellen Arbeitsverzeichnis INPUT \ SKIN verändert !! Falls Sie beim Ändern der obengenannten Dateien Fehler machen, können Sie also jederzeit wieder zum Ausgangspunkt zurückkehren. Falls Sie von Ihren Änderungen aber absolut überzeugt sind, dann sollten Sie - nach einer Sicherungskopie - die Daten unter INPUT \ SKINE genauso ändern wie die unter INPUT \ SKIN, um ein ungewolltes Zurücksetzen zu vermeiden.

Schritt	Kommentar / Aktion
1	Ausgangspunkt: PolyReac© gestartet. • „Edit / Data Bank / Initial Kinetics"
2	Auswahl der Datei entsprechend der obigen Tabelle • z.B. „Monomer"
3	Editieren Die Symbole in der zweiten Kopfzeile sind in Anlehnung an die im Buch verwendeten Symbole der kinetischen Parameter gewählt, so daß eine Identifizierung der zugehörigen numerischen Werte nicht allzu schwer fallen dürfte. Ein „u" am Ende des Symbolnamens weist auf „unendlich" und damit auf einen Häufigkeitsfaktor hin, „v" am Anfang ist der Hinweis auf ein Aktivierungsvolumen, ein „E" zu Beginn deutet auf eine Aktivierungsenergie hin, die überall in PolyReac© die Maßeinheit K hat, weil sie durch die Gaskonstante dividiert wurde.

Arbeitsblatt B3-3

PolyReac© - Sammlung der hochumsatzkinetischen Daten editieren

- Die hochumsatzkinetischen Parameter sind im Verzeichnis INPUT \ SKINE \ GELMOD komplett in folgenden Dateien zu finden

Datei	Inhalt
MONOGM	Monomer-spezifische Konstanten des Modells „Polyreac"
MONOINIGM	Monomer-Initiator-spezifische Konstanten des Modells „Polyreac"
PR1	Gelkonstanten des „Simple Model"
PR3	Restliche Konstanten des Modells „Polyreac"

Beim Zurücksetzen mit F1 über „Setup / Kinetics / Standard'95" werden die für die aktuellen Berechnungen verwendeten gleichnamigen Dateien in INPUT \ SKIN mit diesen Daten überschrieben. Mit den nachfolgenden Manipulationen werden nur die Daten in INPUT \ SKIN verändert !! Siehe dazu auch B3-2.

Schritt	Kommentar / Aktion
1	Ausgangspunkt: PolyReac® gestartet. • „Edit / Data Bank / High Conversion Kinetics“
2	Auswahl des Modells • z.B. „Simple Model“
3	Editieren der Gelkonstanten Die Symbole in der zweiten Kopfzeile wurden in Anlehnung an die im Buch verwendeten Symbole der Gelarameter definiert. Ein „u“ am Ende des Symbolnamens weist auf einen Häufigkeitsfaktor, ein „E“ zu Beginn deutet auf eine Aktivierungsenergie hin - s.a. B3-2.

Arbeitsblatt C1

Arrheniusdiagramm

- Vergleich von Arrheniusgleichungen in einem Diagramm. Die Häufigkeitsfaktoren und die bereits durch die Gaskonstante dividierten Aktivierungsenergien sind als „PolyReac-Tabelle“ gegeben, oder anderweitig bekannt.

Schritt	Kommentar / Aktion
1	Ausgangspunkt: PolyReac® gestartet. • „Run / Arrhenius“
2	Auswahl des Modus • Eingabe von „C“ für den Aufbau einer neuen Tabelle; danach Dateinamen eingeben oder • Eingabe von „E“ für das Editieren einer vorhandenen Tabelle
3	Editieren der präsentierten Tabelle • zu belegende Zellen anklicken • Wert im Editierfenster eintragen
4	Verlassen des Tabelleneditors • „Exit“
5	Eingabe des Temperaturbereiches der grafischen Darstellung • Eingabe der unteren Temperaturgrenze • Eingabe der oberen Temperaturgrenze Die Werte der eingegebenen Gleichungen werden an den Bereichsgrenzen berechnet und im nächsten Informationsfenster ausgegeben. Diese Angaben können die Idendifikation der Geraden im Diagramm erleichtern.
6	Ausgabe des Arrheniusdiagramms • Quittieren mit „Enter“ Das Diagramm wird im PCX-Format abgespeichert.

Arbeitsblatt C2

Vorbereitung einer Reaktor - Simulation

- Die Stoff- und kinetischen Daten der Reaktorsimulationsprogramme müssen in dafür bestimmten Schnittstellen bereitgestellt werden. Ist eine Schnittstelle auf die unten bezeichnete Art gefüllt, kann sie für beliebig viele Simulationen verwendet werden, in denen dann nur noch die Reaktorbetriebsdaten und die Konzentrationen der Rezepturkomponenten mit Hilfe von Arbeitsblatt C4 variiert werden können. Eine solche Schnittstelle kann nach B1 editiert werden.

Schritt	Kommentar / Aktion
1	• „Run / Load Simulation“
2	Auswahl der Polymerisationsrezeptur • Auswahl der gewünschten Rezepturkomponenten • „ESC“ oder Maus-Klick außerhalb der Rezepturmenüs
3	Editieren oder Akzeptieren der Stoffdaten • „EDIT Standard Data“ oder • „ACCEPT Standard Data“
4	Wenn Schritt 3 mit „EDIT Standard Data“ gegangen wurde, dann ergeben sich die folgenden Selektionen • Auswahl der Komponente, z.B. „MONOMER“ • Auswahl der Stoffeigenschaft, z.B. „Density“ • „Edit“ • Editieren / Akzeptieren der gezeigten Koeffizienten • „Next step“ Sollen noch andere Stoffdaten editiert werden, beginnt man von vorn, ansonsten • „ACCEPT Standard Data“
5	Auswahl des Reaktionsmechanismus • Anklicken der gewünschten Reaktionsgleichungen; sollen mehrere aus einem Pulldown-Menü ausgewählt werden, geht man mit den Pfeiltasten oder durch Anklicken einen Schritt zurück und wählt erneut • „Mechanism O.K.“
6	Editieren oder Akzeptieren der anfangskinetischen Daten • „EDIT“ oder • „ACCEPT Standard Data“
7	Wenn Schritt 6 mit „EDIT“ gegangen wurde, dann ergeben sich die folgenden Selektionen • Auswahl der Reaktion, z.B. „Propagation“ • „Edit“ • Editieren / Akzeptieren der gezeigten Koeffizienten • „Next step“ Sollen noch andere anfangskinetische Daten editiert werden, beginnt man von vorn, ansonsten • „ACCEPT Standard Data“

8	Auswahl eines Hochumsatzmodelles • z.B. „POLYREAC“
9	Editieren oder Akzeptieren der hochumsatzkinetischen Daten • „Edit“ oder • „Next step“
10	Wenn Schritt 9 mit „Edit“ gegangen wurde, dann ergeben sich die folgenden Selektionen • „Edit“ • Editieren / Akzeptieren der gezeigten Koeffizienten • „Next step“ Sollen noch andere hochumsatzkinetische Daten editiert werden, beginnt man von vorn, ansonsten • „Next step“
11	Möglichkeit ein anderes Hochumsatzmodell zu wählen • „Model accepted“ - Simulationsvorbereitung abgeschlossen oder • „Another model“ - zurück zu Schritt 8

Arbeitsblatt C3

Parameterbestimmung ausführen

- Es können anfangskinetische und hochumsatzkinetische Parameter durch Anpassen an Batch-Reaktor-Meßwerte (Monomerumsatz, zahlen- und massenmittlerer Polymerisationsgrad als Funktion der Reaktionszeit) ermittelt werden. Als Suchverfahren kommt ein Marquardtverfahren zum Einsatz. Die Differentialgleichungssysteme werden mit einem schrittweitengesteuerten Integrationsverfahren numerisch integriert. Die optimierten Parameter können nach D4 angezeigt werden.

Schritt	Kommentar / Aktion
1	• „Run / Parameter estimation“
2	Auswahl des Polymerisationstyps • z.B. „SOLUTION / BULK POLYMERIZATION“
3	Auswahl der Polymerisationsrezeptur • Auswahl der gewünschten Rezepturkomponenten „ESC“ oder Maus-Klick außerhalb der Rezepturmenüs zum Beenden der Auswahl ist nur dann notwendig, wenn bis zur Auswahl der letzten Komponente noch alternative Wahlmöglichkeiten bestehen. Das wäre dann der Fall, wenn entsprechende experimentelle Daten vorhanden wären. Anderenfalls - wenn nur eine Belegung existiert - selektiert das Programm diese Komponente automatisch. Abschließend wird die gesamte so ausgewählte Rezeptur präsentiert. Die Komponente „Wasser“ wird automatisch ergänzt, weil die Stoffdaten des Wassers in vielen Anwendungen benötigt werden - hier allerdings nicht, d.h., Wasser ist keinesfalls Bestandteil der Rezeptur.

4	Editieren oder Akzeptieren der Stoffdaten • „EDIT Standard Data" oder • „ACCEPT Standard Data"
5	Wenn Schritt 4 mit „EDIT Standard Data" gegangen wurde, dann ergeben sich die folgenden Selektionen • Auswahl der Komponente, z.B. „MONOMER" • Auswahl der Stoffeigenschaft, z.B. „Density" • „Edit" • Editieren / Akzeptieren der gezeigten Koeffizienten • „Next step" Sollen noch andere Stoffdaten editiert werden, beginnt man von vorn, ansonsten • „ACCEPT Standard Data"
6	Auswahl des Reaktionsmechanismus • Anklicken der gewünschten Reaktionsgleichungen; sollen mehrere aus einem Pulldown-Menü ausgewählt werden, geht man mit den Pfeiltasten oder durch Anklicken einen Schritt zurück und wählt erneut. • „Mechanism O.K."
7	Editieren oder Akzeptieren der anfangskinetischen Daten • „EDIT" oder • „ACCEPT Standard Data"
8	Wenn Schritt 7 mit „EDIT" gegangen wurde, dann ergeben sich die folgenden Selektionen • Auswahl der Reaktion, z.B. „Propagation" • „Edit" • Editieren / Akzeptieren der gezeigten Koeffizienten • „Next step" Sollen noch andere anfangskinetische Daten editiert werden, beginnt man von vorn, ansonsten • „ACCEPT Standard Data"
9	Auswahl eines Hochumsatzmodelles • z.B. „POLYREAC"
10	Editieren oder Akzeptieren der hochumsatzkinetischen Daten • „Edit" oder „Next step"
11	Wenn Schritt 10 mit „Edit" gegangen wurde, dann ergeben sich die folgenden Selektionen • „Edit" • Editieren / Akzeptieren der gezeigten Koeffizienten • „Next step" Sollen noch andere hochumsatzkinetische Daten editiert werden, beginnt man von vorn, ansonsten • „Next step"

12	Möglichkeit ein anderes Hochumsatzmodell zu wählen • „Model accepted" oder • „Another model" - zurück zu Schritt 9
13	Auswahl der Reaktionstemperatur • z.B. „140" (°C)
14	Auswahl eines bestimmten Experimentes • z.B. „0001 Hui / Hamielec 1"
15	Auswahl der zur Parameterbestimmung zu verwendenden Meßwerte • z.B. „Reaction time / Polymer fraction / Weight average"
16	Auswahl der anzupassenden anfangskinetischen Konstanten • z.B. „Initial propagation constant" • „NEXT STEP"
17	Auswahl der anzupassenden hochumsatzkinetischen Konstanten • z.B. „Gel effect parameter No. 1" • „NEXT STEP"
18	Festlegung der Gewichtsfaktoren in der Fehlerquadratsumme • z.B. „6" für den Monomerumsatz • z.B. „1" für den massenmittleren Polymerisationsgrad Danach wird die relative Fehlerquadratsumme minimiert und der Fortschritt der Anpassung numerisch und grafisch angezeigt.

Arbeitsblatt C4

Simulation ausführen

- Das Verhalten von diskontinuierlichen, instationär kontinuierlichen gut durchmischten und stationären Pfropfenstrom-Reaktoren kann für die Masse-, Lösungs-, Suspensions- und Emulsionspolymerisation durch Simulationsrechnungen mit den in den Kapiteln 3 bis 5 beschriebenen Modellen untersucht werden, wobei isotherm, adiabat oder mit Wärmeübertragung gerechnet werden kann. Außerdem kann eine vereinfachte Optimierung erfolgen, indem die Geschwindigkeit der Polymerisation durch Aufprägung eines Temperaturprofiles konstant gehalten werden kann. Berechnet werden die Massenbrüche der Komponenten und daraus ableitbare Größen, Temperaturen, kinetische Konstanten und einige Stoffeigenschaften, die grafisch und numerisch ausgegeben werden können.

C4-1: Diskontinuierlicher Reaktor, Masse-, Lösungs- oder Suspensionspolymerisation

Schritt	Kommentar / Aktion
1	Voraussetzung : Interface nach C2 geladen • „Run / Simulation / Batch Reaktor“
2	Auswahl des Polymerisationstyps • z.B. „Bulk/Solution“
3	Auswahl der wärmetechnischen Reaktionsführung • z.B. „Isothermal“ Wenn hier „T-Optimization“, d.h. die Bestimmung eines optimalen Temperaturprofiles zur Gewährleistung einer vorgegebenen konstanten Polymerisationsgeschwindigkeit, gewählt wird, dann folgt unmittelbar darauf die mit „Enter“ zu bestätigende Information „Polymerization rate“.
4	Bestätigung der Gesamtaufgabenstellung • „Enter“
5	Anfangsbedingungen editieren • unterschiedlich, je nach Rezeptur und Polymerisationstyp Ist zu Beginn Polymeres im Reaktor vorhanden, dann werden nachfolgend dessen mittlere Polymerisationsgrade abgefragt.
6	Kühlbedingungen editieren (nur wenn in 3 „Heat exchange“ gewählt wurde) • Kühlmitteltemperatur • Spezifische Kühlfläche • Wärmedurchgangszahl Alle drei Größen werden als Konstanten betrachtet. Die spezifische Kühlfläche ist auf das Reaktionsvolumen bezogen.
7	Schrittweitenkontrolle des Integrationsverfahrens (nicht bei „T-Optimization“ in 3) • „1“ für „ja“ oder • „0“ für „nein“ Diese Kontrolle bezieht sich auf die Schrittweite des Monomermassenbruches, die in jedem Print-Schritt erreicht wird. Bei der lösemittelfreien Polymerisation entspricht dies der Umsatzschrittweite.

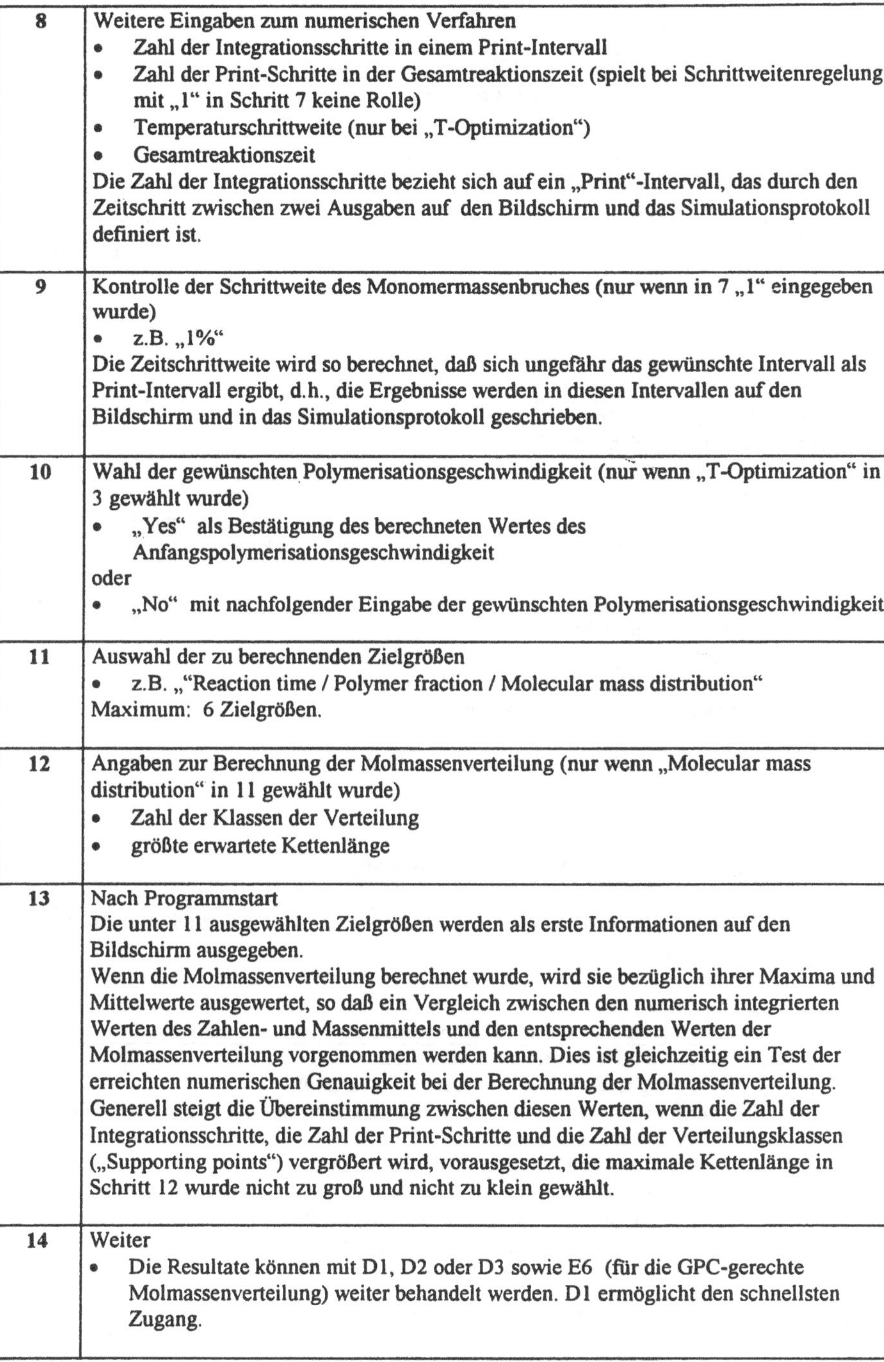

8	Weitere Eingaben zum numerischen Verfahren • Zahl der Integrationsschritte in einem Print-Intervall • Zahl der Print-Schritte in der Gesamtreaktionszeit (spielt bei Schrittweitenregelung mit „1“ in Schritt 7 keine Rolle) • Temperaturschrittweite (nur bei „T-Optimization“) • Gesamtreaktionszeit Die Zahl der Integrationsschritte bezieht sich auf ein „Print“-Intervall, das durch den Zeitschritt zwischen zwei Ausgaben auf den Bildschirm und das Simulationsprotokoll definiert ist.
9	Kontrolle der Schrittweite des Monomermassenbruches (nur wenn in 7 „1“ eingegeben wurde) • z.B. „1%“ Die Zeitschrittweite wird so berechnet, daß sich ungefähr das gewünschte Intervall als Print-Intervall ergibt, d.h., die Ergebnisse werden in diesen Intervallen auf den Bildschirm und in das Simulationsprotokoll geschrieben.
10	Wahl der gewünschten Polymerisationsgeschwindigkeit (nur wenn „T-Optimization“ in 3 gewählt wurde) • „Yes“ als Bestätigung des berechneten Wertes des Anfangspolymerisationsgeschwindigkeit oder • „No“ mit nachfolgender Eingabe der gewünschten Polymerisationsgeschwindigkeit
11	Auswahl der zu berechnenden Zielgrößen • z.B. „“Reaction time / Polymer fraction / Molecular mass distribution“ Maximum: 6 Zielgrößen.
12	Angaben zur Berechnung der Molmassenverteilung (nur wenn „Molecular mass distribution“ in 11 gewählt wurde) • Zahl der Klassen der Verteilung • größte erwartete Kettenlänge
13	Nach Programmstart Die unter 11 ausgewählten Zielgrößen werden als erste Informationen auf den Bildschirm ausgegeben. Wenn die Molmassenverteilung berechnet wurde, wird sie bezüglich ihrer Maxima und Mittelwerte ausgewertet, so daß ein Vergleich zwischen den numerisch integrierten Werten des Zahlen- und Massenmittels und den entsprechenden Werten der Molmassenverteilung vorgenommen werden kann. Dies ist gleichzeitig ein Test der erreichten numerischen Genauigkeit bei der Berechnung der Molmassenverteilung. Generell steigt die Übereinstimmung zwischen diesen Werten, wenn die Zahl der Integrationsschritte, die Zahl der Print-Schritte und die Zahl der Verteilungsklassen („Supporting points“) vergrößert wird, vorausgesetzt, die maximale Kettenlänge in Schritt 12 wurde nicht zu groß und nicht zu klein gewählt.
14	Weiter • Die Resultate können mit D1, D2 oder D3 sowie E6 (für die GPC-gerechte Molmassenverteilung) weiter behandelt werden. D1 ermöglicht den schnellsten Zugang.

C4-2: Diskontinuierlicher Reaktor, Emulsionspolymerisation

Schritt	Kommentar / Aktion
1	Voraussetzung : Interface nach C2 geladen • „Run / Simulation / Batch Reaktor / Emulsion"
2	Auswahl der wärmetechnischen Reaktionsführung • z.B. „Isothermal" Wenn hier „T-Optimization", d.h. die Bestimmung eines optimalen Temperaturprofiles zur Gewährleistung einer vorgegebenen konstanten Polymerisationsgeschwindigkeit, gewählt wird, dann folgt unmittelbar darauf „Polymerization rate"
3	Bestätigung der Gesamtaufgabenstellung • „Enter"
4	Berechnungsmodus für die mittlere Radikalzahl pro Teilchen • z.B. „Radical Population"
5	Angaben zur Radikaldesorption Wenn Schritt 4 mit „Radical Population" gegangen wurde, muß hier eine Angabe zum Radikal-Desorptionskoeffizienten und zum Ugelstad'schen Fate-Faktor gemacht werden • z.B. „0 / -1"
6	Anfangsbedingungen editieren • unterschiedlich, je nach Rezeptur und Polymerisationstyp Der Massenanteil des Wassers ergibt sich aus der Differenz zwischen 100 und den Massenbrüchen der abgefragten Komponenten.
7	Kühlbedingungen editieren (nur wenn in 2 „Heat exchange" gewählt wurde) • Kühlmitteltemperatur • Spezifische Kühlfläche • Wärmedurchgangszahl Alle drei Größen werden als Konstanten betrachtet.
8	Schrittweitenkontrolle des Integrationsverfahrens (nicht bei „T-Optimization" in 2) • „1" für „ja" oder • „0" für „nein" Diese Kontrolle bezieht sich auf die Schrittweite des Monomermassenbruches
9	Weitere Eingaben zum numerischen Verfahren • Zahl der Integrationsschritte in einem Print-Intervall • Zahl der Print-Schritte in der Gesamtreaktionszeit(spielt bei Schrittweitenregelung mit „1" in Schritt 7 keine Rolle) • Temperaturschrittweite (nur bei „T-Optimization") • Gesamtreaktionszeit Die Zahl der Integrationsschritte bezieht sich auf ein „Print"-Intervall, das durch den Zeitschritt zwischen zwei Ausgaben auf den Bildschirm und durch das Protokoll der Simulation definiert ist.
10	Kontrolle der Schrittweite des Monomermassenbruches (nur wenn „1" in 8 eingegeben wird) • z.B. „1%" Dieses Intervall entspricht einem Print-Schritt des Frisch-Monomerumsatzes.

11	Auswahl der zu berechnenden Zielgrößen • z.B. „“Reaction time / Polymer fraction / Molecular mass distribution ...“ Aus Platzgründen dürfen nur bis zu 6 Zielgrößen ausgewählt werden.
12	Angaben zur Berechnung der Molmassenverteilung Wenn unter Schritt 11 auch „Molecular mass distribution“ gewählt wurde, dann erfolgt jetzt die • Eingabe der Zahl der Stützstellen der Molmassenverteilung und die • Eingabe der erwarteten maximalen Kettenlänge des toten Polymeren, woraus sich die Klassenbreite der Molmassenverteilung ergibt. Der minimale Wert der Klassenbreite beträgt aber 10. Anschließend muß die Molmassenverteilung des Saatpolymeren aus den zwei angegebenen / einzugebenden Dateien eingelesen werden. Die erste Datei enthält nur die Kettenlängen, die zweite enthält die Verteilungswerte als Massenbrüche des toten Polymeren mit der Kettenlänge j. Die Molmassenverteilung der Saat muß weder äquidistant noch normiert sein. Für Testzwecke kann sie nach E4 berechnet werden. Wird unter Schritt 9 nicht „Molecular mass distribution“ gewählt, dann wird einfach mit einem konstanten massenmittleren Polymerisationsgrad gerechnet; somit hat in diesem Fall die • Eingabe des massenmittleren Polymerisationsgrades zu erfolgen.
13	Screen-Informationen zur stochastischen Polymer-Berechnung • Wenn die Molmassenverteilung nach dem in Kapitel 5.4 (s. Anhang 4) erörterten Algorithmus berechnet wird, werden zusätzlich zu den ausgewählten Zielgrößen Informationen über die Anzahl der berechneten Polymermoleküle auf den Bildschirm ausgegeben. Damit kann die besonders bei langen Kettenlängen zeitaufwendige Prozedur der stochastischen Berechnung der jeweils etwa 100 Polymermoleküle vor und nach einem Print-Schritt auf dem Bildschirm verfolgt werden. Wenn die Ausgabe „Zu wenig Stützstellen“ sichtbar wird, sollte das Programm abgebrochen und mit mehr Stützstellen der Molmassenverteilung und / oder mit Angabe einer größeren maximalen Kettenlänge erneut gestartet werden. In einem solchen Fall wurde ein Polymermolekül aufgebaut, dessen Kettenlänge die maximale überschreitet.
14	Weiter • Die Resultate können mit D1,D2 , D3 und E6 (Molmassenverteilung) ausgegeben werden. Mit D1 erhält man den schnellsten Überblick.

C4 -3 : Nichtstationärer kontinuierlicher Rührreaktor

Schritt	Kommentar / Aktion
1	Voraussetzung : Interface vorhanden oder Abarbeitung des Arbeitsblattes C2 • „Run / Simulation / Unsteady-state CSTR “
2	Festlegung des Polymerisationstyps • „Bulk / Solution“ oder • „Suspension“

3	Festlegung der Temperaturführung • z. B. „Isothermal“ Wenn „T-Optimization“ gewählt wird, folgt unmittelbar die durch „Enter“ zu bestätigende Information, daß sich die Optimierung auf die Geschwindigkeit der Polymerisation bezieht.
4	Aufgabenstellung kontrollieren • „Enter“
5	Anfangsbedingungen (im Reaktor) editieren • unterschiedlich, je nach Rezeptur Ist zu Beginn Polymeres im Reaktor, werden dessen Polymerisationsgrade unmittelbar darauf abgefragt.
6	Kühlbedingungen editieren (nur wenn „Heat exchange“ unter 3 gewählt wurde) • Kühlmitteltemperatur • Spezifische Kühlfläche • Wärmedurchgangszahl Alle drei Größen werden als Konstanten betrachtet.
7	Zulaufbedingungen (Reaktoreintritt) editieren • unterschiedlich, je nach Rezeptur
8	Integrationsbedingungen editieren • Zahl der Integrationsschritte in einem Print-Intervall • Zahl der Print-Schritte in der Gesamtreaktionszeit • Temperaturschrittweite (nur bei „T-Optimization“) • Gesamtreaktionszeit Eine Regelung der Integrationsschrittweite nach dem unter C4-1 und C4-2 verwendeten Verfahren (orientiert am Umsatzfortschritt) ist hier nicht möglich. Die numerische Integration erfolgt in diesem Fall mit konstanten Zeitschritten.
9	Auswahl der Zielgrößen • z.B. „Reaction time / Polymer fraction / Weight average“ Sollte sich „Molecular weight distribution“ unter den Zielgrößen befinden: Die Molmassenverteilung wird nicht zeitlich integriert sondern nur am Ende der eingegebenen Reaktionszeit als momentane Molmassenverteilung berechnet.
10	Angaben zur Berechnung der Molmassenverteilung Wenn unter Schritt 9 auch „Molecular mass distribution“ gewählt wurde, dann erfolgt jetzt die • Eingabe der Zahl der Stützstellen der Molmassenverteilung und die • Eingabe der erwarteten maximalen Kettenlänge des toten Polymeren
11	Weiter • Siehe Arbeitsblättern D1 bis D3 sowie E6 (für die GPC-gerechte Molmassenverteilung)

C4 -4 : Stationärer Rohrreaktor

Schritt	Kommentar / Aktion
1	Voraussetzung : Interface vorhanden oder Abarbeitung des Arbeitsblattes C2 • „Run / Simulation / Tubular Reactor / Bulk / Solution“
2	Festlegung der Temperaturführung • z. B. „Isothermal“ Wenn „T-Optimization“ gewählt wird, folgt unmittelbar darauf die durch „Enter“ zu bestätigende Information, daß sich die Optimierung auf die Geschwindigkeit der Polymerisation bezieht.
3	Aufgabenstellung kontrollieren • „Enter“
4	Reaktorgeometrie definieren • Rohrdurchmesser • Rohrlänge
5	Zulaufbedingungen (Reaktoreintritt) editieren • unterschiedlich, je nach Rezeptur
6	Kühlbedingungen editieren (nur wenn „Heat exchange“ unter 2 gewählt wurde) • Kühlmitteltemperatur • Wärmedurchgangszahl Alle drei Größen werden als Konstanten betrachtet.
7	Schrittweitenkontrolle des Integrationsverfahrens • „1“ für „ja“ oder „0“ für „nein“
8	Weitere Eingaben zum numerischen Verfahrens • abhängig von vorangehenden Eingabedaten
9	Kontrolle der Schrittweite des Monomermassenbruches (wenn „1“ in 7 angegeben wird) • z.B. „1%“ Die Schrittweite bezüglich der axialen Koordinate wird so berechnet, daß sich ungefähr das gewünschte Intervall als Print-Intervall ergibt.
10	Auswahl der Zielgrößen • z.B. „Reactor length / polymer fraction / Weight average“
11	Zur Berechnung der Molmassenverteilung Wenn unter Schritt 9 auch „Molecular mass distribution“ gewählt wurde, dann erfolgt jetzt die • Eingabe der Zahl der Stützstellen der Molmassenverteilung und die • Eingabe der erwarteten maximalen Kettenlänge des toten Polymeren
12	Weiter Die Auswertung der Resultate kann mit D1 - D3 sowie E6 (für die GPC-gerechte Molmassenverteilung) erfolgen.

Arbeitsblatt C5

Linearisierung von Umsatz-Zeit-Daten im anfangskinetischen Bereich

- In Kapitel 3.4.3 wurde die Möglichkeit der Linearisierung von Umsatz-Zeit-Messungen im isothermen gut durchmischten Batchreaktor für die Masse- und Lösungspolymerisation im anfangskinetischen Bereich behandelt. Es sollen die Linearisierbarkeit solcher Daten grafisch nachgewiesen und aus dem Anstieg der Geraden sowohl die bruttokinetische Konstante und - falls gegeben - die Induktionszeit bestimmt werden.
- Es muß sich um Experimente handeln, die rein thermisch oder in Anwesenheit von nur einem Initiator ausgeführt wurden.

Schritt	Kommentar / Aktion
1	Voraussetzung: Selektion eines geeigneten experimentellen Datensatzes nach Arbeitsblatt A2 ; es wird nur das zuletzt ausgewählte Experiment ausgewertet ! • „Run / Initial Kinetics Check / Linerization“
2	Information zu dem ausgewählten Experiment • „Y“ und „Enter“ (oder OK-Klick)
3	Präsentation der linearisierten Darstellung • Merken Sie sich, wieviel Meßpunkte außerhalb des linearen Bereiches liegen !
4	Löschen der nichtlinearen experimentellen Punkte • Die unter Schritt 3 bestimmte Zahl ist einzugeben
5	Linearisierung • Ermittlung der Punkte, die zwecks grafischer Auswertung miteinander verbunden werden sollen. Merken Sie sich die Punkte, deren Verbindung zur „besten“ Linearisierung führen würde: Gezählt wird von links beginnend; der Nullpunkt entspricht dem Punkt 1.
6	Erhöhung der Darstellungsqualität Sind Sie der Meinung, daß weitere Punkte, die gegebenenfalls immer noch außerhalb des linearen Anfangsbereich liegen, gelöscht werden sollten ? Dann geben Sie deren Anzahl hier ein und gehen zu Schritt 5 zurück, ansonsten • „0“ und und „Enter“ (oder OK-Klick)
7	Linearisierung • die im Schritt 5 bestimmten Punkte sind nacheinander einzugeben Danach kann man anhand der Grafik prüfen, ob das Ergebnis zufriedenstellend ist
8	Numerische Ergebnisse Die der Geraden entsprechende Bruttokonstante und die Induktionszeit (aus dem Schnittpunkt der Geraden mit der Abszisse ermittelt) werden nebs einigen Input-Informationen bekanntgegeben.

Arbeitsblatt D1

Protokoll einer Reaktor-Simulation ansehen, editieren, drucken

- Die Resultate der jeweils zuletzt ausgeführten Simulationsrechnung sind in der ASCII-Datei ACTUAL \ RESULT.BAS gespeichert. Der Zugriff erfolgt mit WINDOWS-NOTEPAD.

Schritt	Kommentar / Aktion
1	Voraussetzung : Abarbeitung eines Arbeitsblattes C4; Nicht vergessen, den Druckertyp und das Papierformat in NOTEPAD einzustellen! • „Results / Last Simulation / See+Print Results"
2	Information • „OK"
3	Notepad-Editor öffnen • „Enter" oder Doppelklick auf das Notepad-Symbol Danach kann das Protokoll beliebig editiert oder gedruckt werden.

Arbeitsblatt D2

Standard - X-Y-Diagramm einer Simulations-Zielgröße

- Grafische Darstellung der Ergebnisse von Reaktorsimulationen, die nach den Arbeitsblättern C4 ausgeführt wurden. Jede Zielgröße kann gegen jede andere dargestellt werden. Die gezeigten Diagramme, deren Gestaltung fest vorgegeben ist, werden als PCX-Dateien unter PR1.PCX, PR2.PCX ... usw. gespeichert.

Schritt	Kommentar / Aktion
1	Voraussetzung : Abarbeitung eines Arbeitsblattes C4 • „Results / Last Simulation / Graph"
2	Farbliche Gestaltung • „Black & White" oder „Colors"
3	Auswahl der Koordinaten • Wahl der Ordinate • Wahl der Abszisse Nur im Fall der Molmassenverteilung erübrigt sich die Wahl der Abszisse.
4	Schließen des Diagrammes • „Enter"
5	Information • „Enter"
6	Weitere Diagramme darstellen ? • „Next diagram" oder „End diagram"
7	Speichern der Grafiken als PCX-Dateien ? • „Save PCX-Files" oder „Delete PCX-Files"

Arbeitsblatt D3

Flexibles X-Y-Diagramm

- PolyReac® - Simulationsergebnisse liegen im Verzeichnis ACTUAL vor. Falls sie - vielleicht zusammen mit ausgewählten experimentellen Daten - dargestellt werden sollen, gilt die folgende Code-Tabelle, die alphabetisch nach den Namen der Dateien geordnet wurde:

Darzustellende Größe	**.BAS-Datei unter ACTUAL**
Gleichgewichtskonzentration des Monomeren	CAC
Latexpartikeldurchmesser	DLT
Latexpartikeldurchmesser, trocken	DLTT
Druckverlust im Rohrreaktor	DPR
Viskosität der Reaktionsmischung	ETA
Ausbeute der thermischen Initiierung	FIA
Radikalausbeute Initiator 1	FI1
Radikalausbeute Initiator 2	FI2
Mittlere Radikalzahl im Latexteilchen	NQ
Zahlenmittlerer Polymerisationsgrad	PN
Druck	PR
Radikalkonzentration	PT
Massenmittlerer Polymerisationsgrad	PW
Massenmittlerer Polymerisationsgrad aus der Molmassenverteilung ermittelt	PWV
Wärmetransportgeschwindigkeit durch die Reaktorwand	QPD
Gesamtinitiierungsgeschwindigkeit pro Latexteilchen	RGE
Iierungsgeschwindigkeit pro Latexteilchen durch Initiator 1	RI1
Iierungsgeschwindigkeit pro Latexteilchen durch Initiator 2	RI2
Reaktorlänge	RLE
Polymerisationsgeschwindigkeit	RP
Reaktionstemperatur	TC
Umsatz des Monomeren	UA
Umsatz des frisch zugegebenen Monomeren	UAF
Umsatz des Kettenlängenreglers	UC
Umsatz des Initiators 1	UI1
Umsatz des Initiators 2	UI2
Dispersionskoeffizient der Molmassenverteilung	UN
Umsatz des Inhibitors	UX
Reaktionszeit	XE
Kettenlänge der Molmassenverteilung	XJ
Ordinatenwerte der Molmassenverteilung	YJ
Kinetische Konstante der Übertragung zum Monomer	XKM
Wachstumskonstante	XKP
Gesamt-Abbruchkonstante	XKT
Massenbruch des Monomeren	YA
Massenbruch des Kettenlängereglers	YC
Massenbruch des Initiators 1	YI1
Massenbruch des Initiators 2	YI2
Massenbruch des Polymeren	YP
Massenbruch des Lösemittels	YS
Massenbruch des Inhibitors	YX

- Die in der Tabelle genannten Dateinamen müssen mit dem Pfadnamen ACTUAL, der bei der Simulation eingegebenen Anfangstemperatur und der Erweiterung „.BAS" komplettiert werden, d.h., um z.B. den bei einer Simulation mit der Anfangstemperatur 140°C berechneten Monomerumsatz als Funktion der Reaktionszeit in das Diagramm aufzunehmen, muß als Ordinaten-Datei ACTUAL\UA140.BAS und als Abszissen-Datei ACTUAL\XE140.BAS eingegeben werden.
- Es können bis zu 10 Kurven als Symbole oder Linien in einem Diagramm dargestellt werden, das vom Nutzer bezüglich Diagramm- und Schriftgröße sowie bezüglich der Farbauswahl (schwarz/weiß oder farbig) selbst gestaltet werden kann. Die X- und Y-Werte müssen als ASCII-Dateien getrennt vorliegen.

Schritt	Kommentar / Aktion
1	Voraussetzung : Abarbeitung eines Arbeitsblattes C4 und - falls auch experimentelle Daten dargestellt werden sollen - A2 • „Results" • „Graph'94"
2	Designparamter der Grafik eingeben • X-Achsen-Bezeichnung, z.B. „Zeit, s" • Y-Achsen-Bezeichnung, z.B. „Yp, %" • Schriftgröße, z.B. „4" • Schrumpffaktor der X-Achse, z.B. „0" • Schrumpffaktor der Y-Achse, z.B. „0" • Farbig (0)oder schwarz/weiß (1) ?, z.B. „0" Testen Sie verschiedene Varianten im Rahmen der angegebenen Bereiche.
3	Umfang der Grafik festlegen • Anzahl der Dateien mit experimentellen Werten angeben, z.B. „0" • Anzahl der Dateien aus Simulationsrechnungen angeben, z.B. „1" • Maximalzahl der numerischen Werte in einer Datei, z.B. „1000"
4	Namen der Dateien mit experimentellen Daten angeben • z.B. „actual\xee1.bas" und „actual\ype1.bas" Bei Auswahl der Experimente nach A2 sind die Namen dieser Dateien bereits vordefiniert.
5	Namen der Dateien mit Simulationsergebnissen (Model-Files) entsprechend der obigen Tabelle angeben • z.B. „actual\xe140.bas" und „actual\yp140.bas" Vorausgesetzt ist hierbei, daß eine Simulation mit der Anfangstemperatur von 140°C ausgeführt wurde.
6	Grafik verlassen • „Enter" Die Grafik wird als PCX-Datei gespeichert.
7	Abschluß oder Fortsetzung • „Return" oder • „Exit"

Arbeitsblatt D4

Resultate einer Parameterbestimmung

Nach Ausführung von C3 werden die optimalen Parameter durch Wahl von

„Results / Parameter Estimation“

mit ihrem richtigen numerischen Wert präsentiert. Es sei darauf hingewiesen, daß z.B. der Parameter g_3 des Hochumsatzmodells „Polyreac“ während der Parameterbestimmung neben den grafischen Darstellungen logarithmiert angezeigt wird.

Arbeitsblatt E1

Aufbau und Editierung einer PolyReac[e] - Standard-Tabelle

- Es können z.B. Tabellen für die Auswertung von Arrheniusgleichungen aufgebaut und editiert werden.

Schritt	Kommentar / Aktion
1	Eröffnung • „Accessories / Table“
2	Information • „OK“ Klicken oder • „Enter“
3	Dateinamen der Tabelle eingeben • z.B. „actual\Table.Tab“
4	Editieren oder neu aufbauen? • „E“ führt zum Editieren einer vorhandenen Tabelle • „C“ führt zum Aufbau einer neuen Tabelle
5	Neue Tabelle aufbauen Wenn Schritt 4 mit „C“ gegangen wurde, müssen folgende Eingaben realisiert werden: • Anzahl der Zeilen • Anzahl der Spalten • Maximale Anzahl der Buchstaben, die in einer Zelle eingegeben werden sollen
6	Editieren • Die zu editierende Zelle muß angeklickt werden. Ihr Inhalt erscheint dann im Editierfenster und kann verändert werden. Das Symbol „*“ wird nicht angenommen, da es zur Kennzeichnung von Zelleninhalten dient, die nicht editiert werden sollen.

Arbeitsblatt E2

Bestimmung von Arrhenius-Parametern

- Wenn von einer bestimmten kinetischen Konstante Werte bei verschiedenen Temperaturen vorliegen, soll ein Ausgleich nach Arrhenius durchgeführt werden, d.h., Häufigkeitsfaktor und Aktivierungsenergie sollen bestimmt werden.

Schritt	Kommentar / Aktion
1	Eröffnung • „Accessories / Arrhenius-Fit“
2	Information • „OK“ Klicken oder • „Enter“
3	Editieren, z.B. Erweitern, einer vorhandenen Tabelle oder eine neue Tabelle aufbauen ? • „E“ führt zum Editieren einer vorhandenen Tabelle • „C“ führt zum Aufbau einer neuen Tabelle
4	Tabelle Editieren • Eingabe der Konstantenwerte und Temperaturen Die zu editierende Zelle muß angeklickt werden. Ihr Inhalt erscheint dann im Editierfenster und kann verändert werden. Das Symbol „*“ wird nicht angenommen, da es zur Kennzeichnung von Zelleninhalten dient, die nicht editiert werden sollen.
5	Verlassen der Tabelle • „Exit“
6	Information • „Enter“
7	Präsentation im Arrhenius-Diagramm • „Enter“
8	Speicherung als PCX-Datei • „Enter“
9	Weiter Tip: Die PCX-Dateien lassen sich z.B. mit PaintBrush laden, als Monochrome-Bitmaps speichergünstig ablegen und mit WinWord recht gur als Grafik laden sowie WinWord-intern weitergestalten. Siehe auch E3.

Arbeitsblatt E3

PCX-Dateien in andere Formate umwandeln

- Einige PolyReac© - Module liefern grafische Ergebnisse in Form von PCX-Dateien, die man z.B. mit PAINTBRUSH bearbeiten ud mit WINWORD in eigene Texte einarbeiten kann. Sollten Sie Interesse haben, diese Bilder in andere Formate umzuwandeln, dann können Sie das wie folgt tun.

Schritt	Kommentar / Aktion
1	Ausgangspunkt: PCX-Datei befindet sich im Startverzeichnis • „Accessories / Graph format conversion" Das Konvertierungsprogramm PICEM wird gestartet und bringt die sich im Stammverzeichnis befindenden PCX-Dateien zur Auswahl auf den Bildschirm.
2	Auswahl einer PCX-Datei • erfolgt mit den Pfeiltasten und „Enter"
3	Aufruf der Konvertierung • Eingabe von „W"
4	Format auswählen • Anwählen mit Pfeiltatsten und „Enter"
5	Beenden • „ESC" oder Neustart mit Schritt 2

Arbeitsblatt E4

Molmassenverteilung eines momentan entstehenden Polymeren berechnen

- Berechnung der Molmassenverteilung des momentan entstehenden Polymeren (Kapitel 3.3.2). Die Abbruchwahrscheinlichkeit und der Kombinationsabbruchanteil müssen bekannt sein.

Schritt	Kommentar / Aktion
1	Start • „Accessories / Molecular Mass Distribution"
2	Information • „Enter" oder „OK"-Klick
3	Eingabe der Verteilungsparameter • Wert der Abbruchwahrscheinlichkeit eingeben, z.B. „0.002" • Rekombinationsanteil eingeben, z.B. „0.5" Anzahl der Verteilungsklassen eingeben, z.B. „200"
4	Ausgabe der Mittelwerte • „Enter"
5	Ausgabe der Molmassenverteilung • „Enter" Die Grafik wird als PCX-Datei gespeichert. Kettenlängendatei: ACTUAL\JT.BAS ; Molmasseverteilungswerte: ACTUAL\YJT.BAS

Arbeitsblatt E5

Starten anderer Programme unter PolyReac®

- Es können z.B. Bat-, EXE- und COM-Dateien direkt aus PolyReac® gestartet werden.

Schritt	Kommentar / Aktion
1	Start • „Accessories / DOS“
2	Information • „Enter“ oder „OK“-Klick
3	Eingabe des Programmnamens

Arbeitsblatt E6

GPC-gerechte Darstellung einer Molmassenverteilung

- In Protokollen der Gelpermeationschromatographie zur Bestimmung von Molmassenverteilungen wird als Ordinatenwert nicht die in diesem Buch berechnete und mathematisch exakt als Dichteverteilung definierte Verteilung y_j als Funktion der Kettenlänge dargestellt, sondern das Produkt $Y = y_j \times M_P$ gegen den dekadischen Logarithmus der Molmasse des Polymeren der Kettenlänge j, also $X = \log_{10}(M_P)$, worin $M_P = j \times M_M$ ist, mit M_M als Molmasse einer Monomereinheit. Diese Darstellung hat zwei entscheidende Vorteile: Zum einen ist eine Darstellung über einen großen Molmassenbereich möglich und zum anderen ist die Fläche unter einer solchen Kurve proportional der Polymermasse. Wenn in einer solchen Darstellung z.B. die Fläche zwischen der Polymermolmasse 1000 und 10000 (logarithmiert also zwischen 3 und 4) 15 % der Gesamtfläche unter der GPC-Kurve beträgt, dann heißt das : 15% Massenanteil des Polymeren haben eine Molmasse zwischen 1000 g/mol und 10000 g/mol. Bei bimodalen Molmassenverteilungen, deren Massenanteil im hochmolekularen Bereich in ähnlicher Größe liegt wie im niedermolekularen Bereich, kommt der hochmolekulare Anteil in der Darstellung $y_j = f(j)$ dagegen kaum zur Geltung.
- Wenn man die oben definierte Ordinaten Y durch die Molmasse des Monomeren dividiert, und von der Abszisse den dekadischen Logarithmus der Monomermolmasse abzieht, kommt man zu einer von der Molmasse des Monomeren unabhängigen Darstellung $Y' = y_j \times j$ als Funktion von $X' = \log_{10}(j)$ mit der gleichen Aussagekraft wie im GPC-Diagramm, allerdings bezüglich der Kettenlänge. Diese Darstellung wird mit E6 erzeugt.

Schritt	Kommentar / Aktion
1	Start • „Accessories / GPC-MWD“
2	Information • „Enter“ oder „OK“-Klick Die Dateien ACTUAL\Xj.bas und ACTUAL\Yj.bas werden in allen C4-1 bis C4-4-Simulationen gefüllt, wenn dort die Molmassenverteilung als Zielgröße definiert wird.
3	Diagramm der Molmassenverteilung im GPC-Format • „Enter“

Arbeitsblatt F1

Laden verschiedener PolyReac® -Datensätze (Kinetik)

- In den Kapiteln 3.4 und 3.5.7 werden unterschiedliche kinetische Datensätze benötigt, die von INPUT\SKINA,B,C,D,E jeweils auf das Arbeitsverzeichnis INPUT\SKIN geladen werden müssen. Das Laden der als „endgültig" empfohlenen Daten erfolgt aus INPUT\SKINE.

Schritt	Kommentar / Aktion
1	Start • „Setup / Kinetics"
2	Auswahl des gewünschten Datensatzes • z.B. „Standard'95" Die Daten werden daraufhin in das Arbeitsverzeichnis INPUT\SKIN kopiert
3	*Hinweis* Die neu geladenen Daten sind erst aktiv, wenn anschließend eine Simulation nach C2 geladen oder eine Parameterbestimmung nach C3 ausgeführt wird !

Arbeitsblatt F2

Kontrolle von Simulationsprogrammen durch Zwischenresultate

- Die Ausgabe von Zwischenresultaten der Simulationsprogramme werden über die Selektionssequenz

„Setup / Simulation Control"

und nachfolgender Eingabe eines

„Y"

veranlaßt. Auf gleiche Weise, aber mit

„N"

wird dies rückgängig gemacht.

10.2 Berechnung der mittleren Polymerisationsgrade für den kontinuierlichen instationären Rührkesselreaktor

Für die Masse des Polymeren mit der Kettenlänge j gilt unter der Voraussetzungen idealer Durchmischung (Gradientenfreiheit bezüglich der Temperatur und der Komponentenkonzentrationen) die Bilanz

$$\frac{dm_{P,j}}{dt} = \dot{m}^z_{P,j} - \dot{m}_{P,j} + R_P \, \bar{\rho} \, V_R \, y^d_j \qquad \text{(A2-01)}$$

Zahlenmittel. Zuerst dividiert man Gl.(A2-01) durch die Molmasse des Polymeren der Kettenlänge j

$$M_{P,j} = j \, M_M \qquad \text{(A2-02)}$$

und gelangt zu der Bilanz der Molzahlen

$$\frac{dn_{P,j}}{dt} = \dot{n}^z_{P,j} - \dot{n}_{P,j} + R_P \, \bar{\rho} \, \frac{V_R}{j \, M_M} y^d_j \qquad \text{(A2-03)}$$

Danach wird Gl. (A2-03) mit der Kettenlänge j multipliziert und über alle j summiert, wodurch

$$\frac{d\sum_j j \, n_{P,j}}{dt} = \sum_j j \, \dot{n}^z_{P,j} - \sum_j j \, \dot{n}_{P,j} + R_P \, \bar{\rho} \, \frac{V_R}{M_M} \qquad \text{(A2-04)}$$

erhalten wird. Mit den Definitionen der zahlenmittleren Polymerisationsgrade des Polymeren im Reaktorzulauf

$$P^z_n = \frac{\sum_j j \, \dot{n}^z_{P,j}}{\dot{n}^z_P} \qquad \text{(A2-05)}$$

und des Polymeren im Reaktorablauf, bzw. im Reaktor selbst

$$P_n = \frac{\sum_j j \, \dot{n}_{P,j}}{\dot{n}_P} = \frac{\sum_j j \, n_{P,j}}{n_P} \qquad \text{(A2-06)}$$

kann man jetzt die Summen in Gl. (A2-04) ersetzen, so daß

$$\frac{d\left(P_n \, n_P\right)}{dt} = \dot{n}^z_P P^z_n - \dot{n}_P P_n + R_P \, \bar{\rho} \, \frac{V_R}{M_M} \qquad \text{(A2-07)}$$

resultiert. Differenzieren nach der Produktregel und Einführen der Molbilanz des Polymeren

$$\frac{dn_P}{dt} = \dot{n}_P^z - \dot{n}_P + R_{M_t} V_R \qquad \text{(A2-08)}$$

führt jetzt mit Anwendung der Definition des differentiellen Polymerisationsgrades zwecks Eliminierung der Produktionsgeschwindigkeit der toten Polymeren R_{Mt}

$$P_n^d = \frac{-R_M}{R_{M_t}} \qquad \text{(A2-09)}$$

zu

$$\frac{dP_n}{dt} = \frac{\dot{n}_P^z}{n_P}\left(P_n^z - P_n\right) + R_P\,\overline{\rho}\,\frac{V_R}{n_P}\left(\frac{P_n^d - P_n}{P_n^d}\right) \qquad \text{(A2-10)}$$

Darin ist der konvektive Term am Reaktoraustritt nicht mehr enthalten - dies ist logisch, weil durch Entnahme einer bestimmten Menge der Polymerlösung der Mittelwert des Polymerisationsgrades natürlich nicht verändert wird. Ersetzt man jetzt noch die Molzahl des Polymeren im Reaktor durch

$$n_P = \frac{Y_P \overline{\rho}\, V_R}{P_n\, M_M} \qquad \text{(A2-11)}$$

und den Molenstrom des Polymeren am Zulauf durch

$$\dot{n}_P^z = \frac{Y_P^z\, \dot{m}^z}{P_n^z\, M_M} \qquad \text{(A2-12)}$$

dann erhält man unter Einführung der Reaktorbelastung

$$b = \frac{\dot{m}^z}{V_R} \qquad \text{(A2-13)}$$

schließlich die in PolyReac© verwendete Differentialgleichung

$$\frac{dP_n}{dt} = \frac{P_n}{Y_P}\left(\frac{b}{\overline{\rho}}\, Y_P^z\, \frac{P_n^z - P_n}{P_n^z} + R_P\, \frac{P_n^d - P_n}{P_n^d}\right) \qquad \text{(A2-14)}$$

Massenmittel. Ausgangspunkt ist wiederum Gleichung (A2-01), die ebenfalls mit der Kettenlänge j multipliziert und über alle j summiert wird, wodurch

$$\frac{d\sum_j j\, m_{P,j}}{dt} = \sum_j j\, \dot{m}_{P,j}^z - \sum_j j\, \dot{m}_{P,j} + R_P\, m_R \sum_j j\, y_j^d \qquad \text{(A2-15)}$$

erhalten wird. Die darin enthaltenen Summen werden mit Hilfe der Definitionen der massenmittleren Polymerisationsgrade des Polymeren im Reaktorzulauf

$$P_w^z = \frac{\sum_j j\, \dot{m}_{P,j}^z}{\dot{m}_P^z} \qquad \text{(A2-16)}$$

und des Polymeren im Reaktorablauf, bzw. im Reaktor selbst

$$P_w = \frac{\sum_j j\,\dot{m}_{P,j}}{\dot{m}_P} = \frac{\sum_j j\,m_{P,j}}{m_P} \tag{A2-17}$$

sowie des massenmittleren Polymerisationsgrades des momentan entstehenden Polymeren

$$P_w^d = \sum_j j\,y_{P,j}^d \tag{A2-18}$$

ersetzt. Damit erhalten wir

$$\frac{d(P_w m_P)}{dt} = \dot{m}_P^z P_w^z - \dot{m}_P P_w + R_P m_R P_w^d \tag{A2-19}$$

Differenzieren nach der Produktregel und Einführen der Massebilanz des Polymeren

$$\frac{dm_P}{dt} = \dot{m}_P^z - \dot{m}_P + R_P m_R \tag{A2-20}$$

führt jetzt zu

$$\frac{dP_w}{dt} = \frac{\dot{m}_P^z}{m_P}\left(P_w^z - P_w\right) + R_P\,\frac{m_R}{m_P}\left(P_w^d - P_w\right) \tag{A2-21}$$

Ersetzt man jetzt noch die darin enthaltenen Massen und Massenströme durch

$$m_P = Y_P\,\bar{\rho}\,V_R \tag{A2-22}$$

$$\dot{m}_P^z = Y_P^z\,b\,V_R \tag{A2-23}$$

$$m_R = \bar{\rho}\,V_R \tag{A2-24}$$

unter Einführung der Reaktorbelastung nach Gl. (A2-13), so erhält man die in PolyReac© verwendete Differentialgleichung

$$\frac{dP_w}{dt} = \frac{Y_P^z}{Y_P}\frac{b}{\bar{\rho}}\left(P_w^z - P_w\right) + \frac{R_P}{Y_P}\left(P_w^d - P_w\right) \tag{A2-25}$$

10.3 Ableitung der Stoffbilanzen des diskontinuierlichen Rührreaktors für die Saat-Emulsionspolymerisation

1. Monomer und Polymer

Wenn man von der Verbrauchsgeschwindigkeit des Monomeren R_M ausgeht in der Einheit mol l^{-1} s^{-1} ausgeht, wobei man sich auf das Volumen bezieht, in dem die Polymerisation stattfindet (Gesamtvolumen der Latexteilchen V_{LT}), dann gilt die Massenbilanz

$$\frac{dm_M}{dt} = R_M \, V_{LT} \, M_M \tag{A3-01}$$

In Anlehnung an die aus der homogenen Polymerisationskinetik bekannten Gleichung für die Polymerisationsgeschwindigkeit, kann

$$R_M = - k_p M_{lt} \, P_t \tag{A3-02}$$

geschrieben und durch Division durch die Gesamtmasse der heterogenen Reaktionsmischung m_0 der Massenbruch des Monomeren durch

$$\frac{dY_M}{dt} = - k_p M_{lt} \, P_t V_{lt} \, \frac{M_M}{m_0} \tag{A3-03}$$

ausgedrückt werden. Das Produkt aus der Totalkonzentration der aktiven Radikale P_t und V_{lt} ist die Molzahl der aktiven Polymeren in den Latexteilchen n^*, die man auch aus der Konzentration der Latexteilchen c_{lt} (auf das Volumen der Wasserphase bezogen !) und der mittleren Radikalzahl pro Latexteilchen durch Summation über alle Latexteilchen mit

$$n^* = P_t V_{LT} = \bar{n} \, c_{lt} \, V_W \tag{A3-04}$$

ersetzen kann. Aus Gl. (A3-03) wird damit

$$\frac{dY_M}{dt} = - k_p M_{lt} \, \bar{n} \, c_{LT} \, \frac{V_W}{m_0} M_M \tag{A3-05}$$

Durch Umstellen der Massenbruchdefinition läßt sich die Gesamtmasse m_0 auch durch

$$m_0 = \frac{V_W}{Y_W} \rho_W \tag{A3-06}$$

ausdrücken, wodurch Gl (A3-05) schließlich in die endgültige Form

$$\frac{dY_M}{dt} = - k_p M_{lt} \, \bar{n} \, c_{LT} \, \frac{Y_W}{\rho_W} M_M \tag{A3-07}$$

gebracht wird. Für das Polymere gilt analog

$$\frac{dY_P}{dt} = k_p M_{lt} \, \bar{n} \, c_{LT} \, \frac{Y_W}{\rho_W} M_M \tag{A3-08}$$

2. Initiator 1 (wasserlöslich)
Unter Voraussetzung der absoluten Unlöslichkeit des Initiators 1 in der organischen Phase und Annahme einer Zerfallsreaktion 1. Ordnung kann man von der Massenbilanz

$$\frac{dm_{I_1}}{dt} = -k_{i,1}\, I_1 V_W\, M_{I_1} \qquad \text{(A3-09)}$$

ausgehen. Division durch die Gesamtmasse in der Form

$$m_0 = \frac{m_{I_1}}{Y_{I_1}} \qquad \text{(A3-10)}$$

und Ersetzen der Initiatorkonzentration in der Wasserphase durch

$$I_1 = \frac{m_{I_1}}{M_{I_1}\, V_W} \qquad \text{(A3-11)}$$

ergibt

$$\frac{dY_{I_1}}{dt} = -k_{i,1}\, Y_{I_1} \qquad \text{(A3-12)}$$

3. Initiator 2 (öllöslich)
Hier nehmen wir die Unlöslichkeit des Initiators 2 in der wäßrigen Phase, eine Zerfallsreaktion 1. Ordnung und die Gleichverteilung des Initiators in der organischen Phase an. Im Bereich II der Emulsionspolymerisation sei also die Konzentration des Initiators 2 in den Latexteilchen genau so groß wie in den Monomertropfen. Auch der Initiatorzerfall soll im gesamten Volumen der organischen Phase V_{org} kinetisch gleich verlaufen. Dann gilt die Massenbilanz

$$\frac{dm_{I_{21}}}{dt} = -k_{i,2}\, I_2 V_{org}\, M_{I2} \qquad \text{(A3-13)}$$

Division durch die Gesamtmasse

$$m_0 = \frac{m_{I_2}}{Y_{I_2}} \qquad \text{(A3-14)}$$

und Ersetzen der Initiatorkonzentration in der organischen Phase durch

$$I_2 = \frac{m_{I_2}}{M_{I_2}\, V_{org}} \qquad \text{(A3-15)}$$

führt ähnlich wie beim Initiator 1 zu

$$\frac{dY_{I_2}}{dt} = -k_{i,2}\, Y_{I_2} \qquad \text{(A3-16)}$$

Diese einfachen Ausdrücke ergeben sich deshalb, weil beide Initiatoren in der jeweiligen Phase als homogen verteilt angenommen werden und weil ihr Zerfall im gesamten zur Verfügung stehenden Volumen voraussetzungsgemäß gleichmäßig erfolgt.

4. Molmassenregler

Der Molmassenregler sei in der organischen Phase gleichverteilt und vollkommen unlöslich in der Wasserphase. Wenn die Monomer-Tropfendurchmesser nicht in die Größenordnung der Latexteilchen kommen, - was mit speziellen Emulgatoren durchaus erreicht werden kann, aber meist nicht der Fall ist - dann kann die Polymerisation in den Tropfen vernachlässigt werden. In diesem von uns angenommenen Fall wird der Regler nur in den Latexteilchen durch die Übertragungsreaktion verbraucht. Folglich kommt in der Massenbilanz

$$\frac{dm_C}{dt} = - k_c \, C \, P_t \, V_{lt} \, M_C \tag{A3-17}$$

nur das Volumen der Latexteilchen zur Anwendung. Division durch die Gesamtmasse in der Form

$$m_0 = \frac{m_C}{Y_C} = \frac{C \, V_{org} \, M_C}{Y_C} \tag{A3-18}$$

und Anwendung von Gl. (A3-04) erlaubt die Beschreibung der Reglerbilanz durch

$$\frac{dY_C}{dt} = - k_c \, Y_C \, \bar{n} \, c_{lt} \, \frac{V_W}{V_{org}} \tag{A3-19}$$

Das Verhältnis des Wasservolumens zum Volumen der organischen Phase ist darin entsprechend der Beziehung

$$\frac{V_W}{V_{org}} = \frac{\dfrac{Y_{W0}}{\rho_W}}{\dfrac{Y_M}{\rho_M} + \dfrac{Y_P}{\rho_P}} \tag{A3-20}$$

etwas von der Reaktionstemperatur und dem Monomerumsatz abhängig, wesentlicher jedoch ist die Abhängigkeit des Reglerverbrauches von der Konzentration der Latexteilchen und von der mittleren Radikalzahl, d.h. von der Polymerisationsgeschwindigkeit.

10.4 Molmassenverteilung bei der Saat-Emulsionspolymerisation im diskontinuierlichen Rührreaktor

1. Eingabe der Molmassenverteilung der Saat

Die Molmassenverteilung der Saat wird als gegeben vorausgesetzt, und zwar eingeteilt in beliebige Klassen. Ihre numerischen Daten werden auf den ASCII-Dateien ACTUAL \ JT.BAS und ACTUAL \ YJT.BAS bereitgestellt. Auf der erstgenannten befinden sich die Werte der Kettenlängen, während in der zweiten die Massenbrüche des Polymeren aufgelistet sind - beide Angaben repräsentieren jeweils die Klassenmitten. Zu Simulationszwecken kann die Berechnung einer solchen Verteilung mit PolyReac© sehr einfach unter Verwendung der Gl, (3.3-62) mit Hilfe des Arbeitsblattes E4 erfolgen. Sie ist dann bereits äquidistant bezüglich der Kettenlänge. Abbildung A4-01 zeigt eine derartige Verteilung, die sich für eine Abbruchwahrscheinlichkeit von q = 0,002, einen Rekombinationsanteil von 0,5 und einer Klassenzahl von 200 ergibt:

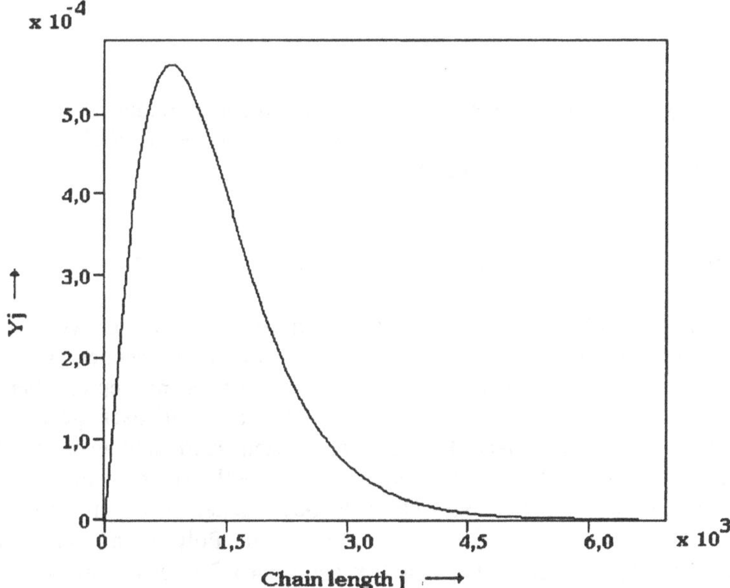

Abb A4-01 Nach Arbeitsblatt E4 berechnete fiktive Molmassenverteilung eines Saat-Polymeren für die Emulsionspolymerisation.

Das Zahlenmittel liegt bei 749 , das Massenmittel ergibt sich zu 1333 . Wenn man stattdessen eine mittels GPC gemessene Molmassenverteilung eingeben möchte, dann ist zu beachten, daß ein Standard-GPC-Protokoll als „Molmassenverteilung“ meist den Wert

$$Y = j\, y_j\, M_M \qquad \text{(A4-01)}$$

das heißt, „unsere" Molmassenverteilung multipliziert mit der Molmasse des Polymeren der Kettenlänge j, gegen den dekadischen Logarithmus der Molmasse

$$X = \log_{10}(j\, M_M) \qquad \text{(A4-02)}$$

aufgetragen, ausweist.

2. Normierung und Berechnung der Zahlenverteilung der Saat

Die nichtnormierte, vielleicht auch nicht-äquidistante, Molmassenverteilung der Saat wird zuerst in eine äquidistante Molmassenverteilung umgerechnet, dann normiert und schließlich entsprechend den Eingaben in die äquidistante „Zahlen"-Verteilung mit einer neuen Klasseneinteilung umgerechnet. Die dazu erforderliche Prozedur bedient sich der Umrechnung der „Massen"-Verteilung y_j in die „Zahlen"-Verteilung N_j über die Beziehung

$$N_j = Z_P \frac{\frac{y_j}{j}}{\sum_j \frac{y_j}{j}} \qquad \text{(A4-03)}$$

Z_P ist darin eine große Zahl, die in PolyReac© zu 500000 angenommen wird. N_j ist eine ganze Zahl, die angibt, wieviele von den 500000 Polymermolekülen in der jeweiligen Klasse mit dem Mittelwert j enthalten sind.

3. Auswertung eines Integrationsschrittes

Mit Hilfe des in Kapitel 4 beschriebenen stochastischen Verfahrens wird eine bestimmte Anzahl von Polymeren vor dem Integrationsschritt berechnet, die aus Rechenzeitgründen natürlich nicht eine glatte Molmassenverteilung repräsentieren kann. Man erhält relativ glatte Verteilungen erst mit einer statistisch genügend großen Anzahl von Polymeren in jeder Klasse (deren Anzahl auch nicht zu klein sein darf!), wenn man etwa 20000 bis 30000 Polymere auf diese Weise berechnen würde - das ist natürlich zu zeitaufwendig. Deshalb beschränken wir uns auf die Berechnung einer „Stichprobe" von nur etwa 100 Polymeren vor dem Integrationsschritt, d.h. entsprechend den zu dem gegebenen Zeitpunkt vorliegenden Reaktionsbedingungen. Diese liegen dann als Zahlenverteilung $N_{1,j}$ vor. Anschließend wird über ein vorgegebenes Zeit- oder (besser) Umsatz-Intervall integriert. Am Ende dieses (kleinen) Intervalles haben sich die Reaktionsbedingungen etwas verändert. Nun wird erneut eine Stichprobe von etwa 100 Polymeren berechnet, deren Verteilung durch N_{2j} gegeben ist. Danach wird die Anzahl der Polymermoleküle in den einzelnen Klassen addiert und durch Division durch die Gesamtzahl der produzierten Polymeren (also etwa 200) normiert. Diese neue Verteilung ΔN_i , welche die relative Anzahl der im Intervall produzierten Polymeren in der i-ten Klasse angibt, charakterisiert also - als Stichprobe - eine mittlere Molmassenverteilung des im besagten Umsatzintervall produzierten Polymeren. Da wir (relativ willkürlich) von einer Polymeranzahl der Saat von 500000 ausgegangen sind, ist die Gesamtzahl der in diesem Intervall produzierten Polymeren über

$$\Delta N = \frac{500000\, P_{n,0}}{Y_{P,0}} \frac{\Delta Y_P}{P_n^d} \tag{A4-04}$$

zu berechnen. Der erste Term in dieser Gleichung repräsentiert die Anzahl der Monomereinheiten, die im Saatpolymeren vorlagen, als Produkt aus dem mittleren Polymerisationsgrad der Saat $P_{n,0}$ und der Anzahl der Saatpolymeren, bezogen auf den Massenbruch des Saatpolymeren $Y_{P,0}$. Der zweite Term enthält die Änderung des Polymermassenbruches im betrachteten Integrationsintervall ΔY_P und den (differentiellen) zahlenmittleren Polymerisationsgrad des in diesem Intervall produzierten Polymeren. Multiplikation von ΔN mit der normierten Verteilung ΔN_i ergibt dann die Anzahl der Polymermoleküle in der Klasse i , bestehend aus Saatpolymeren und den im Intervall neu produzierten Makromolekülen. Das ist die Ausgangsverteilung für den nächsten Integrationsschritt.

Ein Integrationsintervall wird in Polyreac® als „Print-Schritt" bezeichnet. Ein Print-Schritt setzt sich aus einer bestimmten Anzahl von Integrationsschritten („Number of integration steps") zusammen. Wenn man die Anzahl der Print-Schritte zu klein oder - bei Wahl der Schrittweitensteuerung - das Umsatzintervall zu groß wählt, dann wird sich das in einigen scharfen Peaks der Molmassenverteilung bemerkbar machen, weil die Gesamtzahl der stochastisch berechneten Polymeren zu klein ist. Man erhöhe in diesem Fall die Anzahl der Print-Schritte, oder verkleinere das Umsatzintervall - eine Erhöhung der Integrationsschrittzahl *innerhalb* eines Print-Intervalles kann natürlich keine Abhilfe schaffen. In jedem Fall erfordert eine Glättung der Verteilung einen entsprechenden Mehraufwand an Rechenzeit.

4. Stochastische Berechnung eines Makromoleküles

Ausgangspunkt. Es wird ein Latexteilchen mit dem dazu gehörigen Bilanzraum nach Abb. 4.1-1 betrachtet. Alle benötigten Komponentenkonzentrationen und kinetischen Parameter sowie das Volumen des Latexteilchens seien bekannt
Zuerst wird die mittlere Radikalzahl $\bar{n}$ nach dem in Kapitel 4.2 beschriebenen Algorithmus berechnet. Falls diese kleiner als 1 ist, wird angenommen, daß die zu Beginn im Latexteilchen vorhandene Radikalzahl z = 0 ist, ansonsten ergibt sich z als ganze Zahl aus $\bar{n}$. Rundungsfehler spielen dabei keine Rolle. Die Berechnungsprozedur wurde ursprünglich für einen komplexeren Mechanismus programmiert, der eine Bilanz der Radikale in der Wasserphase einschließlich der Wachstums- und Abbruchreaktionen in der Wasserphase einbezog. In der hier vorgestellten Version wird die Radikalzahl in der Wasserphase zu Beginn mit $z_w = 0$ angenommen. Wenn ein Primärradikal in der Wasserphase entsteht, sorgt ein sehr hoher formaler Wert des Stofftransportkoeffizienten dafür, daß der nächste Schritt mit an Sicherheit grenzender Wahrscheinlichkeit ein Radikaleintritt in das

Latexteilchen ist. Die Phasengrenzschicht wird bezüglich der Radikale als eigenständiges Bilanzgebiet behandelt - hier halten sich die (nicht mehr wachsenden) desorbierten Radikale auf. Wenn z.B. der Fate-Parameter γ den Wert -1 annimmt, dann wird ein eintretendes Primärradikal von einem desorbierten Radikal abgefangen, bevor es zu wachsen beginnt - vorausgesetzt, daß ein solches gerade vorhanden ist. Diese Annahmen vereinfachen die Berechnung und schaffen die Übereinstimmung mit den Ausführungen und Modellannahmen in den Kapiteln 4.1, 4.2 und 5.4.

Prozeßgeschwindigkeiten. In der vorliegenden PolyReac© -Version wird dementsprechend von 11 Einzelprozessen in dem betrachteten Volumenelement ausgegangen, deren Geschwindigkeiten (gegeben in Molekülzahl s^{-1}) sich durch folgende Gleichungen beschreiben lassen:

- Kettenwachstum

$$r_1 = k_p\, M_{lt}\, z \qquad \text{(A4-05)}$$

- Rekombination

$$r_2 = \frac{k_{tc}}{N_{Av}\, V_{lt}}\, z\,(z-1) \qquad \text{(A4-06)}$$

- Disproportionierung

$$r_3 = \frac{k_{td}}{N_{Av}\, V_{lt}}\, z\,(z-1) \qquad \text{(A4-07)}$$

- Initiator 1 - Zerfall im Wasser

$$r_4 = 4\frac{k_{i,1}\, f_{i,1}\, I_1}{c_{lt}} \qquad \text{(A4-08)}$$

- Initiator 2 - Zerfall im Latexteilchen

$$r_5 = 4\, k_{i,2}\, f_{i,2}\, I_2\, V_{lt}\, N_{Av} \qquad \text{(A4-09)}$$

- Thermischer Start im Latexteilchen

$$r_6 = 4\, k_{i,a}\, f_{i,a}\, M_{lt}^n\, V_{lt}\, N_{Av} \qquad \text{(A4-10)}$$

- Primärradikalabsorption

$$r_7 = \beta_{W\rightarrow LT}\; z_w \qquad \text{(A4-11)}$$

- Übertragungsreaktion zum Monomeren

$$r_8 = k_m\, M_{lt}\; z \qquad \text{(A4-12)}$$

- Übertragungsreaktion zum Lösemittel

$$r_9 = k_s\, S\, z \qquad \text{(A4-13)}$$

- Übertragungsreaktion zum Kettenlängenregler

$$r_{10} = k_c\, C\, z \qquad \text{(A4-14)}$$

- Radikaldesorption

$$r_{11} = \beta^{*} z \tag{A4-15}$$

Der aufmerksame Leser wird die ungewöhnlichen Verdopplungen bei der Radikalbildung festgestellt haben und später feststellen, daß nur die Enstehung eines Radikales je Initiierungsprozeß bilanziert wird. Statistisch gesehen wird damit der gleiche Radikalstrom erzeugt wie bei der exakten Bilanzierung, weil die prozeßgeschwindigkeitsproportionale Wahrscheinlichkeit des Eintretens einer Initiierung doppelt so hoch ist, jedoch je Ereignis nur halb so viel Radikale erzeugt werden. Mit den obigen Formulierungen wird für den Initiatorzerfall in der Wasserphase der Tatsache Rechnung getragen, daß es sehr unwahrscheinlich ist, daß zwei in der Wasserphase des Bilanzelementes entstehende Radikale nahezu gleichzeitig in das gleiche Latexteilchen eintreten. Ohne diesen „Trick" wäre bei Entstehung von zwei Radikalen in der Wasserphase die Wahrscheinlichkeit für ihren Eintritt in das Latexteilchen so hoch, daß sie in zwei aufeinanderfolgenden Zufallsprozessen eintreten würden; mehr noch - beide Radikale würden bei kleinen Latexteilchendurchmessern nicht dazu kommen eine Polymerisation zu starten, weil ihre Abbruchwahrscheinlichkeit viel größer als ihre Wachstumswahrscheinlichkeit ist. Letzteres gilt auch für die Anwendung von öllöslichen Initiatoren, wie z.B. AIBN, bei denen erwiesenermaßen pro Zerfallsprozeß zwei Primärradikale entstehen. Setzt man die für die Abbruchreaktionen bekannten Konstanten in die Gleichungen (A4-06) und (A4-07) ein und nimmt z.B. einen Latexteilchendurchmesser in der Größenordnung von 80 nm an, dann ist das Wachstum dieser Radikale sehr unwahrscheinlich - folglich dürfte kein Polymerisationsprozeß stattfinden. Das steht im Widerspruch zu den experimentellen Resultaten. Die obige Formulierung umgeht dieses Problem, allerdings ohne die physikalische Ursache dafür zu klären ...

Stochastische Prozeßauswahl. Die in PolyReac© angewendete Methode beruht auf den Prozeßwahrscheinlichkeiten und der über auf ihrer Grundlage zufallsgesteuerten Simulation der 11 beschriebenen Einzelprozesse. Die Prozeßwahrscheinlichkeiten werden über

$$w_i = \frac{r_i}{\sum_i r_i} \tag{A4-16}$$

berechnet. Nun wird mit einem Zufallsgenerator eine Zufallszahl Z zwischen 0 und 1 erzeugt, mit deren Hilfe der nächste ablaufende Prozeß bestimmt wird. Wenn nämlich

$$\sum_{i=1}^{k-1} w_i \leq Z < \sum_{i=1}^{k} w_i \tag{A4-17}$$

ist, dann ist k genau der Prozeß der nun ablaufen soll. Nehmen wir an, zu Beginn sei z=0 und z_w=0, dann haben alle Geschwindigkeiten außer die der Initiierungen den Wert 0, und das Wahrscheinlichkeitsintervall besteht aus den drei Bestandteilen der Initiierung, weil $w_4>0$, $w_5>0$ und $w_6>0$ gilt. Über Gl. (A4-17) wird ausgewählt, welcher Initiierungsprozeß stattfinden soll, nehmen wir an es sei der Initiatorzerfall im Wasser. Jetzt werden die Wahrscheinlichkeiten und eine weitere Zufallszahl neu berechnet. Es ergibt sich ein 0-1-Intervall aus vier Bestandteilen; weil jetzt $z_w = 1$ ist, ergibt sich auch $w_7 > 0$. Infolge des mit 10^{20} bewußt sehr hoch angesetzten Koeffizienten $\beta_{W \to LT}$ ist die Wahrscheinlichkeit w_7 praktisch 1, was zum Eintritt des Radikales in das Latexteilchen führt, und es wird $z = 1$. Damit ist im nächsten Schritt wiederum $w_7 = 0$, aber die Wahrscheinlichkeiten der Prozesse 1, 8, 9, 10 und 11 nehmen Werte > 0 an. Der bei weitem höchste Wert wird sich jetzt für das Wachstum ergeben, woraus eine Vielzahl von Wachstumsschritten folgt, bis - zufällig - ein weiteres Radikal entsteht und in das Latexteilchen eintritt. Handelt es sich um ein kleines Latexteilchen, und der Polymergehalt ist nicht zu hoch (k_t - Erniedrigung infolge des Geleffektes, s. Kapitel 3.5 !), dann werden die Abbruchwahrscheinlichkeiten w_2 und / oder w_3 so große Werte annehmen, daß wenig später ein Abbruch folgt, usw. usw.

Auswertung der Prozeßschritte. Die einzelnen Prozeßschritte verursachen einige Veränderungen im Bilanzsystem, die für unsere Zwecke nicht alle registriert werden müssen. So wird z.B. der Verbrauch von Molekülen der Initiatoren und des Monomeren völlig und mit Absicht außer Acht gelassen, da es lediglich darum geht, das Wachstum der Polymermoleküle und ihre zufallsbedingte Kettenlänge unter *momentankinetisch* konstanten Bedingungen statistisch zu erfassen. Mithin ergibt sich folgender Algorithmus der statistischen Auswertung:

Prozeß 1: Wachstum
Wenn mehrere Polymerradikale im Latexteilchen vorhanden sind, wird mit einer weiteren Zufallszahl entschieden, welches davon wachsen soll. Die Kettenlänge des ausgewählten Polymerradikales steigt um den Wert 1.

Prozeß 2: Rekombination
Mit Hilfe von zwei Zufallszahlen werden zwei der vorhandenen z Polymerradikale als Partner der Kombinationsreaktion ausgewählt, falls $z > 2$ ist. Die Zahl der Polymermoleküle erhöht sich um den Wert 1, die der Radikale verringert sich um den Wert 2. Die Kettenlänge des gebildeten toten Polymeren ergibt sich aus der Summe der Kettenlängen der beiden Partner - damit ist eine Zuordnung zu einer bestimmten Klasse der Molmassenverteilung möglich.

Prozeß 3: Disproportionierung
Wie bei der Rekombination werden zwei der vorhandenen z Polymerradikale als Partner der Disproportionierungsreaktion ausgewählt. Die Zahl der Polymermoleküle erhöht sich um den Wert 2, die der Radikale verringert sich um den gleichen Betrag. Beide tote Polymere werden in die Klassen der Molmassenverteilung eingeordnet.

Prozeß 4: Initiatorzerfall im Wasser
Wenn eine weitere Zufallszahl größer als die Radikalausbeute $f_{i,1}$ ist, dann erfolgt keine Auswertung - das Initiatorbruchstück ist inaktiv. Fällt die Zufallszahl jedoch in den Bereich der Radikalausbeute, dann ist eine Fallunterscheidung nötig. Wenn die Zahl der desorbierten Radikale, die sich formal gesehen in der Grenzschicht

aufhalten, $z_{des} = 0$ ist, oder der Fate-Faktor γ ist 0 oder +1 dann erhöht sich die Zahl der Radikale im Wasser um 1. Ist jedoch $z_{des} > 0$, dann soll eine spontane Reaktion zwischen dem Primärradikal und einem desorbierten Makroradikal erfolgen, wenn $\gamma = -1$ ist, so daß alle desorbierten Radikale zur Verringerung des eintretenden Radikalstromes führen.

Zur stochastischen Realisierung dieses Prozesses wird ein desorbiertes Radikal per Zufallszahl ausgewählt, und es werden folgende statistische Veränderungen registriert: Die Zahl der desorbierten Radikale verringert sich um 1 und die Zahl der toten Polymeren erhöht sich um 1. Das entstandene tote Polymere hat die Kettenlänge des desorbierten Radikals - es wird in die entsprechende Klasse der Molmassenverteilung aufgenommen.

Prozeß 5: Initiatorzerfall im Latexteilchen

Wie beim Initiatorzerfall im Wasser wird mit einer Zufallszahl und anhand der Radikalausbeute zuerst entschieden, ob das entstandene Radikal aktiv oder inaktiv ist. Ist es aktiv, erhöht sich die Zahl der Radikale im Latexteilchen z um 1 .

Prozeß 6: Thermischer Start im Latexteilchen

Da auch für den thermischen Start formal eine Radikalausbeute im Modell enthalten ist, besteht wie im Fall der anderen beiden Startmechanismen zuerst die Notwendigkeit, mit Hilfe einer weiteren Zufallszahl eine Entscheidung über die Aktivität des Radikals zu treffen (s. Prozeß 5). Ist die Zufallszahl kleiner als die Radikalausbeute des thermischen Startes, dann erhöht sich z um den Betrag 1.

Prozeß 7: Primärradikalabsorption

Die Zahl der Radikale im Wasser verringert sich um 1, die Zahl der Radikale im Latexteilchen erhöht sich um den gleichen Betrag.

Prozesse 8, 9 und 10: Transferreaktionen

Alle Transferreaktionen können in gkeicher Weise behandelt werden. Zuerst wird mittels einer weiteren Zufallszahl Y_1 über

$$i = \text{Integer}(Y_1 \, z + 1) \tag{A4-18}$$

entschieden, daß das i-te der im Teilchen vorhandenen z Makroradikale der Reaktionspartner sein soll. Dementsprechend erhöht sich die Zahl der toten Polymere um den Betrag 1. Das neue tote Makromolekül besitzt die Kettenlänge des ehemaligen Polymerradikals und wird einer entsprechenden Klasse der Molmassenverteilung zugewiesen. Die Kettenlänge des ehemaligen Polymerradikales wird auf den Wert 1 zurückgesetzt, die Anzahl der Radikale z verändert sich nicht.

Prozeß 11: Radikaldesorption

Wie bei Gl. (4.2-18) wird zuerst entschieden, welches Polymerradikal desorbieren soll. Die Zahl der Radikale z verringert sich um 1. Wenn die Zahl der Radikale in der Wasserphase $z_w > 0$ ist, dann gilt

$$z_w = z_w + \gamma \tag{A4-19}$$

Das heißt für $\gamma = -1$ verringert sich die Zahl der Radikale im Wasser infolge der spontanen Reaktion zwischen dem desorbierten Radikal und einem Primärradikal.

Für $\gamma = 0$ tritt keine Änderung ein, weil das desorbierte Radikal aus der Bilanz „verschwindet“ - dieser seltsame Umstand ist ein Grund mehr, den Ugelstad'schen Fate-Faktor auf -1 zu setzen ! Für $\gamma = +1$ erhöht sich lediglich die Zahl der Radikale im Wasser um den Betrag 1. Wenn man jedoch - so wie wir das oben bereits getan haben - das Modell dadurch vereinfacht, daß man den Koeffizienten $\beta_{W \rightarrow LT}$ sehr hoch ansetzt, dann kommt Gl. (A4-19) praktisch niemals zur Wirkung, weil die Wahrscheinlichkeit, daß sich ein Primärradikal gerade dann im Wasser aufhält, wenn ein Makroradikal desorbiert, nahe Null ist. Der Fate-Faktor wird dann nur bei der Radikalabsorption berücksichtigt.

Sie werden erkannt haben, welche großartigen Möglichkeiten solche „Monte-Carlo-Methoden“ bieten, um auch viel kompliziertere Mechanismen zu studieren. Beispielsweise wäre es nur mit sehr wenig Programmieraufwand und wenig mehr Aufwand an Rechenzeit verbunden, die Kettenlängenabhängigkeit der Desorptionsgeschwindigkeit zu berücksichtigen, oder eine Reihe weiterer Reaktionen in der Wasserphase einzuschließen, oder einen Monomer- oder Radikalkonzentrationsabfall von der Oberfläche des Latexteilchens zur Mitte und vieles andere mehr zu berücksichtigen.

Die Einbeziehung einer Teilchengrößenverteilung stellt dagegen einen gewaltigen Mehraufwand dar. Eine Grenze der Modellierbarkeit scheint auch für diese Methoden erreicht, wenn man noch dazu Agglomerationsprozesse zwischen den Partikeln und / oder die Neukeimbildung berücksichtigen möchte. Insgesamt sind der Phantasie des Lesers bei diesen Methoden jedoch weit weniger Grenzen gesetzt als es bei anderen Methoden der Fall ist und der Programmieraufwand beim Testen verschiedener Modellvarianten ist oft sehr klein, auch ist man auf weniger zusätzliche Annahmen angewiesen. Zum Beispiel ist die QSSA völlig entbehrlich, jedoch sollte man sich von Zeit zu Zeit daran erinnern, daß die Modellparameter auf diese oder jene Weise *experimentell* bestimmt werden müssen.

Auch für die stochastische Modellierung gilt der Grundsatz: Modelle sollten vom Einfachen zum Komplizierten entwickelt werden, nicht umgekehrt.

10.5 Hochumsatzparameter der MMA-Polymerisation

Im Kapitel 3.5.7 , S. 106, wurde ausführlich beschrieben, wie die Hochumsatzparameter für die radikalische Styrenpolymerisation zu bestimmen sind. Das folgende Kapitel ist als ein zusätzliches Beispiel zur Illustration der dabei angewandten Arbeitsweise zu betrachten - es kann somit als Fortsetzung des Kapitels 3.5.7 betrachtet werden. Deshalb wurden die Gleichungen und Bilder fortlaufend zu Kapitel 3.5.7 numeriert.

Als experimentelle Grundlage dienen die Daten von Balke und Hamielec [39] für die mit AIBN gestartete Massepolymerisation von MMA. Dazu gehen wir wiederum im ersten Schritt nur von den Umsatz- Zeit-Daten aus und setzen zuallererst den kinetischen Datensatz mit „Setup, Kinetics, Initial Gel Kinetics“ auf die Anfangsschätzwerte zurück. Die Gelkonstanten g_1, g_2 und g_3 des oben bereits für die mit BPO gestartete Suspensionspolymerisation von Styren beschriebenen kt - f - Modells sollen nun für MMA / AIBN ermittelt werden. Auch hier kann der Leser natürlich andere Wege beschreiten, um zu einem eigenen Modellparametersatz zu gelangen. Es wird analog zu dem Beispiel für das Styren in folgenden Schritten anhand von C3 vorgegangen:

Schritte	Selektionssequenz
2	Solution/Bulk Polymerization
3	Methyl methacrylate / Rest wird automatisch ausgewählt
6	Initiator1 start / Propagation / Transfer to Monomer / Recombination / Disproportionation
9	POLYREAC
13 - 14	z.B. : 70 / 0004 / Balke/Hamielec5 0.005
15	Reaction time / Polymer fraction
16	Next step (keine anfangskinetischen Konstanten auswählen)
17	Geleffekt-Parameter Nr. 1, 2 und 3
18	entfällt

Das Resultat ist eine recht gute Beschreibung der experimentellen Verläufe durch das Modell. Die Ergebnisse sind in der Tabelle 3.5-3 zusammengefaßt.

Tabelle 3.5-3: Gelkonstanten der mit AIBN gestarteten isothermen Polymerisation des Methylmethacrylates

Experiment		g_1	g_2	g_2
50 °C,	3 Experimente	1,2	0,22	$5{,}9 \times 10^{-8}$
70 °C,	2 Experimente	1,14	0,19	$2{,}6 \times 10^{-7}$
90 °C,	2 Experimente	0,90	0,20	$3{,}3 \times 10^{-6}$

Mit der gleichen Begründung, wie sie für BPO / Styren diskutiert wurde, wird jetzt für AIBN / MMA

$$g_1 = 1{,}0 \quad \text{und} \quad g_2 = 0{,}20 \tag{3.5-87}$$

festgelegt. In diesem Fall hätte man aber auch die scheinbare Abhängigkeit des Parameters g_1 von der Reaktionstemperatur modellieren können. Es ist nämlich durchaus in Übereinstimmung mit dem physikalischen Hintergrund des Abbruchprozesses zu bringen, daß die relative Diffusionshemmung mit steigender Temperatur kleiner wird.

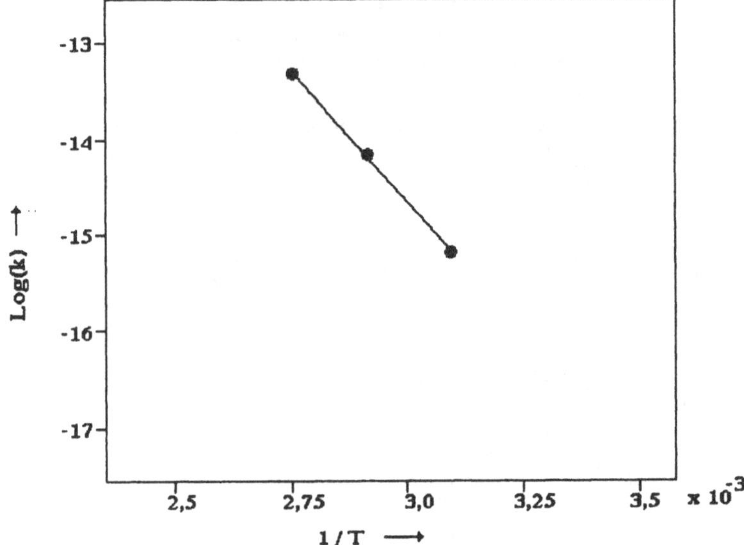

Abb. 3.5-14 Arrheniusdiagramm für die Gelkonstante g_3 der radikalischen MMA-Polymerisation.

In Kenntnis der relativ stark ausgeprägten Kreuzkorrelation zwischen g_1 und g_3 und im Interesse der Einfachheit des Modells kann man darauf aber auch verzichten. Die erneute Anpassung des Parameters g_3 ergibt dann unter Verwendung der Gln. (3.5-86) und (3.5-87) bei guter Qualität der Anpassung.

$$g_3 = 6{,}608 \exp\left(-\frac{5514}{T}\right) \tag{3.5-89}$$

Lediglich in der Kombination der kleinsten Initiatorkonzentration und niedrigsten Reaktionstemperatur erhält man etwas größere Abweichungen. Die Arrheniusbeziehung für g_3 ist gut erfüllt, wie mit Abb. 3.5-14 belegt werden kann.

Die Umsatz - Zeit - Verläufe werden mit dem Modell in fast idealer Weise angepaßt (Abb. 3.5-15). Besonders zu beachten sind die exakte Wiedergabe der asymptotischen Annäherung an den Grenzumsatz und die dabei erreichten

Polymerisationsgeschwindigkeiten (1. Ableitung der gezeigten Kurven nach der Reaktionszeit) bei allen Temperaturen.

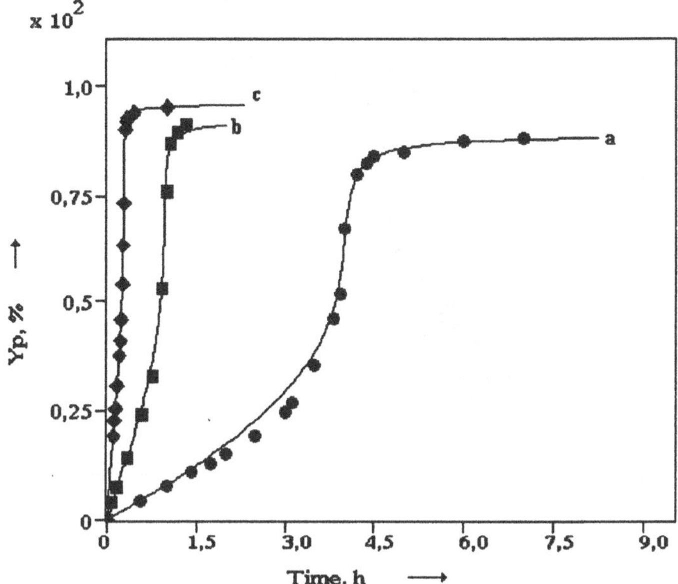

Abb. 3.5-15 Vergleich von Modell und Experiment. Umsatz-Zeit-Verläufe der mit 0,5 % AIBN gestarteten MMA-Polymerisation, **a** 50°C , **b** 70°C , **c** 90°C, Experimentelle Daten von Balke und Hamielec [39].

Systematische Abweichungen ergeben sich dagegen etwas überraschend im anfangskinetischen Bereich besonders bei tiefen Temperaturen (Abb. 3.5-16). Die Ursache liegt in dem bei tiefen Temperaturen besonders hohen Geleffekt. Wenn man „Setup, Simulation Control" mit „Y" beantwortet, kann man während einer Simulation sehen, daß der Geleffekt bei tiefen Temperaturen sichtbar auf die Anfangspolymerisationsgeschwindigkeit einwirkt. Das ist nach dem vorn diskutierten physikalischen Bild der Hochumsatzkinetik auch zu erwarten. Wahrscheinlich liegt die Ursache darin, daß die Radikalausbeute im anfangskinetischen Bereich etwas von der Temperatur abhängt und bei kleinen Temperaturen niedriger ist. Der mit steigendem Monomerumsatz sinkende Wert der Abbruchkonstante kompensiert die niedrigere Radikalausbeute, so daß mit der Linearisierungsmethode nach Kapitel 3.4.3 in einem viel größeren Anfangsbereich ein quasi-linearer Verlauf ausgewiesen wurde, der sich mit einer von der Temperatur unabhängigen Radikalausbeute modellieren ließ. Es sei dem Leser überlassen, das Modell durch Anpassung der obigen Gelparameter unter Berücksichtigung einer temperaturabhängigen Radikalausbeute erneut zu verbessern.

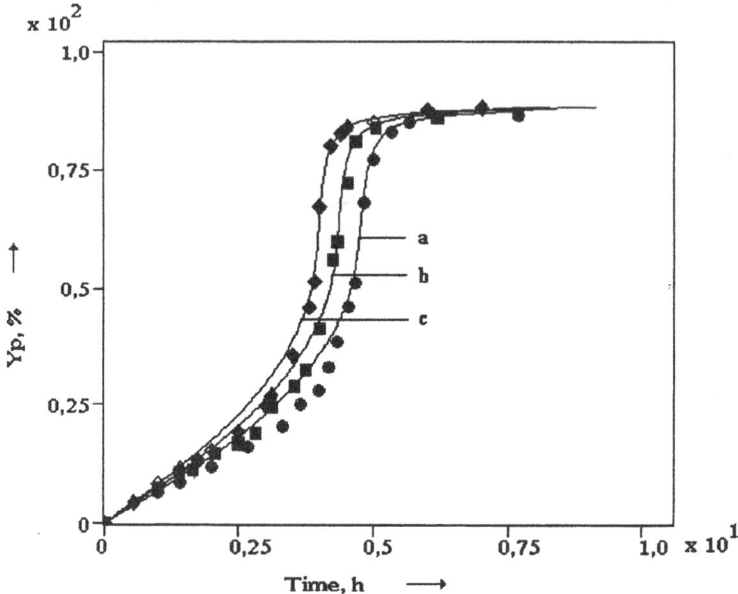

Abb. 3.5-16 Vergleich von Modell und Experiment. Umsatz-Zeit-Verläufe der bei einer Temperatur von 50 °C mit AIBN gestarteten Massepolymerisation von Methylmethacrylat, *a* 0,3 %, *b* 0,39 %, *c* 0,5 %, Experimentelle Daten von Balke und Hamielec [39].

Was hat zu geschehen, wenn man das Modell auf andere Initiatoren, bei Einsatz von Lösemitteln und Kettenlängenreglern anwenden möchte ? Vom physikalischen Hintergrund aus betrachtet, sollte das Modell für andere Initiatoren anpaßbar sein, indem man lediglich die anfangskinetische Radikalausbeute und die Gelkonstante g_2 anpaßt. Bei Einsatz von Lösemitteln und Reglern muß man deren Übertragungskonstante, am besten durch simultane Anpassung an Umsatz- und Polymerisationsgrad- Zeit-Messungen ermitteln.

Jetzt wollen wir noch überprüfen, ob die Polymerisationsgrad - Zeit Kurven mit dem oben ermittelten Parametersatz für die Massepolymerisation von AIBN ähnlich gut approximerbar sind wie die Umsatzverläufe. Man muß gerade bei der kinetischen Modellierung der MMA-Polymerisation Sorge tragen, daß die Polymerisationsgrade genügend genau modelliert werden, weil infolge des sehr stark ausgeprägten Geleffektes die Molmasse des Polymeren einen großen Einfluß auf die Polymerisationsgeschwindigkeit hat. Die im Anfangsbereich sehr geringe Monomerübertragungskonstante erhält im Hochumsatzbereich dominierende Bedeutung für die Produktion toter Polymerer. Eine Gegenüberstellung von Verläufen des massenmittleren Polymerisationsgrades als Funktion des Monomerumsatzes für eine Anfangs-Initiatorkonzentration von 0,5 % bei 70°C und 90°C ist in Abb. 3.5-17 gegeben. Man erkennt, daß mit einer vom Umsatz *nicht* abhängigen Monomerübertragungskonstante der Verlauf der Polymerisationsgrade gut vom Modell reflektiert wird. Allerdings sind auch hier noch Verbesserungen möglich, z.B. durch Anpassung der anfangskinetischen Monomer-Übertragungskonstante, die der Leser nunmehr gewiß ohne große Mühe bewältigen wird.

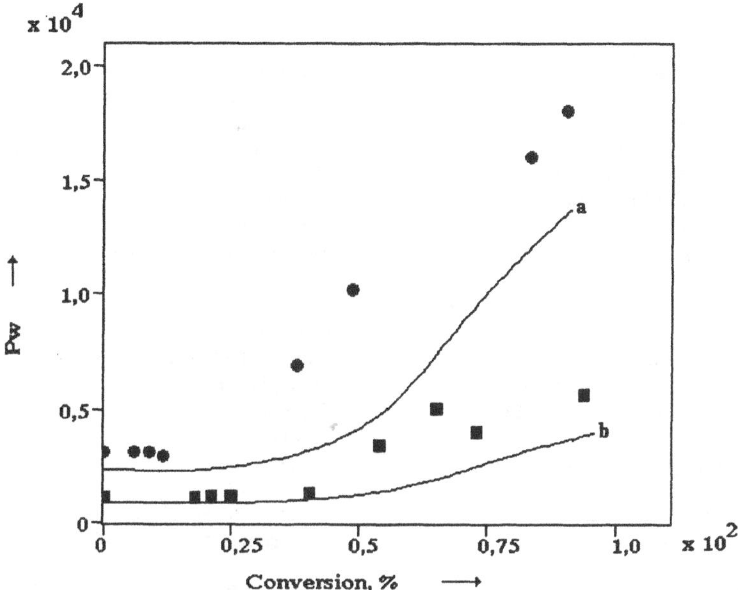

Abb. 3.5-17 Vergleich von Modell und Experiment. Massenmittlere Polymerisationsgrade in Abhängigkeit vom Monomerumsatz der mit 0,3 Ma% gestarteten Massepolymerisation von Methylmethacrylat, **a** 70°C , **b** 90°C, Experimentelle Daten von Balke und Hamielec [39].

11 Schlagwortverzeichnis

SPRINGER NATURE

GPSR Compliance

The European Union's (EU) General Product Safety Regulation (GPSR) is a set of rules that requires consumer products to be safe and our obligations to ensure this.

If you have any concerns about our products, you can contact us on ProductSafety@springernature.com

In case Publisher is established outside the EU, the EU authorized representative is:

Springer Nature Customer Service Center GmbH
Europaplatz 3
69115 Heidelberg, Germany

Zeitfracht Medien GmbH
Ferdinand-Jühlke-Straße 7
99095 Erfurt, Deutschland
produktsicherheit@kolibri360.de